L'enseignement supérieur

de l'agriculture

en Portugal

par

B. C. Cincinnato da Costa et D. Luiz de Castro

de l'Institut Agronomique de Lisbonne
directeurs de la Royale Association Centrale de l'Agriculture Portugaise

Lisbonne
Imprimerie Nationale
1900

L'enseignement supérieur

de l'agriculture en Portugal

L'enseignement supérieur

de l'agriculture

en Portugal

par

B. C. Cincinnato da Costa et D. Luiz de Castro

de l'Institut Agronomique de Lisbonne
directeurs de la Royale Association Centrale de l'Agriculture Portugaise

Lisbonne
Imprimerie Nationale
1900

Ouvrage exécuté et publié par ordre de la Grande Commission de Lisbonne organisatrice de la représentation portugaise à l'Exposition Universelle de 1900

Cette Commission a été constitué en novembre 1898, de la manière suivante:

M. le Conseiller Frederico Ressano Garcia, inspecteur général, président.
M. le Conseiller Alfredo C. Le Cocq, commissaire technique pour la section agricole et coloniale.
M. Antonio Teixeira Judice, commissaire technique pour la section industrielle et commerciale.
M. Antonio Carneiro de Sousa Lara, délégué commercial.
M. Luiz Diogo da Silva, délégué commercial.
M. Henrique Pereira Taveira, délégué industriel.
M. Alfredo de Brito, délégué industriel.
M. Don Luiz Filippe de Castro, délégué agricole.
M. B. C. Cincinnato da Costa, délégué agricole.

(Arrêtés ministériels en date des 16 et 24 novembre 1898, du ministre des travaux publics, du commerce et de l'industrie, M. le conseiller Elvino José de Sousa e Brito.)

HISTOIRE

La genèse de l'enseignement agricole en Portugal.

L'enseignement de l'agriculture existe en Portugal, à l'état d'institution définitive, depuis environ cinquante ans.

Il fut créé par décision extra-parlementaire du 16 décembre 1852, décret promulgué sous le règne de Sa Majesté la reine Maria II, étant alors ministres l'éminent homme d'état Antonio Maria de Fontes Pereira de Mello, le noble duc de Saldanha, et avec eux, les honorables conseillers Rodrigo da Fonseca Magalhães et Antonio Aluizio Gervis de Athouguia.

Antérieurement à cette époque, vers la fin du dernier siècle et au commencement du siècle actuel, divers écrits dus à des hommes de haute valeur avaient jeté quelque lumière au sein des populations rurales touchant la meilleure manière de cultiver la terre; on avait aussi organisé quelques conférences publiques combinées avec des exercices et de petits cours libres, le tout en vue de développer dans l'esprit public le goût de l'agriculture.

Les mémoires de l'Académie Royale des Sciences composent un vaste recueil d'un grand nombre de ces remarquables écrits, et dans d'autres publications périodiques de ce temps, on trouve quantité de documents précieux pour l'étude de tout ce qui a rapport à la mise en culture des terres. Ces documents sont pleins, même encore aujourd'hui, d'une certaine actualité relative, et toujours bons à consulter, à cause de la multitude de faits exacts et de justes observations qu'ils renferment.

On peut considérer comme classiques les travaux et les noms de Joaquim Bonifacio de Andrada, de l'abbé Correia da Serra, de Felix de Avellar Brotero, de Sébastien Mendo Trigoso, de Lacerda Lobo, de Rebello da Fonseca, de Vandelli, de Coelho de Seabra et de tant d'autres qui, dans leur ardente passion et leur dévouement aux intérêts patriotiques, contribuèrent au progrès de l'agriculture dans notre pays.

Par l'initiative du comité d'administration de la *Compagnie des vignes du Haut Douro,* il fut fondé quelque temps après une chaire d'agriculture à l'académie de marine et de commerce de la ville de Porto. Le premier à qui fut confié le cours dont il s'agit fut un homme de lettres doublé d'un économiste très compétent, Agostinho Albano da Silveira Pinto, qui professa dès l'année 1815; puis, cette même chaire fut occupée, en 1818, par le directeur en personne de la susdite académie, le docteur Joaquim Navarro de Andrade.

Les divers gouvernements qui se succédèrent en Portugal ne laissèrent pas inaperçu ce premier mouvement en faveur des intérêts agricoles. En même temps qu'on adopta d'autres judicieuses mesures pour venir en aide à la culture et à l'exploitation rurale, l'instruction technique ne fut pas négligée; tant on était pénétré de l'opportunité et même de la nécessité d'user de tous les moyens de propagande pour faire progresser une industrie aussi complexe et épineuse par sa nature qu'est en effet l'agriculture en général.

Ainsi, dès l'année 1791, par ordonnance royale datée du 24 janvier et publiée dans le *Journal officiel,* déjà bien longtemps avant qu'on pensât sérieusement à l'enseignement professionnel agricole en France, en Belgique et dans les autres pays civilisés de l'Europe, une chaire de botanique et d'agriculture générale était créée et adjointe à la faculté de philosophie de Coïmbre. L'enseignement embrassait, outre l'étude des plantes et des conditions du milieu le plus favorable à leur développement, le moyen d'utiliser leurs principaux produits. Une décision en date du 25 février chargea de cette chaire le très célèbre botaniste portugais Felix de Avellar Brotero, qui enseigna pendant plusienrs années avec une incontestable distinction, bien qu'il lui fût impossible en raison de la brievèté du cours et des conditions naturelles inhérentes à ladite école, de rendre ses leçons aussi pratiques et immédiatement applicables qu'il eût été nécessaire. Cet enseignement était plus abstrait qu'objectif (comme on pouvait l'attendre d'une éducation universitaire), et par conséquent, il était incapable de satisfaire aux besoins de l'agriculture, qui ne trouvait pas des lumières suffisantes dans les commentaires écrits ni dans les discussions publiques faites irrégulièrement et sans plan méthodique.

La loi fondamentale de l'enseignement agricole en Portugal. L'œuvre de J. M. Grande et R. de Moraes Soares.

C'est ainsi, qu'obéissant à l'impulsion donnée en France au cours de l'année 1848, par le ministre Tourret, notre gouvernement fut amené en 1852 à préparer et à édicter la loi fondamentale de l'enseignement agricole en Portugal. Inspirée en grande partie par les sages conseils et les lumineuses conceptions de deux hommes de haute valeur et d'une aptitude technique reconnue, — le docteur José Maria Grande et Rodrigo de Moraes Soares — cette mesure provoqua un grand enthousiasme par l'élévation de vues et la supériorité d'esprit dont elle portait l'empreinte. C'est au ministre Fontes, appelé alors pour la première fois dans les conseils de la couronne et chargé du portefeuille des travaux publics, (lequel par parenthèse venait d'être créé), que revient la gloire d'avoir rendu à l'agriculture portugaise un des plus éminents services qu'elle pût attendre du pouvoir central.

L'exploitation des champs, qui tant de fois avait fixé l'attention de quelques uns de nos rois les plus éclairés et, pendant une longue série d'années, n'avait vécu que grâce aux maigres subsides des anciennes corporations religieuses, avançant à tâtons à la lueur de quelques écrits très insuffisants, — et encore Dieu sait combien ceux-ci étaient égrenés! — était demeurée stationnaire depuis la fin du 18e siècle jusqu'aux premiers jours du siècle actuel. Cet état de choses ne pouvait pas se prolonger. Etait-il admissible que l'agriculture s'immobilisât, dominée par de vieilles traditions confuses et des règles mal définies, quand il était si urgent de relever par tous les moyens possibles l'importance de nos productions nationales et d'élargir dans tout le pays le champ ouvert à l'activité de nos laboureurs en améliorant la qualité des produits par les nouveaux procédés perfectionnés?...

Telle est la genèse de la loi de 1852, qui répondait à un besoin impérieux du pays. Destinée à vulgariser des notions fécondes intimement liées à l'exploitation rurale parmi les populations et les centres agricoles, elle constitue à elle seule un des plus enviables fleurons de la couronne du ministre qui en fût le promoteur.

La loi de 1852 établissait trois degrés différents dans l'enseignement:

1° L'enseignement mécanique ou *de métier*, pour les hommes des champs et les travailleurs ou journaliers, véritables pionners de la culture;

2° L'enseignement secondaire ou professionnel, dejà plus élevé, mais simultanément théorique et pratique, destiné aux gérants ou régisseurs et aux chefs de culture;

3° L'enseignement supérieur ou scientifique, ayant pour objet de former des ingénieurs agronomes qui, par une préparation plus complète et un ensemble de connaissances plus étendu, acquéraient l'aptitude nécessaire pour diriger de grandes exploitations agricoles.

L'instruction la plus élémentaire, c'est-à-dire celle du premier degré, se donnait dans des propriétés particulières ou dans les fermes-écoles, à l'exemple de ce qui se faisait en France depuis l'année 1848, et de concert avec les agriculteurs qui acceptaient cette charge moyennant un contrat passé avec le gouvernement. Les écoles primaires de ce genre, affectées essentiellement à la formation d'ouvriers praticiens, devaient exister en nombre pour le moins égal à celui des provinces du royaume. Les propriétaires s'engageaient ainsi, de leur propre gré, à fournir aux ouvriers des campagnes une éducation convenable, reglementée par des instructions et soumise à un contrôle supérieur; en vertu desquelles conventions on garantissait aux maîtres des fermes particulières susdites un subside annuel de 400 mille reis (2.220 francos).

L'enseignement de seconde classe était dans les attributions des écoles pratiques d'agriculture régionales, au nombre de trois: l'une à Vizeu, l'autre à Evora et la troisième à Lisbonne. L'instruction, dans ces établissements, devait être distribuée conformément aux programmes suivants: éléments des sciences relatives á l'histoire naturelle, éléments de physique, de chimie et de géologie agricoles, agriculture générale, cultures spéciales, économie agricole, administration et comptabilité rurale, zootechnie et principes de l'art vétérinaire, arts agricoles, législation et génie rural.

Ces cours étaient répartis entre quatre chaires dans la forme suivante:

1ère chaire — Eléments des sciences d'histoire naturelle, parmi lesquelles la physiologie végétale était particulièrement développée; éléments de physique, de chimie et de géologie agricoles;

2e chaire — Agriculture générale et cultures spéciales;

3e chaire — Zootechnie et art vétérinaire;

4e chaire — Economie agricole, administration et comptabilité rurale, arts agricoles, législation et génie rural.

Enfin, les cours du 3e et dernier degré de l'enseignement agricole, ou enseignement supérieur, étaient professés dans l'Institut agricole de Lisbonne et embraissaient le plan d'études détaillé comme il suit:

1ère chaire — Éléments de sciences historico-naturelles, éléments de physique, de chimie et de géologie agricoles;

2e chaire — Zoologie, anatomie et physiologie comparées;

3e chaire — Botanique et physiologie végétale;

4e chaire — Agriculture;

5e chaire — Cultures spéciales;

6e chaire — Zootechnie et principes de l'art vétérinaire;

7e chaire — Economie agricole, administration et comptabilité rurales, arts agricoles, législation et génie rural.

Cette dernière chaire se subdivisa plus tard et une 8e chaire fut greffée sur la précédente, sous ce titre: «arts agricoles et génie rural».

On avait satisfait ainsi aux plus impérieuses nécessités du pays. On lui fournissait une instruction qui, si elle n'était pas l'idéal, ni même peut-être suffisante pour ouvrir une ère de large prospérité, ne laissait pas toutefois d'avoir une grande importance, à une époque surtout où l'esprit public, naturellement engourdi, repoussait l'éducation professionnelle et n'ambitionnait rien de plus que de cultiver la terre par les antiques procédés aussi contingents qu'aléatoires, en restant fidèle à des traditions surannées.

L'homme d'état illustre, qui eut l'honneur d'entreprendre cette œuvre de régénération et de s'y dévouer avec une singulière énergie de volonté, ne parvint cependant à réaliser qu'une partie de ce qu'il avait rêvé. Des difficultés de divers ordres surgirent bientôt, motivées par l'incrédulité générale à l'endroit de l'efficacité des nouvelles mesures appliquées au pays. Il arriva donc, qu'en dépit de tous les efforts, quelques-unes seulement des écoles élémentaires, pour le premier degré d'enseignement, finirent par s'organiser et qu'on établit, à Lisbonne, un Institut agricole. Il ne se passa pas longtemps sans que les agriculteurs eux-mêmes qui s'étaient chargés conformément à la loi, et moyennant un subside du gouvernement, de fournir l'instruction pratique, ne résiliassent leur contrat, et par suite, la loi de 1852 fut réduite de fait à l'enseignement du degré supérieur.

L'Institut Agricole de Lisbonne.

L'Institut agricole de Lisbonne s'installa au lieu dit *Cruz do Taboado,* où il existe encore de nos jours, dans un antique édifice construit en forme de palais, appartenant à une noble famille patricienne et qui avait servi d'habitation à l'Infante D. Anna de Jesus Maria. Il y fut annexé depuis une ferme du nom de Bemposta, située à 1 kilomètre de distance, où sur une échelle bien que restreinte, il fut cependant facile de réaliser diverses démonstrations pratiques et de procéder à un certain nombre d'expériences que réclamaient les cours.

Mais, dès le début, les fonds manquèrent pour organiser d'une manière convenable l'enseignement technique, tel qu'il avait été décrété. Le ministre Fontes, lui-même, las d'avoir tant lutté pour sauver du moins le peu qui restait de sa loi, craignant de voir sombrer tout entière son œuvre mal comprise et de multiplier ses efforts en pure perte, ne tarda pas à tomber dans des irrésolutions. Bientôt, la résistance opiniâtre qu'avait rencontrée à l'origine son plan de restauration de l'économie agricole, prit une telle intensité et la forme d'une opposition si violente,

José Maria Grande, le premier directeur de l'Institut Agronomique de Lisbonne

que très rares furent les hommes courageux qui voulurent quand même continuer la lutte.

Il arriva ainsi que cette école, créée par une loi, fut privée des allocations nécessaires dont cette loi l'avait dotée. En dehors d'une ferme-école d'une étendue à peine suffisante pour appliquer sur le terrain des exemples des diverses systèmes de culture et réaliser d'autres démonstrations spéciales, — service auquel pouvait rigoureusement pourvoir la petite propriété de Bemposta, — la loi organique de l'enseignement agricole avait enrichi en théorie l'Institut, des annexes suivantes qui demeurèrent à l'état de projet:

1° Parcelle de terrain propre aux expériences et affectée aux essais agricoles, principalement d'acclimatation;

2° Emplacement, convenable pour l'éléve en pépinière des plantes les plus importantes de notre industrie agricole;

3° Établissement de sériciculture;

4° Atelier de construction de machines et d'instruments aratoires;

5° Fabrique de distillation d'eaux-de-vie;

6° Etables et baraquements nécesssaires par loger le bétail.

Rien de tout cela ne fut réalisé.

Il est juste pourtant de reconnaître que, malgré l'antipathie générale et malgré le peu de faveur qui fut accordée dans la suite à cet établissement, en raison de divers motifs par les ministres qui se succédèrent au pouvoir, l'Institut agricole de Lisbonne, seul débris de la fondation de 1852, n'en réussit pas moins, grâce au travail et à l'intelligence supérieure de son premier directeur, le très distingué docteur José Maria Grande[1], ainsi qu'au savoir profond, à l'assiduité et au zèle de ses professeurs, à présenter aux public des études d'une si haute portée et des résultats d'un si incontestable intérêt pratique, qu'ils s'imposèrent à l'attention de tous. C'est en réalité de cet ensemble de circonstances, qu'est né tout le mouvement agricole dont nous sommes témoins et bénéficiaires, de notre temps.

Surmontant toute sorte de difficultés et passant par-dessus des contrariétés sans nombre, parfois non sans découragement, le personnel enseignant poursuivit ses cours respectifs du mieux qu'il put, et avec le matériel qu'il avait à sa disposition.

Les professeurs étaient au nombre de trois; le premier, pour les régisseurs, le second pour les cultivateurs, et le troisième, pour les agronomes.

Le premier de ces cours se composait de deux parties distinctes: l'une foncièrement *pratique*, l'autre *doctrinale* ou *théorique*. On entendait par *pratique*

---

1 Feu le docteur José Maria Grande, de l'Académie royale des sciences et du conseil de Sa Majesté, pair du royaume, professeur de botanique à l'École polytechnique, directeur du jardin botanique d'Ajuda, commandeur de Notre-Dame de la Conception, chevalier de la Tour et Epée et de la Légion d'honneur, etc.

Cet illustre portugais est l'auteur des ouvrages suivants:

Guide et manuel du cultivateur, 2 volumes. Lisbonne, 1849.

Considérations sur les principaux obstacles qui s'opposent au perfectionnement de notre agriculture, Lisbonne 1854.

Rapport des travaux scolaires de l'institut agricole pendant l'année scolaire de 1854.

Même *Rapport* relatif à l'année 1855–1856.

Maladies des vignes, Lisbonne, 1856.

l'exécution des travaux ruraux sous la direction des chefs-ouvriers des différents services de la ferme-modèle, et la partie théorique, consistait dans l'explication des rudiments d'agriculture et d'économie agricole commentés par le professeur.

Le cours professionel propre à former les laboureurs était en quelque sorte une réduction de celui des agronomes; il comprenait les matières énumérées au programme des première, quatrième, cinquiéme, sixième et septiéme chaires dont il a été question plus haut.

Pour les agronomes, le cours était plus scientifique. Il embrassait tout le programme de l'enseignement actuellement professé à l'Institut; mais les élèves étaient tenus en outre de fréquenter, à titre auxiliaire, les cours de physique et de chimie de l'École Polytechnique de Lisbonne et ceux de l'Institut du Père Mayne.

Que cette organisation fût imparfaite, ce n'est pas douteux; qu'elle fût incapable de servir éternellement pour la formation du personnel agricole que réclamait l'état de nos cultures, il aurait fallu être myope pour ne pas le voir. On avait besoin de réformes et l'opportunité de quelques-unes était trop fondé, cela est certain. Pourtant, nul ne saurait méconnaître, qu'eu égard à l'époque où elle vit le jour et en tant qu'impulsion initiale venant du pouvoir dirigeant, la loi et celui qui l'inspira ne méritaient que des éloges pour cette géniale initiative.

Après 1852, l'enseignement agricole en Portugal passa par des phases diverses. Tantôt, complètement délaissé par les gouvernements et tantôt soutenu par des dispositions et une protection intelligentes, il est parvenu jusqu'au moment actuel, succombant par-ci pour se relever par-là, à travers des essais malheureux de réformes et de modificatious irréfléchies auxquelles il a su résister. Obligé de chercher sa voie pour ainsi dire en zig-zag, il a réussi malgré tout à s'affermir aujourd'hui dans l'opinion publique, à se faire accréditer comme un facteur indispensable aux intérêts réels du pays: et cela, en dépit de la défaveur marquée qu'il a eu trop de fois à supporter, rabaissé par les uns, déconsidéré par les autres, n'avançant dans une route qui devrait être toute de progrès qu'en gravissant des passages âpres et tortueux. Les grandes améliorations ne se produisent par tout d'un coup et il est rare qu'elles s'improvisent. Il semble que ces alternatives, ces tâtonnements, qui font qu'un pas en arrière succède presque toujours à un pas en avant, représentent une des conditions nécessaires pour marcher ensuite plus fermement dans le droit chemin. S'il y eût jamais un exemple frappant de cette vérité, l'histoire des vicissitudes de l'enseignement agricole, en Portugal, nous la fournirait sûrement.

L'organisation de 1855.

En 1855, trois ans après la loi du ministre Fontes, l'Institut agricole de Lisbonne fut remanié et fonctionna sous une forme mixte. On lui annexa l'enseignement de l'art véterinaire, qui jusqu'alors avait été professé dans une école spéciale dont la fondation remontait à 1830, pendant laquelle période d'un quart de siècle elle avait traîné une existence amère et toujours précaire. De cette façon se trouvaient réunies, dans le même établissement scientifique, deux écoles distinctes soumises à la même administration.

On supposera et avancera peut-être que, par application de la fable connue, *L'Aveugle et le paralytique*, le bien-être commun ne pouvait que naître de cette fusion. Cette prévision optimiste ne se réalisa pas. On aurait au contraire beaucoup d'excellentes raisons de prétendre qu'on n'arriva ainsi qu'à estropier deux enseignements. Par l'établissement de deux sections ou divisions, l'une relative à l'agriculture proprement dite, l'autre à l'art vétérinaire, on s'efforça de procurer un certain équilibre entre elles, et comme si elles devaient être symétriques, on les fondit dans la même moule, pour ainsi dire. Les matières traitées dans les cours oraux étaient complètement étrangères l'une à l'autre, mais l'enseignement n'en obéissait pas moins à la même orientation. On se persuadait sans doute que, du moment qu'ils appartenaient au même corps, les organes n'avaient plus qu'à fonctionner dans des conditions parfaitement identiques; en cela on commit une grave erreur.

Comme la ferme de Bemposta était décidément insuffisante pour la partie du cours supérieur qui se liait étroitement aux démonstrations pratiques sur le terrain, et comme d'autre part, cette petite propriété était réclamée pour une autre affectation, le gouvernement loua en 1852, par un bail à long terme, les terrains de la *Granja do Marquez*, non loin de Cintra, et là fut créé un cours de leçons pratiques pour les élèves sortis de l'Institut.

C'est dans ces conditions que fonctionna, pendant une certaine période de temps l'école d'agriculture de Lisbonne, sous la direction du vicomte de Villa Maior[1] qui eut ensuite pour successeur M. le comte de Ficalho[2]. Cela dura jusqu'en 1864, époque à laquelle survint une nouvelle réforme du ministre Jean Chrysostomo de Abreu e Sousa, modifiant profondément dans son ensemble le

---

1 Vicomte de Villa Maior, de l'Académie royale des sciences, recteur de l'Université de Coïmbre, professeur à l'École polytechnique et à l'Institut industriel. Pair du royaume, commissaire royal du Portugal à l'Exposition internationale de Paris 1878, commandeur de plusieurs ordres nationaux et étrangers.

A laissé les œuvres suivantes:

Manuel de viticulture pratique, Coïmbre, 1875.

Traité de vinification pour les vins naturels, Lisbonne, 1883.

Deux mémoires sur les procédés de la vinification (en collaboration avec MM. Ferreira Lapa et Antonio Augusto d'Aguiar). Lisbonne, 1867-1868.

Le Douro illustré, Lisbonne, 1876.

Préliminaires d'ampélographie et d'œnologie, Lisbonne, 1869.

Rapport sur l'Institut Agricole et l'école régionale de Cintra, rédigé en l'année 1868-1869.

Rapport sur les vins exposés par le Portugal à l'exposition universelle de Paris en 1878. Lisbonne, 1879.

2 M. le comte de Ficalho a été le troisième directeur de l'Institut agricole. Il est conseiller d'état, intendant général de la maison royale, pair du royaume, membre de l'Académie royale des sciences, inspecteur de l'Académie des beaux-arts, professeur de botanique à l'École polytechnique, etc.

Il est l'auteur des œuvres suivantes:

Plantes utiles de l'Afrique portugaise, Lisbonne, 1884.

Garcia da Orta et son temps, Lisbonne, 1886.

Entretiens sur les simples et les drogues de l'Inde, par Garcia da Orta. (Publication dirigée par le comte de Ficalho.) Lisbonne, 1891.

Flore des Luziades.

Mémoires sur l'influence des découvertes des portugais dans tout ce qui a rapport à la connaissance des plantes, Lisbonne, 1878.

En dehors de ces travaux botaniques et notamment de son étude sur le célèbre botaniste portugais Garcia da Orta, le comte de Ficalho a écrit d'autres livres, mais d'un caractère purement littéraire ou historique; entre autres de précieux commentaires sur certains points de l'histoire du Portugal.

plan de 1852 et donnant sur certains points une amplitude considérable à l'enseignement professionel technique.

Dans ce remaniement, l'enseignement agricole de l'Institut, tant élémentaire que supérieur, était conservé, mais on écartait l'enseignement secondaire. L'école supérieure, qui dans le nouveau plan prenait le nom d'*Institut général de l'agriculture,* devait se composer de treize cours divisés par sections, qui étaient destinés à former les aspirants aux quatre carrières suivantes: les agronomes, les silviculteurs, les ingénieurs agricoles et les vétérinaires. A cette organisation se rattachaient des missions d'études sur divers points du pays dirigées par les professeurs de l'Institut qui avaient pour instructions de recueillir tous les éléments propres à déterminer la flore agricole et forestière, la faune, les sols arables; leur investigation devait s'étendre à d'autres sujets analogues. Mais, en même temps, il était prescrit de rendre l'enseignement plus utilitaire.

Les vicissitudes de 1869.

En 1869, nombre de ces mesures furent supprimées. Le personnel enseignant des écoles régionales et de l'institut subit des réductions considérables et l'enseignement fut renfermé de nouveau dans des proportions plus étroites.

Relativement à cette phase de l'enseignement agricole en Portugal, nous croyons devoir ici compléter les quelques notes et considérations que nous venons d'exposer, en détachant les passages suivants d'un remarquable discours prononcé à l'ouverture des cours de l'Institut agricole (année scolaire de 1887-1888), par son directeur M. João Ignacio Ferreira Lapa, lequel fut un homme du plus grand savoir et d'autorité non moins grande, et à qui l'agriculture est tant redevable:

De 1855 à 1864. Un discours de Ferreira Lapa.

«Le décret qui fonda les deux écoles, agricole et vétérinaire, porte la date du 3 septembre 1855. Par ce décret, les cours respectifs des agronomes, des cultivateurs et des régisseurs furent maintenus et ceux qu'on créa à nouveau furent désignés sous les noms de cours de *vétérinaires-cultivateurs* et de *maîtres vétérinaires.* Le plan des études fut refait et les cours attribuées aux cinq chaires agronomiques du premier institut, — concurremment avec les quatre chaires vétérinaires de l'école vétérinaire militaire, — dans les conditions suivantes:

«Section agricole:

«1° *Agriculture générale,* Docteur Caetano Maria Ferreira da Silva Beirão;

«2° *Cultures spéciales,* Dr. Joaquim Estevão Rodrigues de Oliveira:

«3° *Génie rural et arts agricoles,* João de Andrade Corvo;

«4° *Economie, législation et comptabilité rurale,* Dr. Antonio Joaquim de Figueiredo e Silva;

«5° *Zootechnie,* Dr. José Vicente Barbosa du Bocage.

«Section vétérinaire:

«6° *Anatomie, opérations chirurgicales, sidérotechnie et extérieur des animaux domestiques,* Isidoro José Machado;

«7° *Pathologie générale et spéciale, clinique et droit vétérinaire,* José Maria Teixeira;

«8° *Notions de physique, de chimie et de météorologie appliquées,* João Ignacio Ferreira Lapa;

«9° *Pharmacie, matière médicale et hygiène vétérinaire,* Silvestre Bernardo Lima.

«Afin d'épargner aux élèves de la fatigue et une perte de temps, pour aller suivre les cours de sciences naturelles à l'École polytechnique et à l'institut du

Le vicomte de Villa Maior, deuxième directeur de l'Institut Agronomique de Lisbonne

Père Mayne, comme complément de ceux de l'Institut agronomique, le décret mentionné plus haut organisa ces études à l'intérieur du même établissement, la physique et la chimie faisant l'objet d'un nouveau cours et la botanique, avec la géologie, étant rattachées à la chaire d'agronomie, comme la zoologie à la chaire de zootechnie et les mathématiques élémentaires, à celle du génie rural. De cette manière, les études essentielles, aussi bien que les accessoires, étaient localisées dans l'établissement, le nombre en étant réduit, mais le tout mieux approprié à la nature et à l'objet spécial des deux cours agricole et vétérinaire.

«Cependant, l'effectif des chaires vétérinaires proprement dites fut ramené à trois, au lieu de quatre qui existaient dans l'ancienne école du Salitre.

«Le laboratoire chimique fut fondé, et c'est là que commencèrent bientôt, non seulement les démonstrations et expériences du cours de chimie, mais quelques travaux d'analyse. On établit le musée de produits et machines agricoles, et aussi le cabinet du génie rural. Le premier était formé en grande partie avec quelques-uns des produits exposés dans les premières expositions de Londres et de Paris, et le deuxième fut garni des machines et des modèles divers que, par autorisation du gouvernement, M. Corvo choisit et acheta pour l'Institut, pendant sa mission scientifique, à l'occasion de la première Exposition de Paris, en 1855.

«La ferme expérimentale, établie dans la propriété de Bemposta, qu'avait cédée temporairement la maison royale pour le service de l'enseignement pratique de l'école de l'armée et de l'Institut agricole, se trouva dès le principe dans des conditions peu favorables à l'objet de sa destination.

«Elle devait satisfaire en effet à deux nécessités difficiles à concilier. Servant à la fois de ferme-modèle et de champ expérimental, il fallait qu'on y pût rencontrer beaucoup de choses et exécuter beaucoup de travaux relatifs à l'enseignement; mais tout cela devenait inutile pour un système économique de culture. Condamnée à resteindre toutes les cultures dans des carrés étroits, la ferme de l'Institut ne fut ni un modèle complet propre à être suivi dans la pratique, ni un champ d'expériences assez parfait pour l'enseignement de la science. Le public connaisseur, qui visitait l'établissement, tout en appréciant telle ou telle chose en détail, n'applaudissait pas à l'ensemble, et encore moins au résultat économique, lequel était négatif par suite de tant d'exigences si opposées et de conditions si disparates. La ferme de Bemposta, qui devait être un théâtre très animé du pouvoir de la science, ne fit qu'aggraver la défaveur qui, dès l'origine, avait frappé l'enseignement théorique de l'Institut. Son insuffisance s'accrut au point de l'inutiliser; car elle fut abandonnée pour l'exercice pratique des élèves du cours de la dernière période, au lendemain de la mise à la réforme de ses directeurs, l'agronome Gagliardi, et du décès de son directeur général, le docteur José Maria Grande.

«L'impropriété de la ferme de Bemposta une fois démontrée, on s'occupa de choisir une propriété rurale qui réunît toutes les conditions ou pour le moins la plus grand nombre des conditions nécessaires pour l'enseignement pratique. Sur le rapport d'une commission de professeurs de l'Institut, on se fixa, à la date du 10 septembre 1862, sur la *Granja do marquez de Pombal,* sise à une lieue et demie de Cintra et à cinq lieues de Lisbonne, ce choix ayant donné lieu au surplus à de vives controverses, parce que les agriculteurs pratiques souhaitaient que l'école *pratique* d'agriculture s'établît dans un milieu essentiellement agricole, et même si c'était possible, au centre des grandes cultures, dans le Ribatejo, par exemple. Mais n'ayant pas réussi à découvrir dans cette région une propriété réunissant toutes les conditions requises, si ce n'est à des prix exorbitants, le gouvernement se vit obligé d'accepter la *Granja* précitée, encore bien que la localité et le climat ne fussent pas des plus convenables pour un champ expérimental, qui étant alors seul et unique, dans son genre et sa destination, aurait du pouvoir s'adapter le plus parfaitement possible à la forme la plus générale de la culture dans la région du centre de ce pays.

«La *Granja régional*, de Cintra, n'en fut pas moins inaugurée, sous le coup des augures peu favorables de l'opinion qui désapprouvait l'installation, et elle ne cessa jamais jusqu'a la fin de faire la guerre à cet établissement, cachant tout ce qui s'y est réalisé de bon et exagérant les imperfections auxquelles ou ne put rémédier, faute de temps et d'argent.

«Le service des haras du gouvernement, dont la création avait été décrétée par la même loi qui incorpora l'école vétérinaire à l'Institut, de même que les questions d'ordre privé liées à l'enseignement pratique de l'art vétérinaire, exigeaint une certaine unité et une compétence particulière. Pour satisfaire à ces deux conditions, on créa par décret du 31 juin 1859 un conseil spécial de vétérinaires, qui fut chargé de la direction et de l'instruction de ces affaires, en même temps que de la surintendance des services vétérinaires du district.

«C'est à la même époque qu'on établit les inspections des services vétérinaires dans les districts du royaume, création dont l'utilité pratique a été de plus en plus appréciée d'année en année.

«Les services de l'inspection des bestiaux, longuement étudiés et recommandés par le conseil spécial de l'art vétérinaire dans les rapports de ses vice-présidents, ont clairement démontré leur utilité en plus d'une occasion, et à l'appui nous pouvons citer, comme un travail de grande importance qui fait le plus grand honneur aux fonctionnaires de ce corps, *«Le recensement général des bestiaux»*, qu'ils effectuèrent avec un zèle extrême et une économie de dépense vraiment fabuleuse, en comparaison de ce qu'avaient coûté au pays les rares travaux qu'il possède en ce genre.

«On peut voir par là que, dans la période écoulée de 1855 à 1863, l'Institut agricole, loin de demeurer stationnaire sous sa forme primitive, progressa et se compléta dans quelques branches de l'enseignement et des services y relatifs. Mais tous ces perfectionnements, réalisés séparément (comme on l'avait fait), et sans la moindre liaison avec l'ancien système, réclamaient un certain remaniement ou de certaines réformes.

«Environ deux ans après, le 20 août 1864, le comte de Ficalho étant directeur, une commission fut nommée par le gouvernement pour recevoir communication d'un plan de réforme de l'enseignement agricole, qui fut en effet décrété le 29 décembre de la même année.

«Cette réforme, qui modifia profondément l'organisation de l'Institut, conserva néanmoins la réunion des deux écoles, dont l'utilité pratique était clairement démontrée.

«Pourtant, la réforme de 1864 ne maintint pas la fusien des deux cours d'agrnnomie et d'art vétérinaire.

«Le cours des vétérinaires-cultivateurs fut remplacé par celui des vétérinaires «tout court», bien que les élèves de ce cours continuassent à faire, conjointement avec les études médicales, quelques autres études agronomiques ayant plus d'affinité avec l'art vétérinaire.

«Cette répartition des cours «par spécialités» était devenue indispensable, non seulement parce qu'on avait constaté combien il était difficile, à la majorité des élèves, de suivre simultanément les deux cours, mais aussi, parce que la réforme ayant élargi les études vétérinaires et amplifié l'exercice de l'année scolaire, la difficulté serait devenue insurmontable, à moins d'avoir affaire à des intelligences très vigoureuses et tout à fait d'élite.

«D'un autre côté, l'expérience avait démontré que la spécialisation professionnelle des deux cours, agronomique et vétérinaire, offrant plus d'avantage, à l'un autant qu'à l'autre, et par conséquent aux applications respectives de chacun d'eux, cela favoriserait mieux l'assiduité à l'un comme à l'autre cours:

«Au cours des agronomes, parce qu'il n'aurait plus à craindre la concurrence du cours mixte, le plus qualifié sans aucuns doute et préféré pour les emplois ceux qui publics;

«Au cours des vétérinaires, parce que les études étant ainsi plus homogènes et moins développées, il serait plus aisé d'acquérir les connaissances requises, à ceux qui se destineraient à la profession médicale des animaux.

«En dehors des cours d'agronomie et d'art vétérinaire, la réforme dont il s'agit en créa deux de plus: celui des ingénieurs agricoles et celui des forestiers, renonçant aux cours en sous ordre de cultivateur et de maître vétérinaire, dont la fréquentation, toujours très restreinte, parce que ces cours n'offraient pas des avantages professionnels équivalents aux travaux, finit par disparaître.

«On supprima les trois écoles régionales qui, faute de bonne volonté et de ressources, non moins que par l'insuffisance du personnel, ne parvinrent jamais à s'établir; sauf à Evora, où l'école manifesta un commencement de vie, mais qui bientôt s'éclipsa complètement.

«A la place de ces écoles, le décret de 1864 autorisa la fondation de quatre fermes régionales, destinées à l'enseignement élémentaire et à la pratique de l'agriculture, le gouvernement contribuant a l'acquisition des terrains et aux autres frais d'installations.

«Et, en outre de ces créations, le gouvernement autorisa celle de fermes spéciales pour l'enseignement, et cela en nombre indéterminé pourvu que les conseils généraux de district missent les terrains à leur disposition, les dépenses du personnel et de l'exploitation demeurant au compte du gouvernement central.

«Par ce moyen, la réforme laissa subsister les degrés supérieur et inférieur de l'enseignement agricole, renonçant implicitement au degré moyen, parce qu'en réalité, quatre professeurs étant attachés à chaque ferme régionale, chacune d'elles restait prèsque avec la même ampleur d'enseignement théorique que celle qui était attribuée aux écoles régionales.

«Le plan d'études de l'Institut fut divisé en deux sections:

«La première, sous le titre de *Sciences préparatoires,* comprenait:

«La physique, la chimie et la météorologie;

«La minéralogie, la géologie, la botanique et la zoologie;

«Les mathématiques élémentaires.

«La deuxième, celle des *Sciences techniques:*

«1ère chaire — Agrologie, cultures agraires et épiphyties;

«2e chaire —Topographie, arboriculture et silviculture;

«3e chaire — Génie rural, embrassant les constructions, l'hydraulique et la mécanique agricoles;

«4e chaire — Économie agricole et forestière, législation, administration et comptabilité rurales;

«5e chaire —Technologie agricole et forestière; chimie agricole et analyse;

«6e chaire — Anatomie et extérieur des animaux domestiques;

«7e chaire — Chirurgie et obstétrique, sidérotechnie et clinique chirurgicales;

«8e chaire — Pathologie et clinique médicale, et droit vétérinaire;

«9e chaire — Physiologie et pharmacologie;

«10e chaire — Hygiène vétérinaire et zootechnie.

«Grâce à cette réforme, la section vétérinaire recouvra la chaire qu'elle avait perdue par son annexion à l'Institut et les deux sections y gagnèrent une chaire de plus, la dixième, qui fut considérée comme commune aux deux cours.

«Les professeurs furent divisés en deux groupes, les maîtres titulaires de chaires, ou de première classe, au nombre de dix, et ceux de deuxième classe, au nombre de cinq. Ceux-ci avaient la double charge d'aider et de suppléer les premiers, en cas d'empêchement, et de remplir les chaires des sciences préparatoires.

«Il y avait en outre un maître de dessin, avec son adjoint, et cinq chefs de service: deux pour le service agricole, un autre pour le service chimique, et deux pour le service de la section vétérinaire.

«La réforme de 1864 essaya de pourvoir à la nécessité de premier ordre dont souffrait, l'enseignement agricole, c'est-à-dire de rémédier défaut de pratique des élèves, qui furent tenus dès ce moment de passer la quatrième année de leur cours en stage, à la ferme régionale de Cintra.

«Mais, si cette mesure tendait à compléter l'enseignement agricole, elle avait un mauvais côté, celui de l'amoindrir en réduisant à trois années le cours théorique.

«A cette réforme de 1864 est due la pensée, sinon le fait, de la vulgarisation de l'enseignement agricole par le moyen des missions et des conférences qui avaient rendu de signalés services dans d'autres pays. Mais l'application de cette idée ne fut clairement formulée que par le décret du 2 décembre 1869, et les premiers essais remontent au printemps de 1870, aux termes du règlement qui fut publié dans le courant de cette même année pour organiser ce service.

«Quelques professeurs et agronomes de l'Institut réalisèrent des conférences à Braga, à Vizeu, à Santarem, à Portalegre; les deux premières furent imprimées.

«Jamais plus, cependant, ce moyen de généralisation de l'enseignement rural ne se renouvela, bien que la première tentative n'eût pas été de tous points stérile.

«Un meilleur sort n'échut pas à la création des chaires d'agriculture élémentaire, instituées dans les lycées du royaume par le décret du 2 décembre 1869. Une ou deux dans le nombre, qui parvinrent à s'ouvrir, ne tardèrent pas à se fermer faute d'assistance. Le même échec fut le partage des stations agronomiques décrétées par la loi précitée, dans tous les districts, et dirigées, à défaut d'agronomes officiels, par les inspecteurs des services vétérinaires.

M. le comte de Ficalho, troisième directeur de l'Institut Agronomique de Lisbonne

«Il est assez remarquable que ce fût précisément, dans la période financière la plus difficile du pays, pendant laquelle on décida et exécuta de profondes réductions dans les dépenses du budget (réductions qui atteignirent si sérieusement les services de l'agriculture officielle), qu'on vit le gouvernement décréter le plus grand nombre de dispositions tendant à favoriser la propagande de l'enseignement agricole. Les rapports relatifs aux réformes de cet enseignement, datés du 8 avril 1869 et du 2 décembre de la même année, sont pleins de la plus saine doctrine sur l'importance et la nécessité de l'enseignement de l'agriculture. Le dernier décret est, on peut le dire, riche en conceptions d'une véritable ampleur et même, disons plus, d'une certaine profondeur philosophique, sur la transcendance de cet enseignement auquel il ouvre les plus vastes horizons. Mais, en même temps qu'on proclamait la saine doctrine de l'agriculture officielle, on rognait les crédits de ce chapitre du budget; de telle manière que les déclarations gouvernementales, étalées avec un si grand luxe de rhétorique complaisante, paraissaient plutôt des baumes appliqués sur les profondes blessures que la force majeure infligeait par suite des embarras du trésor, qu'un programme arrêté avec conviction, en vue de la réorganisation de l'agriculture officielle.

«C'est ainsi, qu'à la suite du décret du 8 avril 1869, qui opéra sur le budget de l'agriculture une économie de 34:120$000 réis (environ 190.060 francs, en chiffres ronds, au pair), et de la nouvelle réduction de plus de 7 contos (39.000 francs), imposée par le décret du 22 décembre de la même année, on payait en paroles sonores et à bon marché les chaires agricoles des lycées, les stations agronomiques expérimentales, les missions agricoles, les essais de haras, le perfectionnement des industries rurales!

«Le cadre du personnel de l'Institut fut très réduit; les six emplois de professeurs de 2e classe furent retranchés, et d'autres encore, qui n'appartenaient pas aux corps enseignant; les chefs de service se trouvèrent dès lors investis des attributions des professeurs et chargés de les remplacer, concurremment avec les cours auxiliaires auxquels ils étaient préposés. Ces nouvelles fonctions ne furent pas sans préjudicier dans une certaine mesure aux démonstrations et aux exercices pratiques qui leur étaient confiés auparavant.

«Ce fut la fin de l'institution des fermes d'enseignement, qui ne se relevèrent jamais de la mauvaise fortune qu'elles avaient éprouvée en naissant. On supprima du même coup les fermes régionales, qui avaient été proposées par le décret de 1864 en remplacement des écoles du même nom; à l'exception de la ferme régionale de Cintra, qui seule fut fondée, à cause des étroits rapports qu'elle avait avec l'enseignement supérieur donné à l'Institut.

«On imaginera que, du moment où les moyens matériels venaient à manquer, ce n'était pas avec des mots retentissants ni avec eau bénite officielle qu'on pouvait se flatter d'imprimer une plus grande impulsion à l'enseignement.

«Il est juste pourtant de reconnaître que cet enseignement descendit, beaucoup moins qu'on n'avait sujet de le craindre, du niveau qu'il occupait à l'époque des dernières réformes réalisées en 1869. La raison en est simple. C'est que les coupures faites dans le budget des dépenses de l'enseignement agricole portèrent, presque toutes, sur des choses décrétées mais non exécutées. De cette façon, si une véritable fantasmagorie avait présidé aux projets d'améliorations prévus par les précédentes réformes, par un retour des choses d'ici-bas, l'Institut n'eut pas à parer en réalité les coups portés par la cognée économique de ces temps-là. Si les améliorations futures se trouvèrent atteintes, la situation acquise d'alors, put être sauvegardée, et l'on arriva jusqu'à la fin de l'année dernière sans avancer, mais aussi sans reculer d'une manière trop lamentable.

«Un fait mémorable, mais bien marqué au coin du progrès, et qui remonte justement par sa première origine à cette période des économies si funeste a l'agriculture officielle, c'est la création des «agronomes de district», mesure décrétée tout d'abord à titre facultatif par la loi du 14 juin 1871, étendue et confirmée depuis, avec le caractère exécutoire, par la loi du 7 avril 1876.

«Cette mesure, acceptée et sanctionnée sous un régime financier plus paternel, tendait à impatroniser par la voie la plus directe et la plus normale, la propagande et la diffusion de l'enseignement agricole, vainement proclamées par les réformes antérieures. Les agronomes de districts devaient être le germe d'un grand nombre d'autres écoles d'agriculture, théoriqne et pratique, qui dans un espace de quelques annés s'élèveraient pour le plus grand profit de l'agriculture locale, et dans l'intérêt de son avancement réel et palpable. Ce que n'avaient pas fait les fermes écoles, ce que n'avaient pas eu le pouvoir de mener à bonne fin les écoles régionales, ce qui n'avaient même pu tenter les fermes-modèles de circonscription, ce qu'avaient à peine ébauché les stations agronomiques et les missions agricoles de 1870, on l'espérait du zèle des agronomes de district qui, avec l'assistance du gouvernement et des caisses districtales, leur fournissant les conditions d'existence et les ressources nécessaires, pouvaient réaliser tout au moins la cinquième partie du programme.

«Il était humainement impossible de faire face à une pareille surcharge de services: et même en les réduisant à leur plus simple expression, le fonctionnement n'eût pas moins été impraticable; c'était identiquement la même chose créer en effet des agronomes de district que de les abandonner sans guides, sans direction ni contrôle, la plupart même, sans moyens ni ressources indispensables pour mettre en pratique la partie réalisable de leurs tâches.

«Le petit nombre d'agronomes auxquels les conseils généraux fournirent des exploitations agricoles à diriger, se trouvèrent dans l'impossibilité de les présenter d'emblée dans un état de supériorité manifeste vis à vis des exploitations ordinaires de la culture professionnelle; et cela pour divers motifs, dont le principal est la contradiction entre les deux objectifs qu'on poursuit.

«L'un est l'enseignement pur, l'autre est la question du lucre monétaire, entre lesquels il y a réellement incompatibilité chaque fois qu'on se laisse aller à donner à l'enseignement plus que ne le comporte la sévère économie, absolument obligatoire quand il s'agit d'une propriété agricole de revenu. Voilà le grand et incurable défaut des exploitations rurales de l'État dans tous les pays. Tantôt on confond les deux fins, tantôt on établit une promiscuité entre elles; ou mieux encore, on a le grand tort de ne pas séparer rigoureusement l'enseignement agricole, sous la forme d'exploitation pratique, de l'enseignement agricole limité aux démonstrations et aux expériences. C'est que dans le premier cas, tout est subordonné au gain métallique, tandis que dans le second, tout dépend de la solution des problèmes, de l'interprétation des cas, de la manifestation des faits, de la révélation des causes, d'où résulte un progrès de la science pour la meilleure direction future de la pratique agricole.

«On s'écarte ici de l'enseignement en vue du lucre. Or, il est bien reconnu que c'est à cette dernière forme d'enseignemant que l'État peut et doit ramener l'agriculture avec le plus grand profit et la plus entière compétence.»

Nous n'aurions certes jamais pu photographier en meilleurs termes la succession des événements qui influèrent sur l'organisation de l'enseignement agricole en Portugal, au cours de cette période de neuf années, écoulées depuis 1855 jusqu'à 1864.

Par décret du 2 décembre 1886, l'enseignement officiel de l'agriculture fut de nouveau réformé. Cette fois, il fut traité avec une véritable libéralité de vues et si largement doté que, dès ce moment, cette institution était élevée dans son ensemble à un niveau non de beaucoup inférieur à celui des pays les plus civilisés de l'Europe où l'agriculture est en honneur et a le plus emprunté ses moyens d'action aux perfectionnements modernes. Elaboré avec um critérium supérieur et une remarquable intelligence de la situation, le décret de 1886 marquera une étape mémorable dans la marche des progrès agricoles de notre pays, bien qu'il existe encore sur certains points des lacunes à remplir, et que par moments, l'instrument se ressente de la précipitation avec laquelle il fut préparé. C'est d'abord au ministre des travaux publics, M. le conseiller Emygdio Navarro, qui vit si clairement les véritables nécessités de la culture nationale et les envisagea avec une si patriotique résolution dans la pensée de satisfaire à tous ses besoins; c'est aussi, également, au très zélé et intelligent directeur général de l'agriculture M. le conseiller Elvino de Brito (actuellement chargé du portefeuille des travaux publics, du commerce et de l'industrie), dont l'activité et les efforts persistants s'employèrent si puissamment à assurer son éxécution, que sont dus les plus grands éloges, les plus chaudes félicitations, pour le grand bien qu'ils ont fait à l'agriculture en réorganisant celle branche de l'enseignement, qui n'était jamais arrivée jusqu'alors à un tel état de perfectionnement et d'éclat, ni à un degré d'élévation aussi manifeste.

L'organisation de 1886. L'œuvre du ministre Navarro.

Ce serait pourtant une grande injustice et un impardonable oubli de notre part, que nous reprocheraient tous ceux qui ont vu à l'œuvre les promoteurs de toutes les améliorations rurales de notre pays, si nous négligions d'associer à ces éloges mérités un homme dont nous avons cité le nom au cours de cette étude, et qui par son immense travail et indiscutable autorité dans toutes les questions si complexes, du domaine de l'agriculture, a tant de droits à n'être pas oublié.

Nous voulons parler ici du très distingué professeur Ferreira Lapa[1], directeur pendant plusieurs années de notre premier établissement d'instruction agri-

[1] J. I. Ferreira Lapa, de l'Académie royale des sciences, du conseil de Sa Majesté, Pair du royaume, professeur de technologie rurale et de chimie agricole à l'Institut général d'agriculture, commandeur de plusieurs ordres nationaux et étrangers, etc., etc.

Les œuvres suivantes sont dues à Ferreira Lapa. Nous mettons en vedette sa *Technologie rurale*, à cause de la grande impulsion qu'elle donna au mouvement d'amélioration de nos ateliers agricoles et des procédés de fabrication.

Suit la nomenclature complète :

Le *Cathécisme populaire de physique et de chimie*, Lisbonne, 1864.

Le *Cathécisme populaire de mécanique*, Lisbonne, 1855.

Le *Cathécisme populaire d'agriculture* (en collaboration avec Silvestre Bernardo Lima), Lisbonne, 1856.

cole. Il eut le grand mérite de se montrer toujours supérieur aux mille oppositions et contrariétés qui ne lui furent pas épargnées, et toujours ferme, ne se lassa pas de faire une très large propagande en faveur de la cause de l'enseignement rural dans notre pays, soit en se servant de sa parole éloquente et sympathique, soit en éclairant le public par ses écrits classiques sur la matière.

A l'occasion de l'ouverture des cours de l'Institut, qu'il dirigeait si magistralement, le vieux professeur émit à diverses reprises ses larges idées touchant la meilleure orientation de l'enseignement technique agricole et montra le moyen de le rendre plus fructueux et plus utilitaire, sans exagérations de luxe. Son esprit élevé apporta souvent de lumineux conseils à plus d'un ministre de la couronne et sa vaste intelligence sut inspirer confiance à ceux-là mêmes dont les vues bornées se refusaient à admettre l'idée du principe de l'amélioration du travail des champs par la science. Nous ne voulons pas ici amoindrir la valeur des véritables auteurs du décret de 1866, mais simplement ne pas faillir à la vérité historique, en rappelant que Ferreira Lapa peut revendiquer sa part de l'honneur, ayant été à la peine, car il fut certainement le précurseur de fait, sinon le seul inspirateur de la loi.

Le décret de 1886 établissait trois degrés différents d'instruction: l'enseignement supérieur, l'enseignement secondaire et l'enseignement primaire. Sur ce point, la nouvelle loi ne faisait que rétablir ce que son aînée de 1852 avait créé. L'enseignement supérieur, par-dessus tout, fut considérablement amélioré. Les cours professés à l'Institut (lequel établissement reçut dès lors sa nouvelle dénomination d'*Institut agronomique et vétérinaire*), duraient cinq ans et préparaient les élèves aspirants aux diplomes d'agronome, de silviculteur et de médicin vétérinaire. Dans l'application de cette réforme, plusieurs chaires furent dédoublées et on s'efforça de développer le côté pratique de l'enseignement en ajoutant quelques dispositions utiles.

Le plan des cours de l'Institut comportait vingt-un classes énumérées comme il suit:

1ère Physique et météorologie; minéralogie et géologie;
2e Chimie en général et analyse chimique;
3e Botanique et physiologie végétales;
4e Zoologie et extérieur des animaux domestiques;
5e Chimie agricole, analyse des terrains, engrais et plantes;
6e Cultures céréales et horticoles;

Un mémoire sur l'*Étude industrielle et chimique des blés portugais*, Lisbonne, 1865.

Technologie rurale, 3 volumes. (Du premier volume furent faites trois éditions, et deux du second.)

Chimie agricole, Lisbonne, 1875.

Mission agricole dans la province du Minho, Lisbonne, 1871.

Rapport sur l'exposition universelle de Paris, en 1878, Lisbonne, 1879.

Deux *Mémoires sur les procédés de vinification* (en collaboration avec le vicomte de Villa Maior et Antonio Augusto d'Aguiar), Lisbonne, 1867–1868.

Discours d'inauguration, prononcés à l'occasion de l'ouverture des classes de l'Institut agronomique (15 fascicules).

Almanach du laboureur (6 années, en collaboration avec J. Felix Pereira), Lisbonne, 1866–1879.

J. J. Ferreira Lapa, quatrième directeur de l'Institut Agronomique de Lisbonne

7e Mécanique générale et ses applications aux machines agricoles; topographie;

8e Constructions rurales et hydraulique agricole;

9e Economie, droit administratif, législation et comptabilité, rurales et forestières;

10e Microscopie, nosologie végétale et entomologie;

11e Technologie rurale et forestière; analyse de produits technologiques;

12e Silviculture;

13e Viticulture et arboriculture;

14e Zootechnie générale et spéciale, et hygiène du bétail;

15e Anatomie descriptive et tératologie;

16e Histologie et physiologie comparée des animaux;

17e Matière médicale, pharmacie, toxicologie et chimie médicale;

18e Pathologie générale et anatomie pathologique générale;

19e Chirurgie, obstétrique vétérinaire, sidérotechnie et clinique chirurgicale;

20e Pathologie spéciale (interne et externe), thérapeutique générale et clinique médicale;

21e Droit vétérinaire, épizooties, police sanitaire, droit commercial vétérinaire et médecine légale.

Pour rendre effectif l'enseignement pratique, l'Institut agronomique et vétérinaire devait posséder les installations suivantes:

1° Un cabinet de physique et d'histoire naturelle;

2° Un laboratoire de chimie agricole;

3° Un laboratoire de microscopie;

4° Une salle d'exercices pratiques de mécanique appliquée et de topographie;

5° Un musée de plantes, de semences et de produits agricoles et forestiers;

6° Un musée du génie agricole;

7° Un champ d'expériences et un jardin agricole et médico-animal;

8° Un laboratoire de chimie médicale et d'analyses toxicologiques;

9° Un laboratoire de bactériologie et d'histologie;

10° Un cabinet d'anatomie et de chirurgie;

11° Un cabinet de pathologie;

12° Une pharmacie;

13° Une bibliothèque;

14° Un hôpital vétérinaire;

15° Un cabinet de consultation vétérinaire;

16° Un atelier de sidérotechnie;

17° Un dépôt d'animaux reproducteurs.

Parallèlement aux leçons théoriques données dans les cours, la loi établit en principe l'organisation d'excursions d'études dans les fabriques et ateliers ruraux, amélioration féconde qui produisit les meilleurs résultats pour l'éducation technique des élèves.

L'enseignement secondaire, destiné à former des chefs de culture, des régisseurs d'exploitations agricoles, était professé dans une école spéciale située à Coïmbre, dotée de terrains suffisants pour les travaux pratiques et disposant des ressources indispensables pour l'instruction théorique.

Quant à l'enseignement primaire ou élémentaire agricole, il y était pourvu par les écoles pratiques élémentaires, disséminées en grand nombre dans le pays et créées plus ou moins à l'image de celles que le gouvernement avait décrétées en 1852.

Critique de l'œuvre du ministre Navarro

Dans son remarquable discours, prononcé à l'occasion de la rentrée des classes de l'Institut, dans la séance d'ouverture solennelle de l'année 1887-1888, dont il a été question plus haut, l'honorable Ferreira Lapa s'exprimait ainsi au sujet de la réforme de 1886:

«Cette réforme qui assurément ne prétend pas à la perfection absolue, parce que la perfection n'appartient à aucune œuvre humaine, est venue véritablement apporter un remède à des souffrances de nature à déprimer ces enseignements, tant au point de vue théorique, qui était sans aucun doute au-dessous du niveau auquel s'élève actuellement l'enseignement similaire dans d'autres pays, que principalement en ce qui touche la partie pratique et démonstrative dont l'anémie originelle fut la cause du dépérissement, vainement combattu, de cet Institut, à la suite des précédentes réformes.

«Le plan d'études de l'Institut comporte un cadre de vingt-un cours. Si l'on compare ce chiffre à celui des cours de l'Institut agronomique de Paris, qui est de vingt-sept, il semble que nous ne sommes pas très distancés par cette école exclusivement agronomique, et réputée pour être la plus scientifique de l'Europe. Mais, en se rendant compte que dans notre Institut, il y a trois catégories d'enseignement réunis correspondant à trois écoles, celle d'agronomie, celle de silviculture et celle de l'art vétérinaire, neuf cours étant consacrés en particulier aux deux premieres catégories et cinq affectés en commun à toutes les autres, on s'aperçoit que cette approximation flatteuse n'est qu'apparente. En réalité, notre école agronomique possède tout au plus quatorze chaires, c'est-à-dire douze de moins que l'Institut de Paris.

«Le plus clair bénéfice de la réforme fut dans la partie qui se rapporte au personnel enseignant; car le nombre des professeurs pourvus de chaires monta de treize à vingt-un, sans compter six maîtres suppléants créés en remplacement des anciens chefs de service.

«Cette augmentation du personnel enseignant et la transformation de certains cours qui, d'auxiliaires devinrent préparatoires, contribue suffisamment malgré tout à l'extension et au progrès de l'enseignement théorique, dans une mesure dépassant les prévisions optimistes que pouvait autoriser la création de trois nouvelles chaires.

«L'augmentation de la durée de l'enseignement théorique, pour l'agronomie et la silviculture, qui de trois ans était portée à quatre, comme au temps du primitif Institut, n'influa pas moins favorablement sur le développement de cet enseignement. Il est donc incontestable que si la réforme eut pour effet d'améliorer l'enseignement théorique au point de vue du personnel enseignant, elle ne laissa pas non plus d'aplanir le terrain pour l'élargissement du programme des matières de ce cours.

«Mais c'est surtout, dans la partie démonstrative et pratique des leçons, que la réforme se fit sentir d'une manière plus accentuée et actuelle.

«Tous les cours vont dorénavant avoir leurs démonstrations, dans la mesure compatible avec la nature des leçons et l'état des moyens matériels, et ces démonstrations seront faites par les maîtres titulaires des chaires, alternativement avec les leçons théoriques, ou simultanément, ainsi que cela se pratiquait auparavant, mais seulement pour quelques cours.

«Il y aura, par surcroît, des exercices pratiques des élèves dans tous les cours qui le comportent; les maîtres suppléants y présideront sous la direction et la surveillance des professeurs chargés des chaires respectives.

«Afin de faciliter ces deux genres d'enseignement, on se propose de créer quelques laboratoires de plus et des cabinets nouveaux: comme sont, les laboratoires de toxicologie et de chimie médicales, ou de bactériologie et d'histologie, la salle d'exercices pratiques de mécanique, les cabinets de physique, d'histoire naturelle et de pathologie et un champ d'expériences. L'entretien des services des cours, des laboratoires et des cabinets, qui jusqu'à présent était d'une insuffisance voisine de la mesquinerie, est maintenant libérale, sans qu'il y ait rien d'excessif.

«Jusqu'à ce jour nous étions obligés de pourvoir à ces services et de payer les salaires des domestiques avec une allocation de 2:200$000 reis. Maintenant, nous avons à notre disposition, pour les mêmes services, 6:000$000 reis, et les salaires des domestiques qui s'élevaient à plus de 1:000$000 réis sont payés sur une autre allocation du budget. C'est-à-dire que la dotation académique est actuellement le sextuple, et un peu plus encore, de ce qu'elle était antérieurement.

«Cette munificence du gouvernement actuel, permettant de multiplier les fournitures de matériel, tels qu'achat de livres, de journaux, de modèles, d'appareils, d'instruments, etc., est la consacration manifeste de la largeur de vues qui présida à l'élaboration du projet de réforme; car si l'argent est le nerf de la guerre, on peut dire également que s'il n'est pas l'ossature de la science, il en est le sang qui, par sa chaleur, la fait prospérer et fleurir.

«Les industries rurales, ou arts agricoles, sont ceux qui peuvent le moins facilement s'exhiber ostensiblement, et sur une large échelle, dans les Instituts agronomiques. Il leur manque pour cela de nombreux ateliers divers, qui bien que modestement outillés, n'en exigeraient pas moins de fortes sommes pour leur établissement et entretien. Les démonstrations ne pouvant pas être faites d'après nature, mais seulement à l'aide d'artifices improvisés, à peine suffisants pour indiquer les opérations chimiques qui forment l'essence même de ces industries, les auteurs du plan de réforme recoururent à l'unique moyen dont on use dans d'autres pays pour suppléer à la même pénurie, c'est-à-dire qu'on prescrivit des visites, à faire par les élèves, aux ateliers industriels et agricoles existant dans la localité ou dans les environs, en compagnie de leurs professeurs.

«Des excursions du même genre au jardin de l'École polytechnique, des explorations rurales aux environs de la capitale compléteront les démonstrations, pour tout ce qui touche aux sciences naturelles et aux divers travaux de culture que l'Institut, pour le moment, n'est pas en état de leur fournir avec une ampleur convenable.

«L'apprentissage pratique de la profession rurale, que les élèves agronomes faisaient dans la ferme régionale de Cintra, pendant la quatrième année de leur cours, n'était pas des plus satisfaisants; et cela parce que, si les élèves trouvaient encore ainsi la manière de se familiariser plus au moins avec les travaux et opérations ruraux, sous la forme exclusive d'une exploitation rurale subordonnée à des exigences et à des charges ne rentrant pas exactement dans la catégorie de celles qui sont indiquées par la nature des choses, ils étaient bien loin de pouvoir acquérir commodément la connaissance pratique des principales formes de la culture nationale et des systèmes d'administration rurale.

«La réforme transforma cet apprentissage sédentaire, permanent, contemplatif en quelque sorte, et comme absorbé par une vision unique, en un apprentissage nomade au milieu duquel les élèves avaient la faculté de voir et d'étudier les divers types et exemplaires de l'agriculture en action, soit dans les établissements de l'État, soit dans les propriétés particulières, prenant part çà et là à certains travaux en exercices, afin d'acquérir l'habilité et l'aisance nécessaires en bien des cas. Par l'adoption de cette mesure, on réalisait incontestablement le seul et unique moyen d'initier les élèves à la pratique, par l'éducation la mieux faite pour assurer l'identification des agronomes avec la vie rurale du pays, c'est-à-dire en les plaçant, dores et déjà, dans le milieu où ils devaient plus tard entrer en fonction comme agents ou instruments intelligents de production.

«Néanmoins, ce nouveau système, tendant à procurer aux élèves l'enseignement de la pratique agricole, ne saurait les dispenser d'assister pendant le cours théorique aux applications, travaux et services agricoles, règlés non dans un but spéculatif, mais expérimental, ayant pour objet de démontrer pratiquement les leçons des professeurs des diverses chaires. La loi de réforme a pourvu à cette nécessité, en attribuant à l'Institut un champ d'expériences et un jardin agricole et medico-animal; et dans ce moment même, on s'occupe d'acquérir, à portée de l'Institut, les terrains propres à établir ce champ expérimental.

«L'expérience se charge de nous montrer que les plus grandes nécessités de l'instruction rurale, aux champs, dans notre pays aussi bien que dans tous les autres, consistent aujourd'hui surtout à s'entourer de choses qui, tout en étant d'un usage quotidien dans la carrière du cultivateur, échappent à ses sens, de même qu'elles se dérobent à son intelligence.

«Les choses dont je veux parler sont celles qui sont du domaine de la chimie et embrassent tous les secrets ou raisons d'être d'une multitude de faits que l'agriculteur n'est guère en état de comprendre par lui-même de diriger et encore moins de prévoir.

«C'est dans cette partie, toute entière pleine d'obscurité, que l'agriculture réclame les plus promptes et les plus sûres leçons. La plus précieuse des missions de l'enseignement agronomique officiel consiste justement à faciliter au cultivateur la connaissance exacte de ce que sont ses terres et de ce qu'elles nécessitent pour donner de meilleurs produits, et à le guider dans les opérations et travaux technologiques relatifs à ces mêmes produits, pour en obtenir la meilleure conservation et qualité.

«Les agronomes, préalablement à tout autre service, ont le devoir d'enseigner aux agriculteurs ce que prèsque tous ignorent et sont par conséquent incapables de réaliser.

«La réforme, en établissant des stations chimico-agricoles, véritables cabinets de consultation, appelés à rendre plus d'un service et à fournir plus d'un conseil, aptes à éclaireir bien des doutes, à diriger bien des travaux, alla justement au-devant de ce que la culture avait le plus besoin de réaliser en matière d'enseignement.

«Mais, ce qui est indispensable, c'est de rendre ces institutions très sérieuses pour être pratiquement utiles.

«Il faut pour cela que le personnel chimique de ces stations soit réellement et foncièrement chimique autant que pratique. La chimie bien faite est un flambeau de lumière; mal exercée, elle est pire que les ténèbres, elle est un grand péril, parce que à la faveur du crédit qu'on accorde à ses affirmations, elle conduit les téméraires à l'erreur par ses fausses indications.

«L'illustre auteur de la réforme des services agricoles officiels ne négligea pas de préserver cette excellente institution d'un tel péril, car il prescrivit la construction, qui est parachevée à l'heure qu'il est, d'un nouveau laboratoire chimique plus spacieux et mieux outillé; de façon à ce que les agronomes et silviculteurs puissent posséder un lieu propre à de larges et multiples exercices ou expériences, pour l'analyse chimique des terres, des engrais, des eaux, des vins, des huiles, du lait, des racines, enfin de tout ce qui est désigné sous le terme générique de *matières agricoles*.

«Dans le but de former les actuels agronomes officiels, auxquels est dévolue la direction des stations chimico-agricoles, on leur prescrivit de venir au laboratoire de l'Institut se familiariser avec la pratique des analyses chimiques: mesure réellement très judicieuse (si par bonheur ces agronomes avaient la possibilité de résider hors de leurs stations la moitié de l'année au moins), mais insuffisante à coup sûr, si cet exercice est limité à un ou deux mois à peine.

«Ce qui paraîtrait le plus convenable serait de disjoindre, des fonctions des agronomes-en-chef, le service du laboratoire chimique des stations, et de confier ce service, à des agronomes spécialement stylés à cet effet et très au courant des expériences chimiques, et auxquels on ne demanderait aucun autre travail. Les services des stations chimico-agricoles sont si continus et exigent une si rigoureuse assiduité de la part des agronomes, dans leurs laboratoires, que bien certainement le temps leur manquerait pour suffire à toutes les obligations que la loi leur impose et qui sont déjà trop lourdes pour un seul agronome. L'enseignement vétérinaire n'a pas moins éveillé l'attention et la sollicitude des auteurs de la réforme.

«Outre deux chaires en plus que reçut cette section (ce qui donna lieu au dédoublement de certains cours et à la création de nouveaux qui sont ceux de la chimie médicale et de la toxicologie), on institua, ainsi que nous l'avons déjà dit, un laboratoire de chimie et d'analyse toxicologique, un autre de bactériologie et d'histologie et enfin, un cabinet de pathologie.

«Le service hospitalier, de même que la partie démonstrative des cours, furent également améliorés. La réforme accorda en effet, au lieu et place de deux chefs de service, trois professeurs suppléants pour les mêmes fonctions, chacun d'eux devant, à tour de rôle, demeurer de jour et de nuit dans l'établissement, afin d'accourir sans retard à la première occurrence clinique qui viendrait à se produire, en l'absence des directeurs de l'hôpital et du dépôt d'animaux reproducteurs, autrement dit du haras.

«En ce qui touche les nouvelles constructions, la section vétérinaire a sa part dans les prévisions de la loi. C'est ainsi qu'on est en train d'édifier, outre un nouveau bâtiment destiné à la pharmacie et au logement du maître suppléant et des élèves qui seraient de service permanent, un élégant local pour servir d'hôpital aux animaux de petite taille. A part encore cela, on commence à travailler à une annexe de l'édifice du dépôt des animaux reproducteurs et il est question d'augmenter les bureaux du secrétariat de l'hôpital et les cabinets des directeurs et chefs de service cliniques, qui réellement se trouvent dans des enceintes trop retrécies.

«Pour conclure, on peut voir, d'après ce que nous venons d'exposer, que la dernière réforme toucha plus ou moins heureusement à une foule de points qui réclamaient un changement dans l'économie de cet Institut, comme corrections ou améliorations; et elle l'a fait dans un tel esprit de libéralité que, si j'interprète bien, comme je le crois, le sentiment du conseil scolaire, celui-ci, tout en souhaitant la modification, de quelques détails, n'hésitera pas à voter de profonds remerciements a Son Excellence M. le ministre qui a contre-signé cet acte de la dictature gouvernementale.

«Des éloges et expressions de gratitude non moins sentis, et non moins justes, doivent être adressés, au nom de cet Institut, à Son Excellence M. le conseiller directeur général de l'agriculture, pour sa coopération efficace à l'œuvre et pour l'intérêt dévoué qu'il apporte à l'exécution des mesures décrétées en vue de la réforme de l'enseignement et des services agricoles.»

Cependant, pour rester strictement dans la vérité historique, nous sommes obligés de dire que, si la loi de 1886 obéissait à un plan large et contenait des idées de grande portée, elle fut imparfaitement appliquée en fait, comme il était arrivé à la loi de 1852; et cela pour divers motifs qui donnèrent lieu à des plaintes et à des observations jusqu'à un certain point légitimes. Il restait à rectifier quelques erreurs, à combler certaines lacunes, ce qui était relativement assez facile du moment qu'on avait exécuté la partie principale du programme, et de cette manière l'enseignement agricole serait en état d'avancer d'un pied ferme et avec plus de chances de vie qu'il n'en avait eues jusques là. L'expérience devait se charger de montrer ce qu'il était indispensable d'amender; avec le temps, certain aspérités du plan ne pouvaient manquer de s'applanir et les perfectionnements s'introduiraient d'eux mêmes, rien que par l'effet du propre fonctionnement du système. C'est là du moins ce qu'il était permis d'espérer.

Les économies de 1891.

En attendant, la loi de 1886 n'avait pas encore été mise totalement en pratique; mais au bout de cinq années entièrement révolues, en 1891, à la suite de la grave crise dont souffre encore le pays, le ministre des travaux publics, M. le conseiller João Franco Castello Branco, crut devoir, par raison d'économie, procéder à des réductions dans certaines branches des services dépendant de son ministère, et porta de profonds coups de hâche dans le décret du ministre Navarro. Il l'amputa si bien que l'enseignement supérieur de l'agronomie ne pouvait d'aucune façon satisfaire à l'objet pour lequel il avait été créé, ni répondre à ce que le pays réclamait justement de lui, à l'occasion d'une crise économique.

Le remaniement, dû à M. Franco Castello Branco, eut, pour résultat de réduire considérablement le plan des études. Des vingt-une chaires complètes qui fonctionnaient annuellement (car c'était là le nombre exact institué par le décret de 1886), toutes indispensables pour l'assimilation rigoureuse de la science agronomique, le nouveau plan n'en laissa subsister que dix-sept. On retrancha des leçons et annexa quelques autres parties de l'enseignement à des cours déjà surchargés, où il était déjà malaisé, même avant ces changements, de fournir un enseignement complet. On sapa par la base, inconsidérément, les dotations des laboratoires et de l'enseignement pratique. On congédia le personnel auxiliaire chargé des démonstrations pratiques au laboratoire et des exercices, aux salles d'études.

Justement alarmé par tant de radicales mutilations, le conseil des professeurs de l'Institut agronomique et vétérinaire de Lisbonne, qui défendit toujours avec tant de zéle les intérêts de l'enseignement à sa charge et qui a pris une si large part aux améliorations agricoles en général dans notre pays, adressa des réclamations aux pouvoirs publics contre les mesures adoptées. Il exposa que si la situation du trésor commandait des réductions dans les différents services administratifs pour équilibrer le budget, ces économies ne pouvaient jamais consister dans la brusque suppression de certaines charges inscrites au budget des dépenses, mais seulement dans l'application des crédits prévus avec discernement et avec tact, en se contentant d'éliminer les dépenses dont la nécessité absolue ne serait pas suffisamment démontrée.

Dans un pays essentiellement agricole comme le nôtre, la parfaite préparation des élèves de la première école agricole du royaume, l'acquisition pleine et entière des aptitudes nécessaires pour bien administrer les exploitations rurales et faire de la culture rationnelle et rémunératrice, portaient en germe la régénération économique de la nation. Car, de quoi dépend cette renaissance si ce n'est de la meilleure application de nos activités individuelles et des capitaux employés à celle fin, au lieu de les lancer dans des entreprises téméraires, d'un succès problématique et qui ne sont pour la plupart que des affaires de spéculation?...

Mettre en valeur le sol, exploiter les terrains très fertiles de notre pays qui, pour produire beaucoup et donner un grand bénéfice, ne demandent qu'un peu d'intelligence, de savoir et de dévouement; élargir le champ de l'agriculture aujourd'hui encore démesurément rétréci en comparaison de ce qu'il pourrait et devrait être, à cause surtout de la tendance moderne si déraisonnable, qui porte à abandonner la campagne pour de grandes entreprises industrielles ne reposant pas toujours sur des bases bien solides; pousser à la culture intensive, c'est-à-dire augmenter la quantité de production pour l'unité de superficie, ce qui exige par-dessus tout l'influence bienfaisante des lumières de la science agronomique, aujourd'hui si complexe qu'elle ne devient profitable qu'au prix de fortes études: telles nous paraissent devoir être les conditions fondamentales du relèvement économique de notre pays; or c'est justement le contraire du plan que, dans un premier mouvement de préoccupation d'ordre politique, et censément pour sauver nos finances, le gouvernement avait adopté.

Même au milieu de circonstances difficiles, il y avait un moyen de réaliser des économies égales à celles qu'opérait la réforme de M. João Franco Castello Branco, sans être obligé de sacrifier à ce point l'enseignement tout entier. On en verra la preuve dans le mémoire que nous présentons ci-après à nos lecteurs, accompagné d'un bref et lumineux commentaire explicatif; ce mémoire, qui émane du conseil scolaire de l'Institut agronomique et vetérinaire, bien qu'il combatte les étroites prévisions du budget à l'égard de cet Institut, fut porté, avec l'autorisation de l'administration supérieure, à la connaissance du noble ministre des travaux publics, au commencement de l'anné 1892, peu de mois après la publication de la réforme du 8 octobre 1891.

Nous insistons sur l'importance historique de ce document élaboré par deux professeurs titulaires de l'Institut, M. João Viegas Paula Nogueira et Cincinnato da Costa, et approuvé en séance plénière du conseil scolaire du même Institut. Car, le cadre complet des vingt-une chaires décrétées en 1886 n'ayant pas encore été rétabli et la première école agricole de notre pays demeurant sous le coup de la hache destructrice du ministre de 1891, c'est à l'influence suggestive des idées qui y sont exposés, que sont dues les dernières réformes opérées dans l'enseignement agronomique pendant le court espace de six ans, lesquelles réformes ont été couronnées des meilleurs résultats.

Suit le rapport sus-visé:

Un projet du conseil scolaire de l'Institut Agronomique.

«Sire. — Le conseil scolaire de l'Institut d'agronomie et d'art vétérinaire, se conformant aux dispositions de l'ordonnance royale en date du 11 mai 1892, vient respecteusement soumettre à l'esprit si élevé de Votre Majesté, le présent plan de réformes de l'enseignement agricole supérieur, ayant pour but d'amener le perfectionnement de cet enseignement dans les limites, bien qu'étroites, qui lui sont imposées par la situation économique du pays.

«La réforme du 8 octobre 1891, obéissant à l'indication d'avoir à réduire la dépense des établissements d'enseignement agricole, se ressent à l'excés de cette préoccupation exclusive du législateur. Pour ce qui est relatif à l'Institut d'agronomie et d'art vétérinaire, la réforme d'octobre, visant uniquement à faire des économies, ne chercha pas à étudier si dans l'enseignement supérieur de l'agriculture il existait des superfluités, dont le sacrifice, toujours justifiable, le serait encore plus dans les conditions actuelles du trésor; elle n'hésita pas non plus à porter les plus rudes coups à certaines institutions essentielles de cette école, dont quelques unes assuraient l'efficacité de l'enseignement, et les autres représentaient des conquêtes modernes, nées du progrès de la science et qui ne pouvaient figurer dans les anciennes lois, par lesquelles l'Institut était régi antérieurement à 1882.

«Comme exemple des premières, il suffit de citer l'hôpital vétérinaire, séparé aujourd'hui de l'école; et comme exemple des deuxièmes, il faut noter la suppression de la chaire de droit vétérinaire, cours dans lequel on étudiait les précieuses découvertes de la microbiologie à laquelle nous devons notre législation sur la police sanitaire des bestiaux.

«Persuadé d'avance que, même dans les nouvelles conditions économiques, l'Institut d'agronomie et d'art vétérinaire pourrait conserver ces indispensables institutions et améliorer sensiblement l'enseignement pratique, le conseil scolaire fit entendre sa voix pour protester, en présence du gouvernement de Votre Majesté, contre la partie de la nouvelle réforme qui lui paraissait le plus nuisible aux intérêts supérieurs de l'enseignement.

«Obéissant encore au même principe, qui lui fait un devoir de lutter, sinon pour les progrès et l'extension de l'instruction agricole en Portugal, puisque en ce moment les difficultés financières du pays s'y opposent, tout au moins pour le maintien de ce qui constitue l'essence même de l'enseignement agricole, le conseil vient soumettre au critérium éclairé du gouvernement de Votre Majesté un plan de réformes d'après lequel sont rétablies quelques unes des antérieures conditions d'organisation de l'Institut, supprimées par la dernière réforme, et en même temps sont créées d'autres institutions que l'expérience a démontré être les plus favorables à l'efficacité de l'enseignement pratique, aujourd'hui si justement préconisé comme le facteur indispensable dans la question du développement du travail national.

«Dans ce plan sont de nouveau inscrites, au cadre des cours professés à l'Institut, chacun avec sa chaire respective, la silviculture et la pathologie des maladies contagieuses. Le relèvement de ces deux chaires présente une grande utilité pour l'enseignement de la culture forestière et de la médecine vétérinaire; et c'est ainsi que l'avaient compris tous les gouvernements depuis l'année 1882, où ces chaires furent créées, conjointement avec celles de microscopie et de nosologie végétale.

«De fait, on ne comprend guère qu'il n'y ait pas à l'Institut un cours de silviculture, puisque aucune chaire spéciale n'est affectée à cet enseignement, et que l'exposition de cette longue et complexe science se borne à un petit nombre de leçons qui ne se comfondent pas avec celles de la viticulture et de l'arboriculture; nombre assurément insuffisant, car il ne convient pas de leur sacrifier des leçons que réclame indispensablement l'étude chaque jour plus importante de la vigne.

«D'un autre côté, il est urgent de compléter l'enseignement de la médecine vétérinaire, en lui restituant la chaire consacrée, depuis 1882 jusqu'à la date de la dernière réforme, à la pathologie des maladies contagieuses, à la police sanitaire, à la législation commerciale et à la médecine légale vétérinaire, leçons données à part de toute autre cours, vu l'ampleur et l'importance de la question, et qui n'admettent pas une fusion avec les matières professées dans les chaires de pathologie générale et spéciale.

«Le conseil ne saurait méconnaître que le principal argument, sinon unique, allégué pour la suppression des chaires de silviculture et de maladies contagieuses, est la nécessité impérieuse de réaliser des économies. Ainsi, pour écarter, toute objection qui s'opposerait au rétablissement immédiat de ces deux chaires, le conseil propose, en attendant que la situation du pays devienne plus dégagés, de les relever conditionnellement et temporairement, en rappelant au service effectif les deux professeurs qui ont été mis en disponibilité par la nouvelle réforme.

«Cette solution, extrêmement profitable à l'enseignement, est acceptable au point de vue économique, parce qu'en admettant les modifications indiquées dans ce projet, le crédit nécessaire pour l'exercice effectif des chaires rétablies ne dépasse par les limites financières de la réforme décrété le 8 octobre 1891.

«Comme conséquence de la restitution du cours des maladies contagieuses, serait maintenu dans l'école, le modeste laboratoire ou plutôt le cabinet d'histologie et de bactériologie qui, à l'occasion de la dernière réforme, fut séparé de la maison, au détriment manifeste de l'enseignement pratique des chaires d'histologie et de physiologie, de pathologie générale, de pathologie spéciale et de maladies contagieuses qui, là, trouvaient réunis dans le même local tous les moyens de démonstration nécessaires.

«La transformation actuelle de cette annexe de l'Institut, en fabrique industrielle de vaccines, le rend incompatible avec le fonctionnement régulier de l'enseignement pratique dépendant de ces quatre chaires.

«Les conditions elles-mêmes du laboratoire, par l'exiguité de son enceinte et la qualité inférieure du matériel, acquis de manière à satisfaire à peine aux premières nécessités de l'enseignement, n'admettent pas la possibilité d'un service simultané applicable à la fois aux démonstrations des cours et à la minutieuse, en même temps que large élaboration des vaccines demandées par la nombreuse clientèle des éleveurs du pays.

«L'hôpital vétérinaire, qui jusqu'à la date de la dernière réforme n'avait jamais été indépendant de l'école, mais plutôt toujours considéré avant cette date, comme le principal laboratoire pour les démonstrations et la pratique des cours vétérinaires, retourne à sa destination, première et sera dirigé, d'après ce projet, par les professeurs de clinique encore au nombre de trois, sous la dépendance immédiate du directeur de l'Institut. C'est, qu'en effet, la direction et l'administration de cet hôpital, par des fonctionnaires étrangers à l'Institut, impliquent de graves difficultés pour l'exercice de la clinique et laissent incomplet ou défectueux l'enseignement pratique d'un grand nombre de chaires, notamment de celles de pathologie chirurgicale et de maladies contagieuses.

«La nécessité de placer l'hôpital vétérinaire dans les dépendances de l'école se fait également sentir dans l'enseignement pratique de la pharmacie et de la chimie médicale, pour lequel il faut nécessairement le concours du pharmacien et la faculté de disposer de la pharmacie de l'hôpital.

«Attendu au surplus que les matières professées aux cours de l'Institut sont liées les unes aux autres dans un ordre rationnel, le projet a l'avantage de régulariser cet enchaînement, en fixant d'une manière permanente la répartition des chaires entre les diverses années des cours.

«Le principe dont s'inspire per-dessus tout le conseil scolaire, dans l'élaboration de ce projet, c'est de faire fructifier l'enseignement théorique par le plus grand développement possible des leçons pratiques, dans la mesure de l'étroitesse des ressources économiques.

«En procédant ainsi, le conseil ne fait autre chose qu'insister sur les réclamations qui depuis longtemps ont été adressées au gouvernement de Votre Majesté et dont quelques unes, dans le nombre, ont été prises en considération pour le bien de l'enseignement.

«Dans ce but, le plan de réforme établit en principe la création de trois emplois de répétiteurs, spécialement chargés de l'enseignement pratique, sous la direction des maîtres. Il serait même à désirer que dans l'avenir on augmentât le nombre de ces utiles auxiliaires; mais dans les circonstances actuelles, l'enseignement pratique doit se contenter de trois répétiteurs, deux pour les cours d'agronomes et de silviculteurs, et un pour le cours des médecins vétérinaires.

«Par cette ingénieuse combinaison, les répétiteurs aidés des manipulateurs et collaborant avec le maître chargé du cours de pharmacie, permettront aux professeurs de rendre leur enseignement plus profitable, en leur imprimant un caractère véritablement pratique, comme il convient de le faire pour toutes les sciences appliquées.

«Dans la pensée de concourir encore au même but, qui est de faciliter aux élèves l'enseignement pratique, le projet détermine la durée du jour scolaire, pendant laquelle doivent constamment demeurer ouverts le laboratoire, les musées et autres annexes de l'Institut.

«Comme pourtant l'enseignement pratique fourni dans les diverses dépendances de l'école est encore insuffisant, et spécialement l'enseignement agricole, qui dans l'enceinte de l'Institut n'a d'autre endroit pour ses principales démonstrations que le Jardin expérimental, on s'étudie a rendre moins sensible cette lacune en obligeant les élèves à faire des excursions agricoles et vétérinaires hors de l'école, en compagnie d'un de leurs professeurs et sous sa direction.

«Le conseil scolaire juge d'importance non moins grande, pour l'enseignement pratique, la disposition prévue par ce projet aux termes de laquelle il est prescrit aux élèves de la cinquième année de consacrer tout leur temp à l'apprentissage exclusif des choses dont ils auront à s'occuper plus tard dans l'exercice de leur profession. C'est ainsi que les élèves agronomes suivront, à l'école centrale d'agriculture pratique, les différents travaux ruraux qui y seront exécutés au cours de l'année; les élèves silviculteurs assisteront de leur côté, en forêt de Leiria, à la pratique des exploitations forestières, et les élèves vétérinaires feront leur stage à l'hôpital, aidant le médecin de service et les trois professeurs de la clinique dans toutes leurs besognes hospitalières.

«Les dissertations que tous les élèves sont tenus d'envoyer à l'Institut et la collaboration qu'on exige d'eux expressément, à la pratique de l'enseignement, dans les établissements où ils font leur apprentissage, constitueront les pièces justificatives et la garantie de leur application et de leur avancement, moyennant d'équitables dispositions règlementaires prises à cet effet.

«En dehors de ces dispositions, dont le projet fait bénéficier l'enseignement pratique, il en est d'autres qui tendent à améliorer l'enseignement théorique, parmi lesquelles nous citerons le rétablissement, tout conditionnel qu'il soit, des chaires de silviculture et de maladies contagieuses, la règlementation des programmes s'attachant à les mettre en harmonie ensemble de façon à éviter la répétition des leçons; et enfin des dispositions générales relatives à l'admission des élèves et à la nomination des professeurs.

«On voit également figurer au projet, sous la nouvelle rubrique d'«agriculture générale», le cours primitif de physique, de géologie et de météorologie agricoles. La nouvelle dénomination s'explique par ce fait que l'enseignement de ces matières est depuis long temps limité à l'étude des lois qui placent la vie végétale sous la dépendance du sol et du climat. De la connaissance de cette intime corrélation dérivent les opérations culturales en général, embrassant les divers procédés d'amendement du sol, soit par les labours, soit par le drainage soit par l'emploi de correctifs et d'autres moyens encore.

«La question économique fut longuement étudiée par le conseil scolaire. Il lui parut opportun de supprimer quelques emplois qui n'étaient plus indispensables dans la nouvelle organisation, et c'est ainsi qu'on réalise une économie qui, ajoutée à la somme retranchée du subside de l'enseignement, est suffisante pour solder les dépenses créées maintenant, comme on le voit par les tableaux qui accompaguent le présent rapport.

«Toutefois, le conseil ne peut s'empêcher de regretter que l'étroitesse des conditions économiques ne permette pas d'améliorer quelques services dont l'école tire profit manifeste, comme il résulte des comptes de l'atelier sidérotechnique de l'hôpital vétérinaire, atelier dont l'accès est maintenant fermé au public sous prétexte de réaliser une légère économie—et encore est elle très contestable?—

sans considérer quel tort fait cette mesure à l'affluence des animaux malades aux infirmeries de l'hôpital!

«Le conseil scolaire ose croire, qu'en réorganisant sous cette forme complémentaire l'enseignement théorique mutilé par le décret du 8 octobre 1891 et élargissant autant que possible l'enseignement pratique, le plan présentement soumis à la décision supérieure du gouvernement de Votre Majesté améliore considérablement l'enseignement agricole supérieur.

«Ce plan pourrait être plus complet néanmoins, si l'autorisation accordée au conseil ne se bornait pas à la réforme de cette école; et la raison en est qu'un projet d'ensemble qui envisagerait l'enseignement agricole sous l'aspect de ses trois branches, pour les orienter dans le même sens, rendrait facile, et même avec économie pour le trésor, l'élargissement du chapitre des dépenses de l'Institut par l'annexion, en vue de compléter l'enseignement supérieur de l'agriculture, d'établissements fondés dans un but analogue, tels que le musée agricole et forestier et la station chimico-agricole de la septième région agronomique.

«Après s'être acquitté de l'honorable mandat qu'il a plu à Votre Majesté de lui confier, le conseil scolaire de l'Institut d'agronomie et d'art vétérinaire ne peut s'empêcher d'exprimer sa profonde gratitude à Son Excellence M. le ministre et secrétaire d'état au département des travaux publics, du commerce et de l'industrie, le vicomte de Chancelleiros, à l'esprit élevé duquel le conseil rend un légitime hommage, ainsi qu'au grand amour que professe Son Excellence pour l'agriculture.

«Dieu garde, etc.»

TABLEAU A

Traitement du personnel supérieur et subalterne

Professeur:		
Traitement de catégorie		700$000
Répétiteur:		
Traitement de catégorie	300$000	
Traitement d'exercice	100$000	400$000
Médecin de la clinique:		
Traitement de catégorie	400$000	
Traitement d'exercice	200$000	600$000
Pharmacien:		
Traitement de catégorie	400$000	
Traitement d'exercice	100$000	500$000
Préparateur:		
Traitement de catégorie	200$000	
Traitement d'exercice	100$000	300$000
Secrétaire:		
Traitement de catégorie	500$000	
Traitement d'exercice	90$000	590$000
Commis de comptabilité:		
Traitement de catégorie	400$000	
Traitement d'exercice	100$000	500$000

Commis du secrétariat:		
Traitement de catégorie	350$000	
Traitement d'exercice	50$000	400$000
Conservateur:		
Traitement de catégorie	180$000	
Traitement d'exercice	60$000	240$000
Expéditionnaire:		
Traitement de catégorie	300$000	
Traitement d'exercice	60$000	360$000
Commis préposé à la dépense ou dépensier:		
Traitement de catégorie	250$000	
Traitement d'exercice	50$000	300$000
Infirmier:		
Traitement de catégorie	250$000	
Traitement d'exercice	50$000	300$000
Maître de sidérotechnie:		
Traitement de catégorie	250$000	
Traitement d'exercice	50$000	300$000
Apprenti sidérotechnique:		
Traitement de catégorie	100$000	
Traitement d'exercice	44$000	144$000
Portier:		
Traitement de catégorie	180$000	
Traitement d'exercice	60$000	240$000
Palefrenier:		
Traitement de catégorie	180$000	
Traitement d'exercice	36$000	216$000
Garde:		
Traitement de catégorie	122$000	
Traitement d'exercice	60$000	182$000
Domestique:		
Traitement de catégorie	110$000	
Traitement d'exercice	54$000	164$000
Régisseur agricole—gratification [1]		60$000

Observation.—Au directeur actuel de l'Institut est garantie une gratification de 600$000 réis, aux termes d'un décret du 8 octobre 1891.

---

[1] L'emploi de régisseur agricole est un emploi de commission; c'est pour ce motif qu'il lui est alloué, par l'Institut, la gratification annuelle de 60$000 reis, que le fonctionnaire, chargé de ce service joint à son traitement de catégorie, conformément au cadre officiel du ministère des travaux publics.

TABLEAU B

Répartition du crédit voté au budget de l'année 1891-1892 pour subvenir aux dépenses de l'enseignement professé à l'Institut agronomique et vétérinaire

Direction, conseil et secrétariat	70$000
Réparations, entretien et dépenses générales	150$000
Bibliothèque	400$000
1ère chaire	50$000
2e chaire et laboratoire chimique	300$000
3e chaire	30$000
4e chaire et jardin agricole expérimental	600$000
5e »	10$000
6e »	10$000
7e »	60$000
8e »	50$000
9e »	50$000
10e »	150$000
11e »	10$000
12e »	30$000
13e »	120$000
14e »	50$000
15e »	100$000
16e »	10$000
17e »	50$000
18e »	120$000
19e »	180$000
Excursions agricoles	200$000
Total	2:800$000
Crédit porté au budget	4:000$000
Solde	1:200$000

Observation.—L'élaboration de ce projet, remontant à une époque où le régime du budget de l'année économique de 1891-1892 était en vigueur, tous les calculs se réfèrent aux chiffres qui y sont portés.

TABLEAU C

BILAN

Dépense prévue par ce projet

Trois répétiteurs à 400$000 reis chacun	1:200$000	
Service de deux nouvelles chaires	860$000	2:060$000

Economie immédiate réalisée par le présent projet:

Solde de la somme de 4:000$000 reis	1:200$000	
Suppression de la gratification au directeur de l'hôpital vétérinaire	320$000	
Suppression d'un infirmier (gratification)	50$000	
» d'un portier (gratification)	80$000	
» d'un préparateur étranger	432$000	
» d'un jardinier (gratification)	50$000	2:132$000
Total immédiat à valoir		72$000

Economie future réalisée par le même projet:

Solde de la somme de 4:000$000 reis	1:200$000	
Suppression de la gratification du directeur de l'Institut	600$000	
Elimination du directeur de l'hôpital vétérinaire	320$000	
» d'un infirmier	300$000	
» d'un portier	180$000	
» d'un préparateur étranger	432$000	
» d'un jardinier	200$000	3:232$000
Dépense prévue par ce projet		2:060$000
Solde futur, à valoir	1:172$000	

PROJET D'ORGANISATION DE L'ENSEIGNEMENT SUPÉRIEUR DE L'AGRICULTURE

INSTITUT AGRONOMIQUE ET VÉTÉRINAIRE

CHAPITRE I

Organisation des cours

Article 1er L'enseignement supérieur de l'agriculture sera professé à l'Institut agronomique et véterinaire, et comprendra les cours développés dans les chaires suivantes:

1ère chaire — Agriculture générale (climatologie, agrologie, et opérations générales de l'agriculture);
2e chaire — Chimie agricole, analyse des terrains, plantes, eaux et engrais;
3e chaire — Botanique;
4e chaire — Cultures céréales et horticoles;
5e chaire — Arboriculture et viticulture;
6e chaire — Silviculture;
7e chaire — Microscopie et nosologie végétale;
8e chaire — Mécanique agricole et topographie;
9e chaire — Hydraulique agricole et constructions rurales;
10e chaire — Technologie agricole et forestière;
11e chaire — Economie, legislation et comptabilité agricole;

12e chaire — Hygiène, histoire naturelle des animaux domestiques et zootechnie ;
13e chaire — Anatomie descriptive, embryologie et tératologie ;
14e chaire — Histologie et physiologie comparées ;
15e chaire — Chimie médicale, pharmacologie et pharmacie ;
16e chaire — Pathologie générale, anatomie pathologique et thérapeutique ;
17e chaine — Pathologie spéciale et clinique médicale ;
18e chaire — Chirurgie, obstétrique et clinique chirurgicale ;
19e chaire — Pathologie et clinique des maladies contagieuses et du droit vétérinaire.

Article 2e Les cours d'agronome et de silviculteur sont administrés par les professeurs des chaires énumérées ci-dessus (du n° 1 au n.° 12 inclusivement), conformément aux dispositions de l'article 10 ; les chaires énumérées de 12 à 19 et en outre celles qui portent les n°s 3 et 11, sont affectées au cours de médecine vétérinaire.

Article 3e La durée de tous les cours professés à l'Institut sera de quatre années aux quelles seront attribuées les études suivantes :

1° Pour les cours d'agronome et de silviculteur :

1ère année . . .	Agriculture générale ; Mécanique agricole ; Botanique.
2e année. . . .	Chimie agricole ; Hydraulique agricole ; Microscopie et nosologie végétales.
3e année. . . .	Cultures céréales et horticoles ; Arboriculture et viticulture ; Silviculture.
4e année. . . .	Hygiène ; Economie ; Technologie agricole et forestière.

2° Pour le cours de médecin-vétérinaire :

1ère année . . .	Botanique ; Anatomie descriptive, embryologie et tératologie.
2e année. . . .	Anatomie descriptive et tératologie (répétition) ; Histologie et physiologie comparée ; Pathologie générale, anatomie pathologique et thérapeutique.
3e année. . . .	Chimie médicale, pharmacologie et pharmacie ; Hygiène, histoire naturelle des animaux domestiques et zootechnie ; Economie rurale.
4e année	Chirurgie, obstétrique et clinique chirurgicale ; Pathologie et clinique médicale ; Pathologie et clinique des maladies contagieuses et droit vétérinaire.

Article 4e Pour l'inscription en première année, relative à l'un quelconque des cours professés à l'Institut, les pièces obligatoires à fournir par chaque candidat sont les certificats d'admission aux examens de l'un des lycées du royaume, pour le portugais, le français, les mathématiques, la physique, la chimie et l'histoire naturelle, le dessin (cours complets), la géographie, l'histoire, l'anglais ou l'allemand, le latin (première partie); et de plus, un certificat d'admission à un *examen d'entrée*, sur des questions de mathématiques et de sciences naturelles.

§ 1er L'examen d'entrée ou d'admission est exigible pour tous les élèves, alors même qu'ils présenteraient des certificats d'admission aux examens d'une école supérieure quelconque du royaume;

§ 2e Pour l'inscription relative à l'une quelconque des années des cours, le document obligé consiste dans les certificats d'admission aux épreuves des années précédentes, conformément aux dispositions de l'article 3.

Article 5e L'enseignement, pour chacun des cours de l'Institut, sera simultanément théorique et pratique, dans les conditions ci-après:

1° Les leçons théoriques consisteront dans les explications développées pendant une heure par le professeur; elles seront accompagnées autant que possible de démonstrations, et suivies d'une exposition orale faite par l'élève, qui durera une demi heure. Ces leçons seront au nombre de trois par semaine pour chaque chaire.

2° Les leçons pratiques seront fournies par les répétiteurs, sous la direction supérieure des professeurs, et verseront particulièrement sur les points suivants:

Exercices d'analyse chimique et de technologie; essais de classification de plantes et herborisation; préparations au microscope d'histologie et de nosologie végétales; observations météorologiques, et reconnaissances de terrains agricoles, exécution de projets en projections horizontales, élévation, nivellements et dessins topographiques ou de machines, travaux de culture dans la campagne, exercices de greffage, de taille et de provignage; expériences théoriques et essais de manipulation pour la fabrique des vins, des huiles, des beurres, des fromages et d'autres produits; vérification et préparations de rations pour les animaux; étude des races de bestiaux; préparation d'anatomie normale et pathologique, travaux de physique et de microbiologie, pratique d'opérations de chirurgie vétérinaire, examens toxicologiques, épreuves de clinique médicale et chirurgicale et commentaires sur des exemples de divers modèles d'administration agricole et forestière, etca.

§ 1er Les leçons pratiques dureront deux heures, chacune, et leur nombre par semaine variera de une à six, selon la nature de l'enseignement;

§ 2e Les leçons pratiques seront de six par semaine, pour chacune des chaires, désignées dans l'article 1er sous les numéros 2 et 10;

§ 3e Les 17e, 18e, 19e chaires fourniront trois leçons pratiques par semaine;

§ 4e Ne pourront avoir moins de deux leçons pratiques par semaine, les chaires 4e, 7e, 8e, 13e, 14e et 15e.

§ 5e Toutes les autres chaires auront au minime une leçon pratique par semaine;

§ 6e L'enseignement pratique aura lieu dans les salles d'étude, dans les cabinets, au musée, au laboratoire chimique, au jardin agricole et expérimental, à l'hôpital vétérinaire et dans les autres annexes, et en outre, dans les établissements au-dehors de l'Institut, tels que les fabriques et ateliers d'industries rurales de la capitale, le musée agricole et forestier de Lisbonne, le jardin botanique de l'Ecole polytechnique, l'abattoir municipal, etc[a]; ou enfin, en cours de tournées agricoles faites à la campagne, tantôt dans les diverses fermes du pays tantôt dans les établissements officiels de l'Etat.

§ 7e Les excursions agricoles seront faites, dans la mesure du possible, aux alentours de Lisbonne; elles devront être dirigées par un professeur désigné à cet effet par le conseil scolaire; ces excursions seront considérées comme obligatoires pour les élèves des deux dernières années du cours;

§ 8e Les élèves seront tenus de rédiger des rapports circonstanciés, de tout ce qu'ils auront vu et de ce qui leur aura été enseigné par leur professeur, ces documents entrant en ligne de compte pour leur classement de fin d'année et représentant un facteur de grande importance pour l'appréciation du rang qu'ils devront occuper dans le classement qui suivra l'examen final, selon les termes du règlement.

§ 9e Les professeurs chargés des excursions rendront compte au conseil scolaire du résultat de leur visite d'étude, par une note sommaire qui restera annexée, comme pièce justificative, aux procès verbaux des séances du conseil.

Article 6e La journée scolaire commencera dès neuf heures du matin et se terminera à quatre heures du soir, et pendant tout ce temps, le secrétariat demeurera ouvert et les dépendances de l'Institut auront l'entrée libre.

Article 7e La durée de l'année scolaire sera de dix mois, en partant du 1er octobre, jusqu'au 31 juillet.

§ unique. Durant toute la période des grandes vacances, ou de quelque autre congé accordé dans le courant de l'année scolaire, tous les travaux d'étude seront suspendus de fait, ainsi qu'il sera statué à cet égard par un règlement.

Article 8e En dehors des salles d'étude et des cabinets dépendant du service de chaque chaire, il y aura à l'Institut:

1° Un laboratoire chimique;

2° Un jardin agricole et expérimental;

3° Un musée de machines et de produits agricoles;

4° Un hôpital vétérinaire;

5° Une bibliothèque.

Article 9e Les programmes des cours, dans les diverses chaires, tant pour les leçons théoriques que pour les leçons pratiques, devront être rédigés par les professeurs respectifs et soumis à une commission de révision chargée de les coordonner entre eux, de façon à ce qu'ils soient en harmonie avec le plan général des études.

§ 1er La commission de révision des programmes sera composée du directeur de l'Institut et de deux professeurs nommés par le conseil scolaire.

§ 2e Les programmes, dès qu'ils auront été revus et dûment mis en harmonie entre eux, seront soumis au conseil scolaire pour être revêtus de son approbation, après quoi ils seront envoyés à la direction générale de l'agriculture jusqu'au 31 juillet de l'année scolaire.

Article 10e L'horaire des leçons et des travaux pratiques sera dressé par le conseil, en s'inspirant de ce principe, qu'il convient autant que possible de consacrer la matinée aux leçons théoriques et de réserver la soirée aux leçons pratiques. Cet horaire devra être remis par le directeur de l'Institut, à la direction générale de l'agriculture, dix jours avant l'ouverture de l'année scolaire, afin de recevoir en temps utile l'approbation supérieure du gouvernement.

Article 11e Au bout des quatre années de cours professés à l'Institut, les élèves auront à faire un stage pratique dans les établissements ci-après désignés:

1° Ceux qui désirent obtenir le diplome d'agronome devront exercer leur apprentissage, pendant une année agricole complète, dans l'école centrale d'agriculture pratique, sous les ordres du directeur de cet établissement, aux termes du règlement à intervenir, et seront astreints à accompagner et à aider les professeurs dans tous leurs travaux pratiques ou des champs;

2° Ceux qui aspireront au diplome de silviculteur iront, pendant le même temps, faire leur apprentissage dans la forêt de Leiria, sous la direction du silviculteur respectif, selon les conditions prévues par un règlement.

3° Ceux qui se destineront à la carrière de médecin vétérinaire devront faire leur apprentissage, pendant huit mois, à l'hôpital vétérinaire sous le contrôle immédiat du médecin de service et la surveillance supérieure du directeur de l'Institut et des trois directeurs de la clinique, aux termes du règlement. Ils auront l'obligation de suivre et de seconder tous les travaux du service, d'assister aux leçons de clinique et d'exécuter toutes les expériences qui leur seront demandées, en se soumettant au surplus aux examens de règle.

§ 1er Les élèves agronomes et silviculteurs en stage auront l'obligation de rédiger deux mémoires développés sur les questions qui leur seront le plus familières. Lesdits mémoires seront envoyés au conseil scolaire de l'Institut, pour être classés, et entreront comme facteur important dans l'appréciation du rang qu'ils doivent occuper dans le classement final, au moment de l'épreuve solennelle.

§ 2e Les élèves vétérinaires, à l'expiration de leur année d'apprentissage à l'hôpital, seront astreints à des examens de clinique des trois chaires 17e, 18e et 19e, aux termes du règlement.

§ 3e A la fin de chaque année scolaire, il sera adressé à la direction générale de l'agriculture un état des élèves agronomes et silviculteurs qui devront faire leur stage, aux termes du présent article, afin de leur assigner la destination qui leur appartient.

§ 4e Au terme de leur année de stage, tous les élèves devront écrire une thèse qui sera soutenue devant un jury composé de quatre professeurs et présidé par le directeur de l'Institut, et constituera l'épreuve solennelle ou l'acte final du cours.

§ 5e Aucun élève ne sera admis à passer son examen solennel pour obtenir le diplome final du cours, sans avoir satisfait aux conditions prescrites par cet article.

§ 6e L'épreuve solennelle aura lieu dans le délai maximum de vingt jours après que chaque élève aura remis sa thèse respective, au secrétariat de l'Institut, si elle est imprimée, ou de quarante jours, si elle est manuscrite.

§ 7e Le jour désigné par le directeur, conformément aux dispositions du paragraphe qui précède, l'élève soutiendra sa thèse en séance solennelle.

§ 8e A la thèse seront joints les mémoires écrits pendant le temps du stage, et le tout sera adressé par le directeur de l'Institut à la direction générale de l'agriculture, pour être inséré au *Bulletin officiel* de cette direction, si le jury n'y fait pas d'opposition, comme pièces justificatives scolaires de mérite ou de capacité pratique.

Article 12e Dans toutes les chaires de l'Institut, il y aura en dehors des examens d'assiduité, des examens définitifs qui consisteront en une épreuve théorique et une épreuve pratique; l'épreuve théorique portera sur un sujet tiré au sort vingt-quatre heures avant l'acte, et l'épreuve pratique, sur un point désigné par le sort, le jour même où elle aura lieu.

Article 13e Il y aura deux époques pour les examens définitifs. La première, qualifiée d'ordinaire, pendant le mois de juillet de l'année scolaire en exercice, la deuxième, extraordinaire, dans la première quinzaine d'octobre de l'année suivante.

Article 14e Pour l'évaluation numérique du classement, dans les examens définitifs, on fera toujours entrer en ligne de compte les notes relatives aux leçons pratiques au même titre que celles des leçons théoriques, en conformité du règlement, et ces notes auront la valeur de 1, 1/2, 1/3 ou 1/4, selon que le nombre des leçons pratiques aura été, respectivement, de 6, 3, 2 ou 1, aux termes de l'article 5e.

Article 15e Les conditions d'admission à l'examen définitif aux deux époques précitées, ainsi que l'organisation du jury et le procédé à suivre pour les examens, seront déterminées par un règlement.

CHAPITRE II

Personnel enseignant

Article 16e Seront chargés de professer l'enseignement, à l'Institut agronomique et vétérinaire, des professeurs titulaires de chaires en nombre égal à celui des chaires énumérées dans l'article 1er, et les répétiteurs seront au nombre de trois.

Article 17e Les attributions des professeurs titulaires de chaires sont définies comme il suit:

1° Remplir la chaire respective aux termes de l'article 5e;

2° Assister aux réunions du conseil scolaire et prendre part aux réunions des commissions, du service pour lequel ils ont été nommés par le gouvernement et qui se rapporte directement à l'enseignement;

3° Faire partie des jurys, soit des concours des professeurs, répétiteurs et préparateurs, soit des examens des élèves;

4° Elaborer le programme des matières de leurs cours;

5° Donner les points aux examens périodiques ou définitifs des élèves de leurs cours respectifs;

6° Assister aux séances du conseil supérieur d'agriculture et du comité consultatif de santé des bestiaux, quand ils sont nommés par décret membres de ces corps;

7° Diriger les travaux de répétition et les exercices pratiques se rattachant à leur chaire, en conformité des dispositions de l'article 5e;

8° Diriger et surveiller les établissements et annexes à leur charge, y compris toutes les diligences nécessaires pour l'acquisition éventuelle des collections d'études et les soins apportés à leur conservation;

9° Diriger les visites et les excursions pour l'instruction pratique qui est dans leurs attributions, et adresser les rapports relatifs à ces tournées;

10° Appliquer les crédits alloués pour chaque chaire respective;

11° Finalement, proposer au conseil tout ce qui peut concourir à l'amélioration et au développement de l'enseignement, soit par l'introduction de nouvelles méthodes, soit par la meilleure distribution des cours, soit par la direction de plus en plus judicieuse des répétitions, exercices ou excursions scientifiques.

§ unique. Outre les répétitions et expériences de l'enseignement réalisées dans les cabinets et laboratoires, les professeurs devront, autant que possible provoquer, dans la limite des ressources dont dispose l'Institut, des travaux de recherche et d'investigation scientifique, les élèves pouvant s'adonner en même temps à des analyses ou à des controverses particulières, aux termes du règlement.

Article 18e Les emplois de professeurs titulaires des chaires seront donnés aux concours sur des épreuves publiques, dans la forme qui règlemente les concours des autres écoles supérieures du royaume, et prenant en considération ce qui suit:

1° Les concors seront faits pour chaque chaire respective, le candidat devant soutenir une thèse sur une des principales questions de l'enseignement auquel il aspire et exposer, en sus de l'épreuve pratique, deux leçons orales qui rouleront sur les matières des cours de la chaire vacante ou encore sur d'autres cours professés à l'Institut et qui se rattachent au premier;

2° Ne pourront concourir aux chaires désignées par les nos 1, 2, 4, 5, 6, 7, 8, 9 et 10, que des individus pourvus des diplomes relatifs au cours d'agronomie ou de silviculture.

3° Ne pourront concourir aux chaires classées sous les nos 13, 14, 15, 16, 17, 18 et 19, que des individus diplomés en qualité de médecins vétérinaires;

4° Aux chaires 3, 11 et 12 sont admis à concourir des individus diplomés comme agronomes, silviculteurs ou médecins vétérinaires.

§ unique. Les programmes du concours seront rédigés par le conseil scolaire en harmonie avec les dispositions de cet article et dans la forme règlementaire.

Article 19e Les répétiteurs auront pour attributions spéciales:

1° De donner des leçons pratiques en conformité des dispositions de l'article 5e;

2° De veiller au bon ordre et à la conservation des objets et collections existant au laboratoire, au musée et dans les cabinets, sauf à s'entendre sur ce point avec les professeurs titulaires des chaires auxquels appartient la surveillance supérieure dont il s'agit;

3° Garder le jardin expérimental, les jardins botaniques, les arbres, et en un mot, tous les terrains annexés à l'Institut et destinés à l'instruction des élèves ou aux expériences des professeurs, d'accord avec ces derniers et conformément aux instructions qu'ils auront reçus à cet effet.

§ unique. Le service des leçons pratiques, attribué aux répétiteurs est délimité de la manière suivante:

1° A l'un des répétiteurs incombe l'obligation de donner des leçons pratiques relatives aux cours des chaires nos 2, 7 et 10;

2° Au deuxième répétiteur est dévolue la charge de l'enseignement pratique dépendant des chaires nos 1, 3, 4, 5, 6, 8, 9 e 11;

3° Le troisième répétiteur est chargé du service de l'enseignement pratique pour les cours des chaires nos 12, 13, 14, 15, 16, 17, 18 et 19; les professeurs des chaires 17, 18 et 19 ayant dans leurs attributions de donner des leçons pratiques pour la partie clinique de leurs cours respectifs, comme le prescrit l'article 43e.

Article 20e Les emplois de répétiteurs seront attribués au concours, à la suite d'éprouves pratiques, aux termes du règlement, en ne perdant pas de vue ce qui suit:

1° Seuls, pourront concourir aux emplois de répétiteur des respectives chaires nos 2, 7, 10 et 1, 3, 4, 5, 6, 8, 9 et 11, des individus pourvus du diplome d'agronome ou de silviculteur;

2° Seuls, pourront concourir à l'emploi de répétiteur, pour les chaires nos 12, 14, 15, 16, 17, 18 et 19, les individus pourvus du titre de médecins vétérinaires.

CHAPITRE III

Directeur

Article 21e Les fonctions de directeur seront remplies par l'un des six professeurs les plus anciens de l'Institut, proposé par élection faite au conseil scolaire, cette charge lui étant confiée pour une durée de deux ans, sans que par ce fait il ait droit à aucun supplément de traitement.

§ unique. Le professeur, après son élection, ne pourra être appelé de nouveau à exercer les fonctions de directeur, que lorsque les autres cinq professeurs les plus anciens auront été investis à leur tour de la même charge.

Article 22e Le directeur a pour attributions et obligations ci après:

1° Exécuter ou faire exécuter, à part les lois et règlements en vigueur, les ordres quelconques émanés du gouvernement, qui lui seraient transmis par la direction générale de l'agriculture;

2° Diriger supérieurement l'Institut et les établissements annexes;

3° Pourvoir et veiller à la bonne administration, ainsi qu'à la police de l'Institut;

4° Présider le conseil scolaire et le conseil d'administration;

5° Correspondre avec le gouvernement par l'intermédiaire de la direction générale de l'agriculture;

6° Convoquer le conseil scolaire;

7° Proposer au gouvernement toutes les mesures qu'il croirait le plus propres à assurer la régularité des services dont il est chargé;

8° Adresser à la direction générale de l'agriculture des copies des procès-verbaux des séances du conseil, chaque fois qu'il le jugerait convenable ou que l'autorité supérieure lui en ferait la demande.

Article 23e Le directeur sera suppléé, en cas d'empêchement, par le doyen des professeurs qui se trouvent en exercice.

CHAPITRE IV

Conseil scolaire

Article 24e Le conseil scolaire de l'Institut est constitué par les professeurs en exercice, ayant pour président le directeur et pour secrétaire le professeur dont la nomination est la plus récente.

§ unique. Pour que les séances du conseil puissent dûment avoir lieu, il est nécessaire que plus de la moitié des professeurs en exercice soient présents. Quand la majorité ne pourra arriver à se réunir, on fera une nouvelle convocation, et dans ce cas, la séance pourra être tenue avec un tiers seulement de ce nombre.

Article 25e Rentrent dans la compétence du conseil les fonctions suivantes:

1° Elire le directeur de l'Institut, aux termes de larticle 21e;

2° Discuter et approuver les programmes des cours professés à l'Institut;

3° Organiser les horaires du service scolaire;

4° Rédiger les règlements des services scolaire, administratif et économique, qui seront soumis à l'approbation du gouvernement, ainsi que les instructions se référant au régime interne, conformément aux autorisations règlementaires;

5° Discuter et approuver les instructions relatives aux travaux pratiques qui sont du ressort de chaque chaire, ou ayant pour objet de règler les visites et excursions concernant l'enseignement, aux termes du règlement en vigueur;

6° Procéder aux concours, en exécution de ce décret et des prescriptions règlementaires;

7° Adopter des résolutions sur les questions touchant l'enseignement ou le régime intérieur de l'Institut et qui lui seraient soumises;

8° Donner son avis sur toutes les affaires au sujet desquelles il serait consulté;

9° Pourvoir à tout ce qui est nécessaire relativement à l'enseignement et à la police de l'Institut et de ses annexes.

Article 26e Le conseil se réunit sur la convocation du directeur; en séance ordinaire, une fois par mois; et en séance extraordinaire, chaque fois que le directeur le croit nécessaire, ou que la demande lui en serait faite par trois de ses membres, déclarant d'avance la nature de l'affaire qu'il se proposent de traiter.

CHAPITRE V

Personnel auxiliaire

Article 27e Il y aura à l'Institut, pour le service du secrétariat, des chaires, de la bibliothèque, du laboratoire, de l'hôpital et des annexes le personnel suivant:

Un secrétaire;

Un médecin clinique;

Deux employés de bureau, dont un pour la comptabilité;
Un conservateur de la bibliolhèque;
Deux expéditionnaires:
Un pharmacien;
Un préparateur de chimie;
Un préparateur d'anatomie et de bactériologie;
Un préposé à la dépense de l'hôpital vétérinaire;
Un infirmier;
Un maître d'atelier sidérotechnique;
Un apprenti;
Un régisseur agricole;
Un portier;
Trois gardiens;
Huit domestiques;
Six palefreniers.

Article 28e Le secrétaire, en sa qualité de chef du secrétariat, est chargé, sous les ordres du directeur de l'Institut, des services suivants:

Faire toutes les écritures des livres concernant l'administration scolaire;

Contrôler le travail des expéditions du secrétariat, en conformité du règlement et en harmonie avec les instructions émanées du directeur.

Article 29e Le médecin clinique a la haute main sur le service de l'hôpital vétérinaire, conformément aux dispositions de l'article 49e.

Article 30e L'emploi de médecin clinique sera attribué au concours, à la suite d'épreuves pratiques, aux termes du règlement, moyennant présentation préalable du diplôme de médecin vétérinaire.

Article 31e L'employé comptable est chargé de la tenue des livres relatifs au mouvement des fonds de l'établissement, et il lui est également prescrit d'aider le secrétaire en cas de besoin.

Article 32e A l'employé de bureau immédiatement subordonné au secrétaire, appartient tout le service auxiliaire du secrétariat, son attention devant principalement se porter sur les écritures de l'hôpital vétérinaire.

Article 33e Le rôle de l'expéditionnaire est le suivant:

1° Tenir au courant les livres, registres et documents concernant le service du secrétariat;

2° S'acquitter de tout autre travail d'écritures ou de comptabilité qui leur serait demandé par ordre supérieur.

Article 34e Au conservateur de la bibliothèque appartiennent les services suivants:

1° Garder, entretenir et cataloguer les livres de la bibliothèque;

2° Satisfaire, aux termes du règlement et des instructions émanant de la direction, aux demandes de livres faites par les professeurs ou par les élèves;

3° Maintenir l'ordre et la discipline dans la salle de lecture respective.

Article 35e Aux préparateurs incombe l'obligation:

1° De préparer les ustensiles et autres pièces du matériel pour les répétitions des cours;

2° D'exécuter les travaux du laboratoire et des cabinets, aux termes du règlement en se pénétrant des observations ci-après:

a) Au préparateur de chimie appartient le service dépendant des chaires nos 2 et 10;

b) Au préparateur d'anatomie et de bactériologie appartient le service des chaires nos 13, 14, 16 et 19.

Article 36e Aux emplois de préparateur, de pharmacien et d'infirmier, il sera pourvu par le concours, à la suite d'épreuves pratiques, dans la forme prévue par le règlement.

Article 37e Les emplois de secrétaire, de conservateur de la bibliothèque, de commis aux écritures et d'expéditionnaire, seront attribués au concours documentaire, ouvert à la direction générale de l'agriculture, conformément au règlement.

Article 38e Les nominations du personnel, non mentionné dans les articles précédents, seront faites par le gouvernement.

CHAPITRE VI

Conseil d'administration

Article 39e Il y aura un conseil d'administration composé du directeur, de deux professeurs choisis annuellement par le conseil scolaire, l'un d'eux devant être le directeur de la clinique. Le directeur fera fonctions de président et le membre le plus jeune remplira l'office de secrétaire.

Article 40e Compétence du conseil d'administration:

1° Pourvoir à l'application des crédits destinés aux services de l'établissement;

2° Approuver les demandes de crédit, conformément à l'état de répartition des fonds soumis au conseil scolaire, et en harmonie avec les règles de la comptabilité publique et les prescriptions du règlement de l'Institut;

3° Faire dresser les feuilles de paiement et les comptes de recette, et les soumettre à la vérification du bureau compétent;

4° Adopter les mesures nécessaires pour assurer la ponctualité dans le recouvrement des recettes éventuelles, le contrôle des dépenses, la régulière application et conservation des objets appartenant à l'Institut.

CHAPITRE VII

Hôpital vétérinaire

Article 41e L'hôpital vétérinaire est destiné au traitement des animaux malades, de toutes les espèces domestiques, en même temp qu'il sert comme champ d'expériences et d'apprentissage pratique aux élèves du cours de médecine vétérinaire professé dans l'Institut.

Article 42e L'hôpital vétérinaire consistera:

1° En un cabinet de consultation vétérinaire;

2° En une infirmerie pour le traitement médical des solipèdes;

3° En une infirmerie pour le traitement chirurgical des solipèdes;

4° En une infirmerie pour le traitement médical et chirurgical des animaux de l'espèce bovine;

5° En une infirmerie pour le traitement des animaux de petite espèce;

6° En une infirmerie pour le traitement des animaux atteints de maladies suspectes;

7° En une infirmerie pour le traitement des maladies infectieuses réputées curables;

8° En une infirmerie pour l'observation et l'étude des maladies infectieuses considérées comme incurables;

9° En une infirmerie pour le traitement hydrothérapique;

10° En une pharmacie;

11° En un atelier sidérotechnique.

Article 43e Sont chargés de la direction technique et administrative de l'hôpital, avec les fonctions spéciales de directeurs de la clinique, les trois professeurs des chaires nos 17, 18 et 19, sous la surveillance supérieure du directeur de l'Institut.

§ 1er Aux professeurs de l'Institut, chargés des fonctions de directeurs de la clinique, incombe l'obligation en dehors de leur service consistant dans la direction supérieure de l'hôpital, d'englober dans le cours pratique qui relève de leur clinique, respectivement, la clinique médicale, la clinique chirurgicale et la clinique des maladies contagieuses, sans que pour cela ils aient droit à aucun traitement supplémentaire.

§ 2e Le mode employé pour les demandes de crédits affectés aux dépenses des diverses dépendances de l'hôpital, doit être le même que pour les autres divisions de l'Institut, telles que laboratoire, cabinets, musée, etc., qui sont à la charge des professeurs. On doit entendre par là, que chacun des directeurs de la clinique gèrera pour son compte une section spéciale de l'hôpital, comme cela sera ordonné par un règlement, en harmonie avec les cours qu'ils professent à l'Institut.

§ 3e Aux directeurs de la clinique il appartient de rédiger annuellement un rapport général de la gérance et des services hospitaliers, lequel sera remis, par l'intermédiaire du directeur de l'Institut à la direction générale de l'agriculture.

Article 44e Le cabinet de consultation vétérinaire est destiné à l'examen et aux consultations sur les maladies des animaux, de grosse comme de petit espèce.

Article 45e Le traitement des animaux hospitalisés sera fait dans les diverses infirmeries auxquelles se réfère l'article 42e, selon l'espèce de l'animal et la nature de maladie dont il est atteint.

Article 46e Les propriétaires des animaux recueillis dans l'hôpital vétérinaire, ou de ceux qui se présenteront au cabinet de consultation, paieront en retour les cotes fixées au tableau des tarifs respectifs.

Article 47e La pharmacie, convenablement installée, fournira les médicaments nécessaires pour la clinique de l'hôpital et la vente sera licite, à la requête des propriétaires, de tous remèdes exclusivement destinés aux animaux malades en traitement.

Article 48e L'atelier de sidérotechnie comprendra des installations appropriées à la ferrure des animaux hospitalisés.

Article 49e Il y aura pour le service du cabinet de consultation un médecin de clinique, selon les prévisions de l'article 27, et ce service sera exercé dans la forme suivante:

1° Prescrire le traitement médical et hygiénique des animaux qui se seront présentés à la consultation;

2° Diriger le traitement clinique et hygiénique des animaux recueillis dans les infirmeries;

3° Organiser des exercices dans tous les travaux pratiques de la clinique hospitalière — que ce soit à la consultation ou dans les infirmeries — à l'intention des élèves de la dernière année du cours de médecine vétérinaire en apprentissage;

4° Assurer l'exécution de toutes les prescriptions et de tous les ordres de service donnés par les directeurs de la clinique ou par le directeur de l'Institut.

Article 50e Service du pharmacien:

1° Effectuer la préparation de tous les médicaments destinés à la consommation de l'hôpital;

2° Servir de préparateur de pharmacie et de chimie, auprès du professeur de la 15e chaire, selon les dispositions du règlement.

Article 51e Le préposé à la dépense est chargé simultanément d'encaisser toute la recette éventuelle de l'hôpital et de ses annexes et de distribuer toutes les denrées et le matériel nécessaire.

Article 52e Le maître de la sidérotechnie est tenu d'exécuter, avec le concours de l'apprenti, tous les services de son atelier respectif, et de plus également, dans le même local, tous les autres services qui lui seraient commandés par les directeurs et le médecin de la clinique.

Article 53e L'infirmier devra assister à tous les services cliniques et hygiéniques et il entre dans ses attributions de diriger les palefreniers de manière à ce que les prescriptions supérieures soient rigoureusement et complètement observées.

Article 54e Le reste du personnel aura les attributions indiquées par un règlement.

CHAPITRE VIII

Dispositions générales et transitoires

Article 55e Les dispositions de l'article 21 ne seront applicables que dans le cas où le directeur actuel laisserait la place vacante; en attendant, tous les appointements et prérogatives qui lui appartiennent seront maintenus.

Article 56e Les professeurs, répétiteurs, préparateurs et autres employés de l'Institut auront le traitement et les gratifications fixés dans le tableau joint à ce projet et qui en fait partie intégrante.

§ unique. Le traitement d'exercice sera alloué aux professeurs, aux termes de l'ordonnance règlementaire du 1er juin 1888.

Article 57e La direction des cabinets, du laboratoire, de l'hôpital vétérinaire et des autres annexes de l'Institut est considérée comme fonction inhérente au service des professeurs de cet établissement, sans aucun droit à une rétribution supplémentaire.

Article 58e Les professeurs qui cumulent d'autres charges rémunérées par l'État, ou qui se trouveraient visés par les dispositions de la loi du 13 mars 1884, recevront pour l'Institut, au lieu du traitement de catégorie indiqué dans le tableau A, la gratification annuelle de 450$000 reis; et les traitements des professeurs militaires seront réglés par la loi du 13 mars 1884.

Article 59e Pour les chaires dont il est question à l'article 1er, les professeurs actuels seront appelés à les occuper dans l'ordre où elles sont placées.

Ainsi, le titulaire actuel de la chaire n° 13 prendra possession de la chaire 19ᵉ, aujourd'hui rétablie, en vertu des droits qui lui ont été conférés par le décret du 20 décembre 1882 et l'on devra appeler à l'exercice effectif des autres deux chaires, les professeurs qui par la dernière réforme du 8 octobre 1891 ont passé à la situation de maîtres adjoints.

Article 60ᵉ Le gouvernement pourra autoriser la permutation réciproque de deux professeurs titulaires des chaires, quand les intéressés seront d'accord pour le demander, et si le conseil croit devoir en faire la proposition, entre les groupes suivants de chaires:

1ᵉʳ groupe, 1ᵉʳᵉ, 2ᵉ, 4ᵉ à 10ᵉ chaires;

2ᵉ groupe, 13ᵉ à 19ᵉ chaires (inclusivement).

§ unique. Est également permise la permutation des professeurs des chaires 3ᵉ, 11ᵉ et 12ᵉ:

1° Quand il s'agira d'agronomes ou de silviculteurs, avec ceux du premier groupe et vice-versa;

2° Quand il s'agira de vétérinaires, avec ceux du deuxième groupe et vice-versa.

Article 61ᵉ Les suppléances de professeurs, momentanément empêchés d'occuper leurs chaires, seront remplies, sur la proposition du conssil, par les professeurs en exercice effectif qui par la nature de leurs cours se trouvent plus aptes à exercer l'enseignement relatif à la chaire vacante.

§ unique. A defaut de professeur effectif, le gouvernement, ouï le conseil scolaire, nommera une personne capable d'occuper la chaire en question. Pour ce service extraordinaire, on devra choisir, autant que possible des titulaires de chaires d'importance équivalente ou analogue, attachés aux autres écoles supérieures du royaume, de préférence á des étrangers au professorat.

Article 62ᵉ Les préparateurs actuels, sur la proposition du conseil, en considération des services rendus par eux, seront immédiatement promus aux emplois de répétiteurs.

Article 63ᵉ Les élèves de l'Institut qui auraient été provisoirement dispensés d'un quelconque des certificats d'examens préliminaires, exigés par le décret du 2 décembre 1886, seront obligés seulement de présenter les certificats d'études préparatoires indiqués dans l'article 4ᵉ du présent décret.

Article 64ᵉ Sont garantis aux actuels employés de bureaux et aux auxiliaiaires, nommés à titre définitif, leurs emplois respectifs du cadre fixé par le présent décret et dans les limites du même cadre, avec tous les avantages qui leur appartiennent.

Article 65ᵉ Le personnel qui ne pourra être placé dans les cadres restera disponible, ou sera employé par le gouvernement dans d'autres commissions, aux termes des lois en vigueur.

Article 66ᵉ Le principe d'après lequel on se règlera dans le choix des employés d'égale catégorie, quand l'un d'entre eux devra rester disponible, sera celui qui est tiré de l'ancienneté, le plus jeune ou le plus récemment promu, à égalité de circonstances, passant à la situatian d'attaché disponible.

Article 67ᵉ Aux élèves qui fréquentaient déjà l'Institut, pensionnés par l'État, sera maintenu, leur subside aux termes du règlement du 8 novembre 1888.

Article 68e Le conseil scolaire formulera un règlement général qu'il soumettra à l'approbation du gouvernement, pour la pleine exécution des dispositions de ce décret.

L'enseignement supérieur agronomique ne pouvait raisonnablement pas demeurer étoufé dans les étroites lisières où l'avait emprisonné la réforme de 1891. L'organisation de 1893 Le projet même du conseil scolaire, porté à la connaissance du gouvernement et d'après son ordre, au commencement de l'année 1892, était encore bien en-deça des nécessités croissantes de l'agriculture du pays. Fondu dans des moules étriqués, obligé de subir un budget extrêmement insuffisant, voté pour l'enseignement agricole, ce projet devait nécessairement participer de la même étroitesse de vues que la loi de 1891. La proposition du conseil visait tout au plus à corriger de graves erreurs de la loi, atténuant jusqu'à un certain point ses inconvénients, mais toujours sous l'empire des réductions imposées au budget pour les dépenses que comportent les services de l'Institut agronomique. De jour en jour, dans l'exercice de leurs hautes fonctions professorales, les maîtres allaient reconnaissant davantage les défectuosités de la loi et l'impossibilité de réaliser un enseignement profitable dans les conditions restreintes du plan d'études et en présence de la parcimonie des moyens matériels propres à la démonstration des matières enseignées.

Ce qui faisait également défaut, c'était le personnel auxiliaire indispensable pour l'enseignement pratique, et il devenait impossible de réaliser les excursions d'études pourtant si utiles, si avantageuses pour les élèves et les professeurs. L'enseignement se voyait donc privé de tous les moyens de s'éclairer par la pratique, réduit à la partie abstraite et aride des conférences faites dans les cours.

De toutes parts se faisaient entendre des réclamations contre l'insuffisance actuelle de l'enseignement supérieur agronomique, lorsque fut appelé aux conseils de la couronne un ministre qui, en raison de ses antécédents (il était déjà professeur illustre par la distinction de son enseignement dans la chaire de philosophie de l'Université de Coïmbre, mais ses œuvres pedagogiques l'avaient notamment mis en grand relief comme personnage politique et comme publiciste), faisait augurer de meilleurs jours pour l'enseignement du pays en général et notamment pour l'enseignement agricole, dépendant du département des travaux publics et de l'agriculture dont le portefeuille lui avait été confié.

Le conseil scolaire de l'Institut agronomique s'empressa d'envoyer une députation au noble ministre et éminent professeur, M. le conseiller Bernardino Machado. Des conférences ne tardèrent pas à se succéder en vue de la réorganisation de l'enseignement agricole; quelques amendements importants furent introduits dans la réforme de 1891 et le ministre s'sngagea à n'épargner aucun effort pour élever au niveau convenable la première école d'enseignement agricole du pays.

Mais l'atmosphère spéciale qu'on respire dans les hautes régions du pouvoir exerça bientôt son influence énervante, en refroidissant d'une part la bonne volonté du ministre, et modifiant d'autre part les idées et les vues larges du pédagogue illustre, du champion dévoué entre tous de la cause à l'instruction nationale. La première impulsion tendant à réorganiser l'enseignement agricole sur des bases solides et à le doter convenablement, de manière à rendre son application aussi avantageuse que possible, mais surtout pratique, vint se heurter aux hésitations de l'homme politique souple, qui cherche à se concilier les sympathies d'un public peu éclairé, par la promesse d'économies sur les crédits votés au budget général de l'Etat. Ainsi, il arriva que les aspirations indépendantes du professeur et l'esprit supérieur du pédagogue furent contre-balancés par les aveugles et atrophiantes préoccupations d'un groupe de politiciens qu'éblouissait un peu trop la perspective de la faveur populaire. Ces deux influences se firent équilibre, pour ainsi dire, et eurent pour résultat de maintenir le *statu quo,* sans que le remaniement promis de l'enseignement supérieur vît le jour.

Un événement imprévu de tous ceux qui suivaient avec intérêt ces questions relatives à l'enseignement agronomique vint cependant contribuer à ramener la confiance des partisans d'une nouvelle réforme, convaincus que de la prospérité de cet enseignement devait dépendre l'avancement de l'agriculture nationale. Dans un banquet offert par le corps des agronomes réunis à Lisbonne, à l'illustre chimiste et agronome français, M. Louis Grandeau, à l'occasion de sa visite en Portugal, banquet dont président était justement le ministre des travaux publics et de l'agriculture, M. le conseiller Bernardino Machado, assisté du directeur général de l'agriculture, M. le conseiller Elvino de Brito, en présence de nombreux agronomes et hauts fonctionnaires du ministère, un hommage éclatant fut rendu dans les termes les mieux sentis à l'enseignement agricole. On affirma avec juste raison que, de toutes les protections accordées par l'Etat à l'agriculture, la meilleure, la plus durable et la plus efficace consistait à fomenter l'instruction. Sur ce thème et au milieu des applaudissements chaleureux de l'assistance, M. le conseiller Bernardino Machado oublia un moment qu'il était ministre et se dégageant de la contrainte que lui imposaient les exigences d'un politique à courte vue, se reprit fièrement et ne se souvint plus que de la croisade qu'il avait entreprise, comme conférencier et comme publiciste, pour le plus grand profit de l'éducation et de l'instruction nationales. Et ne voulant laisser aucun doute sur son programme et ses intentions comme homme d'Etat, il déclara sur l'heure qu'une de ses premières mesures, en sa qualité de membre du gouvernement, serait toute favorable à la cause si sympathique de l'instruction agricole.

En effet, peu de temps après, la *Gazette officielle (Diario do governo,* n.° 227 du 7 octobre 1893) publiait la réforme de l'enseignement agricole, projet contresigné le 6 octobre 1893 et signé par les ministres de la couronne, MM. les conseillers João Ferreira Franco Pinto Castello Branco et Bernardino Luiz Machado Guimarães.

Sans faire tort aux sentiments d'amitié, ni à la haute considération que les auteurs de cet écrit professent à l'égard de l'illustre ministre des travaux publics de 1893, le conseiller M. Bernardino Machado, mais uniquement dans un esprit d'impartialité nécessaire pour que cette courte notice ait quelque valeur historique, il n'est pas posible de méconnaître que la réforme ne répondit que très imparfaitement à l'attente de ceux qui ne voyaient rien autre chose, dans le nouveaux ministre, que l'économiste vulgarisateur, l'apôtre par l'éloquence de sa parole et son érudition classique.

La nouvelle réforme de l'enseignement agricole se ressentit de la mesquine arrière-pensée de vouloir réorganiser les services, sous prétexte de les ameliorer, sans dépenser au-delà d'une modique allocation. De telle sorte que, *mutatis mu-*

dandis, l'enseignement professé à l'Institut concernant l'agronomie et l'art vétérinaire, demeura, dans son ensemble et dans son essence, sur le même pied où l'avait laissé la loi subversive de 1891.

Le cadre des dix-sept chaires fut respecté et l'on se borna à distribuer seulement les matières d'une façon un peu plus rationnelle. Mais, dans des conditions qui n'avaient pas beaucoup à envier aux précédentes, on maintint l'état de choses qui privait l'enseignement agronomique d'une chaire complète de chimie générale développée, rouage cependant si indispensable pour l'intelligence pleine et entière des cours professés dans la chaire de chimie agricole. On privait aussi cet enseignement de la chaire préparatoire de zoologie et enfin d'une chaire spéciale de viticulture, contrairement à ce qu'avait si sagement établi la loi de 1886 du ministre Navarro, chaire à tous les points de vue obligatoire dans un pays vinicole comme le nôtre.

La réforme de M. le conseiller Machado créait, il est vrai, deux emplois de répétiteurs, sans augmentation de dépense pour le trésor, en utilisant les services d'un analyste de la station chimico-agricole, pour la partie agronomique, et d'un médecin vétérinaire, détaché du service de l'hôpital vétérinaire, pour la partie vétérinaire.

Cette mesure représentait sans aucun doute une amélioration pour l'enseignement, bien que ce personnel auxiliaire fût de minime importance; mais la nomination était vicieuse pour la bonne exécution des dispositions relatives à l'enseignement pratique.

Afin de satisfaire aux différentes exigences de l'enseignement, la réforme en question établissait les dépendances ou ateliers si-après, pour les travaux pratiques:

1° Un laboratoire de chimie;
2° Un laboratoire de fermentations;
3° Un laboratoire de nosologie générale;
4° Un laboratoire de recherches bactériologiques;
5° Un jardin agricole expérimental;
6° Un musée de machines et de produits agricoles;
7° Une laiterie expérimentale;
8° Une usine vinicole;
9° Une usine oléicole;
10° Une usine de distillation;
11° Un magnanerie;
12° Un rûcher;
13° Une bibliothèque.

De ces diverses installations, si l'on excepte celles qui étaient déjà crées, à savoir: le laboratoire chimique, le jardin expérimental, le musée des machines et produits agricoles et la bibliothèque, d'une part, décrétées par la législation antérieure, et d'autre part, la laiterie expérimentale et le laboratoire bactériologique, fondés, la première, par le professeur Cincinnato da Costa, et le deuxième, par les professeurs Joaquim Ignacio Ribeiro et Paula Nogueira, — améliorations due à leurs propres initiatives, aux frais du budget des chaires respectives et a leur charge,—toutes les autres améliorations demeurèrent à l'état de projet, sous le régime de la réforme de 1893. Sur ce point, à peine le législateur eut-il occasion de manifester sa bonne volonté, parce que le plan de réforme fut subordonné à un partipris, celui de ne faire aucune dépense; or, il est évident que dans ces conditions, les projets de nouvelles installations et d'atelier, réclamés avec instance pour l'enseignement, comme en 1852 et plus tard en 1886, ne pouvaient manquer de rester dans les limbes. Toujours, le même manque de courage pour donner réellement de la vie aux projets les mieux conçus! Ou peut être encore, absence de foi, de conviction complète, à l'endroit de l'opportunité des décisions qu'on promulguait!... Dans l'un comme dans l'autre cas, il était bien difficile à ceux qui ont la naïveté de croire à l'utilité des lois de ne pas voir en tout ceci une manière de mystification.

L'inscription, dans le texte de la loi organique de l'enseignement agronomique, des annexes ou dépendances sus-visées, qu'on entendait affecter aux études et aux travaux pratiques, marqua cependant un mouvement en avant, quoique d'ordre purement spéculatif et platonique, dans l'œuvre de reconstitution et de réorganisation de l'enseignement agricole, telle qu'elle avait été entreprise plusieurs années au paravant par les professeurs de l'Institut. Sans résultat pratique au bout du compte; parce que les crédits alloués pour l'enseignement agricole étaient par trop exigus, cruellement mutilés par la réforme de 1891, et qu'aucun autre crédit n'avait été voté une seule fois pour assurer l'installation définitive et réelle de ces ateliers. La simple mention dans le dispositif de la loi, indiquant que ces installations devaient exister, était déjà en somme une satisfaction morale accordée aux réclamations de l'Institut qui, tout au moins, voyait appuyées en principe sinon en fait, ses requêtes adressées maintes fois au pouvoir central dans l'intérêt de l'enseignement qu'il avait pour mission de fournir et d'améliorer.

En tant que conception générale de l'enseignement, surtout pour la partie pratique et expérimentale, il est juste de reconnaître que la réforme de 1893 réalisa un progrès. Inspirée en grande partie, dans le sens que nous venons d'indiquer, par le projet de réforme émané du conseil scolaire et soumis à l'approbation du gouvernement au commencement de l'année 1892, le nouveau remaniement tendait à amender quelques défauts de la loi de 1891 et à remodeler le programme général des études en s'appuyant sur des bases plus rationnelles et en concordance avec les principes établis par la science pédagogique. A ce propos, nous ne pourrions sans injustice ne pas consigner ici l'éloge dû au ministre, en même temps qu'à l'illustre professeur et pédagogue, pour avoir dicté et signé cette loi.

Pourtant, il faut bien en convenir, la nouvelle organisation, ne satisfit pas dans son ensemble. L'enseignement supérieur de l'agriculture n'en continua pas moins à se considérer dans un état transitoire, comme souffrant toujours du même mal et aspirant ardemment à une nouvelle réorganisation faite par une main intelligente et vigoureuse qui saurait communiquer la vie et la force à des éléments naturellement féconds et faciles à faire fructifier, mais qui manquaient principalement, pour acquérir tout leur intensité de production, du secours direct et réel des moyens matériels.

Sans réclamer cette fois, les professeurs de l'Institut espéraient que la nouvelle refonte de la loi modifierait profondément les conditions de l'enseignement, ou que de nouvelles subventions lui seraient accordées, tant était sensible le dépérissement dont souffrait, victime de réformes inconsidérées, le premier établissement agronomique du Portugal.

L'organisation actuelle.

A la suite des divers changements occasionnés par les variations de la politique portugaise, un illustre professeur de l'Institut Agronomique, qui déjà par deux fois avait été ministre des finances, M. le conseiller Augusto José da Cunha, fut appelé en 1897 à entrer dans les conseils de la couronne, et cette fois, il prit le portefeuille des travaux publics.

Intelligence éclairée, possédant l'instruction générale la plus étendue M. le conseiller Augusto José da Cunha, à peine installé à son poste, eut le courage d'envisager en face, et essaya d'étudier à fond, le problème agricole. Ayant été nommé ministre pendant les vacances parlementaires et ne pouvant sans l'approbation des *cortes* générales, résoudre une question aussi importante, il consacra tous ses soins à l'instruction de l'affaire et à la préparation du projet qu'il voulait proposer à la sanction des Chambres.

La question à resoudre pouvait être considérée sous un double aspect. Saisi tout d'abord de la nécessité urgente pour le pays de produire plus de blé qu'il n'en récolte actuellement, toujours en quantité insuffisante eu égard aux besoins de la consommation, il songea à y rémédier par un moyen détourné en adoptant des mesures de protection et d'encouragement pour le commerce vinicole. C'était dans sa pensée, le meilleur moyen de favoriser l'exportation d'une des denrées que le Portugal produit le plus abondamment, afin justement de compenser l'importation de cette autre denrée qui lui est indispensable pour sa subsistance.

Réduite à ces termes, sur le terrain de l'actualité, l'équation économique dépendait de l'un et de l'autre de ces deux facteurs: d'un côté fomenter la production des céréales, c'est-à-dire du principal élément de l'alimentation publique dont nous manquons, et d'un autre côté, pousser à la création ou à l'extension de débouchés faciles et avantageux pour les produits que nous avons en excès.

En ce qui touche la partie indirecte du problème, de quoi s'agissait-il? D'acheminer le pays par une voie lente, mais sûre, et sans aucune perte de temps, vers sa régénération économique. Cette logique n'échappa point au ministre et il conclut à l'urgence de communiquer plus de force et d'émulation à l'enseignement agricole, véritable et unique base de tout progrès cultural.

Bien que doué d'une rare énergie et prompt à lutter contre les plus grandes difficultés, il faut reconnaître que le ministre, M. da Cunha, victime des mille circonstances, mal compris du milieu où il se trouvait, échoua également, devant les oppositions qu'il rencontra sur son chemin, tandis qu'il s'épuisait en efforts pour réaliser son œuvre.

Dans la partie économique proprement dite, à peine une partie et bien petite, de son plan, fut-elle votée par les Chambres; il se réserva de présenter le surplus dans un moment plus favorable, à la discussion et à l'approbation du Parlement.

Quant à la partie de son programme intéressant immédiatement l'enseignement agricole, il n'est que juste de constater que M. le conseiller Augusto José da Cunha fit tout qu'il lui était permis de faire dans la mesure des pouvoirs qui lui avaient été conférés.

Ces pouvoirs au surplus furent très limités. Au bout de six ans passés sur une réforme qui réduisait considérablement les dépenses applicables à l'enseignement agricole, la situation du pays n'était pas plus dégagée; mais la crise semblait plutôt aggravée, par contre-coup et répercussion du mal général qui sévit sur toutes les nations de l'Europe et nous est à vrai dire, non seulement commun, avec les États du continent, mais avec la plupart des pays du monde entier. Quoi d'étonnant dès lors que les législateurs se soient désintéressés de la question agricole, de celle surtout qui tend au perfectionnement de l'enseignement technique et professionnel! Quoi de plus conforme à de certains prejugés trop vulgaires, qu'on se soi, dans ces circonstances, médiocrément soucié des supérieures nécessités de l'Institut agronomique, qui apparaissait comme un objet de minime importance, comparé aux autres questions d'intérêt politique et social!... Bien plus, avec le temps, les intéressés avaient perdu l'habitude de se plaindre; personne n'élevait la voix en faveur de l'enseignement agricole, et celui-ci, vivant selon ses moyens d'existence dans les dures conditions que lui avaient imposées les dernières réformes, il semblait que cet état de choses, encore qu'il ne fût pas l'idéal de la perfection, pouvait continuer au point où on l'avait laissé, sans inconvénient trop sensible pour l'agriculture nationale.

De cette façon, le ministre fût autorisé à réformer les services de son ministère, par conséquent ceux de l'enseignement agricole, comme il le jugerait convenable; mais à la condition d'avoir toujours présent devant ses yeux le fantastique épouvantail du budget général, qui dans le chapitre respectif, ne pouvait être dépassé de la plus petite somme.

Il devenait donc bien difficile, pour ne pas dire impossible, de rien faire d'utile, ainsi que cela était déjà arrivé en 1893, et mieux valait peut-être ne rien faire après tout, étant donnés les allocations étriquées et dérisoires qui étaient attribuées de par la loi des finances. Car de rien ou de bien peu de chose étaient susceptible l'améliorations des services sans augmenter les dépenses, alors surtout que les ressources en argent *immédiatement disponibles* sont ce qui manque le plus à ces services pour fonctionner dans de bonnes conditions et avec fruit.

En sa qualité de professeur de l'Institut Agronomique et Vétérinaire, dévoué à la cause de l'enseignement, et par amour et par profession, M. le conseiller Augusto José da Cunha ne voulut pas cependant laisser échapper l'occasion d'un essai qui lui paraissait favorable pour doter d'Institut de quelques améliorations importantes. C'est ainsi qu'il publia la réforme du 4 novembre 1897, aujourd'hui en vigueur, par laquelle il s'est acquis des droits à la gratitude du corps enseignant de cette école.

Avec l'assentiment des professeurs, qui se prêtèrent à faire gratuitement quatre cours auxiliaires ou préparatoires, il rétablit les chaires de chimie générale, et de zoologie et créa en outre les cours préparatoires de microscopie ou technique microscopique et de mathématiques.

L'enseignement pratique reçut de lui enfin une impulsion considérable. A cet effet, il organisa un corps de chefs de service chargés, d'assister les professeurs dans les laboratoires conjointement avec les répétiteurs. Leur nombre fut fixé à quatre, pour la section agronomique, et à quatre également pour la section vétérinaire. Il éleva à cinq le nombre des préparateurs, quatre d'entre eux étant recrutés parmi les élèves sortis de l'école agricole d'enseignement moyen et diplômés pour le cours de régisseurs agricoles, et le cinquème, pourvu du brevet correspondant au cours complet de médecin-vétérinaire. Il réintegra dans la section vétérinaire l'hôpital vétérinaire détaché de l'école par la loi 1891; et cette mesure ne fut pas sans importance décisive pour l'enseignement vétérinaire qui, au lendemain de la réforme du ministre M. João Franco, était demeuré très sacrifié, mais surtout privé de tout moyen de pourvoir à l'apprentissage nécessaire et complet des élèves dans les conférences hospitalières.

Mais, par-dessus tout, au nombre des améliorations appréciables, dues à M. da Cunha, il faut mentionner l'exécution d'œuvres de réparations importantes dans les bâtiments de l'école et la restauration d'une partie de ses dépendances, grâce à laquelle plusieurs immeubles, abandonnés à cause de leur mauvais état de conservation, furent remis en état et appropriés pour servir de salles d'étude, d'ateliers de travail, de magasins, etc.

A M. Augusto José da Cunha appartient l'initiative de la réorganisation complète du laboratoire de fermentations et de technologie rurale, amélioration dès aujourd'hui très importante.

Son prédecesseur au ministère des travaux publics, M. le conseiller Campos Henriques, avait déjà fait acheter une petite partie du matériel qui existe présentement, et par un simple arrêté ministériel, avait essayé d'acheminer vers son installation définitive le laboratoire de fermentations de l'Institut. Mais c'est à M. da Cunha que revient l'incontestable honneur d'avoir établi ledit laboratoire sur des bases et dans des conditions qui ne laissent rien à désirer. Cet établissement rend aux surplus, journellement, de signalés services à l'enseignement agricole et vétérinaire.

Coïncidant avec cette réforme de M. le conseiller Augusto José da Cunha, et grâce à l'intervention personnelle du professeur Monte Pereira et du répétiteur D. Luiz de Castro, un riche propriétaire foncier de Lisbonne, M. Carlos Pecquet Ferreira dos Anjos, offrit au conseil scolaire de l'Institut d'Agronomie sa ferme de Montalegre située dans la banlieue de la capitale, à une distance de 3 kilomètres de l'emplacement de l'école, pour être utilisée comme champ d'expériences et de démonstrations, par les élèves pendant les quatre années de stage à l'école.

Par suite de l'acceptation officielle de cette offre généreuse, l'Institut vit en quelque sorte, sans aucune augmentation de dépense, sa sphère d'action agrandie et complétée; car la propriété de M. Anjos, outre que sont étendue est assez vaste, réunit une grande variété de cultures et d'ateliers agricoles.

Mais, malgré cette excellente annexe, sur le pied où l'a mis la loi en vigueur, le plan général de l'enseignement supérieur agricole satisfait-il aux aspirations des professeurs, des agronomes et de tous les spécialistes ou connaisseurs en matière d'agriculture?... Nous n'hésiterons pas à répondre.

Non! D'aucune façon, à notre avis, réduit comme il est aux proportions les plus mesquines par l'effet de réformes subversives, trop à l'étroit dans ses moyens d'action et privé d'éléments matériels à la hauteur de notre époque, alors justement que le contraire serait indiqué dans un temps où les procédés scientifiques modernes rendent l'enseignement plus dispendieux en même temps que plus fructueux, le régime actuel de l'enseignement supérieur n'est pas en état de satisfaire entièrement tous ceux qui, étant compétents dans les questions rurales, s'intéressent passionnément au progrès réel de leur pays. Toutefois, même en dépit de l'exiguïté de l'espace où il fonctionne, l'Institut Agronomique et Vétérinaire de Lisbonne ne demande plus rien aujourd'hui, pour exercer parfaitement sa mission et apporter un puissant concours au développement général de notre agriculture, que du calme, de la persévérance dans l'application des mesures de réorganisation adoptées, mais aussi des ressources pécuniaires, afin d'être tout à fait en situation de fournir l'enseignement convenable. Or, chacun sait que les installations perfectionnées du laboratoire, les collections d'études, etc[a], non plus que les excursions dans la compagne, les visites aux fabriques et les travaux pratiques dans las ateliers techniques, etc[a], etc[a], ne se réalisent pas sans de grands frais.

Un régime d'altérations permanentes dans la vie intérieure d'une école est la mort de cette institution. Au milieu des vicissitudes qu'elle traverse, la tradition, l'unité d'enseignement disparaissent, et c'est ainsi qu'on arrive peu à peu à la désagrégation des éléments dont se compose l'école, qui se transforme à bref délai en une sorte de tour de Babel où tout est incohérent, les plans, — l'orientation, les méthodes, les doctrines.

Sans jouir de l'existence large et aisée que lui avait départie la loi de 1886, l'Institut Agronomique et Vétérinaire réunit actuellement des conditions qui lui permettent de produire beaucoup et de fournir un enseignement au niveau de celui qui est établi dans les principales institutions similaires à l'étranger. A peine demande-t-il, pour cela un peu de générosité dans les crédits alloués pour l'enseignement pratique et expérimental, laissant aux professeurs une entière liberté d'action, comme étant en somme plus compétents d'études et plus intéressés que personne à l'effet d'adopter les méthodes et les plans qui leur semblent le plus convenables.

Mais que les gouvernements ne perdent jamais de vue, quand ils cherchent le moyen de défendre le pays contre les diverses et dangereuses crises qui nous désolent lamentablement, cette phrase si judicieuse que nous avons entendue une fois d'une bouche autorisée et que nous n'avons plus oubliée : **«C'est que de toutes les protections accordées par l'État à l'agriculture, la meilleure et la plus durable, comme aussi la plus efficace, consiste dans la protection de l'instruction».**

Pour terminer cette ébauche historique sommaire, nous exposons ici, sous la forme synoptique, le tableau de l'enseignement officiel agricole actuel et des établissements d'expériences agronomiques, en mettant en regard les organisations respectives des deux années 1886 et 1891.

Tableau synoptique des établissements d'enseignement et d'investigation agricole en Portugal

En 1886	En 1891	En 1900
	I — ENSEIGNEMENT SUPÉRIEUR AGRONOMIQUE	
Institut Agronomique et Vétérinaire: 1 directeur; 21 professeurs; 6 maîtres suppléants; 3 préparateurs.	Institut Agronomique et Vétérinaire: 1 directeur; 17 professeurs; 2 préparateurs.	Institut Agronomique et Vétérinaire (Lisbonne): 1 directeur; 17 professeurs; 8 répétiteurs; 5 préparateurs; 1 chimiste analyste.
	II — ENSEIGNEMENT SECONDAIRE D'AGRICULTURE	
École pratique centrale d'agriculture (Coïmbre): 1 directeur; 5 professeurs techniques; 5 professeurs auxiliaires; 2 régisseurs agricoles; 1 régisseur forestier; 1 moniteur.	École pratique centrale d'agriculture (Coïmbre): 1 directeur; 2 professeurs techniques; 1 professeur auxiliaire; 1 régisseur agricole.	École nationale d'agriculture (Coïmbre): [1] 1 directeur; 8 professeurs; 1 auxiliaire-géomètre, chargé des travaux topographiques. École de régisseurs agricoles «Moraes Soares» (Santarem): 1 directeur; 3 professeurs; 1 auxiliaire des travaux de géometrie rurale.
	III — ENSEIGNEMENT ÉLÉMENTAIRE OU ÉCOLES D'APPRENTISSAGE AGRICOLE	
École pratique d'agriculture de Mirandella. École pratique de laitages de Castello de Paiva. École pratique d'agriculture de Vizeu. *Fructuaria*, école pratique de laitages de la 5e région agronomique. École pratique de viticulture et de pomologie de Bairrada. École pratique de viticulture de Torres Vedras. École pratique élémentaire d'agriculture de Santarem. École pratique d'agriculture de Portalegre. École pratique d'agriculture de Faro.	École élémentaire d'agriculture pratique de Vizeu. École d'agriculture pratique de Santarem. École d'agriculture pratique de Faro. École d'agriculture pratique de Portalegre. École élémentaire de viticulture de Bairrada. École élémentaire de viticulture pratique de Torres Vedras.	Cours d'instruction primaire agricole à Vizeu, à Bairrada, à Torres Vedras, à Faro, à Porto. Enseignement de la pratique manuelle des ouvriers agricoles à Torres Vedras, à Bairrada, à Regua [1].
	IV — ÉTABLISSEMENTS D'EXPÉRIENCES ET DE RECHERCHES AGRONOMIQUES	
12 stations de chimie agricole.	3 stations de chimie agricole. 1 station de sériciculture.	2 stations de chimie agricole [1] (Lisbonne-Porto). 1 station d'encouragement agricole transmontaine (Mirandella). 1 laboratoire de pathologie végétale [1].

[1]) Nous publions quelques gravures de ces établissements, tous organisés et dirigés par des diplomés de l'Institut Agronomique de Lisbonne.

ÉTAT ACTUEL DE L'ENSEIGNEMENT SUPÉRIEUR DE L'AGRICULTURE

Le Portugal ne posséde qu'une seule école d'enseignement supérieur de l'agriculture, qui porte le titre d'*Institut Agronomique et Vétérinaire*.

L'Institut Agronomique et Vétérinaire de Lisbonne.

La fondation de cette école, sous le nom qui lui fut attribué alors d'*Institut Agricole de Lisbonne,* remonte comme nous l'avons déjà dit à l'année 1852; puis, l'économie générale de l'Institut ayant été successivement l'objet de réformes, en 1864, 1886 et 1891, l'école reçut au fur et à mesure de ses transformations les dénominations nouvelles d'*Institut Général de l'Agriculture* et d'*Institut Agronomique et Vétérinaire.*

Cette école a pour objet de fournir l'enseignement supérieur agricole, c'est-à-dire celui qui convient le mieux aux individus qui se destinent aux hautes fonctions l'État ou qui aspirent à diriger de grandes exploitations rurales, soit pour leur compte, soit pour le compte des particuliers.

L'installation de l'Institut Agronomique et Vétérinaire n'a pas varié. Il occupe toujours l'ancien édifice, à Cruz de Taboado, où il fut établi pour la première fois. A la suite d'importantes réparations qui ont été effectuées dans cet immeuble, et notamment de l'adaptation convenable de vieux bâtiments mal appropriés, l'école se trouve aujourd'hui dans des conditions qui, si elles ne représentent pas la perfection même, pour un établissement de ce genre, n'en sont pas moins propres à satisfaire quant à présent aux exigences les plus imprescriptibles. Avec quelques améliorations de plus, l'Institut pourrait être dès aujourd'hui une excellente école d'agriculture; il suffirait pour cela de deux conditions: la première serait de lui annexer des terrains qui lui manquent pour développer l'expérimentation; la deuxième, de doter et d'organiser l'enseignement un peu plus largement qu'il ne l'est à l'heure actuelle.

Afin qu'on se rende plus exactement compte de la manière dont fonctione actuellement l'enseignement supérieur de l'agriculture en Portugal, il nous paraît à propos de reproduire ici intégralement le texte de la loi en vigueur, promulguée à la date du 4 novembre 1897, en la faisant précéder du rapport adressé par le ministre au chef de l'État et l'accompagnant des dispositions réglementaires lui assurant l'exécution:

Rapport du ministre Cunha, précédant le decret du 4 novembre de 1887.

Sire. — La base de l'organisation actuelle des services publics appliquées à l'agriculture est sans aucun doute l'enseignement technique supérieure, professé à l'Institut Agronomique et Vétérinaire.

C'est de cette école que sortent les fonctionnaires chargés d'exécuter les services officiels, aujourd'hui si difficiles et si complexes; les professeurs qui réaliseront l'enseignement pratique et professionnel dans les écoles secondaires et élémentaires d'agriculture; les hommes qui divulgueront dans le pays tous les procédés que la science appliquée à l'industrie et la pratique d'autres pays découvrent et perfectionnent tous les jours.

L'enseignement supérieur de l'agriculture a encore parmi nous une autre mission, d'un effet plus lent, mais certainement d'une portée plus large et plus durable.

L'agriculture n'obéit pas complétement aux règles plus parfaites de la production technique, assurément beaucoup moins que les autres industries. C'est une industrie traditionnelle sur laquelle les procédés établis ont une influence décisive.

L'intervention la plus énergique du gouvernement, peut se trouver stérilisée dans l'indifférence de la population agricole, mal préparée pour accepter les moyens d'action nouvelle qui lui sont offerts. Pour que l'agriculture progresse, il faut que la population qui l'exerce, et surtout celle qui la dirige s'élève simultanément avec le développement technique de l'industrie.

L'enseignement supérieur de l'agriculture constitue exactement le meilleur moyen d'intervenir dans l'éducation de la population agricole dirigeante. Dans la population scolaire de l'Institut Agronomique et Vétérinaire le nombre d'élèves fils de propriétaires ruraux et de laboureurs augmente tous les ans, signe encourageant de ce que l'agriculture nationale a perdu une certaine hostilité qu'elle avait montrée d'abord pour cette institution d'enseignement, et de ce que, heureusement, on abandonne la funeste tendance pour les cours qui, au lieu d'attirer, détournent les générations nouvelles des professions productives.

Aucun perfectionnement n'est donc possible dans les services officiels de l'agriculture, si le gouvernement ne peut compter sur des fonctionnaires possédant une éducation technique sûre, fondamentalement scientifique et pratiquement dirigée. L'agriculture ne progressera pas, si les possesseurs du sol national et ceux qui l'exploitent agricolement n'ont pas reçu une éducation qui les délivre de préjugés, et les dispose à l'éxécution de nouvelles pratiques.

Ainsi l'a compris le gouvernement de 1886, en initiant ses réformes par celle de l'Institut Agronomique et Vétérinaire.

Cependant, cette réforme ne s'est jamais ni bien, ni complétement réalisée, car, avant cela, survint la réforme de 1891, qui, certainement dans le but le plus louable et le plus sincère de réduire les dépenses quoique avec un jugement erroné, altéra l'organisation de l'enseignement sans parvenir à corriger aucun défaut antérieur.

Le gouvernement actuel croit devoir renouer la tradition ravivée en 1886 et si malheureusement interrompue en 1891. Ainsi, dans les termes de l'autorisation du 3 septembre 1897, et dans les bornes que l'on y indique à l'action du gouvernement, j'ai l'honneur de soumettre à la haute appréciation de Votre Majesté une nouvelle réforme de l'Institut Agronomique et Vétérinaire.

FAÇADE DU CORPS PRINCIPAL DE L'INSTITUT AGRONOMIQUE ET VÉTÉRINAIRE

Des termes où cette autorisation a été donnée, on déduit clairement que, si le but principal en a été de réduire les services de l'administration de l'État à la plus rigoureuse économie, cela n'empêche pas le gouvernement de rendre les services publics plus efficaces dans les budgets actuels, quand la dépense sera tout à fait irréductible. On ne peut même comprendre autrement l'économie dans l'administration.

Il est impossible de réduire la dépense actuelle dans une somme importante. La réforme de 1891 ne l'à déjà que trop restreinte, au grand préjudice de l'enseignement.

Ce que je propose, c'est une sorte de reconstitution, faite des débris de la réforme de 1886, sans y pouvoir parvenir complétement manque de ressources que les circonstances financières ne permettent pas d'aborder. La réforme proposée cherche à corriger quelques erreurs, parfois indiquées par le conseil scolaire et que l'expérience a encore accentuées.

La réforme de 1886 a aboli les cours auxiliaires, qui jusqu'alors complétaient à l'Institut l'enseignement préparatoire exigé pour l'admission dans cet établissement. Cette réforme, cependant, en augmentant les études préparatoires jusqu'alors exigées, et étendant l'enseignement á l'Institut, atténuait, quoique ne l'évitant pas complétement, l'influence de cette suppression.

Avec une population scolaire manquant d'aptitude il était impossible de relever l'enseignement.

On remarquait surtout cela dans les chaires de mécanique et de constructions rurales.

La réforme de 1891, en bornant l'enseignement de l'Institut par la suppression de quatre chaires, a accumulé excessivement les matières à professer, accentuant fortement le manque de préparation chez les élèves et obligeant à restreindre l'enseignement technique. Non seulement l'enseignement du génie agricole s'en est ressenti, mais aussi celui de la chimie et de la physique agricoles, celui de la zootechnie, et plus ou moins celui de toutes les autres chaires.

Dans l'impossibilité d'augmenter les dépenses, le gouvernement ne pourrait améliorer l'organisation actuelle sans exiger plus d'études préparatoires, obtenues dans d'autres écoles, ce qui diminuerait la fréquentation de l'Institut, en augmentant la durée de l'enseignement, s'il ne trouvait pas dans le conseil scolaire une bonne volonté, à laquelle Votre Majesté rendra sans doute justice.

On crée les cours auxiliaires de mathématiques et de dessin, de zoologie, de microscopie et de chimie, que les professeur de l'Institut se prêtent à faire sans augmentation de leurs honoraires.

Ainsi on prépare mieux les élèves, et on allège quelques chaires, dont l'importance singulière ne justifie que trop une telle disposition. La chaire de zootechnie et d'hygiène, celle de chimie agricole, celle de nosologie végétale sont dans ce cas.

On fait même disparaître ainsi l'enseignement absurde, pendant les dernières années, de matières qui ont leur application dès la première année du cours, comme il arrive pour la microscopie dans le cours d'agronomie et pour la chimie dans le cours de vétérinaire.

D'ailleurs, il y a dans toutes les écoles d'enseignement spécial une tendance manifeste à faire étudier dans ces écoles mêmes les sciences auxiliaires qui leur profitent particulièrement. L'élève est ainsi orienté aussitôt dans le sens de l'application, qu'il doit faire plus tard, de ce qui lui est enseigné et on lui évite une érudition scientifique, qui, si elle n'est pas inutile pour la culture de l'esprit, l'est tout à fait pour l'interprétation du cours professionnel qu'il prétend suivre.

La création des cours auxiliaires représente donc une préparation plus parfaite et plus logique des élèves, et un développement plus grand des cours techniques.

L'organisation des cours est de même modifiée et considérablement améliorée.

La chaire de sylviculture devient obligatoire pour le cours d'agronomie. La réforme de 1891 a réduit l'enseignement de la silviculture à un tiers, en y ajoutant l'arboriculture et la viticulture. C'était une accumulation des plus importantes études culturales qui ne pouvait en aucune façon être justifiée, et que le décret du 6 octobre 1893 a aussitôt corrigé, en rendant biennale la chaire de cultures des plantes ligneuses et faisant enseigner alternativement l'arboriculture pendant une année et pendant l'autre année la sylviculture.

Un décret postérieur et inexplicable a rendu la sylviculture facultative pour les élèves d'agronomie. Dans un pays où les bois de chênes, de châtaigniers et de pins constituent des éléments si importants d'exploitation du sol, intimement liés aux systèmes agricoles de toutes les régions, une telle disposition représentait un nonsens, contre lequel les élèves eux-mêmes se sont manifestés en s'immatriculant presque tous pour la chaire de sylviculture.

Le cours de médecine vétérinaire qui, sans aucun doute, a le plus souffert de la réforme de 1891, est aussi modifié par la présente réforme.

Outre les chaires proprement vétérinaires, font partie de ce cours la botanique, la chimie et la physique agricoles, l'agriculture générale et la zootechnie.

La réforme de 1891 a conservé dans ce cours les chaires de botanique, de zootechnie et d'économie. Elle n'a pas considéré cependant qu'il manquait à la zootechnie l'indispensable précédence de la chaire où l'on étudie les cultures fourragères, et que l'étude de l'économie ne peut être profitable que si elle est précédée de presque tout le cours d'agronomie.

Avec l'enseignement de la chimie il arrivait que, les élèves de vétérinaire n'ayant pas la chaire de chimie appliquée, ils ne pouvaient recevoir que quelques notions dans la chaire de chimie médicale, qui naturellement devait être précédée d'autres chaires où la connaissance de cette science était indispensable.

Par la présente réforme l'enseignement sera dans tous les cours plus méthodique et rationnel, et, sans aucun doute, plus utile.

L'enseignement pratique, qui semble avoir été une préoccupation des derniers législateurs, ne l'a été réellement que dans les intentions, car dans les dispositions de la loi, on lui a toujours nui, en confondant le caractère expérimental que tout enseignement moderne revêt naturellement, surtout celui d'application, avec les exercices pratiques des élèves.

Le caractère expérimental dans l'enseignement se révèle dans la démonstration expérimentale des doctrines théoriques que les professeurs ont toujours faite, et à laquelle la réforme de 1886 a incontestablement donné un important appui, en angmentant la dotation de l'enseignement. Les résultats de la reforme dans l'éducation des élèves se sont aussitôt manifestés.

L'exercice pratique des élèves, c'est-à-dire, la recherche scientifique réalisée par eux-mêmes et la pratique de quelques opérations, telles que analyses chimiques, biologiques, bactériologiques, opérations chirurgicales, etc., n'a jamais pu se réaliser jusqu'à aujourd'hui, manque de personnel et à cause de dispositions légales qui le contrariaient, telles que la durée obligatoire de deux heures pour chaque exercice pratique, et la fixation du nombre *maximum* de trois par semaine, que la réforme de 1891 préscrivait.

Il arrivait par exemple que souvent une analyse chimique était interrompue pour recommencer quelques jours après, et ainsi il était possible qu'une longue analyse ne pût jamais être complétement realisée.

Il est clair que les professeurs corrigeaient autant que possible dans la pratique de l'enseignement ce qu'il y avait de moins raisonnable dans la loi, mais de telles dispositions n'en laissaient pas moins d'être nuisibles.

L'exercice pratique, le travail de l'élève doit être simultanément instructif et éducatif.

Il est indispensable que l'élève, tout en fixant la manière de faire une recherche ou opérarion quelconque, apprenne et s'habitue à bien l'exécuter, avec précision et rapidité.

Pour instruire, diriger et guider l'élève il y a le professeur. Pour insister, faire répéter souvent la même opération, accompagner l'élève dans l'exécution suivie de diverses manipulations il n'y a pas besoin de professeur et il est inutile que celui-ci y passe son temps qui lui est nécessaire pour préparer les leçons, les démonstrations expérimentales, pour étudier dans les cabinets et les laboratoires, surtout dans l'enseignement des sciences agronomiques et vétérinaires, tous les jours enrichies de nouvelles données et découvertes, sollicitées à chaque moment par de nouveaux problèmes que la production agricole et les exigences de la conservation de la santé des animaux domestiques formulent constamment.

Par cette réforme il est ordonné que des fonctionnaires dépendants du ministère des travaux publics soient en service à l'Institut, pour rendre plus long et plus continuel l'enseignement pratique et aider les professeurs dans la démonstration, de même que dans toutes les écoles étrangères du même genre et dans celles du pays pouvant lui être comparées.

Il est ordonné que ce personnel serve pendant cinq ans.

L'enseignement ne perd rien par cette disposition, car certaines aptitudes exceptionnelles pour une telle charge étant données, le conseil scolaire a la faculté de proposer le rengagement du personnel.

Les services spéciaux, agricoles et vétérinaires du ministère et de l'Institut y gagnent simultanément; dans ce passage périodique par l'Institut le personnel technique des cadres du ministère se mettra au courant du développement scientifique, et l'enseignement s'instruira peu à peu des besoins de la profession.

Pour que l'enseignement revête complétement le caractère expérimental et pratique qui lui est exigé, il faut encore créer à l'Institut les installations que la réforme énumère.

Cependant il ne suffit pas que la loi les indique, il faut qu'elles soient fondées, et c'est ce que je cherche à faire en ce moment. Les ateliers les plus indispensables à l'enseignement agronomique sont en voie de construction et l'hôpital vétérinaire avec toutes ses annexes est réintégré à l'Institut.

Depuis la fondation de l'Institut, l'hôpital vétérinaire faisait partie de cet établissement, comme cela se fait dans tous les pays où l'enseignement vétérinaire est organisé.

On ne comprend pas un hôpital vétérinaire, si ce n'est comme un laboratoire d'enseignement.

Comme établissement d'assistence dans un pays où les hôpitaux humains, et même le premier, celui de la capitale, est encore privé des ressources hygiéniques les plus indispensables, cette pitié pour les animaux domestiques semblerait excessive.

L'hôpital ne peut servir avec efficacité à l'enseignement que lorsque celui-ci y est exercé par les personnes qui naturellement doivent le faire. Si différentes entités enseignent ou dirigent l'enseignement, elles ne font que troubler, confondre et indiscipliner l'élève.

Dans ces derniers temps le personnel de l'hôpital vétérinaire qui assistait l'enseignement, était non seulement étranger au même enseignement, mais était aussi incertain. Il arrivait souvent que les élèves étaient pendant la même année dirigés dans les exercices pratiques par plusieurs personnes.

Souvent, il fallait altérer l'horaire parce que le personnel auxiliaire exerçant simultanément d'autres fonctions et n'étant pas constant, l'exercice de ces fonctions et le travail de l'enseignement devenaient incompatibles.

De plus, la désannexion de l'hôpital de l'Institut décrétée en 1891 a donné comme résultat immédiat une diminution considérable dans l'affluence des animaux malades, surtout des grandes espèces, précisement les plus utiles, ce qui produisait à la fois, pour l'État une diminution de recette, et pour l'enseignement le manque de nombreux cas pathologiques dont l'étude et le traitement pouvaient exercer les élèves.

Les services de santé des animaux d'ailleurs bien restreints, qui ont été postérieurement attribués à la direction de l'hôpital, passent avec grande avantage aux services vétérinaires du ministère. Il n'y a donc aucun motif qui justifie la double direction des services de santé des animaux; il est plutôt évident qu'une telle branche de service doive obéir à une direction unique.

Il est inutile aussi de surcharger la direction de l'Institut par la vigilance de services étrangers à l'enseignement et les soucis et responsabilités de la direction d'un nombreux personnel.

Cependant la direction de l'hôpital exige assez de travail à cause de son service d'administration, et il m'a semblé juste qu'elle fût spécialement remunérée.

On a toutefois réduit à 200.000 réis cette gratification, qui est ainsi inférieure à celle que reçoit le directeur actuel de l'hôpital.

Il y a encore deux installations qui, par leur nature, méritent une mention particulière: le laboratoire de fermentations et le laboratoire de bactériologie.

Ces deux laboratoires, ainsi que l'hôpital vétérinaire, servent à l'enseignement et rendent au public des services de grande importance.

Le laboratoire de bactériologie sert actuellement à la fabrication de vaccins et avec un succès prouvé. Il est donc utile et juste de conserver dans ces services le fonctionnaire qui les a exercés avec distinction et a déjà aidé l'enseignement pratique.

Les services externes continuent ainsi sans diminution dans l'expédition de ces travaux, garantis d'ailleurs par la responsabilité d'un professeur qui en fait sa spécialité.

Le laboratoire de fermentations est de création récente. On le doit au ministre auquel j'ai eu l'honneur de succéder.

Essentiel à l'enseignement, il peut aussi rendre de grands services, surtout à l'industrie œnologique par la fabrication de levures sélectionnées. Il semble donc convenable que l'on y réunisse le service externe et conséquemment que le professeur qui en a la direction et qui par ce fait a une augmentation de service et de responsabilité, soit assisté par un personnel spécial.

Le complément de l'enseignement des cours d'agronomie et de sylviculture est certainement l'apprentissage dans l'exploitation agricole ou forestière en pleine réalité et assez prolongé pour embrasser toutes les phases de ces exploitations.

La réforme ci-jointe établit que cet apprentissage soit fait à l'École Moraes Soares pour les agronomes et dans la forêt de Leiria pour les sylviculteurs.

Le dernier réglement tendait déjà à introduire l'uniformité dans l'apprentissage pour les élèves des deux cours, corrigeant ainsi l'inégalité de la loi qui permettait aux élèves de faire leur apprentissage dans une école agricole quelconque et le leur divisait en laboratoires et écoles. Le décret réglementaire de 6 octobre 1893 avait corrigé en partie la loi, en obligeant à l'apprentissage d'une année complète, mais en conservent la faculté de pouvoir être exécuté dans n'importe quelle école.

Une autre disposition moins utile de la loi était celle qui établissait cet apprentissage de manière que le corps enseignant de l'Institut n'avait connaissance que par renseignements de la façon dont cet apprentissage était exécuté. Il arrivait en même temps que les directeurs des établissements où se passait l'apprentissage, ne pouvaient guère exercer d'influence sur l'élève et n'intervenaient dans sa classification que très indirectement.

Il m'a donc semblé convenable de rétablir l'ancienne pratique de l'examen final d'appréciation sur les lieux mêmes où l'apprentissage est réalisé, classifié par un jury dont font partie des professeurs de l'institut et le directeur de l'établissement où a eu lieu le même apprentissage.

Il m'a aussi semblé plus logique et plus efficace que cet apprentissage se fit selon un programme élaboré par le conseil scolaire. L'enseignement, pour être cohérent et efficace, doit obéir à une direction unique et continue et non se trouver à la merci d'opinions individuelles diverses, parfois contradictoires.

Dans le dernier règlement proposé par le conseil scolaire on ordonnait de même. Il est cependant convenable que la règle s'introduise dans la loi, pour éviter ce fait anormal: les lois ordonnant une chose et les règlements une autre.

Le cours de médecine vétérinaire terminait actuellement par une année d'apprentissage pratique. On ne comprend pas l'avantage d'une telle disposition. La pratique naturelle de ce cours est la clinique et celle-ci les élèves l'exercent depuis la troisième année.

D'ailleurs, vu la nécessité évidente d'augmenter le cours de quelques chaires et des cours auxiliaires, il vaudra mieux profiter de la cinquième année pour l'enseignement de quelques chaires, en allégeant les années antérieures.

Telles sont, Sire, les raisons qui, selon moi, justifient les dispositions du projet de décret que j'ai l'honneur de soumettre à l'approvation de Votre Majesté.

Ministère des travaux publics, commerce et industrie, le 4 novembre 1897.= *Augusto José da Cunha.*

Vu ce que m'a represénté le ministre et secrétaire d'État des travaux publics, commerce et industrie, et usant de la faculté accordée au gouvernemeut par décret du 3 septembre de cette année, je décrète ce qui suit:

ORGANISATION DE L'INSTITUT AGRONOMIQUE ET VÉTÉRINAIRE

CHAPITRE I

Organisation des cours

Article 1er L'enseignement supérieur de l'agriculture, professé à l'Institut Agronomique et Vétérinaire, embrasse les cours suivants:

Cours d'agronomie;

Cours de sylviculture;

Cours de médécine vétérinaire.

Art. 2e Les disciplines que constituent ces cours seront distribuées dans les chaires suivantes:

1e Chaire—Botanique.

2e Chaire—Mécanique général et ses applications aux machines agricoles. Topographie.

3e Chaire—Hydraulique agricole. Constructions rurales.

4e Chaire—Physique agricole.

5e Chaire—Chimie agricole et analyse.

6e Chaire—Agriculture générale. Cultures herbacées alimentaires, fourragères et industrielles. Horticulture.

7e Chaire—Culture des plantes ligneuses:

1e partie: Arboriculture et viticulture;

2e partie: Sylviculture.

8e Chaire—Nosologie végétale.

9e Chaire—Technologie agricole et forestière.

10e Chaire—Zootechnie, Extérieur et hygiène des animaux.

11e Chaire—Economie, administration, législation et comptabilité rurales et forestières.

12e Chaire—Anatomie descriptive. Embryologie. Tératologie.

13e Chaire—Histologie et physiologie comparée des animaux.

14e Chaire—Matière médicale. Chimie médicale. Pharmacologie et pharmacie.

15e Chaire—Pathologie et thérapeutique générales. Pathologie interne. Clinique médicale.

16e Chaire—Pathologie externe. Médecine opératoire. Obstétrique. Clinique chirurgicale.

Le conseiller Alvares Pereira, actuel directeur de l'Institut Agronomique de Lisbonne

17e Chaire — Pathologie et clinique des maladies contagieuses. Droit vétérinaire.

§ unique. L'enseignement de la 7e chaire sera fait en deux années, les deux parties dont la chaire se compose devant être enseignées alternativement.

Art. 3e A part ces chaires, il y a encore les cours auxiliaires suivants :

1° Mathématique et dessin ;

2° Chimie générale :

3° Zoologie ;

4° Microscopie.

§ unique. La régence de ces cours, qui ne pourront pas embrasser plus de quarante leçons, chacun, restera à la charge des professeurs selon qu'il sera décidé par le conseil scolaire.

Art. 4e Les chaires de la 1e à la 11e constituent les cours théoriques d'agronomie et de sylviculture.

Les chaires, de la 12e à la 17e, plus les 1e, 4e, 5e, 6e et la 10e, constituent le cours de médecine vétérinaire.

§ unique. Les cours auxiliaires sont obligatoires pour les cours d'agronomie et sylviculture.

Art. 5e La durée des cours auxquels se rapporte l'article 1er sera la suivante :

1° Le cours d'agronomie aura cinq années, les quatre premières à l'Institut et la cinquième, d'apprentissage, à l'école Moraes Soares ;

2° Le cours de sylviculture aura cinq années, les quatre premières à l'Institut et la cinquième, d'apprentissage, dans la fôret de Leiria ;

3° Le cours de médecine vétérinaire aura cinq années à l'Institut, et l'apprentissage sera simultané avec l'enseignement théorique des trois dernières années ;

Art. 6e Les chaires énumérées à l'article 2e, ainsi que les cours auxiliaires, sont distribués par les différentes années des cours de l'Institut, de la manière suivante :

Cours d'agronomie et de sylviculture :

1e année — Botanique. Physique agricole et les cours auxiliaires de mathématique et dessin, de chimie générale et de microscopie.

2e année — Mécanique agricole et ses applications aux machines agricoles. Topographie. Hydraulique agricole et constructions rurales. Chimie agricole et analyse et le cours auxiliaire de zoologie.

3e année. — Agriculture générale. Cultures herbacées alimentaires, fourragères et industrielles. Culture des plantes ligneuses. Zootéchnie. Extérieur et hygiène des animaux, et le cours auxiliaire de zoologie.

4e année. — Nosologie végétale. Culture des plantes ligneuses. Technologie agricole et forestière. Economie, administration, législation et comptabilité rurales et forestières.

Cours de médecine vétérinaire :

1er année. — Botanique. Physique agricole. Anatomie descriptive. Embriologie. Teratologie — et les cours auxiliaires de microscopie et de chimie générale.

2e année. — Anatomie descriptive. Embryologie. Tératologie. Chimie agricole et analyse. Matière médicale. Chimie médicale. Pharmacologie et pharmacie et le cours auxiliaire de zoologie.

3e année. — Agriculture générale. Cultures herbacées, alimentaires, fourragères et industrielles. Horticulture. Histologie et physiologie comparée des animaux. Pathologie et therapeutique générales. Pathologie interne. Clinique médicale. Pratiques de clinique.

4e année. — Pathologie externe. Médicine opératoire. Obstétrique. Clinique chirurgicale. Zootechnie extérieur. Hygiène des animaux. Pratiques de clinique.

5e année. — Pathologie et clinique des maladies contagieuses. Droit vétérinaire. Pratiques de clinique.

§ unique. Cette distribution pourra être altérée par proposition du conseil scolaire.

CHAPITRE II

Plan de l'enseignement

SECTION I

Admission d'élèves

Art. 7e Pour l'inscription à la première année de l'un des cours professés à l'Institut, on exige les certificats de toutes les études qui constituent le cours complet des lycées centrals du royaume.

Art. 8e Pour l'inscription, aux annéee suivantes, de l'un des cours il faut avoir été reçu dans toutes les chaires et cours auxiliaires des années antérieures.

SECTION II

Méthode d'enseignement

Art. 9e L'enseignement de chaque chaire se composera:

1er De leçons orales, acompagnées de leur démonstration expérimentale.

2e D'exercices pratiques.

§ 1er Les leçons orales et leurs démonstrations seront faites par les professeurs et au nombre de trois par semaine, chacune d'elles ne pouvant durer moins d'une heure ni plus d'une heure et demie.

§ 2e Les exercices pratiques exécutés par les élèves seront surveillés et dirigés par les professeurs, et ne pourront durer moins de deux heures.

Art. 10e Hors les leçons et les exercices pratiques, les élèves des différentes chaires auront à réaliser des excurcions dans la ville de Lisbonne et au dehors, accompagnés par leurs professeurs.

Art. 11e L'enseignement sera fait selon les programmes élaborés pour chaque chaire par le professeur respectif.

§ 1er Les programmes seront soumis à l'approbation du gouvernement, après audition du conseil scolaire.

§ 2e Le conseil scolaire élaborera également le programme de l'enseignement pratique pendant l'apprentissage.

Art. 12e Dans toutes les chaires, ainsi que dans les cours auxiliaires de l'Institut, il y aura des examens finals, qui se composeront de deux épreuves, l'une orale et l'autre pratique, la première des quelles durera une demi-heure pour chaque élève et l'autre le temps qui sera nécessaire.

§ 1.er L'épreuve orale versera sur un point tiré au sort vingt-quatre heures avant l'acte.

§ 2e La preuve pratique versera sur un point tiré au sort pendant l'examen.

Art. 13e Il y aura deux époques d'examens finals, la première pendant le mois de juillet et la seconde pendant la première quinzaine d'octobre.

Art. 14e Les conditions d'admission à l'examen final dans les deux époques, ainsi que l'organisation du jury et le procédé à suivre pendant ces examens et leur classification respective, seront déterminées dans le règlement.

Art. 15e Les conditions dans lesquelles doit se réaliser l'apprentissage auquel, se rapportent les numéros 1er et 2e de l'article 5e, seront déterminés dans le règlement.

Art. 16e L'apprentissage terminé, il y aura un examen final, par devant un jury composé de deux professeurs de l'Institut et du directeur de l'école Moraes Soares ou du sylviculteur en chef de la forêt de Leiria, examen qui se realisera dans les établissements où le même apprentissage aura eu lieu.

§ unique. Ce jury sera présidé par le professeur le plus ancien.

Art. 17e On termine les cours en soutenant par acte public une dissertation sur un sujet professé dans une des chaires et terminant par des conclusions précises déduites de la matière exposée dans la même dissertation.

Art. 18e On passera des diplômes aux élèves ayant complété un des cours de l'Institut.

§ unique. Il est défendu de passer deux diplômes du même cours au même individu, sauf dans les cas prévus par la loi.

SECTION III

Durée et distribution du temps lectif

Art. 19e L'année lective commence du 15 au 20 octobre, et termine du 20 au 30 juin.

Art. 20e Sont considérées vacances les époques suivants:

Vacances de Noel: du 24 décembre au 6 janvier, inclusivement;

Vacances du Carnaval: du samedi gras au mercredi de cendres, inclusivemente;

Vacances de Pâques: du dimanche des Rameaux au dimanche de Quasimodo, inclusivement.

Grandes vacances: les mois d'août et de septembre.

Art. 21e Tous les services d'enseignement seront exécutés selon un horaire permanent, élaboré par le conseil scolaire et approuvé par le gouvernement.

§ unique. Les altérations que le conseil scolaire pourrait juger convenables d'introduire dans cet horaire, seront soumises à l'approbation du gouvernement jusqu'au 31 juillet de chaque année.

Art. 22e L'apprentissage des cours d'agronomie et de sylviculture commencera le 15 octobre de chaque année et terminera le même jour de l'année suivante.

§ unique. Les examens auxquels se rapporte l'article 16e seront faits du 15 au 25 octobre.

Art. 23e Les élèves en apprentissage ne jouiront que des vaccances de Noel, Carnaval, et Pâques, celles-ci pouvant être abrégées toutes les fois que le directeur de l'établissement où s'effectue l'apprentissage juge la présence des élèves nécessaire pour un travail agricole ou forestier pouvant leur servir d'instruction.

SECTION IV

Installations

Art. 24e Pour l'exécution de l'enseignement il y aura à l'Institut les installations suivantes:

Salles pour les classes;
Cabinets de travail des professeurs;
Salles d'études et d'exercices pratiques des élèves;
Laboratoire de chimie;
Laboratoire de fermentations et de technologie rurale;
Laboratoire de bactériologie;
Champ expérimental et de démonstration;
Laiterie;
Atelier vinicole;
Atelier oléicole;
Atelier de distillation;
Musée de machines et de produits agricoles;
Atelier de sidérotechnie;
Hôpital vétérinaire;
Bibliothèque.

Art. 25e Pour l'effet de ce qui est disposé à l'article antérieur, l'hôpital vétérinaire actuel et ses annexes est réintegré à l'Institut.

§ 1er Les services d'inspection sanitaire jusqu'à présent dépendant de la direction de l'hôpital vétérinaire seront à la charge de l'inspection des services vétérinaires du ministère.

§ 2.e L'hôpital vétérinaire continuera à recevoir dans ses infirmeries, pour observation et diagnostic, les animaux suspects, que l'inspection sanitaire y enverra.

Art. 26e Dans le laboratoire de bactériologie, hors les travaux de recherches et d'enseignement, continuera le service de préparations de vaccins.

Art. Le laboratoire de fermentations, hors les travaux de recherche et d'enseignement, servira à la préparation de levures sélectionnées.

Art. 28e Le règlement déterminera la manière de rendre réalisables dans les installations auxquelles se rapportent les deux articles précédents, ainsi que dans toutes les autres, les travaux qui auront été ordonnés par le gouvernement ou sollicités par les particuliers.

Art. 29e Les installations auxquelles se rapporte l'article 24e, seront dirigées par les professeurs des chaires à l'enseignement desquelles ils serviront.

§ 1er Quand une de ces installations servira à l'enseignement de plus d'une chaire, elle sera dirigée par l'un des professeurs respectifs nommés par le gouvernement d'après proposition du conseil.

§ 2e La direction de la bibliothèque sera à la charge d'un professeur bibliothécaire, qui exercera gratuitement ces fonctions dans les termes du règlement, et sera nommé par le gouvernement d'après proposition du conseil scolaire.

Art. 30e Le professeur qui servira de directeur de l'hôpital aura la gratification annuelle de 200.000 réis.

Art. 31e Pour les travaux spéciaux auxquels se rapportent les articles 26e et 27e le vétérinaire et l'agronome actuellement en service dans les laboratoires de bactériologie et de fermentation y continueront leurs travaux sous la direction des professeurs qui seront élus dans les termes de l'article 29e.

SECTION V

Dotation des services de l'Institut

Art. 32e Au budjet général de l'État on inserira tous les ans une somme destinée à payer les frais de tous les services de l'Institut, somme qui s'élèvera au moins à 8.900.000 réis.

Art. 33e La distribution de cette somme sera faite par le conseil scolaire et leur application surveillée par le conseil d'administration.

CHAPITRE III

Direction et conseil scolaire

SECTION I

Direction

Art. 34e Le directeur de l'Institut d'Agronomie et de Vétérinaire sera librement élu par le gouvernement entre les professeurs en activité ou en retraite, de l'Institut ou d'autres écoles supérieurs du royaume ou entre des individus étrangers au professorat, dont la compétence et l'instruction assurent le bon exercice de leurs fonctions.

Art. 35e Le directeur de l'Institut doit:

1° Exécuter ou faire exécuter, en plus des règlements et lois en vigueur, tout ordre du gouvernement qui lui sera transmis par la direction des services agricoles;

2° Diriger supérieurement l'Institut et les établissements annexes;

3° Surveiller l'enseignement, l'administration et la police de l'Institut;

4° Présider au conseil scolaire, à ses sections, au conseil d'administration, aux examens et aux concours;

5° Correspondre avec le gouvernement au moyen de la direction des services agricoles;

6.e Envoyer annuellement au gouvernement un rapport général au sujet de l'administration scientifique et économique de l'Institut, accompagné de documents attestant l'état de l'Institut et des établissements annexes, et proposant toute mesure destinée à son perfectionnement;

7° Remettre au gouvernement les copies des procès-verbaux des séances du conseil, toutes les fois qu'il le jugera convenable ou qu'elles lui soient demandées;

8° Autoriser tous les certificats donnés par le secrétaire et extraits des livres de l'Institut;

9° Autoriser les inscriptions;

10° Signer tous les diplômes et titres fournis par le bureau de l'Institut;

11° Contresigner tous les livres destinés à la comptabilité de l'établissement;

12° Prendre toutes les délibérations qu'il jugera convenables en cas d'urgence extrême, ou quand les conseils escolaires et administratif ne se seront pas réunis après deux convocations consécutives et faisant part de ce qui aura été délibéré lors de la première séance des ces corps collectifs.

SECTION II

Conseil scolaire

Art. 36e Le conseil scolaire est la réunion des professeurs en service effectif, présidée par le directeur ou par son remplaçant, il ne peut délibérer que lorsqu'il se trouve en majorité absolue, au moins.

§ unique. Quand la majorité ne se sera pas réunie, on fera une nouvelle convocation, et dans ce cas la séance pourra avoir lieu avec un tiers du nombre de professeurs en service effectif.

Art. 37e Le conseil se réunira à la convocation du directeur et toutes les fois qu'il le jugera nécessaire, ou que cela lui sera demandé par trois des membres, en déclarant le sujet que l'on se propose de traiter.

Art. 38e Les membres du conseil seront convoqués aux séances par avis écrit, où seront désignés le jour, l'heure et les sujets à traiter.

Art. 39e Dans l'absence du directeur le conseil sera présidé par le membre le plus ancien on le plus âgé.

Art. 40e Le secrétaire du conseil scolaire est le professeur le plus nouveau ou le plus jeune.

§ unique. Dans l'absence du secrétaire, on le remplace par le plus jeune ou le plus nouveau des professeurs présents à la séance.

Art. 41e Le professeur qui manquera à la séance devra justifier son absence, et on en fera mention dans le procès-verbal.

Art. 42e Toutes les questions soumises à la déliberation du conseil seront résolues à la pluralité absolue des voix. Le président a le droit de résoudre en cas d'égalité des voix, mais seulement dans les questions non personnelles.

Art. 43e Seront votées par scrutin secret tous les sujets d'intérêt personnel et tous ceux que le conseil jugera devoir soumettre à ce mode de votation.

Art. 44e Tout membre peut faire écrire sur le procès-verbal la déclaration de son vote.

Art. 45e Les consultations que le conseil aura à soumettre au gouvernement seront remises à la direction des services agricoles par le directeur de l'Institut, en y joignant toujours son propre renseignement.

§ unique. Tout membre pourra faire ajouter à la consultation la déclaration de son vote.

Art. 46e Les procès-verbaux après avoir été lus et approuvés par le conseil seront écrits sur un livre approprié et seront signés par le président et le secrétaire qui les aura rédigés:

Art. 47e Le conseil scolaire doit:

1° Discuter et approuver les programmes des études professées à l'Institut;

2° Discuter et approuver les instructions auxquelles devront se soumettre tous les services de l'Institut;

3° Organiser l'horaire;

4° Rédiger les règlements du service scolaire administratif et économique qui devront être soumis à l'approbation du gouvernement;

5° Elaborer les programmes de concours pour l'admission des professeurs, et procéder à ces concours dans les termes de ce décret et règlement;

6° Résoudre sur les questions concernant l'enseignement et le régime interne de l'Institut qui lui seront présentées;

7° Donner avis sur les sujets où il sera consulté;

8° Pourvoir à tout ce qui régarde l'enseignement et la police de l'Institut et de ses annexes;

9° S'acquitter de tous les devoirs qui lui sont confiés par ce décret.

CHAPITRE IV

Personnel enseignant et auxiliaire

SECTION I

Professeurs

Art. 48e L'enseignement est professé à l'Institut par des professeurs en nombre égal à celui des chaires désignées à l'article 2e.

Art. 49e A chaque professeur il appartient de:

1° Tenir sa chaire respective et le cours auxiliaire qui lui sera désigné par le conseil et élaborer son programme:

2° Surveiller les services pratiques se rapportant à sa chaire;

3° Diriger les installations à sa charge et déterminer l'acquisition et la conservation de leurs collections d'étude;

4° Assister aux séances du conseil scolaire et à celles du conseil d'administration;

5° Proposer au conseil tout ce qui pourra servir à améliorer et développer l'enseignement, soit par l'adoption de nouvelles méthodes, soit par une meilleure distribution des leçons ou une plus juste direction des exercices pratiques ou des excursions scientifiques;

6° Faire partie du jury des concours de professeurs, ainsi que des examens et des dissertations des élèves;

7° Rédiger les questions pour les examens en les soumettant à l'approbation du conseil;

8° Diriger et rapporter les visites et les excursions d'instruction dont il aura été chargé;

9° Appliquer les sommes autorisés pour sa chaire et installations à sa charge;

10° Envoyer mensuellement à la direction la note de ses absences et de celles des élèves;

11° Participer immédiatement à la direction tout empêchement qui l'oblige à manquer à sa leçon ou à tout autre service;

12° A la fin de la première époque des examens finals il pourra envoyer au directeur un rapport sur l'état de l'enseignement à sa charge, avec l'indication de ce qui devra être fait pour l'améliorer;

13° Prendre part à tous les travaux intéressant l'établissement et l'agriculture, pour lesquels il sera élu par le gouvernement ou qui lui appartiennent à tour de rôle.

Art. 50e Aucun professeur n'est obligé à tenir plus que sa chaire et un des cours auxiliaires.

Art. 51e La nomination des professeurs se fera par concours de preuves publiques, selon la loi générale applicable aux écoles supérieures du royaume, ayant en vue:

1° Aux chaires énumerées de 1 à 11 pourront concourir les individus possédant les cours d'agronomie ou de sylviculture;

2° En plus des agronomes et des sylviculteurs, pourront concourir aux chaires 2e et 3e les ingénieurs et à la 10e chaire les vétérinaires;

3° Aux chaires énumérées de 12 à 17 ne pourront concourir que les individus possédant les cours de vétérinaire ou de médecine.

SECTION II

Personnel auxiliaire

Art. 52e Le personnel auxiliaire de l'enseignement comprend:

1° Chefs de service;

2° Préparateurs;

3° Pharmacien;

4° Conservateur de la bibliothèque.

Art. 53e Les chefs de service seront:

1° Trois agronomes ou sylviculteurs du cadre des services agricoles du ministère des travaux publics;

2° Un ingénieur du cadre du service des travaux publics du même ministère;

3° Quatre vétérinaires du cadre des services vétérinaires du même ministère.

§ unique. Ces individus, sous la désignation de chefs de service, resteront en commission à l'Institut pendant cinq années, et cette commission sera prolongée par égales périodes successives, quand le conseil scolaire le proposera.

Art. 54e Les chefs de service pourront être dispensés de cette commission en tout temps, quand ils ne se seront pas acquittés avec zèle et assiduité de leurs devoirs à l'Institut. Dans ce cas ils seront immédiatement remplacés par d'autres.

Art. 55e Il appartient aux chefs de service de:

1° Accompagner les élèves dans les exercices pratiques veillant à ce qu'ils exécutent tous les travaux qui leur auront été marqués par le professeur respectif, les guidant et les instruisant dans leur exécution;

2° Aider les professeurs, soit dans leurs travaux de recherches et de démonstration des leçons, soit dans la direction des installations et conservation des collections d'étude.

§ unique. Les chefs de service vétérinaire serviront aussi comme cliniciens à l'hôpital, dans les termes du règlement.

Art. 56e Les places de chefs de service seront accordées par concours documental, par devant conseil scolaire, dans les termes du règlement.

Art. 57e Il y aura les préparateurs suivants:

1° Préparateur d'anatomie et de chirurgie;

2° Préparateur de chimie;

SALLE DU CONSEIL DES PROFESSEURS

3° Préparateur de technologie rurale;
4° Préparateur de botanique et de nosologie végétale;
5° Préparateur des 2e et 3e chaires.

Art. 58e Il appartient aux préparateurs de:

1° Préparer les utensiles et autres matériaux pour la démonstration dans les classes;

2° Exécuter les travaux des laboratoires et cabinets dans les termes des instructions approuvées par le conseil.

Art. 59e Les places de préparateurs seront accordées par le gouvernement de la manière suivante:

1° La place de préparateur de chimie sera accordée, moyennant coucours de preuves publiques, par devant conseil scolaire, entre individus possédant les cours d'agronomie ou sylviculture (qui auront la préférence) ou celui de régents agricoles;

2° La place de préparateur d'anatomie et de chirurgie sera accordée de même par concours de preuves publiques, entre individus possédant le cours de médecine vétérinaire;

3° Les autres places de préparateurs seront accordées moyennant concours documental, par devant conseil scolaire, entre régents agricoles du cadre respectif du ministère des travaux publics.

§ unique. Les fonctionnaires auxquels se rapporte le n° 3 serviront à l'institut dans les mêmes conditions marquées par les articles 53e et 54e pour les chefs de service.

Art. 60e La place de pharmacien sera accordée par le gouvernement après concours documental, avec preuve pratique, dans les termes du règlement, entre individus possédant le diplôme du cours de pharmacie par l'université de Coïmbre ou par les écoles de médecine de Lisbonne et de Porto.

Art. 61e Au pharmacien appartient tout le service technique, administratif et de comptabilité de la pharmacie, sous les ordres directs du directeur de l'hôpital.

§ unique. Le pharmacien remplira la charge de chef de service de la 14e chaire.

Art. 62e Le conservateur de la bibliothèque doit:

1° Garder, ranger et cataloguer les livres de la bibliothèque;
2° Veiller à leur conservation;
3° Satisfaire les réquisitions de livres selon le règlement;
4° Maintenir l'ordre et la discipline dans la salle de lecture.

§ unique. Le conservateur sera, dans tout le service de la bibliothèque, directement subordonné, au professeur bibliothécaire.

Art. 63e La place de conservateur de la bibliothèque sera accordée par le gouvernement moyennant concours documental, dans les termes du règlement.

CHAPITRE V

Personnel administratif et subalterne

SECTION I

Personnel administratif

Art. 64e Il y aura à l'institut le personnel administratif suivant:

1° Secrétaire;

2° Sous-secrétaire;

3° Deux copistes;

4° Un économe de l'hôpital.

Art. 65ᵉ Il appartient:

a) Au secrétarie:

1° Tenir les livres concernant les services de l'établissement;

2° Diriger et surveiller le travail des bureaux, selon les prescriptions du règlement;

3° Exécuter et faire exécuter tout le service de comptabilité et d'administration économique de l'institut.

b) Au sous-secrétaire:

Tout le service auxiliaire des bureaux, surtout pour la partie qui se rapporte à l'hôpital vétérinaire.

c) Aux copistes:

1° Écrire les livres, registres et documents, concernant le service des bureaux;

2° S'acquitter de tous les autres travaux de tenue de livres ou comptabilité qui leur seront ordonnées par le secrétaire ou par le sous-secrétaire.

d) A l'économe:

Mettre en coffre toute la recette éventuelle de l'hôpital et de ses annexes, ainsi que de pourvoir à l'acquisition, conservation et distribution des fourrages et du matériel de l'hôpital.

Art. 66ᵉ Les places de secrétaire, sous-secrétaire, copistes et économe seront accordées par le gouvernement, après concours ouvert à l'Institut, dans les termes du règlement.

SECTION II

Personnel subalterne

Art. 67ᵉ Il y aura à l'Institut le personnel subalterne suivant:

1° Deux infirmiers et six palefreniers;

2° Un maître marechal-ferrant, deux aides, et un apprenti;

3° Un portier, chef du personnel inférieur.

4° Un jardinier-horticulteur;

5° Trois gardes et huit aides.

§ unique. Les fonctions de ce personnel seront marquées dans le règlement, et dans des instructions spéciales élaborées par le conseil scolaire.

Art. 68ᵉ Le portier, les infirmiers et le jardiner horticulteur auront leur résidence à l'Institut.

Art. 69ᵉ La nomination de ce personnel sera faite de la manière suivante:

1° Les infirmiers et le maître maréchal-ferrant seront nommés par le gouvernement d'après proposition du directeur de l'Institut et avis du directeur de l'hôpital;

2° Le portier et les gardes seront nommés par le gouvernement, d'après proposition du directeur de l'Institut, les gardes étant choisis entre les aides et le portier choisi entre les gardes;

3° Les aides seront nommés par le gouvernement, d'après proposition du directeur.

CHAPITRE VI

Conseil d'administration

Art. 70e Il y aura un conseil d'administration composé du directeur de l'institut qui en sera le président, du professeur qui servira de directeur de l'hôpital et de trois autres professeurs élus annuellement par le conseil de l'Institut.

§ 1° L'administration économique et financière de l'Institut sera indiquée dans le règlement.

§ 2° Des résolutions du conseil d'administration il y aura recours au gouvernement qui pourra les annuller ou les modifier, comme il jugera convenable.

CHAPITRE VII

Dispositions générales et transitoires

Art. 71e Le directeur, les professeurs et autres employés du cadre de l'Institut continuent à recevoir les honoraires que les lois leur garantissent actuellement.

Art. 72e Les chefs de service et les régents agricoles en commission à l'Institut recevront les appointements de catégorie et d'exercice qui leur appartiennent selon leurs cadres respectifs.

§ 1° L'agronome et le vétérinaire, auxquels se rapporte l'article 31e, recevront en plus des appointements qui leur appartiennent par leur cadre respectif, la gratification annuelle de 300.000 réis.

§ 2° Ces deux fonctionnaires, ainsi que le clinicien actuel de l'hôpital, seront au nombre des chefs de service auxquels se rapportent les nos 1er et 3° de l'article 52e.

Art. 73e La première nomination de personnel à laquelle se rapporte le § 2° de l'article 29e, l'article 30e et les nos 1er et 2° de l'article 52e sera librement faite par le gouvernement.

Art. 74e Les professeurs qui cumuleront d'autres charges rémunérées par l'État, ou qui se trouvent compris dans la loi du 13 mars 1884, recevront de l'Institut, au lieu de leurs honoraires indiqués au tableau respectif, la gratification annuelle de 450.000 réis; et les honoraires des professeurs militaires seront réglés par la loi du 13 mars 1884.

Art. 75e Les fonctionnaires de l'Institut qui seront aussi inspecteures des boucheries auront leur service d'inspection distribué de manière à ce que l'exercice de leurs fonctions à l'Institut n'ait pas à en souffrir.

Art. 76e Le directeur, les professeurs et autres employées du cadre, de l'Institut, et ceux du cadre actuel de l'hôpital, qui par ce décret ont à faire leur service à l'Institut, sont dès à présent installés dans leur places respectives avec tous les avantages qui leur appartiennent de droit, sans qu'il y ait besoin d'un nouveau décret.

Art. 77e Les remplacements des professeurs empêchés temporairement de tenir leurs chaires seront faits par les professeurs en service effectif, que le conseil scolaire designera.

§ A défaut de ceux-ci, le gouvernement nommera pour ces fonctions temporaires, d'après proposition du conseil, un autre professeur de chaire analogue d'une des écoles supérieures du royaume.

Art. 78e Le portier actuel de l'hôpital, dont la place est supprimée, est nommé gardien de l'Institut pour la place actuellement vacante.

Art. 79e Le personnel qui ne pourra pas être placé dans le cadre établi par ce décret, et qui n'aura pas de place garantie dans d'autres cadres, restera attaché ou sera employé par le gouvernement dans d'autres services, dans les termes des lois en vigueur.

Art. 80e Tant qu'il n'y aura pas d'élèves munis du cours complet des lycéees, selon la dernière réforme de l'instruction secondaire, les études préparatoires pour l'inscription à l'Institut seront les mêmes que, l'on exigeait jusqu'à present.

Art. 81e Un des chimistes actuellement contractés par le gouvernement sera employé au service du laboratoire chimique de l'Institut.

Art. 82e Le conseil scolaire formulera les règlements necessaires pour l'exécution du présent décret, qu'il soumettra à l'approbation du gouvernement.

Art. 83e Toute législation contraire est révoquée.

Le ministre et secrétaire d'état des affaires des travaux publics, commerce et industrie, est chargé de l'éxécution du présent décret. Palais du Roi, le 4 novembre 1897.=LE ROI.=*Augusto José da Cunha.*

RÈGLEMENT GÉNÉRALE DE L'INSTITUT AGRONOMIQUE ET VÉTÉRINAIRE

Nous approuvons le règlement de l'Institut Agronomique et Vétérinaire proposé par le conseil scolaire du même Institut et qui est signé par le ministre et secrétaire d'état des travaux publies, commerce et industrie.

Le même ministre et secrétaire d'état est chargé de l'exécution de ce décret.

Palais royal, le 8 juin 1898.=LE ROI.=*Augusto José da Cunha.*

CHAPITRE I

Organisation des cours

Art. 1er L'enseignement supérieure de l'agricultur, professé à l'Institut agronomique et vétérinaire, comprend les cours suivants:

Cours d'agronomie;

Cours de sylviculture.

Cours de médecine vétérinaire.

Art. 2e Les matières qui constituent ces cours seront distribuées dans les chaires suivantes:

1er Chaire — Botanique.

2e Chaire — Mécanique générale et ses applications aux machines agricoles. Topographie.

3e Chaire — Hydraulique agricole. Constructions rurales.

4e Chaire — Physique agricole.

5e Chàire — Chimie agricole et analyse.

6e Çhaire — Agriculture générale. Culture de plantes herbacées, alimentaires, fourragères et industrielles. Horticulture.

7e Chaire — Culture das plantes ligneuses:

1er partie: Arboriculture et viticulture.

2e partie: Sylviculture.

8e Chaire — Nosologie végétale.

9e Chaire — Technologie agricole et forestière.

10e Chaire — Zootechnie. Extérieur des animaux. Hygiène des animaux domestiques.

11e Chaire — Economie, administration, législation et comptabilité rurales et forestières.

12e Chaire — Anatomie descriptive. Embryologie. Tératologie.

13e Chaire — Histologie et physiologie comparée des animaux domestiques.

14e Chaire — Matière médicale. Chimie médicale. Pharmacologie et pharmacie.

15e Chaire — Pathologie et thérapeutique générales. Pathologie interne. Clinique médicale.

16e Chaire — Pathologie externe. Médecine opétatoire. Obstétrique. Clinique cirurgicale.

17e Chaire — Pathologie et clinique des maladies contagieüses. Droit vétérinaire.

§ unique. L'enseignement de la 7e chaire sera fait en deux années, les deux parties dont la chaire se compose devant être enseignées alternativement.

Art. 3e En plus de ces chaires, il y a les cours auxiliaires suivants:

1er Mathématique et dessin.

2e Chimie générale.

3e Zoologie.

4e Microscopie.

§ unique. L'enseignement de ces cours, qui ne pourront dépasser quarante leçons, chacun, sera fait par les professeurs, d'après la distribution faite par le conseil scolaire.

Art. 4e Les chaires, de la 1er à la 11e, forment les cours théoriques d'agronomie et de sylviculteure.

Les chaires, de la 12e à la 17e, plus les 1er, 4e, 5e, 6e et 10e, forment le cours de médicine vétérinaire.

§ unique. Les cours auxiliaires sont obligatoires pour les cours d'agronomie et de sylviculture. Pour le cours de médicine vétérinaire, seulement les trois derniers.

Art. 5e La durée des cours auxquels se rapporte l'article 2e sera la suivante:

1er Le cours d'agronomie sera de cinq années, les quatre premières à l'Institut, et la cinquième en apprentissage pratique, à l'école Moraes Soares.

2e Le cours de sylviculture sera de cinq années, les quatre premières à l'Institut, et la cinquième, en apprentissage dans la forêt de Leiria.

3e Le cours de médecine vétérinaire sera de cinq années à l'Institut, l'apprentissage pratique respectif étant fait simultanément avec l'enseignement théorique des trois dernières années.

Art. 6e Les chaires énumérées à l'article 2e, ainsi que les cours auxiliaires, seront distribués dans les différentes années des cours de l'Institut de la manière suivante:

Cours d'agronomie et de sylviculture:

1er Année—Botanique. Physique agricole et les cours auxiliaires de mathématique et de dessin, de chimie générale et de microscopie.

2e Année--Mécanique agricole et ses applications aux machines agricoles. Topographie. Hydraulique agricole et constructions rurales. Chimie agricole et analyse, et le cours auxiliaire de zoologie.

3e Année.—Agriculture générale. Culture des plantes herbacées, alimentaires fourragères et industrielles. Horticulture. Culture de plantes liqueuses. Zootechnie. Extérieur et hygiène des animaux domestiques et le cours auxiliaire de zoologie.

4e Année.—Nosologie végétale. Culture de plantes ligneuses. Technologie agricole et forestière. Economie, administration, législation et comptabilité rurales et forestières.

Cours de médecine vétérinaire:

1e Année.—Botanique. Physique agricole. Anatomie descriptive. Embryologie. Tératologie et les cours auxiliaires de microscopie et de chimie générale.

2e Année.—Anatomie descriptive. Embryologie. Tératologie. Chimie agricole et analyse. Matière médicale. Pharmacologie et pharmacie et le cours auxiliaire de zoologie.

3e Année—Agriculture générale. Culture des plantes herbacées, alimentaires, fourragères et industrielles. Horticulture. Histologie et physiologie comparée des animaux. Pathologie et thérapeutique générales. Pathologie interne. Clinique médicale. Pratiques de clinique.

4e Année—Pathologie externe. Médecine opératoire. Obstétrique. Clinique chirurgicale. Zootechnie extérieur et hygiène des animaux domestiques. Pratiques de clinique.

5e Année—Pathologie et clinique des maladies contagieuses. Droit vétérinaire. Pratiques de clinique.

§ unique. Cette distribution pourra être altérée par proposition du conseil scolaire.

CHAPITRE II

Plan de l'enseignement

SECTION I

Admission d'élèves

Art. 7e Pour l'on se faire inscrire à la première année de l'un ou l'autre des cours professés à l'Institut, il faut présenter le certificat de toutes les études composant le cours complet des lycées centrals du royaume.

Art. 8e Pour l'inscription aux années suivantes de l'un ou l'autre des cours, il faut avoir été reçu aux examens de toutes les chaires et cours auxiliaires des années précédentes.

Art. 9e Les individus qui prétendent se faire inscrire à la première année de l'un ou l'autre des cours de l'Institut feront au directeur leur pétition, en déposant:

1er La déclaration de leur nom, filiation et lieu de leur naissance;

2e La désignation du cours qu'ils désirent fréquenter;

3e Leur diplôme du cours des lycées, ainsi qu'il est prescrit à l'article 7e de ce réglement;

4e Un certificat prouvant qu'ils n'ont pas de maladie contagieuse.

Art. 10e Les inscriptions commencent le 15 septembre et finissent le 30 du même mois.

§ unique. La durée de l'inscription pourra s'étendre jusqu'au jour de l'ouverture des classes pour les élèves qui prouveront n'avoir pu se faire inscrire plustôt.

Art. 11e Les élèves sont tenus de se présenter au secrétariat de l'Institut, pour s'y faire inscrire, le jour que leur aura été indiqué.

§ unique. Aucun élève ne pourra être inscrit avant d'avoir obtenu l'autorisation du directeur, ni avant d'avoir payé les rétributions respectives.

SECTION II

Methode de l'enseignement

Art. 12e L'enseignement de chaque chaire ou cours auxiliaire se composera:

1er De leçons orales accompagnées de la demonstration expérimentale respective.

2e D'exercices pratiques.

§ 1er Les leçons orales et leurs démonstrations respectives seront faites par es professeurs, et au nombre de trois par semaine, chacune d'elles ne pouvant durer moins d'une heure ni plus d'une heure et demie.

§ 2e Les exercices pratiques exécutés par les élèves seront supérieurement dirigés et surveillés par les professeurs, et ne pourront durer moins de deux heures; leur nombre sera variable, selon les chaires, d'après décision du conseil.

Art. 13e Dans ces exercices pratiques, les élèves seront acompagnés des chefs de service, chargés de veiller à l'exécution de tous les travaux indiqués par le professeur, de guider et d'instruire les élèves dans l'exécution de ces travaux.

§ unique. Dans ce but, les différentes chaires et cours auxiliaires de l'Institut composeront différents groupes, d'après décision du conseil scolaire; chacun des chefs de service respectifs sera chargé des exercices pratiques de l'un de ces groupes, d'après la distribution du conseil.

Art. 14e L'enseignement pratique, autant agronomique et sylvicole que vétérinaire, sera complété par des excursions ou visites d'étude dans diverses explorations rurales du pays, ou dans les établissements publics ou particuliers les plus favorables à l'instruction des élèves.

§ unique. Ces excursions, faites, autant que possible, aux environs de Lisbonne, seront dirigées par les professeurs.

Art. 15e Ses excursions seront, pour tous les effets, considérées comme exercices pratiques.

Art. 16e Les excursions à une trop longue distance et ne pouvant être faites en un seul jour, n'auront lieu que pendant les vacances de Noel et de Pâques, et le conseil académique marquera, d'après proposition des professeurs respectifs, le nombre de jours qu'elles devront durer.

Art. 17e Les chefs de service seront tenus d'assister aux excursions toutes les fois que les professeurs le réclameront.

Art. 18e Le directeur, après avis du conseil scolaire, demandera au gouvernement, quand il le faudra, de lui fournir les moyens nécessaires pour effectuer les excursions au dedans, aussi bien qu'au dehors de la capitale.

Art. 19e Les élèves sont tenus d'écrire des rapports sur ces excursions.

Art. 20e Le conseil scolaire fixera le nombre de leçons hebdomadaires que doit avoir chacun des cours auxiliaires, ainsi que l'époque où doivent commencer ces leçons.

Art. 21e Les leçons orales, ainsi que les exercices pratiques, seront faits en harmonie avec les programmes élaborés pour chaque chaire par le professeur respectif.

§ unique. Les programmes des cours auxiliaires seront élaborés par les professeurs chargés de ces mêmes cours.

Art. 22e Ces programmes seront présentés au conseil scolaire et, après son approbation, soumis à la sanction du gouvernement.

§ unique. Les programmes seront imprimés, et il y aura toujours au bureau de l'Institut un assez grand nombre d'exemplaires pour être distribués aux professeurs et aux chefs de service ; il y en aura aussi à la bibliothèque pour que les élèves puissent les consulter.

SECTION III

Fréquentation des cours

Art. 23e L'année scolaire commencera le 1er octobre et terminera le 30 juin, et l'année lective commencera du 15 au 20 octobre et terminera du 20 au 30 juin.

Art. 24e L'ouverture des classes aura lieu en séance solennelle, et dans celle-ci aura lieu la distribution des prix aux élèves.

Tout le personnel de l'Institut est tenu de comparaître à cette séance.

Art. 25e Les classes commenceront le premier jour non férié après celui de l'ouverture.

Art. 26e Le premier jour de classe, le secrétaire enverra à chaque chaire les cahiers respectifs de fréquentation.

§ unique. Les cahiers devront contenir les noms des élèves par ordre d'inscription et les divisions suffisantes pour que l'on puisse, chaque jour marquer les absences ou les notes des leçons des élèves.

Art. 27e Les élèves sont tenus d'assister à tous les travaux marqués à l'horaire, et on prendra note de leurs absences dans le cahier respectif.

§ unique. Si le professeur ou le chef de service n'a pas comparu à l'heure marquée, les élèves peuvent se retirer un quart d'heure après.

Art. 28e Le premier jour de chaque mois, il est de rigueur que les professeurs envoient à la direction la note de leurs absences, ainsi que la note des absences des chefs de service et des élèves, pendant le mois précedent.

Art. 29e Pendant les classes les élèves pourront être interrogés sur les matières esseignées et de même pour les exercices pratiques qu'ils exécutent.

§ unique. Les professeurs pourront, lorsqu'ils le jugeront convenable, marquer des répétitions, qui seront orales ou écrites.

Art. 30e Dans toutes les chaires il y aura, pendant l'année, deux examens partiels.

§ 1er Ces examens seront écrits, sans le secours de livres ou de notes, et verseront sur quatre questions se rapportant aux matières enseignées jusqu'à la date de l'examen. Ils dureront une heure et demie. Les élèves déposeront au secrétariat leur cahiers, dont toutes les feuilles seront marquées et contresignées par le secrétaire.

§ 3e Après l'examen les élèves dateront et signeront leurs cahiers, et les remettront au professeur.

Art. 31e Le professeur classifiera ces examens au moyen de points depuis zero jusqu'à vingt, lesquels seront écrits et contresignées par le professeur sur le cahier même.

§ unique. Le secrétaire inserira ces points sur un livre spécial.

Art. 32e L'élève qui aura manqué à l'examen partiel pourra par décision du directeur être admis à l'examen un autre jour, si l'élève justifie son absense pour cause de maladie.

§ unique. Chaque examen n'admet qu'une justification d'absence et aucun élève ne pourra se présenter au second examen partiel sans avoir fait le premier.

Art. 33e Dans les cliniques, les examens partiels sont remplacés, par les rapports que les élèves sont tenus de faire sur les malades qui leur sont confiés par les professeurs respectifs.

Art. 34e Dans les cours auxiliaires il n'y aura qu'un examen partiel.

Art. 35e La fréquentation de l'élève à chaque chaire est réputée non valable, et l'élève devra la répéter une autre année, s'il a eu, dans la classe et ses exercices pratiques, un nombre d'absences supérieur à dix-huit.

Il en sera de même, quand la moyenne des points des deux examens partiels de la chaire sera inférieure à six.

Art. 36e Dans les cours auxiliaires la fréquentation sera aussi réputée sans valeur et l'élève devra la répéter une nouvelle année, si le nombre de ses absences est dessus de neuf, ou s'il n'a pas obtenu, au moins, six points à l'examen partiel.

Art. 37e Le secrétariat s'occupera mensuellement de la supputation des absences des élèves; et, lorsque dans une des classes, le nombre d'absences d'un élève aura atteint le *maximum,* l'avis en sera dûment affiché, et le nom de l'élève rayé du cahier de cette classe.

Art. 38e Les classes finiront du 20 ou 30 juin, en sorte que la clôture de l'inscription des élèves puisse être terminée le 1er juillet.

Art. 39e Aussitôt après la fermeture des classes le secrétaire fera la clôture de l'inscription des élèves qui auront suivi régulièrement leurs cours et qui auront payé les rétributions légales.

Art. 40e Il y a annuellement les vacances suivantes:

Vacances de Noel: depuis de 24 décembre jusqu'au 6 janvier.

Vacances du carnaval: depuis le samedi gras jusqu'au mercredi des cendres.

Vacances de Pâques: depuis le dimanche des Rameaux jusqu'au dimanche de *Quasimodo.*

Grandes vacances: les mois d'août et de septembre.

Art. 41e L'horaire permanent qui, d'après la loi, doit régler tous les services de l'enseignement, sera affiché d'une manière permanente au vestibule de l'Institut.

SECTION IV

Examens de fin d'année

Art. 42e Dans toutes les chaires il y aura des examens de fin d'année, qui se composeront de deux épreuves, l'une orale et l'autre pratique, dont la première durera une demi-heure pour chaque élève, et la seconde le temps que le jury jugera nécessaire.

§ unique. Chacune des trois cliniques durera trois années, et son examen final ne se réalisera qu'à la fin de la dernière année, independemment des examens oraux et pratiques des chaires dont les cliniques font partie.

Art. 43e L'épreuve orale de l'examen de fin d'année aura pour object une partie vague, la même pour tous les élèves et un point spécial choisi parmi les matières enseignées pendent l'année.

§ 1er Chaque point comprendra cinq questions spéciales. Les points seront au nombre de dix pour chaque chaire.

§ 2e La partie vague sera indiquée dans le programme de la chaire respective.

§ 3e Les points seront tirés au sort vingt-quatre heures avant l'examen.

Art. 44e L'épreuve pratique n'aura pour objet que les travaux exécutés pendant l'année.

§ unique. Les points pour les épreuves pratiques de tous les examens seront tirés au sort une demi-heure avant l'examen.

Art. 45e Les points seront présentés au conseil scolaire par les professeurs à la dernière séance du mois de juin, et après leur approbation ils seront remis au secrétariat sous plis cachetés.

Art. 46e La veille du jour marqué pour chaque examen de fin d'année, comparaîtra au secrétariat, à l'heure du tirage du point et en présence d'un professeur et du secrétaire, la première section d'élèves, avec ses suppléants qui seront ceux de la section suivante.

§ 1er Le tirage des points sera fait au sort, tous les points de la chaire entreront dans l'urne, exceptés ceux qui auront été tirés les jours précédents.

Quand les points seront réduits à moins d'un tiers, ceux qui ont déjà paru entreront de nouveau dans l'urne.

§ 2e Le secrétaire fera prendre des copies du point tiré au sort, lesquelles seront remises aux membres du jury.

Art. 47e Le jury des examens de fin d'année sera constitué par trois professeurs, l'un desquels sera le professeur de la chaire respective à l'examen et les deux autres seront choisis entre ceux des chaires qui ont le plus de rapports avec celle-là.

Art. 48e Les examens de fin d'année seront évalués au moyen de valeurs, depuis zero jusqu'à vingt.

§ 1er Chacun des membres du jury mettra dans l'urne le nombre des valeurs qu'il donne à chaque élève, et le total de ces trois nombres divisé par trois donnera la valeur définitive de l'examen.

§ 2e Les élèves qui n'auront pas obtenu dix valeurs dans cette classification seront refusés et auront à suivre de nouveau le même cours.

Art. 49e On obtient la classification finale de l'élève dans chaque chaire en additionnant les valeurs de l'examen de fin d'année avec la moyenne des examens partiels, et en divisant cette somme par 2.

1er Quand le résultat de cette opération sera un nombre fractionnaire, on l'arrondira à l'unité immédiatement supérieure ou inférieure, selon que la fraction atteindra ou non 0,5.

§ 2e Si cette classification finale est inférieure à 10 valeurs, l'élève sera refusé et devra suivre de nouveau le cours de la chaire.

Art. 50e Les examens finals de clinique se composeront de l'observation d'un malade, comprenant l'étiologie, le diagnostic, le prognostic et le traitement de la maladie dont l'animal est attaqué.

§ 1er A cet effet les malades existant à l'hôpital sont numérotés, et l'élève tirera au sort le numéro du malade qui doit servir à l'examen.

§ 2e En cas de refus à l'examen, l'élève devra suivre de nouveau les cours des trois cliniques, mais seulement pendant une année.

Art. 51e Les examens de fin d'année des cours auxiliaires seront vagues; et ce qui a été établi pour les examens des chaires est également applicable à ceux-là.

§ unique. Dans ces cours il n'y aura ni *accessits* ni prix.

Art. 52e Les élèves qui auront obtenu au moins 15 valeurs seront classifiés comme *distingués*. Ceux qui auront eu 17 valeurs ou plus pourront être proposés pour l'obtention de l'*accessit* par le jury, et en ce cas, des diplômes spéciaux leur seront remis.

Ceux qui auront eu 19 ou 20 valeurs pourront être proposés pour l'obtention des prix par le jury, et en ce cas on leur remettra des diplômes spéciaux.

§ unique. Dans la chaire d'anatomie on ne pourra proposer pour l'accessit ou pour le prix que les élèves de 2e année.

Art. 53e Après l'examen on en inscrira le résultat sur un registre spécial pour chaque chaire ou cours auxiliaire, et cet enregistrement sera signé par les trois membres du jury.

§ unique. Cet enregistrement sera transcrit par le secrétaire sur le livre des inscriptions des élèves.

Art. 54e Les examens de fin d'année auront lieu en deux époques; la première pendant le mois de juillet et la seconde pendant la première quinzaine d'octobre.

Art. 55e Aux examens de fin d'année de la première époque seront admis tous les élèves qui auront suivi régulièrement les cours, dans les conditions des articles 35e et 36e.

Art. 56e Aux examens de fin d'anné de la deuxième époque, ne seront admis que les élèves qui pour cause de maladie auraient manqué à l'examen de la première époque ou qui l'auraient interrompu.

SECTION V

Apprentissage pratique

Art. 57e La 5e année de chacun des cours d'agronomie ou de silviculture est consacrée à l'apprentissage pratique des élèves, qui aura lieu à l'école Moraes Soares ou dans la forêt de Leiria.

Art. 58e Le directeur de l'Institut devra en temps opportun faire les inscriptions pour l'année d'apprentissage, dans les conditions de l'article 11e de ce règlement, et il enverra les noms des élèves inscrits à la direction des services agricoles, laquelle leur fera remettre des bulletins de présentation pour les directeurs des établissements où aura lieu l'apprentissage.

Art. 59e Les élèves qui vont commencer l'apprentissage sont tenus de se présenter dans les établissements où ils devront pratiquer, aussitôt après les examens de sortie des élèves qui terminent l'apprentissage de l'année précédente.

Art. 60e Pour tous les effets d'ordre et de discipline, les élèves seront, pendant leur année d'apprentissage, subordonnés immédiatement au directeur de l'établissement où ils se trouveront.

Art. 61e Ces élèves n'auront que les vacances de Noel, Carnaval et de Pâques, et celles-ci pourront être diminuées toutes les fois que le directeur de l'établissement où aura lieu l'apprentissage jugera la présence des élèves nécessaire pour toute pratique pouvant servir à leur instruction.

Art. 62e Les élèves ayant plus de trente absences perdront leur année d'apprentissage.

§ unique. On considère comme absences la non comparation de l'élève aux travaux, à l'heure indiquée par le directeur.

Art. 63e Dans des cas exceptionnellement urgents les directeurs pourront accorder aux élèves des permissions qui toutefois ne devront pas dépasser pendant l'année huit jours suivis ou non.

Art. 64e Les élèves qui auront perdu leur année d'apprentissage pour cause d'absences devront recommencer une autre année d'apprentissage.

Art. 65e Pendant leur apprentissage les élèves devront assister à tous les services et prendre part à tous les travaux qui leur seront indiqués par les directeurs.

Art. 66e Chaque élève écrira sur un registre journalier d'après le modèle joint à ce règlement, l'indication très-succinte des travaux qu'il aura exécutés.

§ 1er Quand il aura eté absent, l'espace correspondant à ce jour restera en blanc.

§ 2e Le chef sous la direction duquel l'élève aura travaillé mettra sa signature sur ce registre, à la case destinée à cet effet.

§ 3e Les registres correspondant à chaque semaine seront le lundi de la semaine suivante remis au directeur, qui y mettre sa signature, s'il les trouve exacts, et les fera corrigir en cas contraire.

§ 4e Ces registres, qui servent à prouver la régularité, l'assiduité et l'application des élèves, seront régulièrement envoyés à la direction des services agricoles, qui les transmettra au directeur de l'Institut.

Art. 67e Les travaux auxquels se rapporte l'article 65e seront tous ceux que le directeur jugera convenables, mais ils auront pour principal objet les matières du programme suivant:

Pour les élèves agronomes:

1) *Topographie:*

Levée topographique et nivellement de la ferme, avec toutes ses dépendances et les dessins respectifs sur une échelle appropriée avec l'indication des bâtiments, cultures, etc.

2) *Constructions rurales:*

Plans, nivellements et sections réduits à l'échelle des différents bâtiments de la ferme tels que étables, magasins, greniers, pressoirs, installations pour le fumier, etc., en indiquant la disposition des charpentes, la nature des matériaux employés et tous les détails importants de la construction.

3) *Hydraulique agricole:*

Description acompagnée de dessins réduits à l'échelle, de tous les travaux hydrauliques qui existent dans la ferme.

Projets et exécution de drainage d'un terrain détérminé.

Projets et exécution de travaux d'irrigation et établissement de prairies.

4) *Machines agricoles:*

Description des machines et instruments fonctionnant à la ferme, acompagnée de dessins réduits à l'échelle.

Indication de la quantité de travail fourni par les machines, leur manière de fonctionner, force ou nombre d'animaux nécessaires pour les mettre en mouvement, quantité moyenne de travail produit.

Exercices avec toutes les machines.

5) *Travail des ouvriers et des animaux:*

Observations sur la quantité de travail journalier produit par les ouvriers ou par les animaux des différentes espèces.

Combien un homme peut-il bêcher journellemente?

Combien peut-il semer des différentes semences, faucher, faner, répandre de l'engrais, etc.?

Combien de temps faut-il pour charger ou décharger une charretée de blé, de maïs, de foin, de fumier, etc.?

Quel est la charge, selon les animaux et les espaces à parcourir?

Quel est l'éffort dépensé par les différents animaux dans la traction des différentes machines?

Expériences dynamométriques.

Combien peut-on labourer par jour avec telles ou telles charrues, en employant tels ou tels animaux? etc.

6) *Zootechnie et hygiène des animaux domestiques:*

Description et classification des divers animaux qui se trouveront à la ferme. Leur signalement.

Observation de l'âge, etc.

Traitement du bétail selon les diverses fonctions auxquelles on le destine.

Rationnement. — Harnachement.

7) *Météorologie:*

Description sommaire des instruments météorologiques et des procédés d'observation employés au poste météorologique de la ferme.

Observations météorologiques et leur registre.

Note sommaire (accompagnée de tableaux ou diagrammes) sur la marche des divers éléments méteorologiques dans la région où fonctionne l'école.

Action sur la terre et sur les plantes, des divers agents météorologiques.

Observations sur l'époque des récoltes, de la maturité des fruits, floraison, feuilleson, etc.

8) *Botanique:*

Examen de la flore spontanée et cultivé de la localité. Organisation de petits herbiers.

9) *Géologie et agrologie:*

Étude physico-agricole des terres de la ferme.

Leur nature géologique.

Figurer sur le plan topographique de la ferme les différentes espèces de terrains qui la constituent.

Reconnaissance de la nature du sous-sol, de l'épaisseur du sol arable, du degré d'humidité du sol, du niveau de la nappe souterraine.

Noter le rapport entre la nature des terrains et les cultures.

Exécuter la carte agronomique de la ferme avec tous ces élements.

10) *Chimie:*

Analyse chimique des terres.

Analyse chimique des engrais.

Analyse chimique de plantes, de foins, de pailles, etc.

Analyse de vins, d'huiles, de laitages et de tous les autres produits agricoles.

11) *Cultures:*

Exécution de tous les travaux de cultures de plantes herbacées, industrielles, fourragères et alimentaires, d'horticulture, d'arboriculture et de viticulture.

Corrections des terrains: labours, fumures, etc.

Récoltes, moisson, battage, etc.

Plantations et leur tracé sur le terrain, taille de la vigne, greffage, etc.

Fixation des époques où doivent avoir lieu tous ces travaux.

Conditions où ils doivent être exécutés.

Machines et instruments à employer, moyen de les régler pour les diverses conditions où ils doivent travailler.

12) *Nosologie végétale:*

Maladies des plantes.

Étude de celles qui se présentent dans les cultures de la ferme. Leur diagnostic et prognostic.

Traitement et son exécution.

13) *Technologie agricole:*

Extraction et préparation des produits agricoles.

Fabrication du vin, de l'huile, du fromage, du beurre, etc.

Conservation des produits.

Travaux dans les greniers, dans les silos, dans les pressoirs, les caves, etc.

14) *Économie et administration rurales:*

Projet d'un plan d'exploitation de la ferme.

Administration technique.

Compatibilité.

Pour les élèves sylviculteurs:

Tous les travaux déjà indiqués pour les élèves d'agronomie, qui pourront être appliqués à la sylviculture, tels que les études de la flore, travaux d'agrologie, de climatologie, de nosologie, exercices topographiques, etc., et en plus:

15) Exercices de dendrométrique:

Cubage des arbres et de peuplements forestiers, etc.

16) Récolte des produits forestiers:

Coupes d'arbres, résinage, décortication.

17) Organisation de projets de cas spéciaux d'arborisation, fixation de dunes, et boisement de montagnes.

18) Projets d'aménagement en différents cas d'exploitation des forêts.

19) Technologie forestière; scierie de bois; utilisation des résines; préparation du liège, fabrication du charbon, etc.

Art. 68e Les élèves devront, pendant leur apprentissage, exécuter au moins un des travaux désignés dans chaque numéro du programme précédent.

Art. 69e L'élève fera, des travaux dont il sera chargé pendant l'année, un rapport acompagné de dessins, plans, mappes, tableaux, diagrammes, etc., selon les conditions de ces travaux.

§ unique. Dans son rapport l'élève décrira les travaux exécutés, les procédés suivis dans leur exécution, les motifs de leur emploi et à quels résultats ou conclusions on est arrivé.

Art. 70e Le directeur de l'établissement classifiera ce rapport au moyen des valeurs de 0 à 20, et l'enverra ainsi classifié à la direction des services agricoles, afin qu'il soit remis au directeur de l'institut jusqu'au 1er octobre.

Art. 71e Leur apprentissage pratique terminé, les élèves seront soumis à un examen de sortie par devant un jury composé de deux professeurs de l'Institut et du directeur de l'école Moraes Soares ou du sylviculteur chef de la forêt de Leiria, selon qu'il s'agisse d'élèves du cours agronomique ou du cours forestier.

§ unique. Ce jury sera présidé par le professeur le plus ancien.

Art. 72e Cet examen aura lieu dans l'établissement même où l'apprentissage aura été fait; les deux professeurs de l'Institut composant le jury s'y feront accompagner par le secrétaire de l'Institut qui devra procéder à la clôture des inscriptions des élèves.

§ 1er Il sera alloué par le gouvernement à ces deux professeurs et au secrétaire la somme nécessaire pour les transports et, de plus, 4.500 réis par jour, pour frais de déplacement.

§ 2e Le directeur demandera au gouvernement les sommes nécessaires à cet effet.

Art. 73e Cet examen de sortie aura lieu du 15 au 20 octobre.

Art. 74e Arrivé à l'établissement où aura eu lieu l'apprentissage, le secrétaire procédera à la clôture des inscriptions des élèves qui se trouveront dans les conditions suivantes:

1o N'avoir pas eu plus de trente absences;

2e N'avoir pas eu plus de huit jours de congé;

3e Avoir remis à l'Institut tous les cahiers journaliers dûment remplis;

4e Avoir remis à l'Institut le rapport, dûment classifié, dont il est question à l'article 69e

5e Avoir obtenu dix valeurs au moins dans la classification de ce rapport.

§ unique. La clôture des inscriptions ne peut avoir lieu sans que les élevés aient payé au secrétaire les rétributions légales.

Art. 75e L'examen aura pour objet, au choix du jury et pendant le temps nécessaires toutes les études et exercices faits par les élèves pendant leur apprentissage et en plus, divers travaux pratiques exécutés au moment même de l'examen.

§ unique. Le jury aura une séance préparatoire pour l'organisation des points.

Art. 76e Cet examen sera classifié au moyen de valeurs de o à 20, selon le procédé indiqué aux articles 48e et 49e, pour les examens de fin d'année; et pour tous les effets la classification du rapport sera considérée comme équivalente à celle des examens partiels des chaires.

SECTION VI

Thèses

Art. 77e A la fin de leurs cours, les élèves sont tenus de soutenir une thèse ou dissertation sur l'une des matières enseignées. Cette thèse doit terminer par quelques propositions précises déduites de la matière traitée.

Art. 78e Le sujet de la thèse sera d'abord soumis à l'approbation du conseil scolaire qui lors de la même séance nommera quatre professeurs pour composer le jury, avec le directeur de l'Institut qui en sera le président.

Art. 79e Ces dissertations imprimées porteront, sur leur frontispice la déclaration suivante: «L'Institut n'est pas responsable des doctrines exposées dans cette thèse».

§ unique. Le candidat déposera au bureau de l'Institut, en temps opportun, dix exemplaires de sa thèse.

Art. 80e Le secrétaire enverra aussitôt un exemplaire de la thèse à chacun des membres du jury, et déposera un autre aux archives de l'Institut, et remettra les restants à la bibliothèque.

Art. 81e Dix jours après celui où la thèse aura été présentée, elle sera soutenue en séance publique et solennelle, devant un jury nommé à cet effet.

Art. 82e Cete acte devra durer une heure, et à l'argumentation prendront part au moins deux des professeurs qui composent le jury.

Art. 83e La classification de la thèse et de l'argumentation de l'élève sera faite au moyen de valeurs de o à 20, aussitôt l'acte fini.

§ unique. Le candidat qui aura obtenu moins de 10 valeurs devra répéter l'act, et présenter une nouvelle thèse, avec de nouvelles propositions, sans quoi on ne pourra lui donner son diplôme.

Art. 84e On obtient la classification finale du cours en additionnant les valeurs de la thèse avec la moyenne des valeurs obtenues dans la classification des différentes chaires du cours respectif, y inclus, pour les agronomes et les sylviculteurs, les valeurs de l'apprentissage pratique et en divisant par deux cette totalité.

§ unique. Quand le résultat de cette classification sera un nombre fractionnaire, on l'arrondira à l'unité immédiatement supérieure ou inférieure, selon que la fraction atteindra ou non o,5.

Art. 85e On donnera des diplômes aux élèves qui auront complété un des cours de l'Institut.

§ unique. Les diplômes seront donnés au nom du conseil scolaire par le directeur, qui les signera avec le secrétaire. Dans ce diplôme on indiquera le nom, la ville natale et la filiation de l'élève, le cours qu'il a fréquenté, avec la classification finale, en valeurs, de toutes les chaires, de l'apprentissage pratique et de l'acte finale. Les diplômes porteront le sceau pendant de l'institut.

Art. 86e Il est défendu de passer deux diplômes du même cours au même individu, sauf dans les cas prévus par la loi.

CHAPITRE III

Installations

Art. 87e Pour l'exécution de l'enseignement il y aura à l'Institut les installatiuns suivantes:

Salles pour les classes.
Cabinets de travail des professeurs.
Salles d'études et d'exercices pratiques des élèves.
Laboratoire de chimie.
Laboratoire de fermentations et de technologie rurale.
Laboratoire et de bactériologie.
Champ expérimental et de démonstration.
Laiterie.
Atelier vinicole.
Atelier oléicole.
Distillerie.
Musée de machines et de produits agricoles.
Atelier de sidérotechnie.
Hôpital vétérinaire.
Bibliothèque.

Art. 88e Les installations auxquelles se rapporte l'article précédent seront ouvertes tous les jours de classe, depuis dix heures du matin jusqu'à quatre heures de l'apres-midi; on peut cependant les faire ouvrir plus tôt, ou former plus tard, si les services de l'enseignement l'exigent.

§ 1ère L'hôpital, ainsi que l'atelier de sidérotechnie, seront ouverts tous les jours et leur service est réglé dans les articles 99e à 159e de ce règlement.

§ 2° Les laboratoires de fermentations et de bactériologie seront aussi ouverts pendant les vacances.

Art. 89e Les installations auquelles se rapportent les articles précédents seront dirigées par les professeurs des chaires qui en profitent pour leur enseignement.

§ 1ère Quand l'une de ces installations servira à plus d'une chaire, elle sera dirigée par un des professeurs respectifs, nommés par le gouvernement, après avis du conseil scolaire.

§ 2° La direction de la bibliothèque sera à la charge d'un professeur bibliothécaire, qui exerce gratuitement ces fonctions dans les conditions du règlement et sera nommé par le gouvernement, après avis du conseil scolaire.

Art. 90e Le professeur bibliothécaire doit diriger l'organisation des catalogues, faire acquisition de livres en harmonie avec les progrès des sciences professées à l'Institut, autant que le lui permettra la dotation, et aussi faire acheter les livres et les journaux que le directeurs lui indiquera.

Art. 91e La bibliothèque est publique et contiendra les publications des sciences et des arts qui constituent les cours de l'Institut ou qui s'y rapportent.

Art. 92e Il y aura toujours à la bibliothèque au moins deux exemplaires des livres adoptés à l'Institut.

Art. 93e Aucun livre ou journal ne pourra sortir de la bibliothèque sans la demande par écrit du directeur ou des professeurs.

Art. 94e Il y aura à la bibliothèque deux catalogues, l'un par ordre alphabétique des noms des auteurs et l'autre des noms des ouvrages.

Art. 95e Le laboratoire de fermentations servira:

1° Pour l'enseignement expérimental de la 9e chaire, surtout dans la partie se rapportant à l'étude des fermentations utiles aux industries agricoles;

2° Pour y faire les études et essais se rapportant à la sélection des ferments utiles et à leur emploi comme moyen d'améliorer la fabrication des vins portugais et tout autre produit fermenté;

3° Pour fournir au public les ferments que l'on aura séléctionnés après avoir verifié l'utilité de leur application aux arts agricoles du pays;

4° Pour y exécuter tous les travaux de la spécialité et ceux que le gouvernement ordonnera.

Art. 96e Le laboratoire de bactériologie servira:

1° Aux démonstrations et exercices pratiques de la chaire de pathologie et clinique des maladies contagieuses, ainsi qu'aux travaux de microscopie nécessaires à la démonstration et à l'enseignement pratique des 13e, 15e et 16e chaires, avec l'aide des chefs de service et sous la direction des professeurs de ces chaires;

2° Aux investigations requises par les professeurs de clinique pour faciliter le diagnostic des maladies des animaux qui se trouvent à l'hôpital vétérinaire;

3° A la desinfection de tout object destiné au service de l'hôpital vétérinaire, quand les professeurs directeurs de clinique le demanderont;

4° A la préparation des vaccins préventifs des affections contagieuses des bestiaux;

5° A la préparation des sérums thérapeutiques et des liquides destinés aux injections révélatrices de certaines maladies microbiennes des animaux;

6° Aux travaux bactériologiques que le gouvernement ordonnera en cas d'épizootie, pour en reconnaître la nature;

7° Aux examens de microscopie ou de bactériologie medico-vétérinaires, demandés par des particuliers, moyennant le payement d'une somme, d'après le tarif joint à ce règlement.

Art. 97e Toutes demandes, soit de vaccin soit de ce qui est indiqué au n° 7° de cette article, doivent être dirigées au directeur du laboratoire et accompagnée de la somme marquée, selon les prix du tarif. Le chef de service du laboratoire est chargé de recevoir ses sommes, d'en donner le reçu et de les remettre ensuite au secrétariat avec un bulletin de contrôle signé par le directeur du laboratoire.

Art. 98e Le directeur de l'Institut organisera d'accord avec les directeurs spéciaux des diverses services, les instructions nécessaires pour le fonctionnement interne de ces services et il les soumettra à l'approbation du conseil scolaire.

VUE D'ENSEMBLE DES INSTALLATIONS DE L'HÔPITAL VÉTÉRINAIRE

CHAPITRE IV

Hôpital vétérinaire

SECTION I

Organisation et direction de l'hôpital vétérinaire

Art. 99e L'hôpital vétérinaire comprend:

1° Une section proprement hospitalière;

2° Une pharmacie.

§ unique. La section proprement hospitalière, hors d'autres infirmeries ou installations qui puissent devenir nécessaires, se composera:

1° D'une infirmerie destinée au traitement médical des solipèdes;

2° D'une infirmerie destinée au traitement chirurgical des solipèdes;

3° D'une infirmerie cumulant le traitement médical et chirurgical des bovidés;

4° D'une infirmerie appropriée au traitement médical et chirurgical des petits animaux;

5° D'une infirmerie pour le traitement et l'observation des grands animaux, affectés de maladie suspecte;

6° D'une infirmerie spécialement destinée à l'observation des bovidés suspects de tuberculose;

7° D'une infirmerie spécialement destinée à l'observation des petits animaux suspects de rage;

8° D'une infirmerie pour le traitement des maladies contagieuses ou infectieuses, curables;

9° D'une installation appropriée à l'étude et à l'observation des petits animaux affectés de maladies contagieuses ou infectieuses incurables;

10° Une installation pour la consultation vétérinaire.

Art. 100e L'hôpital vétérinaire est dirigé supérieurement par le directeur de l'Institut Agronomique et Vétérinaire, et il a un directeur spécial, choisi parmi les professeurs de l'Institut et nommé par le gouvernement, après avis du conseil scolaire.

Art. 101e Le directeur de l'hôpital vétérinaire doit:

1° Surveiller immédiatement tous les services techniques, économiques et administratifs de l'hôpital, exécutant et faisant exécuter toutes les décisions de la direction de l'Institut;

2° Informer la dite direction des événements et des besoins de l'hôpital qui réclameront son ingérence directe;

3° Autoriser les réquisitions signées par les directeurs cliniques et les chefs des différentes sections de l'hôpital;

4° Surveiller et vérifier, à la vue des inventaires, l'existence, bon arrangement et conservation du mobilier, instruments et ustensiles destinés aux services de l'hôpital, ainsi que des fourrages destinés aux animaux malades.

5° Veiller à ce que les registres des différents services soient bien en règle, mettant en évidence tous les faits d'ordre scientifique, économique et administrative, et en harmonie avec les lois d'administration et de comptabilité publique.

6° Veiller à ce que toutes les dispositions règlementaires soient rigoureusement exécutées par tous les fonctionnaires subordinés et leur donner les instructions nécessaires pour qu'ils puissent bien remplir leurs devoirs;

7° Nommer ou inviter les vétérinaires qui doivent se réunir pour faire les consultations requises, autant pour les services cliniques de l'hôpital que pour les services de santé des animaux domestiques, quand ils sont ordonnés par le gouvernement;

8° Réprimander le personnel subalterne, en cas d'irrégularité, et, s'il le faut, demander supérieurement l'interdiction ou la demission du même personnel;

9° Élaborer des bulletins mensuels et un rapport annuel sur tous les services de l'hôpital et de ses dépendances, et les faire remettre au gouvernement;

10° Correspondre directement avec les autorités administratives, judiciaires et de police, faisant cependant parvenir immédiatement à la connaissance du directeur de l'Institut, tous les cas importants.

11° Exécuter les ordres du gouvernement en ce qui a rapport au service administratif, judiciaire et de police.

SECTION II

Section proprement hospitalière et consultation

Sous-section I. — Personnel

Art. 102° Le personnel de la direction proprement hospitalière comprend:

1° Personnel technique:

a) Trois directeurs de clinique;

b) Quatre chefs de service vétérinaire.

2° Personnel administratif:

Un économe.

3° Personnel subalterne:

a) Deux infirmiers;

b) Six palefreniers;

c) Deux garçons de service ou plus.

Art. 103° Les directeurs de clinique de l'hôpital vétérinaires sont les professeurs des 15e, 16e et 17e chaires de l'Institut Agronomique et Vétérinaire, et ils doivent:

1° Diriger le traitement clinique et hygiènique des animaux entrant dans les infirmeries affectées aux cliniques qu'ils professent dans leurs chaires, les visitant journellement à une heure marquée, leur prescrivant les médicaments et les diètes, indiquant la manière et les conditions de leur application et écrivant sur les feuilles de visite tout ce qu'ils auront ordonné;

2° Vérifier si les prescriptions faites sont fidèlement exécutées et si tout le matériel et les ustensiles du service et à l'usage des malades se trouvent dans la disposition et dans l'état de propreté voulus;

3° Ordonner la distribution des malades et leur changement d'infirmerie, selon qu'ils le jugeront plus convenable;

4° Indiquer le jour de sortie des animaux guéris, et inscrire sur les bulletins toutes les indications nécessaires au service clinique;

5° Faire partie des comités consultatifs vétérinaires pour lesquels ils seront nommés;

6° Faire les réquisitions de denrées, matériel et ustensiles nécessaires au service des infirmeries;

7° Donner aux employés leurs subordonnés les instructions nécessaires pour qu'ils puissent bien remplir leurs devoirs;

8° Veiller à ce que toutes les dispositions règlementaires soient rigoureusement et complètement exécutées par chacun des employés, réprimandant le personnel subalterne toutes les fois qu'il n'agira pas convenablement et demandant supérieurement son interdiction, si la gravité des fautes l'exige;

9° Surveiller le service de la consultation, s'assurant de sa régularité et aidant de leurs conseils les vétérinaires employés dans ce service;

10° Faire connaître au directeur de l'hôpital tout ce qui se passera d'important et proposer tout ce qu'ils jugeront utile à l'amélioration et à la régularité des services à leur charge.

Art. 104° Les chefs de service vétérinaire de l'hôpital sont, dans les conditions du § unique de l'article 55° du décret du 4 novembre 1897, les chefs de service vétérinaire, qui, au nombre de quatre, font partie du personnel auxiliaire de l'enseignement de l'Institut.

A l'hôpital il leur appartient de:

1° Exécuter tout le service clinique, médical et chirurgical, qui sera réclamé à la consultation;

2° Faire partie des examens microscopiques et medico-légaux des cadavres présentés dans ce but à la consultation;

3° Procéder aux examens sanitaires des animaux qui, dans ce but, seront présentés à la consultation;

4° Recevoir et distribuer convenablement dans les différentes infirmeries les animaux qui entreront à l'hôpital, écrivant sur les bulletins tout ce qui regarde l'inscription, le signalement et les commémoratifs des mêmes animaux;

5° Prêter leur aide clinique dans les infirmeries, en cas urgent en dehors de l'heure marquée pour la visite des directeurs;

6° Remplacer les directeurs cliniciens dans le service essentiellement clinique des infirmeries dans les cas d'empêchement non prévus;

7° Vérifier la bonne qualité des denrées et du matériel reçus pour la consommation et les services hospitaliers;

8° Prêter les éléments qui, par la direction de l'hôpital leur seront exigés pour la statistique, inscrire les feuilles de présentation des animaux à la consultation et celles d'admission à l'hôpital; proposer supérieurement tout ce qui pourra contribuer à la régularité et au perfectionnement des services de la consultation; rédiger les procès-verbaux des comités consultatifs et des examens de quelque nature qu'ils soient, faits à la même consultation, ou de l'inutilisation d'articles et tous les autres documents d'expédient;

9° Etre responsables du bon ordre et de l'exécution de tous les services hospitaliers, surveillant le personnel administratif et subalterne du même hôpital dans l'exécution de tous les services, d'après les instructions supérieures;

10° Rédiger le bulletin du service journalier de l'hôpital.

Art. 105° Pour la bonne exécution de leurs attributions, les quatre chefs de service vétérinaire doivent comparaître à l'hôpital et y rester le temps nécessaire, d'après ce qui sera indiqué dans les instructions auxquelles se rapporte le

§ 2° de l'article 128° du présent règlement; il leur est cependant permis d'échanger entre eux leurs services avec l'autorisation du directeur de l'hôpital.

§ unique. Le manque de comparution ou autres fautes que les mêmes vétérinaires puissent commettre seront portées à la connaissance du directeur de l'hôpital, pour les effets légaux, surtout ceux de l'article 54e du décret du 4 novembre 1897.

Art. 106e L'économe de l'hôpital est nommé par le gouvernement, moyennant concours, dans les conditions des articles 211e et 212e de ce règlement.

§ 1° L'économe ne pourra entrer en fonctions qu'après avoir déposé un cautionnement de 200.000 réis.

§ 2° L'économe de l'hôpital sert sous les ordres immédiats du directeur du même hôpital, des directeurs cliniciens et du vétérinaire de service, et il doit:

1° Se présenter journellement à son service deux heures avant celle marquée pour l'ouverture de la consultation, restant jusqu'à ce que ce service soit terminé, et, au delà de ce temps, toutes les fois que cela sera nécessaire;

2° Recevoir la recette éventuelle produite à l'hôpital et ses annexes et écrire les feuilles se rapportant à son encaissement;

3° Rendre aux propriétaires des animaux sortant de l'hôpital, moyennant reçu, l'excédent des sommes déposées pour les pensions;

4° Recevoir des chargés des différents services de l'hôpital leurs requisitions et fournir les objets demandés;

5° Recevoir et recueillir dans les magasins, après avoir compté, pesé et mesuré, et après approbation du vétérinaire en service à la consultation, les denrées et le matériel pour le service de l'hôpital; les tenir en bon état, et être responsable des dégâts ou des pertes, causés par sa faute;

6° Remettre personnellement les fourrages, les ustensiles, et le matériel à sa charge, moyennant reçu, quand ils lui seront demandés par ceux chargés des diverses sections hospitalières;

7° Tenir toujours en règle registres de la recette éventuelle de l'hôpital et de ses annexes, et le registre du mouvement des magasins;

8° Faire la comptabilité de la recette éventuelle, en sorte que celle-ci puisse être liquidée dans les délais supérieurement fixés;

9° S'occuper de la propreté et du bon ordre de l'emmagasinement général, ainsi que de la conservation de toutes les denrées alimentaires, lingerie, mobilier et ustensiles, qui s'y trouvent, demandant, sans retard, les mesures nécessaires;

10° S'occuper, de même, de la propreté et du bon ordre des salles de l'hôpital et de la consultation, surveillant le garçon chargé du nettoyage de ces appartements;

11° Conserver en son pouvoir moyennant un reçu provisoire autorisé, la somme nécessaire pour subvenir aux menues dépenses de l'hôpital;

12° Inscrire dans un livre spécial toutes ces dépenses, et en extraire jusqu'au 15 de chaque mois la note mensuelle qu'il présentera au sécrétariat de l'Institut, avec les documents nécessaires, le tout dûment vérifié.

Art. 107e Les infirmiers, au nombre de deux, sont nommés par le gouvernement, d'après proposition du directeur de l'Institut et après avoir consulté le directeur de l'hôpital.

§ 1° Pour être nommé infirmier, il faut:

1° N'avoir pas plus de trente-cinq ans;

2° Avoir satisfait aux lois sur le service militaire;

3° Etre en bon état de santé;

4° Savoir lire et écrire.

§ 2° Les infirmiers sont immédiatement subordonnés aux directeurs de clinique et aux chefs de service vétérinaire de l'hôpital et ils doivent:

1° Résider et rester constamment dans l'établissement, où ils auront leur habitation; ils ne pourront s'absenter sans la permission du directeur de l'hôpital, et sans consulter les directeurs cliniciens;

2° Assister à tous les services cliniques et hygièniques rendus aux animaux dans leurs infirmeries, observant et faisant observer rigoureusement tout ce qui aura été prescrit par les directeurs de clinique ou les chefs de service vétérinaire;

3° Communiquer aux directeurs de clinique ou aux chefs de service vétérinaire tout ce qui aura lieu dans le service hospitalier, afin de que l'on puisse prendre supérieurement toutes les mesures nécessaires, soit pour le traitement des maladies, pour la discipline et l'activité du personnel subalterne, soit dans l'intérêt de la conservation du matériel et des ustensiles et du bon ordre de l'établissement;

4° Prêter l'aide qui leur sera demandée à la consultation par les élèves pour l'exécution des travaux et des exercices cliniques dont ils auront été chargés;

5° Enseigner les palefreniers à exercer leur métier;

6° Observer soigneusement toutes les autres décisions supérieures.

Art. 108ᵉ Les palefreniers, au nombre de six, sont, ainsi que les infirmiers, nommés par le gouvernement, sur la proposition du directeur de l'Institut et l'avis du directeur de l'hôpital.

§ 1.° Pour être admis comme palefrenier, il faut:

1° N'avoir pas plus de trente ans:

2° Etre assez robuste;

3° Savoir lire et écrire.

§ 2° Les palefreniers sont immédiatement subordonnés aux infirmiers et leurs devoirs sont:

1° Rester constamment à l'hôpital, où ils ont leur résidence, et d'où ils ne peuvent sortir qu'avec la permission du directeur du même hôpital, des directeurs de clinique ou des chefs de service vétérinaire;

2° Soigner avec le plus grande zèle les malades à leur charge, exécutant, aussi bien à cet égard qu'au sujet de la propreté des infirmeries et de leur matériel, les ordres reçus.

§ 3° Si les palefreniers ne s'acquittent pas rigoureusement de leurs devoirs, on leur appliquera, selon la gravité du cas, la peine d'interdiction, ou celle de démission, dûment proposée.

Art. 109ᵉ Le directeur de l'hôpital, sur l'avis des directeurs de clinique, distribuera le service des infirmiers et palefreniers, selon les convenances de ce service.

Art. 110ᵉ Les garçons de service auront à leur charge l'entretien de la propreté dans les salles de l'hôpital et de la consultation ainsi que dans les magasins et dans les bureaux du service externe.

Art. 111e Le conseil scolaire, désignera les autres services qui, non spécifiés, appartiennent aux infirmiers, palefreniers et garçons, et en fixera l'exécution.

Sous-section II. — Service de l'hôpital et admission d'animaux

Art. 112e Sont reçus à l'hôpital vétérinaire pour y être soignés ou observés, les animaux malades ou suspects, appartenant à des particuliers, à l'État ou à la chambre municipale de Lisbonne.

Art. 113e Pour chaque animal entré aux infirmeries de l'hôpital celui-ci recevra une somme correspondante a quinze jours de pension, payée d'avance par le propriétaire de l'animal, selon le tarif en vigueur.

§ 1° Hors les animaux appartenant à l'État ou à la chambre municipale de Lisbonne, aucun autre ne peut-être reçu, sans que le propriétaire ait payé d'avance quinze jours de pension.

§ 2° Pour compter les jours de traitement à l'hôpital et en recevoir le payement, on comprend le jour de l'entrée et celui de la sortie, à moins qu'il n'appartienne à l'armée, car, dans ce cas le jour de l'entrée ne sera pas compté, ceci d'après les règlements de l'administration militaire.

§ 3° Si l'animal meurt ou est retiré avant la fin de la quinzaine, la somme se rapportant aux jours payés d'avance, mais non encore écoulés, sera rendue contre reçu.

§ 4° Quand la restitution n'aura pas été réclamée dans le délai d'une année, la somme en dépôt, d'après avis spécial, sera considérée recette éventuelle, et entrera dans les coffres de l'État, sous le nom de pensions non réclamées.

§ 5° Aussitôt que les animaux appartenant à l'État ou à la chambre municipale de Lisbonne sortiront de l'hôpital, on enverra au bureau compétent la note de la dette contractée par le traitement des dits animaux, afin d'en recevoir le payement.

§ 9° Au dixième jour de la quinzaine, il sera donné avis au propriétaire de chaque animal, afin de renouveler le dépôt de la second quinzaine et si, après les huit premiers jours de cette second quinzaine il n'a pas encore répondu à cet avis, ce fait sera porté à la connaissance et décision du gouvernement.

§ 7° Si l'animal donne entrée à l'hôpital pour y subir une opération chirurgicale, ou que le chef de service vétérinaire le juge nécessaire comme principal traitement, le propriétaire déposera d'avance le prix de l'opération d'après le tarif en vigueur; si cette opération ne se réalise pas, cette somme sera opportunement restituée.

Art. 114e Le service technique des infirmeries est exercé par les trois directeurs de clinique simultanément du 1° octobre au 31 juillet, et alternativement pendant les mois d'août et de septembre.

Art. 115e Le conseil scolaire désignera précisément les affections qui doivent composer chacune des trois sections de clinique hospitalière, d'après l'article 113e de ce règlement.

Art. 116e Les directeurs de clinique font journellement la visite aux malades en traitement dans les infirmeries de leurs sections.

§ 1ère La visite clinique de l'hôpital doit être terminée à midi, et si à cette heure aucun des directeurs n'a comparu, l'infirmier de la section le fera savoir aussitôt au chef de service vétérinaire, afin que celui-ci fasse la visite.

§ 2° A la visite journalière seront presents: le chef de service vétérinaire, s'il y est invité par le directeur de clinique, les élèves, l'infirmier et les palefreniers des infirmeries de la section.

§ 3° Pour les malades qui entreront dans les infirmeries après l'heure marquée pour la visite ordinaire, le traitement clinique et hygiènique sera prescrit par le chef de service vétérinaire en fonction, aidé des élèves et des autres employés cités au paragraphe précédent.

Art. 117e Chaque malade a une feuille de visite écrite journellement; après la visite toutes les feuilles sont envoyées à la pharmacie, puis gardées soigneusement aussitôt les médicaments livrés.

§ 1ère Le chef de service vétérinaire surveillera l'exécution, par les infirmiers et les palefreniers de toutes les instructions ou services indiqués dans les feuilles de visite.

2° Ces feuilles seront dûment archivées, après la sortie de malades, et le directeur de l'hôpital y mettra son visa.

Art. 118e Quand le directeur de clinique déclarera un malade gueri ou que celui-ci sera mort, la feuille de visite sera aussitôt présentée au director de l'hôpital, afin qu'il en ordonne la communication au propriétaire de l'animal.

§ 1ère L'ordre de sortie ne peut être accordé que par les directeurs de chimique, et tout employé subalterne qui sans leur permission fournira des renseignements sur la possibilité de sortiè des malades sera sevèrement puni.

§ 2° Si le propriétaire d'un animal déclaré guéri ne le retire pas dans le délai de huit jours, aprés en avoir reçu communication, l'animal sera considéré en dépôt et pour le recouvrement des pensions on procédera d'après le § 6° de l'article 113e de ce règlement.

Art. 119e Quand l'un des directeurs de clinique jugera nécessaire une consultation collective, il en sera la demande au directeur de l'hôpital.

§ 1ère Cette consultation accordée, elle sera composée des trois directeurs de clinique, ceux ci pouvant être remplacés, en cas d'empêchement légitime par d'autres professeurs vétérinaires qui dans ce but auront été invités par le directeur de l'hôpital.

§ 2° Les déliberations des membres de la consultation seront enregistrées sous forme de procès-verbal, signé par tous les membres.

Art. 120e Aucun animal existant dans les infirmeries de l'hôpital ne peut être abattu ni retiré comme incurable qu'après la délibération d'une de ces consultations collectives.

§ unique. Quand un malade se trouvera dans le cas d'être abattu pour cause de maladie contagieuse ou infectieuse, on demandera l'auctorisation du propriétaire; si elle est accordée, l'animal sera abattu; dans le cas contraire, l'animal restera dans l'infirmerie, et le directeur de l'hôpital adoptera aussitôt les mesures nécessaires, d'après le § 2° de l'article 17e du Règlement général de santé des animaux domestiques.

Art. 121.e Le transfèrement des animaux malades d'une infermerie dans l'autre, ne peut être effectué que par la décision des directeurs de clinique, ou en leur absence et en cas urgent, par le chef de service vétérinaire.

§ unique. L'entrée des infirmeries est expressément défendue aux personnes étrangères au service des mêmes infirmeries, sauf permission des directeurs de clinique ou de ceux qui les remplacent.

Art. 122e L'hôpital vétérinaire continuera à recevoir dans ses infirmeries, pour l'observation et le diagnostic, les animaux soupçonnés de maladie contagieuse que l'inspection sanitaire y enverra, ayant en vue ce qui suit:

1° Les bovidés soupçonnés de tuberculose feront, dans le délai maximum de quarante huit heures l'objet d'une consultation vétérinaire, convoquée par le directeur de l'hôpital et composée d'après le § 1ère de l'article 119e de ce règlement;

2° Les membres de la consultation devront se prononcer sur l'opportunité de la tuberculination;

3° Si les membres de la consultation sont d'avis qu'aucune circonstance ne s'oppose à l'emploi immédiat de la tuberculine, le directeur de clinique des maladies contagieuses fera aussitôt appliquer ce réactif;

4° Quand par ce moyen et par l'examen clinique la maladie ne sera pas confirmée, on enverra avis aux propriétaires des animaux considérés indemnes de tuberculose, afin qu'ils les fassent aussitôt retirer, en payant cependant la somme dépensée pour l'alimentation de ces animaux;

5° Si la maladie est confirmée par la tuberculine et par l'examen clinique, et que cette confirmation soit reconnue par les membres d'une consultation convoquée à la demande du directeur de clinique des maladies contagieuses, on suivra le procédé indiqué au § unique de l'article 120e, et dans ce cas, l'alimentation des animaux tuberculeux restera à la charge de l'État, dans les conditions ci-dessus indiquées;

6° Les animaux dont la tuberculiastion aura été ajournée ne seront soumis à l'action de la tuberculine qu'après une nouvelle consultation requise et autorisée, et ensuite on procedera selon les nos 4° et 5° de ce paragraphe.

Art. 123e Les animaux cédés ou abandonnées à l'hôpital par leurs maîtres, seront, selon les circonstances, abattus ou conservés pour des essais cliniques; ils pourront, cependant, en cas de guérison ou d'amélioration être repris par leurs propriétaires, si ceux-ci payent la dépense faite en alimentation et médicaments. Autrement et s'il n'y a aucune convenance à les conserver, les animaux améliorés ou guéris seront vendus et le produit de leur vente sera considéré recette éventuelle de l'État.

Art. 124e La correspondance de l'hôpital vétérinaire est signée par le directeur du même hôpital excepté celle adressée au ministère, laquelle sera toujours signée par le directeur de l'Institut.

§ unique. Toute la correspondance de l'hôpital est cependant à la charge du secrétariat de l'Institut.

Art. 125e Pour la section proprement hospitalière il y aura, en plus des autres livres auxiliaires réputés nécessaires, les suivants:

1ère Registre d'entrée et sortie d'animaux dans les infirmeries;

2° Registre de correspondance reçue;

3° Registre de correspondance expédiée;

4° Registre, par sections et titres, de toute la dépense faite à l'hôpital;

5° Registre des actes des consultations vétérinaires convoquées;

6° Registre des actes d'inutilisation d'articles;

7° Livre d'inventaire général;

8° Livre de comptes courants avec les maîtres des animaux malades dans les infirmeries.

§ unique. La tenue de tous cesl ivres est à la charge du secrétariat de l'Institut, et elle sera faite par le sous-secrétaire ou par l'employé désigné à cet effet, sous la surveillance immédiate du directeur de l'hôpital.

Art. 126e Les certificats qui, à la demande des particuliers, seront extraits des livres d'enregistrement de l'hôpital et ses annexes, seront autorisés par décision du directeur de l'Institut, après avis du directeur de l'hôpital.

Art. 127e Comme instructions spéciales, élaborées par le conseil scolaire de l'Institut, seront fixées:

1° La composition des diètes, et du formularie thérapeutique;

2° L'horaire pour les services ordinaires d'administration de médicaments, application et renouvellement des pansements, et distribution de rations et de boissons;

3° Les procédés relatifs à désinfection et au nettoyage des infirmeries et leur canalisation, ainsi qu'à leur matériel de service, spécifiant ceux qui doivent être observés en cas de maladies contagieuses.

Sous-section III — Services de la consultation journalière

Art. 128e Annexée à la section proprement hospitalière il y a une consultation vétérinaire, dont le service est journalier et d'une durée non inférieure à quatre heures par jour, excepté les dimanches et les jours de fête, où elle ne pourra se prolonger au delà de deux heures.

§ 1ère Ce service est fait, sous l'inspection des directeurs de clinique, par les chefs de service vétérinaire de l'hôpital, assistés des élèves de clinique et servis par les infirmiers et les palefreniers, ainsi que par le personnel de l'atelier de marechalerie.

§ 2° En instructions spéciales, élaborées par le conseil scolaire de l'Institut, on marquera l'horaire de ce service et on organisera la liste d'alternance pour les chefs de service vétérinaire qui doivent exécuter ce service, et on règlera la manière dont les élèves de clinique auront à prêter leur assistance, comme aussi ce qui appartient au personnel des infirmeries et de l'atelier de maréchalerie.

Art. 129e Le service de la consultation comprend:

1° L'examen clinique ou sanitaire des animaux, avec ou sans ordonnance médicale, certificat ou instructions demandés par leurs maîtres;

2° Examens nécroscopiques des cadavres qui y seront conduits dans ce but, avec les déclarations ou certificats qui leurs conducteurs exigeront;

3° Exécution de toute opération chirurgicale, quand celle-ci sera urgente et possible;

4° Exécution de pansements sur les animaux qui en auront besoin;

5° L'admission des animaux dans les infirmeries de l'hôpital.

Art. 130e En cas de doute sur le diagnostique, les chefs de service vétérinaire de la consultation s'assembleront pour discuter entre eux, ou demanderont le concours du directeur de clinique qui à l'occasion sert à l'Institut.

Art. 131e Si un animal est simplement examiné à la consultation, son maître payera d'avance une somme fixée, dite de simple présentation, excepté si l'animal appartient à une des espèces bovine, ovine, caprine et porcine, au sujet desquelles ces services sont gratuits.

§ 1ère Dans l'un ou l'autre cas, le maître de l'animal payera la somme qui lui sera indiquée, toutes les fois qu'il y aura un examen ou consultation spéciale, une opération chirurgicale de quelque nature qu'elle soit, une application de pansement, un certificat, etc.; il en sera de même pour les examens de cadavres ou tout autre service.

§ 2° La rétribution de tous ces services sera réglée par le tarif joint à ce règlement.

Art. 132e Quand on présentera à la consultation un animal suspect de maladie contagieuse, qui puisse mettre en danger le santé publique ou celle des animaux domestiques, le maître de l'animal sera invité à le laisser dans les infirmeries de l'hôpital.

§ 1ère Si l'invitation est acceptée, on observera toutes les formalités exigées pour l'admission des malades à l'hôpital; en cas contraire, le chef de service vétérinaire de la consultation en fera la déclaration à la police, à moins que le refus du maître de l'animal n'ait pour cause, bien avérée, le manque de ressources pécuniaires, car, alors, l'animal sera admis indépendament de ces formalités, on bien on le fera abattre, si le maître le préfère et le déclare par écrit.

§ 2° Quand l'admission sera faite dans ces dernières circonstances, le directeur de clinique des maladies contagieuses demandera immédiatement la convocation des autres directeurs de clinique en consultation pour l'examen de l'animal suspect.

§ 3° Dans le cas où on mène à la consultation un animal dans les conditions des paragraphes précédentes, mais à la réquisition du commissaire de police, l'animal sera admis sous la responsabilité du commissaire, sauf résolution supérieure en sens contraire, communiquée à la direction de l'Institut.

Art. 133e Il y aura au bureau de la consultation journalière un registre du mouvement clinique de ce bureau; un autre registre des certificats et des procès-verbaux; un autre encore pour la copie de la correspondance expédiée; et tous ceux que le conseil scolaire jugera nécessaires, la tenue de tous ces livres étant à la charge du secrétariat de l'Institut, qui s'en acquittera de la manière indiquée au § unique de l'article 125e de ce règlement.

SECTION III

Pharmacie

Sous-section I. — Personnel

Art. 134e La pharmacie de l'hôpital vétérinaire a un pharmacien et, sous les ordres de celui-ci, un garçon de service.

Art. 135e La place de pharmacien est accordé par le gouvernement en concours, avec preuves pratiques, annoncé trente jours d'avance, et réalisé par devant un jury, dont le directeur de l'Institut est le président, et sont membres le directeur de l'hôpital et les trois directeurs de clinique, le plus récent desquels sera cependant remplacé par le professeur de la 14e chaire, dans le cas où celui-ci n'aurait pas la direction des services de l'hôpital.

§ 1ère Les candidats enverront leurs requêtes au directeur de l'Institut, avec les documents suivants:

1° Certificat prouvant leur qualité de citoyens portugais, et leur âge qui ne doit pas dépasser trente-cinq ans;

2° Extrait du casier judiciaire;

3° Certificat de bonne conduite morale et civile;

4° Certificat prouvant avoir satisfait à la loi du recrutement militaire, et être exempt du service actif de l'armé;

5° Document prouvant la bonne conduite et le zèle dans le service s'ils ont déjà exercé des fonctions publiques;

6° Diplôme de pharmacien, livré par une des écoles supérieures de médecine du royaume;

7° Tout autre document prouvant l'aptitude du candidat pour la charge qu'il demande.

§ 2e Les épreuves pratiques dont s'occupe cet article sont au nombre de deux et auront lieu en séances alternées.

1ère épreuve — Préparation d'une formule magistrale, tirée au sort, une heure d'avance, suivie d'un mémoire écrit en deux heures, au sujet de l'histoire pharmaceutique ou pharmacographique, des substances composant la préparation faite;

2e épreuve — Analyse chimico-médicale sur une substance ou produit, aussi tirée au sort, une heure d'avance, et suivie d'un rapport sur le travail exécuté, écrit également dans l'espace *maximum* de deux heures.

§ 3e Les épreuves, terminées, le jury appréciera les candidats en scrutin secret, et fera le choix d'après le mérite absolu et relatif.

Art 136e Le pharmacien, subordonné immédiatement au directeur de l'hôpital, est tenu de:

1° Rester tous les jours à la pharmacie depuis neuf heures du matin jusqu'à trois heures de l'après midi, et de comparaître à quelque autre heure du jour ou de la nuit, s'il est besoin de son service.

2° Exécuter avec le plus grand scrupule et la plus grande perfection tous les services de sa spécialité;

3° Faire la réquisition des drogues et du matériel nécessaire à l'approvisionnement et aux services de la pharmacie;

4° Vérifier, au moment de leur entrée, si les fournitures reçues se trouvent rigoureusement dans les termes de la réquisition, prenant les mesures nécessaires pour refuser celles qui ne pourraient servir complétement au but auquel elles sont destinées;

5° Tenir en règle les livres de la pharmacie, y compris les inventaires;

6° S'occuper de la conservation des médicaments, matériel et ustensiles de pharmacie;

7° Etre responsable du service du garçon son subordonné, le faisant accomplir tous ses devoirs, et portant à la connaissance du directeur de l'hôpital vétérinaire toute occurrence irrégulière.

Art. 137e Le garçon de service est chargé de:

1° S'occuper du nettoyage de la pharmacie, arrière pharmacie et son laboratoire;

2° Exécuter tous les autres services à sa charge et ceux qui lui seront indiqués par le pharmacien.

Sous-section II. — Service de la pharmacie

Art. 138e La pharmacie de l'hôpital vétérinaire a pour but:

1° Satisfaire aux ordonnances écrites sur les feuilles de visite clinique;

2° Exécuter les ordonnances signées par les chefs de service vétérinaire de la consultation journalière pour le public;

3° Satisfaire à la réquisition de drogues et substances pharmaceutiques destinées aux bureaux annexes de l'hôpital.

§ unique. Sur les feuilles de visite, ordonnances ou réquisitions, le pharmacien écrira le prix des médicaments d'après le tarif proposé par le conseil scolaire et approuvé par le gouvernement.

Art. 139ᵉ Il y aura à la pharmacie comme livres essentiels:

1° Un registre de l'entrée et de la sortie de toutes les drogues, médicaments et autres articles demandés ou ordonnés;

2° Un journal pour y inscrire les ordonnances et les préparations officinales, avec la désignation de leurs valeurs;

3° Un inventaire du matériel de la pharmacie.

§ unique. Ces livres seront tenus selon les instructions de la direction de l'hôpital.

SECTION III

Coordination de la dépense et de la recette de l'hôpital

Art. 140ᵉ Aucune dépense ne sera faite sans l'autorisation préalable du directeur de l'hôpital.

§ 1ᵉʳᵉ Les directeurs de clinique, les chefs de service vétérinaire et le pharmacien chacun dans la partie qui lui regarde, doivent demander au directeur de l'hôpital tout ce qui est nécessaire à la régularité des services à leur charge.

§ 2° Les réquisitions, dûment formulées, seront remises à l'économe de l'hôpital qui les soumettra à l'auctorisation du directeur, et en separera ensuite celles qui devront être envoyées aux fournisseurs après avoir été visées par le directeur de l'hôpital.

§ 3° Les comptes des fournisseurs avec les documents prouvant que les denrées et les articles demandés ont été livrés et approuvés, seront remis au secrétariat de l'Institut pour y être conférés.

§ 4° Les menues dépenses et celles réalisés argent comptant, seront faites par l'économe, d'après les instructions du directeur de l'hôpital.

§ 5° Dans ce but il y aura toujours entre les mains de l'économe une somme que le conseil d'administration de l'Institut fixera, d'après l'article 264ᵉ de ce règlement.

§ 6° L'économe fera tous les mois sa note de dépenses, dûment détaillée, laquelle après avoir été vérifiée par les chefs de service vétérinaire qui auront approuvé la dépense faite, sera remise au secrétariat de l'Institut pour y être conférée.

Art. 141ᵉ Aucune note de dépense de l'hôpital vétérinaire pourra suivre son cours sans avoir été visée par le directeur de l'hôpital.

Art. 142ᵉ La recette de l'hôpital est classée, d'après sa provenance, en:

a) Recette des infirmeries;

b) Recette de la consultation journalière;

c) Recette de la pharmacie.

§ 1ᵉʳᵉ La recette des infirmeries est formé par les pensions des animaux malades par les sommes reçues pour les opérations faites sur les animaux entrés expressément pour cela dans les infirmeries et par le produit de la vente du fumier, ainsi que du matériel inutilisé ou d'autres objets, y compris les animaux qui auront été cédés ou abandonnés à l'hôpital et qu'il ne convient pas de conserver.

§ 2° La recette de la consultation journalière est formée par les sommes reçues pour la simple présentation des animaux à la consultation et par le prix des services rendus au public, d'après le tarif.

§ 3° La recette de la pharmacie est formée par le produit des ordonnances livrées au public, exclusivement pour le traitement des animaux malades, par le produit des ordonnances qui auront été faites à là consultation journalière par les chefs de service vétérinaire et dont l'application en tout ou en partie sera faite à la même consultation; et par la vente du matériel inutilisé.

§ 4° Les certificats livrés font partie de la recette des infirmeries ou de la consultation journalière, selon les sujets auxquels ils se rapportent.

Art. 143e Toute la recette éventuelle est touché par l'économe, qui en donnera les reçus avec toutes les indications nécessaires.

§ 1ère Sauf les cas urgents ou avec autorisation supérieure du directeur de l'hôpital, aucune recette ne pourra être touchée par l'économe, sans qu'elle soit accompagnée d'un bulletin signé par le chef de service vétérinaire ou par le pharmacien ou le secrétaire de l'Institut, selon la provenance de la recette, comme il est indiqué aux §§ 1°, 2°, 3° et 4° de l'article précédent.

§ 2e L'économe, après avoir touché la recette et l'avoir inscrite dans le livre, en remettra les bulletins au secrétariat de l'Institut, pour qu'ils y soient conférés.

§ 3e La recette touchée par l'économe sera remise par celui-ci, tous les jours ouvrables, au secrétaire de l'Institut, moyennant une feuille à souche, sur laquelle sera désigné la somme totale à remettre et la distribution de cette somme par section, d'après sa provenance.

§ 4e Le secrétaire de l'Institut, après les conférences nécessaires, fera un reçu de la somme remise par l'économe, reçu qui servira à celui-ci de sauvegarde de sa responsabilité.

CHAPITRE V

Atelier de maréchalerie

SECTION I

Personnel

Art. 144e Le personnel de l'atelier de maréchalerie comprend, à part le directeur :

1° Un maître maréchal-ferrant;

2° Deux aides:

3° Un apprenti.

Art. 145e Le directeur est nommé, parmi, les professeurs de médecine vétérinaire, par le gouvernement, sur la proposition du conseil académique, et il doit surveiller tous les services techniques économiques et administratifs de l'atelier, exécutant et faisant exécuter toutes les décisions du conseil scolaire, du conseil d'administration et de la direction de l'Institut.

Art. 146e Le chef maréchal-ferrant est nommé par le gouvernement sur la proposition du directeur de l'Institut et l'avis du directeur de l'atelier, le candidat devant avoir les conditions désignées au § 1ère de l'article 107e de ce règlement et être apte à remplir son métier.

§ unique. Le chef maréchal-ferrant sert sous les ordres directs du directeur de l'atelier et il doit :

1° Diriger le travail des aides, les obligeant à l'exécuter avec la plus grande perfection, corrigeant ou faisant corriger toutes les fautes qu'il observera et dont il est responsable ;

2° Guider l'apprenti dans l'art de ferrer et de forger ;

3° Prêter, lui même, ainsi que le personnel sous ses ordres, toute l'assistance de sa spécialité, nécessaire à l'exécution des exercices pratiques des chaires de médecine vétérinaire, du service de l'hôpital et de la consultation journalière, quand cette assistance lui sera demandée par les professeurs de ces chaires, le directeur de l'hôpital, les directeurs de clinique et les chefs de service vétérinaire ;

4° Etre responsable de tout le matériel et ustensiles existant à l'atelier ;

5° Accomplir toutes les autres instructions supérieures.

Art. 147e Les aides maréchaux-ferrants sont nommés par le gouvernement après proposition du directeur de l'Institut et avis du directeur de l'atelier ; ils servent sous les ordres directs du chef ; et il leur faut exécuter sous les ordres du même chef, tous les travaux de leur métier qu'il leur ordonnera de faire.

Art. 148e L'apprenti est nommé par le gouvernement, après proposition du directeur de l'institut et avis du directeur de l'atelier ; il sert immédiatement sous les ordres du chef maréchal-ferrant, et il doit s'acquitter des services de son métier qui lui seront indiqués par le chef ou celui qui le remplacera, étant, en plus chargé du nettoyage et rangement de l'atelier.

SECTION II

Service de l'atelier de maréchalerie

Art. 149e A l'atelier on exécute deux sortes de services : celui d'assistance dans les exercices pratiques des chaires de médecine vétérinaire, selon les indications des professeurs, et celui de ferrer les animaux qui sont à cet effet présentés à l'atelier.

§ 1ère L'atelier de maréchalerie est ouvert tous les jours ; en été de six heures du matin à sept heures du soir ; en hiver de sept heures du matin à cinq heures de l'après midi, excepté les dimanches et les jours de fête, où il n'est ouvert que jusqu'à une heure de l'après-midi et où le service est fait à tour de rôles par les aides, selon les indications que le chef maréchal-ferrant soumettra à l'approbation du directeur de l'atelier.

2° On peut envoyer à l'atelier, pour les y faire ferrer ou pour qu'on leur rende les services de la spécialité :

1° Les animaux existent en traitement dans les infirmeries de l'hôpital vétérinaire et ceux qui seront amenés à la consultation journalière ;

2° Les animaux amenés exclusivement pour être ferrés.

§ 3e Les services donnés à cette dernière classe d'animaux seront payés comptants, sauf les cas autorisés par un ordre supérieur.

§ 4e Les prix des services rendus à l'atelier sont réglés par le tarif annexe à ce règlement.

§ 5e Le service de l'atelier sera enregistré dans les livres suivants:

1° Livre d'inventaire des ferrures, utensiles et mobilier;

2° Livre d'entrée du matériel;

2° Livre de registre de comptes à avoir;

4° Livre de comptes payés à vue;

5° Livre de la ferrure forgée et vendue;

6° Livre de réquisitions.

Art. 150e Toute la recette produite à l'atelier fait partie de la recette éventuelle et provient:

1° De la ferrure appliquée aux animaux ou d'autres opérations de maréchélarie exercées sur les animaux amenés à la consultation journalière;

2° De la ferrure appliquée et d'autres actes de maréchelarie pratiqués à l'atelier sur des animaux expressément amenés pour cela.

§ unique. Toute cette recette est touchée par le chef maréchal-ferrant, moyennant une feuille à souche et remise journellement au secrétariat de l'Institut par le moyen d'un bulletin signé par le directeur de l'atelier.

Art. 151e Aucune dépense ne sera faite sans l'autorisation du directeur de l'atelier. Le chef maréchal-ferrant devra requérir du même directeur tout le matériel nécessaire au service de l'atelier.

Art. 152e Le conseil scolaire formulera les instructions nécessaires pour le fonctionnement technique, économique et administratif de l'atelier de maréchalerie.

CHAPITRE VI

Direction et conseil scolaire

SECTION I

Direction

Art. 153e Le directeur de l'Institut agronomique et vétérinaire est choisi ou nommé par le gouvernement parmi les professeurs effectifs ou en retraite de l'Institut ou d'autres écoles supérieures du royaume, ou entre des individus étrangers au professorat, qui réunissent l'aptitude et l'instruction nécessaires pour bien s'acquitter de cette charge.

Art. 154e Le directeur de l'Institut doit:

1° Exécuter et faire exécuter, les lois et les règlements en vigueur, et tous les ordres du gouvernement qui lui seront transmis par la direction des services agricoles;

2° Faire exécuter les délibérations du conseil scolaire, en consultant le gouvernement dans le cas où il ne serait pas d'accord;

3° Diriger supérieurement l'Institut et les établissements annexes;

4° Surveiller l'enseignement, l'administration et la police de l'Institut;

5° Présider au conseil scolaire, au conseil d'administration, aux concours et à la soutenance des thèses des élèves;

6° Correspondre avec le gouvernement par l'entremise de la direction des services agricoles;

7° Envoyer annuellement au gouvernement un rapport général au sujet de l'administration scientifique et économique de l'Institut, en l'accompagnant de documents qui montrent l'état de l'Institut et des établissements annexés, et proposant tout ce qui peut contribuer à leur amélioration;

8° Remettre au gouvernement des copies des procès-verbaux des séances du conseil scolaire, quand il le jugera utile, ou que cela lui soit demandée par le gouvernement;

9° Autoriser tous les certificats qui devront être livrés par le secrétariat de l'Institut;

10° Autoriser les inscriptions des élèves;

11° Signer tous les diplômes et titres passés par le secrétariat de l'Institut;

12° Contre-signer tous les livres destinés à la comptabilité de l'Institut;

13° Prendre toutes les délibérations qu'il jugera utile, en cas d'urgence, ou quand le conseil scolaire ou le conseil d'administration ne se seront pas réunis, après deux convocations consécutives, mais leur faisant connaître ce qu'il aura décidé, lors de la première séance de ces corps collectifs.

SECTION II

Conseil scolaire

Art. 155e Le conseil académique est la réunion des professeurs en service effectif, presidée par le directeur ou par celui qui le remplacera. Le conseil scolaire ne pourra délibérer que lorsqu'il se trouvera en majorité absolue.

§ unique. Quand il n'y aura pas majorité, on fera une nouvelle convocation, et dans ce cas la séance pourra avoir lieu avec un tiers du nombre des professesseurs en service effectif.

Art. 156e Le conseil se réunit par convocation du directeur, et toutes les fois que celui-ci le jugera nécessaire ou que celà lui soit demandé par trois membres du conseil déclarant le sujet qu'ils se proposent de traiter.

Art. 157e Les membres du conseil seront convoqués aux séances par avis écrit où seront désignés le jour, l'heure et les sujets à traiter.

Art. 158e En l'absense du directeur, le conseil sera présidé par le membre le plus ancien ou le plus âgé.

Art. 159e Le secrétaire du conseil est le professeur le plus nouveau ou le plus jeune.

§ unique. En l'absence du professeur secrétaire, c'est le plus nouveau ou le plus jeune des professeurs présents à la séance qui le remplacera.

Art. 160e Le professeur qui aura manqué à la séance doit justifier son absence et il en sera fait mention au procès-verbal.

Art. 161e Toutes les questions soumises à la délibération du conseil seront résolues à la majorité absolue des voix.

Le président peut départager les voix dans les questions non personnelles.

Art. 162e Seront votés en scrutin secret les sujets d'intérêt personnel et tous ceux que le conseil jugera devoir soumettre à ce mode de votation.

Art. 163° Tout membre pourra faire inscrire au procès-verbal la déclaration motivée de son vote.

Art. 164° Les consultations que le conseil devra soumettre au gouvernement seront remises à la direction des services agricoles par le directeur de l'Institut qui les fera toujours accompagner de son avis.

§ unique. Toute membre pourra faire joindre à la consultation la déclaration motivé de son vote.

Art. 165e Les procès-verbaux des séances, après avoir été lus et approuvés par le conseil scolaire, seront inséris dans un livre spécial et signés par le président et te secrétaire qui les aura rédigés.

Art. 166e Le conseil scolaire doit:

1° Discuter et approuver les programmes des chaires et des cours auxiliaires professés à l'Institut;

2° Discuter et approuver les instructions, auxquelles doivent se subordonner tous les services de l'Institut:

3° Organiser l'horaire;

4° Rédiger des règlements du service scolaire, administratif et économique, qui devront être soumis à l'approbation du gouvernement;

5° Désigner à chacun des chefs de service le groupe de chaires et de cours auxiliaires qu'il aura à sa charge, d'après article 13e et son paragraphe;

6° Elaborer les programmes des concours pour l'obtention des places de professeurs, et procéder à ces concours, dans les conditions du décret du 4 novembre 1897 et des règlements;

7° Délibérer sur toutes les questions concernant l'enseignement et le régime interne de l'Institut, qui lui seront présentées;

8° Donner son avis sur les sujets pour lesquels il sera consulté;

9° Pourvoir à tout ce qui regard l'enseignement et la police de l'Institut et de ses annexes;

10° Exécuter et faire exécuter tout ce qui est exigé par le décret du 4 novembre 1897 et le présent règlement.

Art. 167e Le secrétaire du conseil scolaire doit:

1° Dresser les procès-verbaux des séances du conseil et les faire transcrire dans le livre spécial;

2° Faire les minutes de la correspondance dont il sera chargé par le conseil;

3° Transmettre au secrétariat de l'Institut les résolutions du conseil scolaire qui devront être exécutées par le même secrétariat.

CHAPITRE VII

Corps enseignant et auxiliaire

SECTION I

Professeurs

Art. 168e L'enseignement est fait à l'Institut par des professeurs, en nombre égal à celui des chaires énumérées dans le décret du 4 novembre 1897.

Art. 169e Chaque professeur doit:

1° Tenir sa chaire et le cours auxiliaire désigné par le conseil et en élaborer les programmes;

2° Surveiller les exercices pratiques des élèves de sa chaire;

3° Diriger et surveiller le service dans les installations à sa charge, et s'occuper de l'acquisition et de la conservation des collections d'étude;

4° Assister aux séances du conseil académique et à celles du conseil d'administration;

5° Proposer au conseil tout ce qui pourra servir à améliorer et à développer l'enseignement, soit par l'adoption de nouvelles méthodes, soit par une meilleure distribution des doctrines ou une plus juste direction des exercices pratiques et des excursions d'études;

6° Faire partie du jury des concours de professeurs, des examens de fin d'année et des thèses;

7° Faire les points pour les examens de fin d'année en les soumettant à l'approbation du conseil académique;

8° Diriger et rapporter par devant le conseil académique les visites et les excursions d'instruction dont il sera chargé;

9° Appliquer les sommes autorisées pour sa chaire et pour les installations à sa charge;

10° Envoyer tous les mois au directeur de l'Institut la liste de ses absenses, de celles des chefs de service, des préparateurs et des élèves;

11° Faire part immédiatement à la direction de tout empêchement qui l'oblige à interrompre la régence de sa chaire, ou tout autre service;

12° Après la première époque des examens de fin d'année envoyer, s'il le veut, au directeur, un rapport sur l'état de l'enseignement à sa charge, avec l'indication de ce qu'il faudrait faire pour l'améliorer;

13° Prendre part à tous les travaux qui intéressent l'établissement et l'agriculture, pour lesquels il sera élu par le conseil scolaire ou nommé par le gouvernement, ou qu'il devra faire à tour de rôle.

Art. 170e Aucun des professeurs n'aura à tenir plus que sa chaire et un des cours auxiliaires.

Art. 171e Les remplacements des professeurs empêchés temporairement de tenir leur chaire, seront faits par les professeurs en service actife que le conseil académique désignera.

§ 1ère Tant qu'il y aura des professeurs en disponibilité, ceux-ci auront la préférence pour ces remplacements.

§ 2e A défaut de professeurs de l'Institut, le gouvernement nommera pour cette régence temporaire, sur proposition du conseil scolaire, un professeur de chaire analogue, d'une des écoles supérieures du royaume.

Art. 172e La nomination des professeurs sera faite par concours d'épreuves publiques, d'après la loi générale applicable aux écoles supérieures du royaume, dans les conditions suivantes:

1° Aux chaires énumérées de 1 à 11 pourront concourir les individus diplômés en agronomie ou en sylviculture;

2° En plus des agronomes et des sylviculteurs, pourront concourir aux 2e et 3e chaires les ingénieurs et à la 19e chaire les vétérinaires;

3° Aux chaires énumérées de 12 à 17 ne pourront concourir que les individus diplômés en médecine vétérinaire ou en médecine humaine.

Art. 173e Aussitôt qu'une place de professeur sera vacante, le directeur convoquera le conseil scolaire afin d'organiser le programme du concours, qui sera envoyé au gouvernement pour être approuvé et publié dans le journal officiel.

Art. 174e Le délai du concours sera de soixante jours en comptant du lendemain de celui où on fera la première publication dans le journal officiel.

Art. 175e Le concours sera fait par devant le conseil scolaire qui en est le seul jury.

Art. 176e Le directeur ou celui qui le remplacera est le président du jury et a voix s'il est professeur en activité ou en retraite, et on le compte, en ce cas, pour la constitution du jury.

Art. 177e Les candidats qui prétendront être admis au concours feront remetre au secrétariat de l'Institut, dans le délai fixé au programme, leurs requêtes accompagnées de tous les documents nécessaires.

SECTION II

Personnel auxiliaire

Art. 178e Le personnel auxiliaire de l'enseignement comprend:

1° Des chefs de service;

2° Des préparateurs;

3° Un pharmacien;

4° Un conservateur de la bibliothèque.

Art. 179e Les chefs de service sont:

1° Trois agronomes ou sylviculteurs du cadre des services agricoles du ministère des travaux publics;

2° Un ingénieur du cadre du service des travaux publics du même ministère;

3° Quatre vétérinaires du cadre vétérinaire du ministère des travaux publics.

§ unique. Ces fonctionnaires, sous la désignation de chefs de service, resteront en commission à l'Institut pendant cinq années, cette commission sera prolongée en périodes succesives, si le conseil académique le proposera.

Art. 180e Les chefs de service pourront être dispensés de cette commission en tout temps, lorsqu'ils, ne se seront pas acquittés avec zèle et assiduité de leurs devoir à l'Institut et, dans ce cas, ils seront immédiatement remplacés par d'autres.

§ unique. Le cas échéant, le directeur convoquera le conseil académique, après communication envoyée par l'un des professeurs ou par ordre du gouvernement.

Art. 181e Les chefs de service doivent:

1° Accompagner les élèves dans les exercices pratiques des différentes chaires et des cours auxiliaires, veillant à ce qu'ils exécutent tous les travaux, qui seront indiqués par le professeur et les guidant et les instruisant dans leur exécution;

2° Assister les professeurs, soit dans leurs travaux de recherches et de démonstration des leçons, soit dans la direction des installations et la conservation des collections d'études;

3° Assister aux excursions des élèves toutes les fois que les professeurs le réclameront;

4° Etre responsables, envers les professeurs, de tout le matériel existant dans les classes, cabinets, laboratoires ou musées appartenant au chaires de leur service;

5° Exécuter touts les services qui leur seront marqués par le conseil scolaire, et rester à l'Institut tout le temps nécessaire pour l'exécution de ces services;

6° Surveiller le travail des préparateurs, gardiens et garçons des chaires de leur service;

7° Présenter tous les mois aux professeurs la liste de leurs absences, des absences des préparateurs et des absences des élèves aux travaux pratiques, afin que les professeurs y mettent leur visa, s'ils trouvent ces listes exactes, et les envoyer ensuite à la direction;

8° S'acquitter de toute commission de service d'intérêt agricole ou de santé des animaux domestiques qui lui sera confiée par le gouvernement.

Art. 182e Les chefs de service resteront pour tous les effects subordonnés directement aux professeurs des chaires de leur service.

Art. 183e Les deux chefs de service qui, d'après décision du conseil académique, auront le service appartenant aux chaires 9° et 17° cumuleront ces fonctions avec les services spéciaux des laboratoires de fermentations et de bacteriologie.

§ unique. Ces fonctionnaires resteront journellement dans ces laboratoires, pendant tout le temps marqué, dans les conditions de l'article 88e et son paragraphe, excepté, cependant, les heures où ils auront des services d'exercices pratiques dans les chaires de leur service, selon ce qui est indiqué à l'horaire.

Art. 184e Les chefes de service vétérinaire serviront aussi comme chefs de service clinique à l'hopital, et leurs services seront réglés de manière, à ce qu'ils ne puissent réciproquement se nuire.

Art. 185e Les places de chefs de service seront accordées moyennant un concours où le conseil scolaire aura à se prononcer sur la valeur des diplômes ou documents qui lui seront presentés

Art. 186e Aussitôt qu'une place de chef se service sera vacante, le directeur prendra ses mesures de manière à ce que le plus tôt possible un concours soit ouvert afin de faire occuper la dite place.

Art. 187e Les individus que se trouveront dans les conditions requises pour le concours devront présenter au secrétariat de l'Institut leur requête dirigée au directeur, et ils la feront accompagner des documents suivants:

1° Diplôme de leur nomination dans les cadres du ministère;

2° Diplôme de leur cours;

3° Tout autre document ou travaux de la spécialité, qui prouvent le mérite scientifique des candidats ou leurs services publics.

Art. 188e Le délai pour la présentation des requêtes est de trente jours, en comptant du jour de la première publication de l'avis dans le journal officielle.

§ unique. Dans l'empêchement temporaire de l'un des chefs de service, le gouvernement, sur proposition du conseil académique, nommera un nouveau fonctionnaire pour ce remplacement temporaire, et le conseil lui distribuera le service dans les conditions de l'article 13e et son paragraphe.

Art. 189e Le délai écoulé, le conseil ecolaire procédera à la classification de tous les documents, proposera les noms des candidats qui doivent être nommés par le gouvernement.

Art. 190e Les préparateurs sont:

1° Un préparateur de chimie;

2° Un préparateur de technologie rurale;
3° Un préparateur de botanique et de nosologie végétale;
4° Un préparateur de la 2e et 3e chaires;
5° Un préparateur d'anatomie et de cirurgie.

Art. 191e Le préparateur de chimie doit:

1e Mettre en ordre et préparer les utensiles et appareils nécessaires pour les exercices pratiques et pour tous les autres travaux qui se réalisent au laboratoire de chimie, en spécifiant ceux qui se rattachent aux chaires de chimie agricole et de technologie rurale et au cours auxiliaire de chimie;

2° Exécuter tous les travaux de la spécialité qui leur seront indiqués par es professeurs ou par les chefs de service;

3° Assister les professeurs et le chef de service dans la préparation des leçons et dans tous les travaux de laboratoire et de classes;

4° Avoir toujours en règle l'inventaire du mobilier, des instruments et autres objets du laboratoire et de la classe et s'occuper de leur conservation.

§ unique. Le préparateur de chimie est subordonné au professeur de cette chaire.

Article 192e Le préparateur de technonogie rurale doit:

1° Mettre en ordre et préparer les utensiles et les appareils nécessaires aux exercices pratiques et à tous les autres travaux qui seront exécutés dans le laboratoire de fermentations, nommément ceux qui ressortent de la chaire de technologie;

2° Exécuter tous les travaux spéciaux qui lui sont ordonnés par le professeur ou par le chef de service;

3° Aider le professeur et le chef de service dans la préparation des leçons et dans tous les travaux de laboratoire, ainsi qui dans ceux des ateliers et de la classe;

4° Tenir en règle l'inventaire du mobilier, des instruments et de tous les autres objets du laboratoire, des ateliers et de la classe, et surveiller leur conservation.

§ unique. Le préparateur de technologie est subordonné au professeur de cette chaire.

Art. 193e Le préparateur de botanique et de nosologie végetale est chargé de

1° Mettre en ordre et préparer les ustensiles et appareils et tous les autres objets servant aux démonstrations et aux exercices pratiques des chaires de botanique et de nosologie végétale et du cours auxiliaire de microscopie;

2° Exécuter tous les travaux de la spécialité qui lui seront indiqués par les professeurs et le chef de service;

3° Assister les professeurs et le chef de service, dans tous les travaux de leurs cabinets d'études et de leurs classes;

4° Avoir à sa charge l'organisation matérielle et la conservation des herbiers, des collections et des musées appartenant aux deux chaires;

5° Avoir toujours en règle l'inventaire du mobilier, des instruments et autres objets appartenant aux deux chaires, et s'occuper de leur conservation.

§ unique. Ce préparateur est subordonné aux professeurs des deux chaires indiquées.

Art. 194e Les devoirs du préparateur de la 2e et 3e chaires sont:

1° Mettre en ordre et préparer les ustensiles, appareils et tous les obiets servant aux démonstrations et aux exercices pratiques des 2e et 3e chaires et du cours auxiliaire de mathématique et de dessin;

2° Aider à tous les travaux faits dans les cabinets d'études et dans les classes de ces deux chaires, ainsi qu'aux travaux sur le terrain.

3° Assister les deux professeurs et le chef de service et exécuter tous les travaux de la spécialité qui lui seront indiqués par eux;

4° Avoir à sa charge l'organisation et la conservation des collections du cabinet de topographie et du musée des machines, constructions, hydraulique et produits agricoles;

5° Tenir toujours en règle l'inventaire du mobilier, des instruments et autres objets appartenant aux deux chaires, et s'occuper de leur conservation.

§ unique. Ce préparateur est subordonné aux professeurs des deux chaires indiquées.

Art. 195e Le préparateur d'anatomie et de chirurgie doit:

1° Faire les préparations anatomiques pour les leçons d'anatomie normale et pathologique, indiquées par les professeurs de ces specialités;

2° Exécuter tous les travaux des cabinets d'étude d'anatomie et de chirurgie qui lui seront indiqués par les professeurs et les chefs de service respectifs;

3° Assister les professeurs et le chefs de service, dans les travaux de leur spécialité ordonnés par eux;

4° Tenir toujours en règle l'inventaire du mobilier, instruments et autres objets appartenant aux deux chaires d'anatomie et de chirurgte et s'occuper de leur conservation.

§ unique. Ce préparateur est subordonné aux professeurs des chaires respectives.

Art. 196e Les places de préparateurs seront accordées, comme il suit:

1° La place de préparateur de chimie sera accordée moyennant concours par devant le conseil scolaire, entre les individus diplômés en agronomie ou en sylviculture (qui auront la préference), ou entre des individus ayant le cours de régents agricoles;

2° La place de préparateur d'anatomie et de chirurgie sera accordée de même, en concours d'épreuves publiques, entre individus diplômés em médecine vétérinaire;

3° Les autres places de préparateurs seront accordées moyennant concours de documents par devant le conseil scolaire, entre les régents agricoles du cadre du ministère des travaux publics.

§ unique. Les fonctionnaires auxquels se rapporte le n° 3° seron admis à l'Institut et y serviront dans des conditions analogues à celles que la loi et ce règlement, dans ses articles 179e et 186e, prescrivent pour les chefs de service.

Art. 197e Pour les places de préparateurs de chimie, et d'anatomie et chirurgie, les candidats voulant être admis au concours, présenteront les documents suivants:

1° Un certificat de bonne conduite;

2° Un extrait du casier judiciaire;

3° Certificat prouvant que le candidat est exempt de maladie contagieuse;

4° Un certificat prouvant que le candidat a satisfait aux lois sur le recrutement;

5° Diplôme du cours respective.

Art. 198e Les épreuves du concours consisteront:

Pour la place de préparateur de chimie, en une analyse chimique de produits agricoles végétaux ou animaux, de terres ou d'engrais; cette épreuve sera suivie d'un interrogatoire fait pendant une demi-heure par deux professeurs sur l'analyse réalisée et sur son interprétation.

Pour la place de préparateur d'anatomie et de chirurgie, les épreuves consisteront en une préparation d'anatomie normale ou pathologique ou en une opération chirurgicale, suivies également d'un interrogatoire.

Art. 199e Le délai et les autres conditions du concours seront designés dans le programme que le conseil scolaire fera parvenir au gouvernement, aussitôt qu'il y aura une place vacante.

Art. 200e Les preparateurs devront comparaître dans les installations respectives non seulement pendant le temps des classes, mais aussi pendant les vacances. Ils peuvent cependant être dispensés du service pendant les vacances, avec la permission des professeurs.

Art. 201e Le pharmacien aura tout le service technique, administratif et de comptabilité de la pharmacie, sous les ordres du directeur de l'hôpital, d'après l'article 136e de ce règlement.

§ unique. Le pharmacien aura la charge de chef de service de la 14e chaire, et comme tel les dispositions de l'article 101e lui seront applicables.

Art. 202e Le conservateur de la bibliothèque est directement subordonné au professeur bibliothécaire et il doit:

1° Garder, ranger et cataloguer les livres;

2° Veiller à leur conservation;

3° Rester à la bibliothèque pendant tout le temps qu'elle sera ouverte, remettant aux lecteurs les livres et les journaux qui lui seront demandés;

4° S'occuper des requisitions de livres qui lui seront faites par le professeur bibliothécaire;

5° Maintenir l'ordre et la discipline dans le salle de lecture, prévenant ceux qui sont en contravention et les faisant sortir en cas de réincidence et porter à la connaissance de ses supérieurs toute occurrence grave;

6° Marquer au sceau de l'Institut tous les livres, mappes, atlas, journaux, etc.;

7° Indiquer les ouvrages qui devront être reliés.

Art. 203e La place de conservateur de la bibliothèque sera accordée moyennant concours de documents, ouvert à l'Institut, dans le délai de trente jours.

Art. 204e Les candidats présenteront les documents suivants:

1° Un certificat de bonne conduite;

2° Un extrait du casier judiciaire;

3° Certificat prouvant que le candidat est exempt de maladie contagieuse;

4° Certificat prouvant que le candidat a satisfait aux lois sur le recrutement;

5° Documents provant les aptitudes scientifiques ou littéraires des candidats.

CHAPITRE VIII

Personnel administratif et subalterne

SECTION I

Personnel administratif et secrétariat

Art. 205e Le personnel administratif se compose des fonctionnaires suivants:

1° Un secrétaire;
2° Un sous-secrétaire;
3° Deus écrivains;
4° Un économe.

Art. 206e Le secrétaire doit:

1° Faire tenir tous les livres se rapportant au service de l'Institut;

2° Diriger et surveiller le service des bureau du secrétariat;

3° Exécuter et faire exécuter tout le service de comptabilité et d'administration économique de l'institut;

4° Signer avec le directeur les diplômes de toute nature livrés par l'Institut;

5° Minuter la correspondance que le directeur lui indiquera;

6° Expédier toutes les affaires que le directeur lui ordonnera;

7° Faire tout le service de l'inscription des élèves, écrire les résultats des examens et des concours;

8° Livrer des certificats extraits des livres et qui lui seront ordonnés par le directeur;

9° Régler les dépenses du sécretariat ;

10° Écrire les feuilles de payement des honoraries du personnel;

11° Exécuter les autres dispositions de ce règlement qui lui appartiendront.

Art. 207e Au sous-secrétaire appartient tout le service auxiliaire du bureau, surtout dans la partie qui regarde l'hôpital vétérinaire, selon le § unique de l'article 125e de ce règlement.

Art. 208e Les écrivains doivent:

1° Faire la tenue des livres, registres et documents concernant le service du secrétariat;

5° Exécuter tous les autres travaux de tenue de livres ou de comptabilité qui leur seront indiqués par le secrétaire ou par le sous-secrétaire.

Art. 209e L'économe devra garder toute la recette éventuelle de l'hôpital et de ses annexes, ainsi que pourvoir à l'acquisition, conservation et distribution de toutes les denrées et matériel, selon l'article 106e de ce règlement.

Art. 210e Les places de secrétaire, sous-secrétaire, écrivains et économe seront accordées par le gouvernement, moyennant concours de documents, ouvert à l'Institut, dans le délai de trente jours.

Art. 211e Les candidats devront présenter les documents suivants:

1° Un certificat de bonne conduite;

2° L'extrait du casier judiciaire;

3° Certificat prouvant être exempt de maladie contagieuse ;

4° Certificat prouvant avoir satisfait aux lois sur le recrutement;

5° Documents prouvant les aptitudes scientifiques ou littéraires des candidats.

§ unique. Seront préférés ceux qui posséderont un des cours de l'Institut.

Art. 212e Le conseil académique fera la classificatiou des candidats d'après les documents, et il proposera les noms des candidats que le gouvernement devra nommer.

Art. 213e Les bureaux du secrétariat seront ouverts tous les jours ouvrables, de dix heures du matin à quatre heures de l'après-midi, et le personnel respectif devra s'y trouver pendant tout ce temps.

§ unique. Quand le service l'exigera, les bureaux pourront fonctionner en dehors des jours et heures ci-dessus indiqués, selon les ordres du directeur.

Art. 214e Il y aura dans les bureaux du secrétariat un livre d'appel où tous les employés et le conservateur de la bibliothèque inscriront leurs noms tous les jours ouvrables.

§ unique. Le secrétaire ou celui qui le remplacera, fermera le registre d'appel tous les jours à onze heures, et il sera le dernier à s'y inscrire.

Art. 215e Un livre spécial d'appel sera destiné à l'inscription des gardiens et garçons de service et il sera fermé chaque jour par le portier, qui s'y inserira le dernier.

Art. 216e Les livres destinés à la comptabilité, au service scolaire et administratif sont les suivants:

1° Grand livre du personnel de l'Institut;

2° Livre d'enregistrement des procés-verbaux du conseil scolaire.

3° Livre des procès-verbaux des jurys des concours;

4° Livre de registre des points pour les épreuves des concours;

5° Livre des prises de possession des emplois des fonctionnaires de l'Institut;

6° Livre de registre des diplômes du personnel de l'Institut;

7° Livre de registre des documents nécessaires pour l'obtention de la retraite des professeurs;

8° Livre des procès-verbaux du conseil d'administration;

9° Livre de registre de la correspondance réservée;

10° Livre de registre de la correspondance expédiée;

11° Livre de registre de la correspondance reçue;

12° Registre de lois, décrets et ordonnances ou autres dispositions légales se rapportant à l'enseignements;

13° Registre des édits, avis, annonces et autres ordres éventuels;

14° Livre d'inscription des élèves;

15° Livres des examens de fin d'année (un livre pour chaque chaire ou cours auxiliaire, et un pour les examens finals de l'apprentissage pratique des agronomes et silviculteurs);

16° Registre de la fréquentation des cours par les élèves;

17° Registre des prix et des accessits;

18° Registre des diplômes des élèves;

19° Registre des pénalités imposées aux élèves;

20° Livre de caisse;

21° Livre de comptes courants des diverses chaires et installations de l'Institut;

22° Registre des feuilles de payement des honoraires du personnel de l'Institut;

23° Livre de factures;

24° Registre des réquisitions de fonds

25° Livre de salaires et de matériel;

26° Livre d'inventaire général;

27° Livre de statistique scolaire;

Et tous ceux qui seront nécessaires ou exigés par la loi.

§ unique. Ces livres seront signés à la première et à la dernière page par le directeur de l'Institut et paraphés par lui.

Art. 217e Le livre d'inscription des élèves, celui des examens, le registre de la correspondance réservée, le livre de caisse et tous ceux qui se rapportent aux concours doivent être tenus par le secrétaire.

Art. 128e La tenue de tous les livres doit être faite avec clarté et être toujours en règle.

Art. 219e Il y aura au secrétariat différents sceaux particuliers à l'Institut pour marquer tous les documents expédiés, et ces sceaux seron gardés par le secrétaire.

SECTION II

Personnel subalterne

Art. 220e Il y aura à l'Institut le personnel subalterne suivant:

1° Deux infirmiers et six palefreniers;

2° Un chef maréchal-ferrant, deux aides et un apprenti;

3° Un portier, chef du personnel subalterne;

4° Un jardinier horticulteur;

5° Trois gardiens et huit garçons de service.

Art. 221e Le service des infirmiers et des palefreniers, ainsi que celui du chef maréchal-ferrant, aides et apprentis est indiqué aux chapitres IV et V de ce règlement, ainsi que les conditions pour obtenir ces places.

Art. 222e Les devoirs du personnel subalterne feront l'objet d'instructions spéciales élaborées par le directeur de l'Institut, après avis des directeurs des diverses installations et l'approbation du conseil scolaire.

Art. 223e Le portier, les infirmiers et le jardinier horticulteur auront leur résidence à l'Institut.

Art. 224e Les places de portier, gardiens et garçons de service, seront accordées de la manière suivante:

1° Le portier et les gardiens seront nommés par le gouvernement, sur proposition du directeur de l'Institut, les gardiens étant choisis entre les garçons et le portier entre les gardiens;

2° Les garçons seront nommés par le gouvernement, moyennant proposition du directeur de l'Institut.

Art. 225e Le jardinier horticulteur sera nommé par le gouvernement sur proposition du directeur de l'Institut, et avis du directeur du champ d'expériences.

CHAPITRE IX

Police de l'Institut et pénalités

Art. 226° Pendant les actes académiques, les gardiens et les garçons de service doivent se trouver près de l'endroit où ils se réalisent, pour exécuter tous les services qui leur seront demandés.

Art. 227° Si certains élèves ou d'autres individus troublaient l'ordre pendant les actes académiques, le professeur ou chef de service les réprimanderait, et les ferait sortir en cas de réincidence.

§ unique. En cas de désobéissance le professeur ou le chef de service fera exécuter ses ordres par les gardiens ou garçons et en préviendra le directeur.

Art. 228° Les gardiens et les garçons maintiendront l'ordre aux abords des endroits où se réalisent les actes académiques et empêcheront qu'on y fasse du bruit ou des conversations à haute voix. Ils feront part au directeur de tout événement contraire au bon ordre et à la discipline, en designant les noms des transgresseurs et les circonstances de l'événement.

Art. 229° Les pénalités disciplinaires applicables aux élèves, même à ceux qui font leur apprentissage pratique final, sont les suivantes:

1° Réprimande particulière;

2° Réprimande enregistrée;

3° Expulsion temporaire;

4° Expulsion définitive.

Art. 230° Il appartient au directeur d'appliquer les deux premières peines, et celle de l'expulsion jusqu'à huit jours, selon la gravité de la faute.

Art. 231° Aux élèves en apprentissage les deux premières peines seront appliquées par les directeurs des établissements où l'apprentissage aura lieu.

Dans ce cas, la deuxième peine sera enregistrée à l'Institut d'après la communication envoyée par le directeur de l'établissement où l'élève fait son apprentissage.

Art. 232° L'expulsion temporaire et l'expulsion définitive seront prononcées par le conseil scolaire, apres avoir, entendu l'élève accusé.

Art. 233° Quand l'élève invité à comparaître pour cet effet devant le conseil scolaire, ne se présentera pas, il sera jugé par défaut.

§ unique. L'assignation pour la comparation de l'élève sera faite au moyen d'un avis affiché au vestibule de l'Institut, huit jours avant le jugement.

Art. 234° L'application de l'une des peines dont s'occupent les articles précédents, ne soustrait pas l'élève à l'application d'autres pénalités qui en vertu des lois peuvent lui être imposées par le pouvoir judiciaire, et à cet effet le directeur de l'Institut fera la communication nécessaire.

Art. 235° Les pénalités imposées au personnel subalterne pour absences, désobéissance, etc., sont:

1° Réprimande particulière;

2° Réprimande publique;

3° Retenue avec perte de solde.

Celle-ci ne pourra être appliquée que par le gouvernement, après avis du conseil scolaire.

CHAPITRE XI

Service administratif et économique

SECTION I

Dotation des services de l'Institut

Art. 236e La somme destinée à défrayer tous les services de l'Institut sera distribuée entre les chaires et installations, et cette distribution sera faite annuellement par le conseil scolaire.

§ unique. Dans cette distribution on procédera de manière à ce que, tout en subvenant à tous les services de l'Institut, on réserve cependant chaque année une somme plus grande, qui soit successivement appliquée à la dotation des installations, cabinets ou chaires qui en auront le plus besoin pour compléter leur matériel.

Art. 237e La distribution à laquelle se rapporte l'article précédent sera portée à la connaissance du conseil d'administration, qui en surveillera rigoureusement l'exécution.

SECTION II

Conseil d'administration

Art. 238e Il y aura un conseil d'administration composé du directeur de l'Institut, qui en sera le président, du professeur qui servira de directeur de l'hôpital et de trois autres professeurs élus par le conseil scolaire. Le professeur le plus nouveau ou le plus jeune servira de secrétaire.

Art. 239e La durée des fonctions des membres élus sera d'une année en commençant au 1° juillet.

Art. 240e Les élections pour les membres du conseil d'administration auront lieu la première quinzaine de juin.

Art. 241° Les membres électifs pourront être réélus; ils ne seront, cependant pas obligés de servir pendant plus de deux années consécutives.

Art. 242e Le membre qui pour un motif justifié ne pourra faire partie du conseil d'administration sera remplacé par un autre élu par le conseil scolaire.

Art. 243e A la première séance du mois de juillet le nouveau et l'ancien conseils se réuniront afin de réaliser la remise de l'administration, dont il sera dressé procès-verbal, signé par tous les membres présents.

Art. 244e Le conseil administratif se réunira en séance ordinaire le 15 de chaque mois, et extraordinairement quand le président le convoquera de son initiative, ou parce que la convocation lui en sera demandée par le directeur de l'hôpital ou par deux de ces membres.

Art. 245e Les avis pour la convocation du conseil administratif seront expédiés par le secrétariat de l'Institut, et devront indiquer le jour et l'heure de la réunion et les sujets que l'on y aura à traiter.

Art. 246e Le conseil ne se constitue qu'avec la majorité de ses membres, et les résolutions ne seront prises qu'à la majorité absolue des voix. Quand il y aura égalité de suffrages, le président décidera.

§ unique. Dans toutes les votations d'intérêt personnel, les votations seront faites par scrutin secret, et dans ce cas, le président ne peut pas départager les suffrages.

Art. 248e En l'absence du président, le directeur de l'hôpital présidera à la séance.

Art. 249e En l'absence du secrétaire, le plus nouveau ou le plus jeune des professeurs présents remplira cette charge.

Art. 250e Le conseil d'administration doit:

1° Surveiller l'application des sommes votées pour les divers services de l'Institut, et le prompt recouvrement et la remise á la Banque de Portugal, comme caisse générale de l'État, de toute la recette éventuelle;

2° Surveiller l'organisation regulière des inventaires et la bonne conservation du matériel;

3° Autoriser et surveiller les petites constructions et réparations dans l'édifice de l'Institut;

4° Choisir, d'après les dispositions légales, les denrées qui doivent être acquises par l'Institut, moyennant concours public;

5° Autoriser les ventes des produits du champ expérimental qui ne seront pas nécessaires à l'enseignement, ainsi que de tout objet inutile ou hors de service, dans les diverses installations de l'Institut, y compris les animaux vendus à l'hôpital vétérinaire et qu'il ne convient pas de conserver;

6° Diriger et régler tous les actes d'adjudication;

7° Fixer les salaires du personnel journalier.

Art. 251e Des résolutions du conseil d'administration il y aura recours au gouvernement, qui pourra les annuler ou les modifier, comme il le jugera convenable.

Art. 252e Le directeur, comme président du conseil d'administration, doit:

1° Marquer le jour et l'heure pour la convocation du conseil;

2° Faire exécuter les délibérations du conseil;

3° Signer les procès-verbaux avec le secrétaire;

4° Faire expédier par le secrétariat de l'Institut toute la correspondance concernant le service du conseil;

5° Veiller à ce que la tenue des livres relative à la comptabilité de l'Institut soit en règle, et faite avec clarté et précision;

6° Donner au conseil scolaire tous les renseignements se rapportant à des sujets administratifs;

7° Légaliser de son visa tous les documents de dépense e de récette éventuelle.

SECTION III

Comptabilité

Art. 253e Le secrétaire, hors les fonctions qui dans d'autres articles lui sont marquées, doit encore:

1° Diriger la tenue des livres de l'Institut;

2° Écrire et faite écrire annuellement l'inventaire général du matériel de l'Institut, en harmonie avec les inventaires spéciaux des diverses installations:

3° Écrire le livre de caisse de la recette éventuelle;

4° Garder la recette éventuelle et en faire la remise à la Banque de Portugal, aussitôt qu'elle atteindra la somme de 24.000 réis. La remise sera faite au moyen d'une feuille signée par le directeur.

5° Vérifier tous les documents de dépense et voir s'ils sont formulés selon les règles de la comptabilité publique et si leur montant est compris dans les autorisations légales. Il devra retenir les documents qui n'auront pas satisfait à ces conditions, et en faire part immédiatement au directeur.

6° Montrer les comptes au conseil d'administration et fournir tous les renseignements sur les sujets de sa compétence qui lui seront demandés par ordre supérieur ;

7° Elucider les fonctionnaires des diverses installations de l'Institut sur la manière de formuler les comptes et les documents de dèpense, prévenant ces fonctionnaires toutes les fois que les sommes autorisées pour les différents services seront sur le point de s'épuiser.

8° Proposer au directeur toutes les mesures qui lui sembleront convenables pour perfectionner les services qui lui sont confiés ;

9° Faire part de toutes les affaires de sa compétence demandant une résolution supérieure ;

10° Formuler les projets des conditions pour les fournitures et des instructions pour l'exécution du service économique interne de l'Institut.

Art. 254e Le livre de caisse sera présenté tous les mois au conseil d'administration avec les documents confirmant les sommes de crédit et de débit, et, se trouvant exact, on dressera sur ce même livre une note de la conférence signée par le président et le secrétaire.

Art. 255e Le secrétaire fera les feuilles de payement des honraires du personnel.

Art. 256e Les feuilles des salaires du personnel journalier seront vues par les directeurs des installations de l'Institut où ce personnel sera en service.

§ unique. Il y aura dans ces installations un registre ou livre d'appel où seront marquées les journées gagnées par le dit personnel.

Art. 257e Les documents de fournitures, organisés en duplicata par les fournisseurs, selon les modèles adoptés, seront remis au bureau ou à l'installation qui aura reçu les objets fournis, jusqu'au 25 de chaque mois, avec les réquisitions respectives.

Art. 258e Les professeurs appliqueront à leurs chaires et aux installations à leur charge les sommes autorisées pour la démonstration de l'enseignement et pour les frais de ces installations, et ils ne pourront, sans l'autorisation du conseil scolaire, donner aux dites sommes une application autre que celle qui leur a été marquée.

Art. 259e Les documents, après avoir été vérifiés et paraphés par le fonctionnaire qui aura fait la réquisiton des fournitures seront remis au secrétariat.

Art. 260e Le secrétaire, selon les documents, vérifiera si leur montant ne dépasse pas les sommes autorisées et, tout étant conforme aux lois de la comptabilité publique et aux instructions spéciales qu'il aura reçues, ainsi qu'aux dispositions de ce règlement, il paraphera la note de la conférence.

Art. 261e Les prescriptions de l'article précédent étant exécutées, les documents seront présentés au directeur, afin qu'il y mette son visa.

Art. 262e Les menues dépenses seront faites par les fonctionnaires auxquels se rapporte l'article 264e et le compte des dépenses formulées tous les mois par les dits fonctionnaires, et acompagnées des reçus des sommes de 500 réis et au dessus, sera remis au secrétariat de l'Institut jusqu'au 25 de chaque mois afin d'être conféré par le secrétaire.

Art. 263e Pour subvenir aux mêmes dépenses, il sera crédité, au moyen de reçus provisoires, aux fonctionnaires chargés de ces dépenses, les sommes que le conseil d'aministration fixera.

§ unique. Les reçus provisoires sont rachetés tous les mois à l'occasion du payement des comptes aux employés qui ont signé les mêmes reçus.

Art. 264e Sont chargés de faire les meunes dépenses les professeurs, les chefs de service, le secrétaire, les préparateurs, le conservateur de la bibliothèque l'économe de l'hôpital et le portier.

Art. 265e Le directeur de l'Institut fera tous les mois la réquisition du douzième ou des douzièmes déjà dûs de la dotation annuelle de l'Institut, justifiant opportunément cette somme par la feuille de dépense respective.

Palais du Roi, le 8 juin 1898. = *Augusto José da Cunha.*

Tarif provisoire des prix des analyses et préparations du laboratoire de bactériologie de l'Institut

1ère Recherche des espèces microbiennes pathogènes des animaux domestiques, quand celui qui demande l'analyse indique la bactérie soupçonnée:

	Réis
Bacille du charbon bactéridien	5.000
Bacille du charbon bactérien	15.000
Bacille du choléra des poules	5.000
Bacille coli communis	8.000
Bacille de la diphtérie des oiseaux	5.000
Bacille du farcin du bœuf	5.000
Bacille du rouget	5.000
Bacille de la morve	10.000
Bacille murisepticus	10.000
Bacille de la psittacose	5.000
Bacille de la pneumo-entérite du porc	10.000
Bacille de la pyelo-néphrite des bovidés	5.000
Bacille pyocranique	6.000
Bacille de la septicémie spontanée du lapin	5.000
Bacille du tétanos	15.000
Bacille de la tuberculose	6.000
Vibrion de Metschnikoff	5.000
Vibrion septique	15.000
Bactéries pyogéniques sans distinction spécifique	5.000
Stapgylococcus pyogeneus aurens	7.000
Staphylococcus pyogeneus albus	7.000
Streptococcus pyogeneus	7.000
Streptococcus de la gourme	5.000
Streptococcus de la mammite contagieuse des vaches	5.000
Micrococcus de la mammite gangreneuse des brebis	5.000

Actinomyces	5.000
Botryomyces	5.000
Cryptococcus de la lymphangite épizootique des équidés	5.000

2e Analyse bactériologique des liquides ou des tissus de l'organisme des animaux, quand celui qui démande l'analyse n'indique pas la bactérie pathogène soupçonnée 200.000

3e Analyse bactériologique de l'air:

Analyse quantitative	50.000
Analyse quantitative, sans indication préalable des espèces pathogènes soupçonnées	200.000
Recherche de l'une des espèces indiquées au n° 1	15.000

4e Analyse bactériologique de l'eau:

Analyse quantitative	15.000
Analyse qualitative, sans indication préalable des espèces pathogènes soupçonnées	200.000
Recherche de l'une des espèces indiquées au n° 1	15.000

5e Analyse bactériologique de la terre ou de poussières:

Analyse quantitative	15.000
Analyse qualitative, sans indication préalable des espèces pathogènes soupçonnées	200.000
Recherche de l'une des espèces indiquées au n° 1	15.000

6e Analyse bactériologique des substances alimentaires ou fourragères:

Celui qui fait la demande indiquant l'espèce microbienne soupçonnée par lui, entre celles comprises au n° 1	15.000
Sans cette indication	200.000

7e Analyse microscopique de parasites non microbiens des animaux domestiques:

Acarus de la gale	3.000
Achorion de la teigne faveuse	3.000
Aspergilles de différentes mycoses	3.000
Coecidies	2.000
Cysticerques	1.000
Echinococcus	1.000
Filaire des plaies d'été	2.000
Hematozoaires	6.000
Saccharomyces du muguet	2.000
Sarcosporidies	2.000
Trichines	2.000
Tricophyton de l'herpes tonsurant	3.000

8° Préparations microscopiques de l'une des espèces parasitaires, microbiennes ou non, ci-dessus indiquées:

En culture, en liquide organique ou dissociées		3.000
En coupes de tissus animaux		6.000

9° Vaccin du charbon bactéridien:

Pour 100 ovins ou caprins ou pour 50 bœufs ou solipèdes:		
1er degré	1.000	
2e degré	1.000	2.000
Pour 50 ovins ou caprins, ou pour 25 bœufs ou solipèdes:		
1er degré	500	
2e degré	500	1.000
Pour 25 ovins ou caprins, ou pour 12 bœufs ou solipèdes:		
1er degré	250	
2e degré	250	500

10e Liquides pour injections révélatrices:

Malléine dilluée, 10cc	1.000
Tuberculine diluée, 10cc	1.000

Tarif provisoire des prix des services rendus dans l'hôpital vétérinaire de l'Institut Agronomique et Vétérinaire

Opérations:	
Acupuncture — par chaque aiguille	50
Adénotomie — jusqu'à	3.000
Amputation:	
Queue, cornes ou oreilles:	
Grands animaux — jusqu'à	2.000
Petits animaux — jusqu'à	1.000
Langue ou pénis — jusqu'à	2.000
Membre — jusqu'à	4.500
Castration:	
Grands animaux — jusqu'à	3.500
Petits animaux — jusqu'à	1.000
Cataracte	9.000
Queue (coupe):	
A la française	1.000
A l'anglaise	3.000
Cathétérisme — jusqu'à	1.000

Cautérisation :	
Actuelle :	
Régionale	1.000
D'une blessure	200
Potentielle	200
Cystotomie	3.000
Dessolement — jusqu'à	4.500
Désimperforation (anus, paupières) — jusqu'à	500
Electro-puncture — jusqu'à	2.500
Enchantis, ectropion, chimosis ou blepharoptose, etc. — jusqu'à	1.000
Entérotomie — jusqu'à	2.000
Scarifications — chacune	50
Esophagotomie — jusqu'à	2.500
Exostotomie — jusqu'à	1.500
Extirpation :	
Cancers, kystes, lipomes ou polypes, etc. — jusqu'à	4.500
Fibro-cartilage latéral du pied — jusqu'à	4.500
Cordon testiculaire durci — jusqu'à	2.500
Extraction :	
Corps étrangers, ou calculs urethraux, salivaires — jusqu'à	2.000
Dent ou œil — jusqu'à	2.000
Fistules (opérations de) — jusqu'à	2.500
Crapaudine (opération de la) — jusqu'à	600
Gastrotomie — jusqu'à	2.000
Gastro-hystérotomie — jusqu'à	5.000
Javart encorné (opération du) — jusqu'à	1.000
Hyovertébrotomie	4.500
Hystérotomie vaginale — jusqu'à	4.500
Infibulation — jusqu'à	1.000
Ligature vasculaire — jusqu'à	2.000
Lithotomie	6.500
Marque d'animaux — jusqu'à	1.500
Myotomie — jusqu'à	2.500
Nevrotomie plantaire	4.500
Onycotomie	100
Ovariotomie — jusqu'à	10.000
Paracentèse — jusqu'à	1.000
Accouchement :	
Assistance, simple — jusqu'à	1.500
Embryotomie — jusqu'à	4.500
Extraction de fétus ou du délivre — jusqu'à	4.500
Périostotomie — jusqu'à	2.500
Phlébite (opération de la)	2.500

Ponction de la cornée ou de l'hydarthrose ou de l'hydrocèle ou de l'hygroma — jusqu'à	1.500
Bleimes et seimes (opérations de) — jusqu'à	1.500
Réduction :	
Fractures	2.000
Hernies — jusqu'à	4.500
Prolapsus — jusqu'à	2.500
Résection :	
Dents :	
Grands animaux — jusqu'à	600
Petits animaux — jusqu'à	300
Ongles — jusqu'à	100
Saignée — jusqu'à	500
Séton — jusquà	1.000
Suture — jusqu'à	100
Fistule du cerveau — jusqu'à	1.500
Trachéotomie — jusqu'à	2.000
Trépanation — jusqu'à	3.000
Trochisques — chaque	200
Uréthrotomie — jusqu'à	2.500
Ventouses — jusqu'à	100
Ténotomie	2.000

Manuel thérapeutique

Administration interne de médicaments, en breuvages, pilules, etc.	100
Application externe — de sinapismes, vésicatoires, frictions, etc.	100
Bains médicinaux — jusqu'à	1.000
Injections — jusqu'à	200
Pansement de blessures — jusqu'à	500

Examens

Examen clinique ou consultation avec ou sans ordonnance médicale :	
Bœufs	Gratuit
Moutons	»
Chèvres	»
Porcs	»
Solipèdes	100
Chiens, chats, etc.	200
Examen sanitaire :	
Jusqu'à la valeur de 100.000 réis	600
De 100.000 à 200.000 réis	1 pour cent
Au dessus de la valeur de 200.000 réis jusqu'à	4.500

Examen nécroscopique:

Grands animaux — jusqu'à	20.000
Petits animaux	10.000

Certificats

Chaque certificat	500

N. B. Les prix des pensions des animaux en traitement dans les infirmeries de l'hôpital sont ceux que la loi antérieure a établis.

Tarif provisoire des prix des services dans l'atelier de maréchalerie de l'Institut Agronomique et Vétérinaire

Ferrure hygènique

Chevaux de tir:				
Fers neufs	de	150	à	240
Fers ayant eu de l'usage	de	080	à	120
Fers replacés	de	060	à	100
Soles en cuir	de	060	à	120
Chevaux de selle:				
Fers neufs	de	100	à	240
Fers ayant eu de l'usage	de	080	à	120
Fers replacés	de	080	à	100
Soles en cuir	de	080	à	100
Chevaux de petit taille et mulets:				
Fers neufs	de	120	à	160
Fers ayant eu de l'usage	de	060	à	080
Fers replacés	de	050	à	060
Soles en cuir	de	040	à	060
Bêtes asines:				
Fers neufs	de	100	à	120
Fers ayant eu de l'usage	de	040	à	060
Fers replacés	de	040	à	050
Soles en cuir	de	040	à	050
Bêtes bovines:				
Fers neufs	de	120	à	140
Fers ayant eu de l'usage				060
Soles en cuir				040

Ferrure corrective

Des défauts d'aplomb ou d'usure irrégulière:				
Chevaux de tir	de	200	à	2.400
Cheveaux de selle	de	200	à	2.000

Cheveau de petite taille et mulets	de	160 à 1.800
Bêtes asines	de	100 à 400

Rétrécissement de talon ou encastelure:

Chevauux de tir	de	200 à 400
Chevaux de selle	de	200 à 400
Chevaux de petite taille et mulets	de	120 à 200
Bêtes asines	de	100 à 160

Superposition des talons:

Chevaux de tir	de	200 à 2.400
Chevaux de selle	de	200 à 2.400
Chevaux de petite taille et mulets	de	120 à 1.500
Bêtes asines	de	120 à 1.000

Pied pinçard:

Chevaux de tir	de	200 à 1.000
Chevaux de selle	de	200 à 600
Chevaux de petite taille et mulets	de	200 à 400
Bêtes asines	de	100 à 200

Pied bot:

Chevaux de tir	de	400 à 2.000
Cheveaux de selle	de	400 à 1.600
Chevaux de petite taille et mulets	de	600 à 1.500
Bêtes asines	de	120 à 300
Pied plat	de	200 à 400
Pied comble	de	300 à 800

Pied de cheval qui se touche et pied de cheval qui forge — même prix que pour la ferrure hygiènique.

Ferrure pthologique

De seine ou de javart:

Chevaux de tir	de	240 à 1.000
Chevaux de selle	de	200 à 800
Chevaux de petit taille et mulets	de	160 à 600
Bêtes asines	de	100 à 400
Des maladies de la sole	de	400 à 2.000

Ferrure spéciale

De luxe	de	1.000 à 3.000
De courses	de	200 à 100

Opérations

Passage d'aiguilles ou d'agrafes	100
Rainures — jusqu'à	100

Modèle du tableau auquel se rapporte l'article 66e de ce règlement ([a])

Ecole pratique d'agriculture «Moraes Soares»

Apprentissage des élèves de l'Institut Agronomique et Vétérinaire

Mois... Année...

Nom de l'élève...

Jours du mois	Jours de la semaine	Désignation des travaux faits par l'élève	Paraphe du professeur chef des travaux
	Lundi		
	Mardi		
	Mercredi		
	Jeudi		
	Vendredi		
	Samedi		

Le directeur de l'école...

(a) Un modèle analogue servira pour les élèves en apprentissage dans la forêt de Leiria.

Palais du roi, le 8 juin 1898. = *Augusto José da Cunha.*

Les chaires et les cours auxilaires de l'Institut sont occupés ou professés par les professeurs dont les noms suivent, avec l'aide des répétiteurs également dénommés ci-après:

Professeurs actuels de l'Institut.

1ère chaire — *Botanique,* Prof. M. Antonio Xavier Pereira Coutinho, agronome, membre de l'Académie Royale des Sciences de Lisbonne, professeur de botanique à l'École Polytechnique, propriétaire-agriculteur, etc.;

2e chaire — *Mécanique, Machines agricoles, Topographie,* Prof. M. Augusto José da Cunha, ministre d'État honoraire, ancien précepteur du Roi, professeur de mathematiques à l'École Polytechnique, etc.;

3e chaire — *Hydraulique agricole, Constructions ruraux.* — Prof. M. Augusto Figueiredo, agronome, ancien professeur de la Ferme-École de Cintra, propriétaire-agriculteur, etc.;

4e chaire — *Physique agricole.* — Prof. M. Filippe Eduardo d'Almeida Figueiredo, agronome, membre de l'Académie Royale des Sciences de Lisbonne, de l'Institut de Coïmbre, propriétaire rural, etc.;

5e chaire — *Chimie agricole.* — Prof. M. Luiz Antonio Rebello da Silva, agronome, membre de l'Académie Royale des Sciences de Lisbonne, pair du royaume, propriétaire-agriculteur, etc.;

6e chaire — *Agriculture générale et cultures herbacées.* — Prof. M. Sertorio de Monte Pereira, agronome, membre de l'Institut de Coïmbre, président du marché central de produits agricoles, du conseil supérieur de l'agriculture, etc.;

7e chaire — *Culture des plantes ligneuses.* — Prof. M. Henrique de Mendia, agronome et silviculteur, membre de l'Academie Royale des Sciences de Lisbonne, membre du conseil supérieur de l'agriculture, ancien président de la Royale Association d'agriculture, député de la nation, propriétaire-agriculteur, etc.;

8e chaire — *Nosologie végétale.* — Prof. M. José Verissimo d'Almeida, agronome, membre de l'Institut de Coïmbre, de la Société mycologique de France, etc.;

SALLE DES COURS

9e chaire — *Technologie agricole* — Prof. M. B. C. Cincinnato da Costa, agronome, membre de l'Académie Royale de Sciences de Lisbonne, de l'Institut de Coïmbre, du conseil supérieur de l'agriculture, ancien député aux cortès, directeur de la Royale Association d'agriculture, etc;

10e chaire — *Zootechnie.* — Prof. M. Antonio Maria dos Santos Viegas, agronome et vétérinaire, membre du conseil supérieur de l'agriculture, etc.;

11e chaire — *Economie rurale.* — Prof. M. F. A. Alvares Pereira, agronome, général du génie, directeur de l'Institut Agronomique et Vétérinaire, professeur en retraite de l'École de l'Armée, conseiller du roi, membre du conseil supérieur de l'agriculture, propriétaire-agriculteur, etc.;

12e chaire — *Anatomie.* — Prof. M. Joaquim Ignacio Ribeiro, médecin vétérinaire, inspecteur des abattoirs municipaux de Lisbonne;

13e chaire — *Histologie* et *physiologie.* — Prof. M. José Antunes Pinto, médecin-vétérinaire, propriétaire-agriculteur;

14e chaire — *Matière médicale.* — Prof. M. Antonio Augusto dos Santos, médecin-vétérinaire, directeur de l'hôpital vétérinaire, sous-directeur des abattoirs municipaux de Lisbonne;

15e chaire — *Pathologie et thérapeutique générales.* — Prof. M. Alves Torgo, médecin vétérinaire, inspecteur des boucheries municipales, etc.;

16e chaire — *Pathologie externe* et *clinique chirurgicale.* — Prof. M. Ferreira da Silva, médecin-vétérinaire, inspecteur des boucheries municipales, etc.;

17e chaire — *Pathologie et clinique des maladies contagieuses.* — Prof. M. João Viegas Paula Nogueira, médecin-vétérinaire, membre du comité de Santé du Bétail, inspecteur des boucheries municipales, membre de l'Institut de Coïmbre, de la Société des sciences vétérinaires de Lyon, de la Société vétérinaire de l'Aube, etc.;

a) Cours auxiliaire de mathématiques, par M. Alvares Pereira, directeur de l'Institut;

b) Cours de chimie générale, par M. le docteur A. C. da Silva Rosa, professeur attaché, médecin de l'hôpital;

c) Cours de zoologie, par M. Antunes Pinto;

d) Cours de microscopie, par M. Filippe E. de Almeida Figueiredo.

Service pratique des chaires 1ère, 4e et 8e — M. Antonio Cardoso de Menezes, agronome, ancien professeur de l'école d'agriculture «Moraes Soares»;

Service pratique des chaires 2e et 3e — M. Manuel d'Oliveira Bello, ingénieur civil;

Service pratique des chaires 5e et 9e (par intérim, vu la vacance de ce service) — M. José Augusto Simões Bayão, agronome;

Service pratique des chaires 6e, 7e et 11e — Dom Luiz Filippe de Castro, agronome, ancien député, directeur de la Royale Association de l'agriculture;

Service pratique des chaires 12e et 15e — M. João Sabino de Sousa, médicin-vétérinaire;

Service pratique des chaires 10e et 13e et du cours de zoologie — M. Godefredo da Silva Santos, médecin-vétérinaire;

Service pratique de la chaire 16e — M. Manuel Diogo da Silva, médecin-vétérinaire;

Service pratique des chaires 10e — M. João Guerreiro Mestre, médecin-vétérinaire.

Horaire de l'Institut Agronomique et Vétérinaire

Cours	Lundis	Mardis	Mercredis	Jeudis	Vendredis	Samedis
COURS D'AGRONOMIE						
1e ANNÉE						
Botanique	9 à 10 ½	..	9 à 10 ½	..	9 à 10 ½	..
Pratique	..	..	..	..	10 ½ à 12 ½	..
Physique agricole	..	9 à 10 ½	..	9 à 10 ½	..	9 à 10 ½
Pratique	..	12 à 2	..	..	..	..
Cours auxiliaires. — Chimie générale	..	10 ½ à 12	..	10 ½ à 12	..	10 ½ à 12
Pratique	..	..	..	12 à 2	..	..
Microscopie	..	..	..	2 à 3 ½	..	..
Pratique	2 à 4	..	2 à 4	..	2 à 4	..
Mathématique et dessin	..	10 ½ à 12	..	10 ½ à 11	..	10 ½ à 12
Pratique	..	..	..	12 à 2	..	12 à 2
2e ANNÉE						
Méchanique et ses applications aux machines agricoles. Topographie	..	12 ½ à 2	..	12 ½ à 2	..	12 ½ à 2
Pratique	..	..	..	9 à 11	..	..
Hydraulique agricole. Constructions rurales	..	11 à 12 ½	..	11 à 12 ½	..	11 à 12 ½
Pratique	..	..	..	..	..	2 ½ à 4 ½
Chimie agricole et analyse	11 ½ à 1	..	11 ½ à 1	..	11 ½ à 1	..
Pratique	2 ½ à 4 ½	..	..	2 à 4	..	..
Cours auxiliaire. — Zoologie	8 à 9 ½	..	8 à 9 ½	..	8 à 9 ½	..
Pratique	..	2 ½ à 4 ½	..	..	..	..
3e ANNÉE						
Agriculture. Cultures herbacées. Horticulture	..	1 à 2 ½	..	1 à 2 ½	..	1 à 2 ½
Pratique	..	..	..	..	2 ½ à 4 ½	..
Culture des plantes ligneuses	9 ½ à 11	..	9 ½ à 11	..	9 ½ à 11	..
Pratique	..	..	..	..	2 ½ à 4 ½	..
Zootechnie. Extérieur. Hygiène du bétail	..	9 ½ à 11	..	9 ½ à 11	..	9 ½ à 11
Pratique	..	..	2 ½ à 4 ½	..	..	..
Cours auxiliaire. — Zoologie	..	8 à 9 ½	..	8 à 9 ½	..	8 à 9 ½
Pratique	..	..	..	2 ½ à 4 ½	..	..
4e ANNÉE						
Nosologie végétale	11 à 12 ½	..	11 à 12 ½	..	11 à 12 ½	..
Pratique	..	..	..	12 à 2	..	12 à 2
Culture des plantes ligneuses	9 ½ à 11	..	9 ½ à 11	..	9 ½ à 11	..
Pratique	..	..	..	..	2 ½ à 4 ½	..
Technologie agricole et forestière	12 ½ à 2	..	12 ½ à 2	..	2 ½ à 2	..
Pratique	..	11 à 1	..	..	..	10 à 12
Economie, administration, législation et contabilités rurales et forestières	..	2 à 3 ½	..	2 à 3 ½	..	2 à 3 ½
Pratique	..	..	..	10 à 12	..	..

Cours	Lundis	Mardis	Mercredis	Jeudis	Vendredis	Samedis
COURS DE MÉDECINE VÉTÉRINAIRE						
1e ANNÉE						
Botanique	9 à 10 ½	..	9 à 10 ½	..	9 à 10 ½	..
Pratique	..	..	..	..	10 ½ à 12 ½	..
Physique agricole	..	9 à 10 ½	..	9 à 10 ½	..	9 à 10 ½
Pratique	..	12 à 2	..	..	..	..
Anatomie descriptive. Embryologie. Tératologie	1 à 2 ½	..	1 à 2 ½	..	1 à 2 ½	..
Pratique	..	..	2 ½ à 4 ½	..	..	12 à 2
Cours auxiliaires. — Chimie générale	..	10 ½ à 12	..	10 ½ à 12	..	10 ½ à 12
Cours auxiliaires. — Pratique	..	..	..	12 à 2	..	..
Cours auxiliaires. — Microscopie	..	..	..	2 à 3 ½	..	..
Cours auxiliaires. — Pratique	2 à 4	..	2 à 4	..	2 à 4	..
2e ANNÉE						
Anatomie descriptive. Embryologie. Tératologie	1 à 2 ½	..	1 à 2 ½	..	1 à 2 ½	..
Pratique	..	..	2 ½ à 4 ½	..	..	12 à 2
Matière médicale. Chimie médicale. Pharmacologie et pharmacie	..	9 ½ à 11	..	9 ½ à 11	..	9 ½ à 11
Pratique	9 ½ à 11 ½	..	..	..	..	..
Chimie agricole et analyse	11 ½ à 1	..	11 ½ à 1	..	11 ½ à 1	..
Pratique	2 ½ à 4 ½	..	..	2 à 4	..	..
Cours auxiliaire. — Zoologie	8 à 9 ½	..	8 à 9 ½	..	8 à 9 ½	..
Cours auxiliaire. — Pratique	..	2 ½ à 4 ½	..	..	..	..
3e ANNÉE						
Histologie et physiologie comparées des animaux	..	9 ½ à 11	..	9 ½ à 11	..	9 ½ à 11
Pratique	8 à 10	..	..	..	..	..
Pathologie et thérapeutique générales. Pathologie interne. Clinique médicale	10 à 11 ½	..	10 à 11 ½	..	10 à 11 ½	..
Pratique	..	..	8 à 10	..	..	..
Agriculture générale. Cultures herbacées. Horticulture	..	1 à 2 ½	..	1 à 2 ½	..	1 à 2 ½
Pratique	..	..	..	..	2 ½ à 4 ½	..
Cliniques. — Médicale	..	11 à 1	..	11 à 1	..	11 à 1
Cliniques. — Cirurgique	..	7 ½ à 9 ½	..	7 ½ à 9 ½	..	7 ½ à 9 ½
Cliniques. — Maladies contagieuses	..	2 ½ à 4 ½	..	2 ½ à 4 ½	..	2 ½ à 4 ½
4e ANNÉE						
Pathologie externe. Médecine opératoire. Obstétrice. Clinique cirurgique	8 à 9 ½	..	8 à 9 ½	..	8 à 9 ½	..
Pratique	2 ½ à 4 ½	..	..	..	..	..
Zootechnie. Extérieur. Hygiène du bétail	..	9 ½ à 11	..	9 ½ à 11	..	9 ½ à 11
Pratique	..	..	2 ½ à 4 ½	..	..	..
Cliniques. — Médicale	..	11 à 1	..	11 à 1	..	11 à 1
Cliniques. — Cirurgique	..	7 ½ à 9 ½	..	7 ½ à 9 ½	..	7 ½ à 9 ½
Cliniques. — Maladies contagieuses	..	2 ½ à 4 ½	..	2 ½ à 4 ½	..	2 ½ à 4 ½

Cours	Lundis	Mardis	Mercredis	Jeudis	Vendredis	Samedis
5e ANNÉE						
Pathologie et clinique des maladies contagieuses.						
Droit vétérinaire	12 1/2 à 2	..	12 1/2 à 2	..	12 1/2 à 2	..
Pratique	2 1/2 à 4 1/2	..	..	..	2 1/2 à 4 1/2	..
Cliniques — Médicale	..	11 à 1	..	11 à 1	..	11 à 1
Cliniques — Cirurgique	..	7 1/2 à 9 1/2	..	7 1/2 à 9 1/2	..	7 1/2 à 9 1/2
Cliniques — Maladies contagieuses	..	2 1/2 à 4 1/2	..	2 1/2 à 4 1/2	..	2 1/2 à 4 1/2

Annexes de l'Institut.

Pour la meilleure administration de l'enseignement professé dans l'Institut, cet établissement est pourvu d'installations occupant différentes pièces indiquées au plan général que représente la planche I et dont on pourra se faire une idée plus détaillée par les plans parcellaires qui figurent dans les planches II, III, IV, V et VI.

En raison de la double fonction de cette école, les diverses dépendances de l'Institut se répartissent entre deux corps de bâtiment assez distincts l'un de l'autre, l'un affecté à l'enseignement proprement dit de l'agriculture et de la silviculture; l'autre réservé pour la section vétérinaire. Les légendes qui accompagnent les plans topographiques expliquent cette division.

En dehors des salles des cours, d'études ou de travaux pratiques, l'Institut Agronomique et Vétérinaire possède trois amphithéatres, auxquels se relient les cabinets des professeurs, un grand laboratoire de chimie, un laboratoire de microscopie, un laboratoire de fermentations, un musée de machines et de produits agricoles, un musée du génie rural, un laboratoire de chimie médicale, un laboratoire de bacteorologie, deux usines, vinicole et oleicole, une laiterie expérimentale, un champ d'expériences et une bibliothèque.

Bibliothèque.

La bibliothèque comprend une grande salle de lecture pour les élèves et un cabinet pour les professeurs.

Sans être riche, elle renferme pourtant toutes les ouvrages classiques sur les sciences agronomiques et vétérinaires, aussi bien que les plus modernes sur les diverses branches de ces deux sciences et de celles qui s'en rapportent.

Elle s'enrichit, donc, tous les jours, ne comptant aujourd'hui pas moins de cinc mille ouvrages, qui peuvent être classifiées comme il suit:

Catalogue des ouvrages existants dans la bibliothèque de l'Institut Agronomique et Vétérinaire de Lisbonne

	Nombre des ouvrages
Botanique	382
Méchanique, machines agricoles et topographie	123
Hydraulique et constructions rurales	227
Physique, géologie et minéralogie	151
Chimie générale et agricole	209
Agriculture générale. Cultures arviennes et horticoles	102

BIBLIOTHÈQUE

Cultures des plantes ligneuses. Arboriculture, viticulture et silviculture. .	93
Microscopie et nosologie végétale	73
Technologie agricole et forestière.	104
Zoologie.	221
Zootechnie et hygiène des animaux domestiques	188
Economie et administration rurales	207
Anatomie descriptive, embryologie et tératologie	274
Histologie et physiologie comparée	153
Pharmacologie et pharmacie	112
Pathologie interne et externe et thérapeutique	329
Chirurgie	136
Droit vétérinaire et autres œuvres de jurisprudence	48
Dictionnaires.	23
Œuvrages littéraires.	183
Œuvrages divers	1.858
Publications périodiques nationales et étrangères	43

Publications périodiques portugaises

L'Agriculture contemporaine. (Agricultura contemporanea.)
Annales des sciences naturelles. (Annaes das sciencias naturaes.)
Archives de médecine. (Archivos de medicina.)
Buletin de la société brotérienne. (Boletim da sociedade broteriana.)
Portugal agricole. (Portugal agricola.)
Revue du génie militaire. (Revista de engenheria militar.)
Médecine contemporaine. (Medicina contemporanea.)
Revue d'éducation et enseignement. (Revista de educação e ensino.)
La médecine moderne. (A medecina moderna.)
La vigne portugaise. (A vinha portugueza.)
Buletin de la direction générale de l'agriculture. (Boletim da direcção geral de agricultura.)
Revue des travaux publiques. (Revista das obras publicas.)
Buletin de la société de géographie de Lisbonne. (Boletim da sociedade de geographia de Lisboa.)
Gazette de pharmacie. (Gazeta de pharmacia.)
Revue agricole. (Revista agricola.)
Archive rural. (Archivo rural.)
Buletin de la royal association de l'agriculture portugaise. (Boletim da real associação de agricultura portugueza.)
La Gazette des villages. (Gazeta das aldeias.)

Publications périodiques étrangères

Annales agronomiques (France).
Annales de l'institut Pasteur (France).
Buletins des ministères de l'agriculture de France et de Belgique.
Journal de l'agriculture (France).
Journal de l'agriculture (France).

Journal de pharmacie et de chimie (France).
Journal d'anatomie et de physiologie (France).
Journal des économistes (France).
Journal de micrographie (France).
La nature (France).
Le naturaliste (France).
Le progrès agricole et viticole (France).
Le moniteur scientifique (France).
Revue vétérinaire (France).
Revue de chirurgie (France).
Revue horticole (France).
Revue générale de botanique (France).
Revue générale de mycologie (France).
Revue scientifique (France).
Revue des revues (France).
Recueil de médecine vétérinaire (France).
Compte rendus de la société de biologie (France).
Crónica de vinos y cereales. (Chronique des vins et céréales) (Espana).
Boletim da śociedade de agricultura brazileira. (Buletin de la société d'agriculture brésilienne.)
A lavoura (Le labourage) (Brazil).

L'hôpital vétérinaire.

A l'enseignement vétérinaire sont affectées comme salles de démonstration, les différentes infirmeries et autres dépendances de l'hôpital; et comme le principal objet de cet hôpital est de fournir un traitement aux animaux malades qui y sont recueillis, les professeurs comme les élèves, doivent trouver là tous les éléments d'étude dont ils ont besoin pour la complète exemplification des cours.

L'hôpital vétérinaire fait partie intégrante de l'Institut. La loi du 8 octobre 1891 l'avait détaché de l'école pour lui donner une administration autonome. Cette séparation ne fut pas heureuse, car l'expérience montre qu'il en résultait beaucoup d'inconvénients pour l'enseignement, tandis que avec moins de frais on parvient à assurer le parfait fonctionnement de ce service tel qu'il se pratique en effet aujourd'hui. C'est pour cela qu'aux termes de la dernière réforme de 1897, que nous avons rapportée plus haut, l'hôpital vétérinaire est de nouveau réuni à l'Institut.

La direction téchnique de l'hôpital, attribuée aux professeurs de la section vétérinaire, a le grande avantage de faciliter les diverses essais cliniques en mettant les sujets malades plus à portée du professorat, dans des conditions où ils se prêtent mieux aux examens et aux observations, pour le plus grand profit des élèves, sans que pour cela le traitement des animaux en souffre, car ceux-ci sont pansés et opérés de la même manière sous la direction de fonctionnaires dont la haute compétence et le savoir sont indiscutibles. Sous cette forme, les étudiants font journellement un apprentissage direct et s'exercent plus frequemment et sans fatigue, accompagnant toujours les professeurs dans leurs visites et les aidant dans leurs travaux hospitaliers.

Les principales installations de l'Institut Agronomique et Vétérinaire consacrées à l'enseignement agricole sont les suivantes: le laboratoire chimique, le laboratoire de fermentations et de technologie rurale, le laboratoire de microsco-

MAISON DU CHEF DE L'EXPLOITATION, À MONTALEGRE

pie, les musées de produits agricoles et du génie rural, le cabinet de physique agricole, le champ d'expériences et les collections ampélographiques, les usines oléicole et vinicole, une laiterie et une vaste bibliothèque.

Champ d'expériences.

Le jardin agricole, la collection ampélographique, ainsi que tout le terrain utilisable autour des édifices de l'Institut, ont pour objet de servir aux démonstrations, aux expériences et aux travaux pratiques des élèves qui suivent les cours des 6ᵉ et 7ᵉ chaires: (agriculture générale, cultures herbacées, alimentaires, fourragères et industrielles, horticulture, arboriculture et viticulture).

Dans le jardin agricole, on cultive des exemplaires des plantes les plus importantes du pays; et tout autour, mais de façon à ne pas porter préjudice aux autres cultures, une ceinture de plants de vignes des cépages nationaux qui sont greffés par les élèves sur des vignes américaines qu'on élève en pépinière. Un peu plus loin, on établit tous les ans des pépinières de cépages résistants qui fournissent matière à l'enseignement pratique de divers travaux viticoles, tels que plantations, greffages, etc.

Sur un autre plan, vis-à-vis du laboratoire chimique, règne une collection d'arbres fruitiers et un petit jardin potager. Plus haut encore, on trouve une collection ampélographique des types les plus connus et appréciés parmi les variétés américaines, et une petite vigne qui produit des raisins en quantité suffisante pour les expériences pratiques de la chaire de technologie rurale.

Les cépages portugais, qui dominent dans nos régions vinicoles les plus renommées, sont représentés à cette place, greffés sur divers porte-greffes américains, afin d'étudier leurs affinités. A côté de cette vigne, on a formé une petite étendue de prairie artificielle, qui fournit un exemple de culture de la luzerne; et enfin, sur un talus assez vaste, on est en train d'organiser dans ce moment une collection de plantes fourragères nationales ou étrangères.

La ferme de Montalegre.

En dehors de ce champ d'expériences, trop restreint au demeurant, l'Institut a aujourd'hui à sa disposition la ferme de Montalegre, où comme nous l'avons dit dans le premier chapitre de ce livre, un intelligent propriétaire cultivateur se montre toujours empressé à aider les professeurs dans leurs démonstrations, et les élèves dans leurs travaux pratiques.

Montalegre est une propriété rurale de grande étendue, en égard à sa proximité d'un centre populeux. Le sol est formé de couches appartenant au tertiaire marin, lequel donne naissance aux terres argilo-calcaires éminemment propres à une intensive culture. La surface cultivable se divise en trente parcelles, ainsi qu'on le voit dans le plan ci-joint. Dans la partie marquée par les numéros 11, 12 et la série de 15 à 27, la culture est réglée par un assolement biennal dans l'ordre suivant: blé, maïs et fèves. Les numéros de 2 à 7, ainsi que les numéros 9 et 10, sont plantés en vigne avec des cépages américains *(Rupestris* du Lot et Fortworth, *Riparia* Gloire de Montpellier, et la variété hybride, Aramon Rupestris), greffés de variétés portugaises, telles que les *Gallego, Dourado, Arintho, Trincadeira, Tinta miuda,* et de quelques françaises comme *Alicante, Henry Bourchet* et *Grand noir de la Calmette.*

A cette vigne de production on peut rattacher une précieuse collection ampélographique, extrêmement intéressante pour l'étude des cépages et qui complète, pour l'instruction des élèves, une autre collection du même genre que possède l'Institut dans l'annexe de l'école; ce dont on est à même de se rendre compte par un simple coup d'œil jeté sur le plan qui accompagne le présent écrit.

Il faut citer encore, entre les cultures de Montalegre, une olivette assez considérable plantée en oliviers de la variété *Gallega,* dont le produit est manipulé dans la propriété même.

La moûture de l'olive, la pression de la pâte oléagineuse, la filtration de l'huile représentent autant d'autres opérations faites avec soin dans des usines très bien montées, marchant à la vapeur et éclairées à la lumière électrique.

Nous donnons des gravures des installations où les élèves de notre école supérieure d'agriculture trouveront beaucoup à apprendre.

La laiterie est pourvue de douze vaches, dont deux Jerseys, six Alderneys et quatre croisements. La fabrique de beurre, quoique de dimensions réduites, car elle produit à peine pour la consommation du propriétaire de la maison, suffit parfaitement aux démonstrations pratiques de la chaire de technologie rurale et complète au surplus l'établissement similaire existant déjà dans l'Institut.

Pour les travaux de labour et de récolte, on emploie les machines modernes: charrues de Howard, Dombasle, Grignon, moissonneuses Osborne, batteuses à vapeur de Ransomes et Proctor, machines à empaqueter la paille, etc., etc.

Ce rapide coup d'œil sur les installations agricoles de Montalegre permettra aux lecteurs de se rendre compte de l'importance de cette propriété pour l'instruction des élèves agronomes de notre école supérieure d'agriculture.

Grâce aux photogravures intercalées dans ce livre et que nous devons au très distingué photographe lisbonnais, M. Auguste Bobone, travail qui reproduit avec tant de bonheur et d'exactitude les différentes installations de l'Institut, le lecteur a sous les yeux des éléments suffisants pour se faire une idée précise de notre première école d'agriculture, telle qu'elle se trouve actuellement.

Le laboratoire de chimie.

Le laboratoire chimique est une vaste salle garnie des tables nécessaires pour les manipulations des maîtres et les exercices des élèves; elle est pourvue en outre des appareils et des principaux réactifs applicables aux diverses analyses agricoles. Au centre, une spacieuse pièce vitrée est réservé aux expériences délicates, et surtout son pourtour, règne une suite d'armoires adossés aux murs dans lesquelles est renfermé le matériel des expériences. Dans les embrasures des fenêtres sont établis des bancs de pierre en maçonnerie portant des fourneaux à gaz, des trombes d'eau, des séchoirs et plusieurs étuves. Au laboratoire est joint un cabinet pour les balances de précision, une pièce pour les distillations, un local servant pour les lavages et un petit cabinet pour la production des gaz nuisibles.

Des études très importantes, relatives notamment aux sols, aux vins, aux huiles et aux eaux ont déjà été réalisées dans ce laboratoire et on irait certainement plus avant dans cette voie, si ce laboratoire ne manquait pas souvent des moyens pécuniaires sans lesquels beaucoup de nouveaux travaux sont forcément arrêtés et ajournés.

La direction technique et administrative du laboratoire de chimie est confiée au professeur titulaire de la chaire de chimie agricole, M. Luiz Antonio Rebello da Silva, au service duquel sont attachés un chef de travaux, un préparateur et

LABORATOIRE DE CHIMIE À L'INSTITUT AGRONOMIQUE ET VÉTÉRINAIRE

un servant. L'expérience a démontré l'insuffisance de ce personnel auxiliaire pendant la période de l'année scolaire; il est certain en effet que le laboratoire travaille, tout ce temps, sans repos ni treve et que le chef de service, le préparateur et l'employé subalterne sont d'autant plus surchargés qu'ils ont d'autres besognes à leur charge dans diverses chaires ou cabinets.

Le matériel dont dispose le Laboratoire consiste dans les objets énumérés ci-après:

Balances d'analyse sensible à un dixième de milligramme.
Balances de précision.
Balances de Roberval.
Baromètre de Salleron.
Appareils pour gaz.
Appareils pour eau de Seltz.
Étuve grand modèle de Fremy.
Alambic petit modèle pour la distillation de l'eau.
Tamis ou blutoirs de différents diamètres.
Éprouvettes graduées de différents dimensions.
Flacons avec liqueurs normalisées.
Entonnoirs de divers types.
Dialisateurs.
Bocaux de verre.
Dessicateurs.
Alambic de plomb.
Appareils pour analyser l'huile.
Chalumeau à souder.
Appareils hydrotrimétiques.
Appareil aléoromètre de M. Roland.
Appareil ancien de Salleron.
Appareils modernes de distillation de Salleron.
Appareils modernes perfectionnés.
Ebulliomètre de Salleron.
Cornues de diverses dimensions.
Verres pour les précipités, de divers grandeur.
Matras gradués.
Matras unis.
Ballons pour l'alambic Salleron.
Capsules de porcelaine de divers formats.
Capsules de platine.
Ballons de grandeurs diverses.
Lampes à alcool.
Porte-burettes pour tubes d'expériences.
Porte-burettes pour burettes de pipets.
Appareils des nitrates.
Refrigérants de Liébig.
Etuve petit modèle.
Mouffles pour incinérations.

Bains-marie de cuivre.
Bains-marie de cuivre à niveau constant.
Fourneaux.
Becs de Bunsen régulateurs.
Trépieds de fer, petit modèle.
Chalumeau à gaz.
Sceaux en bois.
Ciseaux.
Diamants pour rayer le verre.
Mortiers en verre.
Mortiers en cuivre.
Mortiers en grès.
Mortier en fer grand format.
Tenailles en bois.
Tenailles en fer.
Bec de gaz circulaire à trois pieds.
Verres de Bohème.
Polarimètre de Laurent.
Polarimètre de Duboscq.
Appareil pour l'analyse spectrale.
Miroir réfracteur.
Appareil frigorifique.
Lactobutyromètre de Marchand.
Natomètre de Périer.
Oléomètre de Lefébure.
Féculomètre de Bloch.
Glaimètre de Gobley.
Pèse-grains de Gaud.
Aréomètres de Tessa.
Tubes pour la détermination de la densité.
Moûtimètre.
Volumètre de Lerebours et Secrétan.
Galactomètres de Secrétan.
Galactomètre de Chevallier.
Thermomètres centigrades de Salleron.
Thermomètres à alcool.
Boite en fer-blanc avec trois thermomètres de Jackson.
Thermomètres centigrades de Lerebours et Secrétan.
Thermomètres pour températures élevées.
Thermomètres petits de Salleron.
Thermomètres de Richard, de 0° á 35°.
Thermomètres de 10° à 30°.
Thermomètres centigrades.
Thermomètres de Lerebours.
Thermomètres pour basses températures.
Alcoomètres centésimaux.
Alcoomètres centésimaux de Cartier.

LABORATOIRE DE CHIMIE—SALLE DES TRAVAUX

Alcoomètres centésimaux de Tessa.
Alcoomètres de Secrétan.
Alcoomètres de Tralles.
Alcoomètres de Beaumé.
Densimètres de Salleron.
Densimètres de Pellet.
Densimètres de Secrétan.
Densimètres pour liquides plus denses que l'eau.
Densimètres pour liquides moins denses que l'eau.
Pèse-acides concentrés.
Œnobaromètre de Houdart.
Saccharimètre de Bolling.
Glucomètre de Guyot.
Glucomètre de Gay-Lussac.
Pipettes graduées.
Chalumeaux.
Gazomètres.
Inhalateurs simples ou doubles.
Grilles pour doser l'azote.
Alambics de fer blanc.
Eléments de Bunsen.
Bobine de Rumckorff.
Appareils pour dosages de gaz d'après Doyère.
Appareil pour dosages d'après Hemppel et de Lunge.
Eudiomètres.
Collections de terres du pays analysées au laboratoire.
Collections de tableaux représentant des expériences réalisées dans l'Institut pour les démonstrations qui se rattachent à l'enseignement.

Laboratoire de microspie et nosologie végétale.

Le laboratoire de microscopie se trouve très imparfaitement installé. Il dispose d'une allocation tellement minime que nous ne pouvons pas nous dispenser de rendre nos hommages a son directeur, M. José Verissimo de Almeida, professeur de la chaire de nosologie végétale, d'avoir présenté de notables travaux en suppléant à l'exiguïté des moyens matériels par son activité et son ardeur infatigables.

Les travaux executés par cet illustre professeur sont très importants, comme on peut le voir par le tableau suivant:

Tableau synoptique de quelques champignons phyto-parasites observés et étudiés au laboratoire de pathologie végétale de l'Institut Agronomique de Lisbonne

Famille	Espèce	Plantes attaquées	Parties envahies	Appréciation du degré de nocivité	Observations
	Cystopus candidus, *Lév.*	Choux, navets et bourse à pasteur	Feuilles, inflorescences et silicules	Peu nuisible	Rouille blanche des crucifères; peu importante.
	Phytophthora infestans, *De Bary.*	Pommes de terre et tomates	Feuilles, rameaux et tubercules	Très nuisible	Maladie des pommes de terre; très répandue dans les années humides.
Péronosporacées	Plasmopara viticola, *Berl.* et *De Toni*	Vignes	Feuilles, rameaux, fleurs et fruits	Très nuisible	Mildew; très généralisé.
	Bremia Lactucæ, *Regel.*	Laitues	Feuilles	Peu nuisible	Très rare; peu intense.
	Peronospora Schleideni, *Ung.*	Oignons	Feuilles	Peu nuisible	Très rare; sans importance.
	P. parasitica, *De Bary.*	Navets	Feuilles	Peu nuisible	Très rare; n'a pas d'importance.
	P. Viciæ, *De Bary.*	Petits pois et vesces	Feuilles et fruits	Peu nuisible	Rare; sans importance.
	Ustilago Avenae, *Jens.*	Avoine	Panicule	Très nuisible	Charbon; commun; a été observée également la *F. foliicola.*
	U. Tritici, *Jens.*	Froments	Épi	Très nuisible	Charbon; commun.
	U. nuda, *Kell.* et *Swingle.*	Orge	Épi	Très nuisible	Charbon; commun.
Ustilagacées	U. Hordei, *Kell.* et *Swingle.*	Orge à deux rangs	Épi	Très nuisible	Charbon; commun.
	U. Maydis, *Corda.*	Maïs	Épi, panicule, tige et feuilles	Très nuisible	Charbon; commun.
	Tilletia levis, *Kühn.*	Froments	Ovaire	Très nuisible	Carie.
	Urocystis occulta, *Rabenh.*	Seigle	Tige et feuilles; ovaire quelques fois	Très nuisible	Charbon.
	Entyloma serotinum, *Schreet.*	Bourrache	Feuilles	Peu nuisible	Pas rare.
	Uromyces Fabae, *De Bary.*	Fèves et petits pois	Feuilles et tige	Nuisible	Rouille; très commun.
	U. appendiculatus, *Link.*	Haricots	Feuilles	Nuisible	Rouille du haricot; commun.
	U. appendiculatus *f.* Dolichi, *Cooke.*	Mongette	Feuilles	Nuisible	Rouille; commun.
	U. Betæ, *Kühn.*	Betterave	Feuilles	Nuisible	Rouille de la betterave; rare.
	U. Dactylidis, *Otth.*	Dactyle aggloméré	Feuilles	Peu nuisible	Rare.
	Melampsora Vitellinae, *Thüm.*	Osier et saule	Feuilles	Peu nuisible	Rouille des saules et des osiers; rare.
	M. populina, *Lév.*	Peuplier	Feuilles	Peu nuisible	Rouille du peuplier; rare.
	Puccinia graminis, *Pers.*	Froments	Feuilles	Nuisible	Rare, surtout au centre et au sud du pays.
[illegible]	P. coronata, *Corda*	Avoine	[illegible]	[illegible]	[illegible]

	Uredo Fici, *Cast.*	Figuier			
Théléphoracées	Exobasidium Vitis, *Prill.* et *Delacr.*	Vignes	Feuilles	Peu nuisible	Observé une seule fois.
Polyporacées	Trametes Pini, *Fr.*	Pin maritime	Tronc	Nuisible	Peu commun.
Exoascées	Exoascus deformans, *Tul.*	Pêcher	Feuilles	Peu nuisible	Lèpre du pêcher ; commun.
	E. Cerasi, *Fuck.*	Cerisier	Feuilles	Peu nuisible	Lèpre du cerisier ; peu commun.
Pézizacées	Pseudopeziza Medicaginis, *Sacc.*	Luzerne	Feuilles	Peu nuisible	Peu commun.
Perisporiacées	Sphaerotheca pannosa, *Lév.*	Pêcher et rosier	Feuilles	Peu nuisible	N'a été observée que la forme conidifère *Oïdium leucoconium ;* comm. sur le rosier.
	S. Castagnei, *Lév.*	Houblon	Feuilles	Peu nuisible	N'a été observée que la forme conidifère ; rare.
	Uncinula americana, *Howe.*	Vignes	Feuilles, rameaux, fleurs et fruits	Très nuisible	Oïdium de la vigne ; n'a pas été rencontrée la forme à périthèces.
	Erysiphe communis, *Fr.*	Petit pois, citrouille, etc.	Feuilles	Peu nuisible	F. conidifère très commune ; rare la forme à périthèces.
	E. graminis, *D. C.*	Blés et autres céréales	Feuilles	Nuisible	Commun sous les deux formes.
	Capnodium Citri, *Penz.*	Orangers, citronniers, etc.	Feuilles, branches et fruits	Peu nuisible	Commun sous les formes à conidies et à pycnides.
	C. salicinum, *Mont.*	Peupliers	Feuilles	Peu nuisible	Commun sous les formes à conidies et à pycnides.
	C. Nerii, *Rabenh.*	Laurier-rose	Feuilles et branches	Peu nuisible	Commun.
	Antennaria elaeophila, *Mont.*	Oliviers	Feuilles et branches	Nuisible	Cammun.
Sphériacées	Charrinia Diplodiella, *Viala.* et *Rav.*	Vignes	Râfle et grains	Nuisible	Seule a été observée, et rarement, la forme à pycnides.
	Pleospora herbarum, *Rabenh.*	Plantes diverses	Feuilles	Peu nuisible	Commun, notamment dans les plantes languissantes.
	P. Asparagi, *Rabenh.*	Asperges	Rameaux	Peu nuisible	Peu commun.
	Ophiobolus graminis, *Sacc.*	Froments	Gaine des feuilles et nœuds inférieurs des chaumes	Nuisible	Peu commun.
Hypocréacées	Polystigma rubrum, *D. C.*	Pruniers	Feuilles	Peu nuisible	Peu commun ; seule a été observée la forme à spermogonies.
	Nectria ditissima, *Tul.*	Pommiers	Branches	Peu nuisible	Précédé par le puceron lanigère dans l'exemplaire observé.
	Claviceps purpurea, *Tul.*	Seigle	Ovaires	Très nuisible	Ergot du seigle ; commun sous la forme à sclérotes.
Sphérioidacées	Phyllosticta Eriobotryæ, *Thüm.*	Néflier du Japon	Feuilles	Très peu nuisible	Peu commun et sans importance.
	P. Brassicæ, *West.*	Chou	Feuilles	Peu nuisible	Dans les feuilles extérieures des choux qui végètent mal.
	Phoma Phœnicis, *Sacc.*	Dattier	Fruits	Nuisible	Dans les dattes tombées et nom mûres.

Famille	Espèce	Plantes attaquées	Parties envahies	Apréciation du degré de nocivité	Observations
Sphérioidacées	P. solanicola, *Prill.* et *Delacr.*	Pomme de terre	Rameaux	Nuisible	Peu commun.
	P. lenticularis, *Cav.*	Vigne	Fruits	Peu nuisible	Peu commun.
	P. Montegazziana, *Penz.*	Limonier	Feuilles	Peu nuisible	Peu commun.
	Macrophoma reniformis (*Viala* et *Rav.*), *Cav.*	Vigne	Fruits	Peu nuisible	Peu commun; dans un petit nombre de grappes et sur de rares grains.
	Diplodia Eriobotryae, *Sacc.*	Néflier du Japon	Feuilles	Peu nuisible	Rare.
	Ascochyta Pisi, *Lib.*	Petits pois	Fruits	Peu nuisible	Peu commun; sans importance.
	A. Boltshauseri, *Sacc.*	Féves	Feuilles	Peu nuisible	Rare.
	Sphæronema fimbriatum (*Ell.* et *Halst.*), *Sacc.*	Patate douce	Tubercules et pousses	Très nuisible	*Black rot* de la patate douce; apparu seulement aux Açores importé de l'Amérique.
	Coniothyrium Fuckelii, *Sacc.*	Limonier	Fruits	Peu nuisible	Rare.
	Septoria graminum, *Desm.*	Blé	Feuilles	Peu nuisible	Peu commun; disparaît avec la chaleur.
	S. Arethusa, *Penz.*	Oranger	Feuilles	Très peu nuisible	Peu commun et sans importance.
	S. Citri, *Pass.*	Limonier	Feuilles	Peu nuisible	Rare.
Mélanconiacées	Gloeosporium ampelophagum, *Sacc.*	Vigne	Feuilles, rameaux et fruits	Trés nuisible	*Anthracnose* de la vigne; très commun; dans les années et localités humides.
	G. intermedium, *Sacc.*	Limonier, etc.	Feuilles	Peu nuisible	Rare.
	G. Olivarum n. sp., *Mihi.*	Olivier	Fruits	Très nuisible	*Gaffa* des olives; commun à l'automne.
	Colletotrichum ampelinum, *Cav.*	Vigne	Feuilles	Peu nuisible	Très rare; sans importance.
	C. Lindemuthianum (*Sacc.* et *Magnus*), *Br.* et *Cav.*	Haricots	Fruits	Peu nuisible	*Anthracnose* du haricot; peu commun.
	C. oligochoetum, *Cav.*	Melon	Fruits et rameaux	Trés nuisible	Chancre du melon; peu commun, mais facile à transmettre.
	C. Glœosporioides, *Penz.*	Mandarinier et oranger	Fruits	Peu nuisible	Rare.
	Marsonia Juglandis, *Sacc.*	Noyer	Feuilles	Peu nuisible	Rare.
	Cylindrosporium castanicolum, *Berl.*	Châtaignier	Feuilles	Nuisible	Peu commun.
	C. Mori, *Berl.*	Mûrier	Feuilles	Nuisible	Vulgaire dans les mûriers à fruit noir (*Morus nigra*).
	Pestalozzia Guepini, *Desm.*	Camellia	Feuilles	Peu nuisible	Pas rare.

	Cycloconium oleaginum, [illegible]	[illegible]	Feuilles, rameaux et fruits	Très nuisible	Commun.
	Fusicladium pirinum, *Fuck.*	Poirier	Feuilles, rameaux et fruits	Très nuisible	Commun.
	F. dendriticum, *Fuck.*	Pommier	Feuilles, rameaux et fruits	Très nuisible	Commun.
	F. Eriobotryæ, *Cav.*	Néflier du Japon	Feuilles, rameaux et fruits	Très nuisible	Rare; a été observé seulement sur un néflier au jardin de l'Ecole Polytechnique.
	Cladosporium fasciculare *(Pers)*, *Fr.*	Blé	Feuilles	Peu nuisible	Commun; sans importance.
	Helminthosporium teres, *Sacc.*	Orge	Feuilles	Peu nuisible	Rare; sans importance.
	H. turcicum, *Pass.*	Maïs	Feuilles	Peu nuisible	Rare; a été observé seulement sur un exemplaire de l'île de San Miguel.
Dématiacées	Cercospora beticola, *Sacc.*	Betterave	Feuilles	Nuisible	Assez commun.
	C. viticola, *Sacc.*	Vigne	Feuilles	Peu nuisible	Peu commun.
	C. zonata, *Wint.*	Fève	Feuilles	Nuisible	Commun; acompagnant presque toujours la rouille.
	C. Bolleana, *Speg.*	Figuier	Feuilles	Nuisible	Peu commun.
	Macrosporium parasiticum, *Thüm.*	Oignon	Feuilles	Peu nuisible	Rare.
	Alternaria tenuis, *Nees.*	Blé	Feuilles	Peu nuisible	Commun.
	A. Vitis, *Cav.*	Vigne	Rameaux	Peu nuisible	Rare.
	A. Brassicæ, *Sacc.*	Chou et artichaut	Feuilles	Peu nuisible	Rare.
	A. Brassicæ *Sacc.* f. nigrescens, *Pegl.*	Melon	Feuilles	Nuisible	Rare.
	A. Cucurbitæ, *Let.*	Melon	Feuilles	Nuisible	Peu commun.
Indéterminée	Sclerotium Oryzæ, *Catt.*	Riz	Feuilles et chaume	Nuisible	Rare; dans les rizières malades du *Brusone*.

Le directeur du laboratoire, *José Verissimo de Almeida*.

Nous donnons la note du matériel d'études et de démonstration de la chaire de nosologie végétale:

Collection mycrologique de l'université de Coïmbre.

Collection mycrologique de Briosi et Cavara.

Mycotheca universalis de Von Thümen.

Fungi gallici exsiccati de Roumeguère.

Chermotheca italica de Berlese et Leonardi.

Collection des insectes utiles et nuisibles aux plantes cultivées.

Exemplaires portugais des principales maladies phytoparasitaires.

Collection de microscopes et accessoires de Reichert et Nachet. — Modèles pour étude.

Microscope composé et accessoires, de Reichert, grand modèle.

Microscope composé et accessoires, de Powell et Lealand, grand modèle.

Collection de microscopes simples de Reichert et Beck.

Chambres claires de Nachet, Oberhauser et Abbé.

Micromètres de Nachet, Reichert et Powell et Lealand.

Microtomes Reichert, Nachet et Zeiss.

Étuve de l'Arsonval, stérilisateurs, tubes d'expériences, ballons, chambres humides, plaques, pipetes, lames, filtres, crystallisateurs, aiguilles, scalpels et autres instruments propres à la pratique des cultures de thallophytes et à l'execution et étude des préparations microscopiques respectives.

Les amphithéâtres, les musées, les salles d'études et autres dépendances de l'Institut, dont les plans topographiques nous fournissent la représentation exacte, peuvent être étudiés dans leurs lignes générales, d'après les photogravures qui accompagnent ce volume. On en concluera que ces installations, si elles nes ont pas calquées sur les plus parfaits modèles et n'ont rien de luxueux, n'en constituent pas moins un ensemble capable de satisfaire aux plus strictes exigences de l'enseignement.

Laboratoire de fermentations et de technoogie agricole.

A signaler parmi les dépendances de la neuvième chaire, le laboratoire de fermentations et de technologie agricole de l'Institut Agronomique de Lisbonne.

Cette installation fut inaugurée sans bruit, en 1889, par le professeur titulaire de la chaire de technologie, qui voulait essayer, en introduisant ce nouvel élément et instrument de recherches, de poser la première pierre d'une fondation de premier ordre, et qui aujourd'hui s'impose; comment se dispenser de procurer aux élèves un moyen d'étudier pratiquement les fermentations organiques, et notamment celle des vins!...

La première allocation attribuée à ce laboratoire est due au ministre des travaux publics de 1894, M. Campos Henriques. Cet homme d'état jugea à propos de donner une sérieuse impulsion à ce genre d'études en dotant l'annexe dont il s'agit d'un important matériel qu'il fit venir expressément de l'étranger.

En 1898, par la dernière réforme de l'enseignement agricole supérieur, dont l'honneur appartient à monsieur le conseiller Augusto José da Cunha, l'organisation de ce laboratoire fut rendue définitive; les attributions de son personnel dirigeant furent nettement marquées, délimitées, en même temps que la nature de l'enseignement et le caractère de ce service public formèrent l'objet d'instructions précises. De nouvelles subventions furent accordées et des réparations utiles exécutées, dans la louable pensée d'imprimer un essor inaccoutumé aux travaux.

Maintenant, le laboratoire de fermentations et de technologie agricole se trouve suffisamment outillé et pourvu de tous les instruments indispensables pour assurer la rigoureuse précision des observations techniques. Là, se réalisent déjà, en outre des démonstrations pratiques qui ont lieu à l'occasion des leçons du cours, des expériences, de pures recherches scientifiques de la plus grande portée. Là, se font des sélections de ferments pour l'industrie vinicole, des études sur leur physiologie, etc.

C'est ainsi que, l'année dernière, on a procédé dans ce laboratoire à des études analytiques très importantes sur la composition chimique de moûts de nos principiaux cépages portugais.

Le laboratoire de fermentations et de technologie agricole, pour peu qu'il soit convenablement subventionné par le pouvoir central, est en situation de rendre au pays de signalés services en publiant les résultats de ses travaux sur la chimie des vins et l'étude des fermentations, terrain presque vierge en Portugal et à peine exploré scientifiquement. Pour cela, il suffirait d'un léger supplément de crédits en sus de ceux dont il dispose; il s'agirait seulement d'être toujours en mesure de couvrir les dépenses qu'occasionnent nécessairement les travaux de ce genre.

La liste ci-jointe des collections et matériaux qui appartiennent au laboratoire, permet d'apprécier les éléments dont il peut disposer pour ses expériences:

Collections et matériel pour le cours de technologie agricole

Laboratoire de fermentations et de technologie agricole

Modèles d'installations vinaires — Divers systèmes de cuves de fermentations — Egrappoirs, fouloirs, pressoirs.

Filtres — Machines à boucher; entonnoirs, douilles; pompes, porte-bouteilles, robinets, siphons à décanter les bouteilles, etc.

Collection d'instruments pour étudier les moûts — Pèse-moûts — Densimètres — Glucomètres — Ebullioscopes de Malligand.

Ébulliomètres de Salleron; différents modeles — Alambics de Salleron — Batteries de distillations — Vaporimètre de Geissler — Alcomètre du dr. Perrier — Ebullioscope de Benevolo — Œnobaromètres.

Salycimètres — Gypsomètres — Vino-colorimètres de Salleron — Vino-colorimètre de Dubosc.

Collections de vins de table et liquoreux des divers régions vinicoles.

Matériel de laboratoire.

Capsules en porcelaine — Cuvettes — Mortiers — Allonges — Ballons divers — Fioles coniques — Bocaux en verre — Cornues — Cristallisoirs.

Entonnoirs divers — Entonnoirs à robinets — Éprouvettes à pied — Verres à expériences — Vases à précipiter.

Capsules à bec — Flacons à robinet — Barils en verre pour essais de vinification — Flacons tubulés de Woolf.

Compte-gouttes divers — Pipettes — Flacons de Durand — Tubes de Liebig — Tubes de Mohr — Tubes de sûreté — Tubes pour distillation fractionnée — Tubes de Lebel et Henmiger — Barboteurs de Schlœsing.

Ballons pour cultures — Ballons Pasteur — Flacons Erleumayer — Plaque de Petri — Tubes pour cultures — Pipettes Chamberland — Pipettes du dr. Miquel.

Verrerie appropriée pour des travaux de cultures — Balances diverses — Balances de précision — Baromètre, thermomètres, etc.

Fourneaux divers — Chalumeaux — Brûleurs — Grilles à analyses.

Boites à réactifs — Dessicateurs.

Appareils montés divers: pour le dosage des acides, du tannin, de l'ammoniaque, de l'azote, etc.

Appareils de Schlœsing.

Filtre de Chamberland pour stérilisation.

Autoclaves de diverses grandeurs.

Étuves de Schribaux, de Gay-Lussac, de Chauveau, de Fremy — Étuves grandes de laboratoire avec thermo-régulateur Roux — Petites étuves à huiles — Étuves d'Arsonval, avec réfrigérant — Étuve du dr. Miquel.

Plaques réfrigérantes — Glacières.

Thermomètres enresgistreurs — Thermo-régulateurs divers: de Moitessier, de Roux, d'Arsonval, de Chancel, de Schlœsing, de Reichert, de Robert et Müncke, de Zeiss, etc.

Microscope — Grand modèle de Zeiss — Modèle I — Microscopes divers de laboratoire.

Table à dessin — Microscopes à dissection de Reichert — Platine chauffante.

Instruments divers pour le travail au microscope — Illuminateurs, etc.

Collection d'études — Tableaux, dessins, photographies diverses.

Cultures pures de ferments du vin.

Laiterie expérimentale.

Notons aussi parmi les dépendances de la chaire de technologie agricole, la *Laiterie expérimentale*.

Elle consiste simplement en un petit atelier de travail, bien modeste et incomplet jusqu'à présent. Il est dépourvu totalement d'ornements superflus; là cependant, les élèves du cours agronomique trouvent de quoi s'exercer dans la pratique de plusieurs manipulations se rattachant à l'industrie laitière et même, ce qui plus est, l'occasion de faire des expériences ou des recherches d'un intérêt véritablement scientifique.

Cette innovation date de 1888. Elle est due au professeur actuel de la chaire de technologie agricole, qui travailla à organiser cet établissement au milieu de difficultés sans nombre et au moyen de ressources des plus restreintes. Dans ces conditions, on comprendra que l'idéal de son fondateur n'ait pas été atteint et que la laiterie expérimentale n'ait pu encore rendre tous les incontestables services qu'on est autorisé à espérer de cette précieuse annexe.

A notre avis, la création d'établissements de ce genre, en même temps ateliers de travail pour l'éducation pratique des élèves, et laboratoires pour les recherches et expérimentations scientifiques, n'en représentent pas moins des désidérata dont la réalisation sérait le plus sérieusement profitable à notre enseignement agricole.

Nombreux sont déjà les travaux accomplis dans l'intérêt de l'avancement des études de l'Institut, et ces améliorations ont porté sur les diverses branches dont se compose la science de l'agriculture. Ce progrès ne s'arrêtera pas en chemin,

LABORATOIRE DE FERMENTATIONS ET DE TECHNOLOGIE AGRICOLE À L'INSTITUT AGRONOMIQUE ET VÉTÉRINAIRE

pourvu qu'il ne surgisse pas des empêchements de diverse nature entraînant à la suite de l'indifférence officielle, le refroidissement, le dégoût et la fatique. On ne travaille avec goût et avec fruit, qu'au prix d'un peu de calme, en y ajoutant la considération, qui est toujours le plus puissant stimulant pour les hommes de valeur.

Qu'on encourage, comme il est juste de le faire, toutes les réformes tendant au développement de cet établissement scientifique; qu'on le soutienne par tous les moyens; qu'on rende chaque jour plus utile et plus fructueux l'enseignement qui se professe à l'Institut Agronomique, et se sera le meilleur moyen de pousser au progrès général d'un pays comme le notre, qui contient en chiffres ronds neuf millions d'hectares de superficie territoriale et donne à l'agriculture deux millions à peine, pas beaucoup plus. Qu'on médite bien ces chiffres et l'on verra si nous sommes à la hauteur des autres pays sous le rapport de l'enseignement agricole, qui seul permet de tirer de la terre les immenses richesses enfouies dans son sein!

Maintenant, au lendemain de la crise prolongée qu'a traversée le Portugal, s'élèvent de toutes parts des voix qui réclament energiquement une nouvelle orientation dans le sens de notre régénération intérieure; et nous croyons que le moment est favorable pour combatre, nous aussi, une fois de plus en faveur de l'enseignement professionnel.

C'est à l'initiative éclairée du ministre des travaux publics et de son intelligent collaborateur, le directeur général de l'agriculture, que nous recommandons la solution de ce problème important entre tous, qui de jour en jour, devient une question plus vitale, et si urgente qu'il n'est pas permis de la subordonner, sans de graves dangers, aux mille et une préoccupations de la politique de parti ou de clocher.

Revenons à la *Laiterie expérimentale* de notre Institut Agronomique. Elle est logée dans un sous-sol du corps de bâtiment central de l'école, et se compose de deux pièces attenant l'une à l'autre, non très spacieuses, mais assez pour l'objet qu'on se proposait. Elles sont suffisamment éclairées et aérées, par trois grandes fenêtres, qui donnent sur un large fossé bitumé, courant sur toute l'extension de la façade principale de l'Institut.

Sans réunir précisément toutes les conditions qu'on exige de nos jours pour un établissement de fabrication et de conservation des produits du lait, toujours si délicats et sujets aux altérations, cet établissement, improvisé en quelque sorte, remplit les conditions indispensables au point de vue de la lumière, de l'air, d'humidité et de température et suffit à l'étude rigoureuse des questions qui se rattachent à l'industrie laitière.

Des réparations ont été réalisées dans les deux pièces et aujourd'hui elles sont bien pavées de briques et de dalles imperméables; le plafond et les par vis sont d'une grande propreté, et l'eau abonde pour les lavages, ce qui a une importance capitale pour une industrie de ce genre. La laiterie est exposée d'un côté au Nord, et de l'autre complétement souterraine à une profondité approximativement de 3 mètres; par suite, la température se conserve avec très peu de variations à un degré convenable, qui oscille entre 10 et 12 degrés centigrades. Sous ce rapport, le local choisi ne laisse rien à désirer, et à moins de construire exprès un établissement spécial, il eut été difficile de choisir un autre point de l'Institut réunissant les mêmes avantages.

Le matériel est loin d'être complet; il manque un outillage et des appareils selon les systèmes modernes, dont le prix est toujours assez élevé et au-dessus de nos moyens actuels; toutefois, cet essai de laiterie n'est pas totalement dépourvu des instruments propres aux études les plus importantes et les plus intéressantes en cette matière.

On peut voir là comment le lait se conserve par l'ébullilion, par l'aération et par le refroidissement, ou bien encore par l'emploi des procédés chimiques.

Là, sont représentées les principaux systèmes d'écrêmage, depuis le plus primitif employé dans le pays, jusqu'au plus perfectionnés, de Swartz, de Cooley, et jusqu'aux écrêmeuses centrifuges; là enfin, on trouve divers modèles des barattes les plus connues, ainsi que d'autres appareils employés pour la fabrication du beurre et du fromage.

Les principaux utensiles et mécanismes qui constituent spécialement le mobilier technique de cet atelier sont les suivants:

Une voiture de Pilter, pour le transport du lait;
Un appareil réfrigérant de Lawrence;
Un filtre-coagulateur;
Des mesures de capacité;
Des sceaux et récipients pour le lait;
Des écrémeuses hollandaises de porcelaine;
Une écrêmeuse Souchu-Pinet:

Une écrêmeuse de Cooley;
Une écrêmeuse à Siphon;
Une centrifuge Bijou, de Laval;
Une baratte expéditive, système américain;
Une baratte de Pouriau;
Une baratte de Valcourt;
Une baratte de Bradford (grand modèle);
Une baratte de Bradford (petit modèle);
Une baratte Souchu-Pinet;
Une baratte atmosphérique;
Un malaxateur mécanique de Segeleke;
Un malaxateur à bras;
Une tine pour cailler le lait;
Un moulin à broyer le caillé;
Des presses pour le fromage;
Des moules et des formes;
Une machine à mouler le beurre;
Des spatules, des cribles et autres menus outils;
Des crêmomètres de Quevenne et de Chevalier;
Divers aréomètres et thermomètres;
Des lacto-butyromètres;
Un lactoscope Donné;
Un appareil de Soxhlet;
De petits analysateurs du lait, etc., etc.

LAITERIE EXPÉRIMENTALE À L'INSTITUT AGRONOMIQUE ET VÉTÉRINAIRE

Font encore partie du matériel de l'atelier différentes substances coagulantes, matières colorantes, petits accessoires de laboratoire, modèles et photographies de machines, etc. De plus, nous avons commandé une balance spéciale pour peser le lait et nous nous proposons d'acquérir le plus tôt possible un nouvel appareil thermo-régulateur, propre à la fabrication du fromage et à divers essais.

Tout autour des deux pièces qui composent la laiterie, existent des tables de marbre où sont étagés les appareils et vases employés pour l'écrêmage, et au milieu, occupant l'espace libre entre les machines, de petites tables supportent les éprouvettes d'étude, au moyen desquelles on procède aux expériences ou aux démonstrations pratiques.

Entre autres intéressants travaux, le professeur a poursuivi dans cette *Laiterie expérimentale,* avec les élèves de son cours de technologie rurale, quelques essais comparatifs tendant à rechercher d'une manière précise quelle est l'influence de l'aération et de la température sur l'ecrêmage du lait, quand on n'emploie pas à cette fin les écrêmeuses centrifuges. C'est ainsi qu'il est arrivé à reconnaître, scientifiquement, que la production de crême, obtenne par son ascension naturelle, est d'autant plus abondante et se forme d'autant plus rapidement, que la température des récipients est plus basse (pourvu toutefois qu'elle ne dépasse pas la limite extrême de zéro), et que d'un autre côté, l'aération est moindre: ce qui revient à dire, d'autant plus que l'agitation du liquide organique est moins forte.

Les essais sucessifs effectués avec des crêmomètres Chevalier, remplis du même lait et provenant des mêmes vaches ont conduit aux resultats suivants:

Tableau résumé de quelques essais réalisés dans la Laitérie expérimentale de l'Institut Agronomique et Vétérinaire

Crêmomètre de Chevalier	Température — Degrés	Rendement de crême en divisions du crêmomètre
N.° 1	2	18
N.° 2	10	12
N.° 3	15	11
N.° 4	50	10
N.° 5	100	8

Influence de l'aération

Crêmomètre de Chevalier — Aération pendant dix minutes	Température — Degrés	Rendement de crême en divisions du crêmomètre
N.° 1 (*a*)	2	16
N.° 3 (*a*)	15	9
N.° 5 (*a*)	100	4

Comme on le voit, non seulement l'écart sur le rendement de la crême est subordonné à la température, mais à l'intensité de la ventilation. Les crêmomètres employés pour les operations 1 (a), 3 (a) et 5 (a) contenaient le même lait que es crêmomètres 1, 3 et 5, lesquels soumis à la même température, mais non aérés, ont donné des rendements supérieurs.

Ces chiffres représentent seulement la moyenne d'une série d'expériences, mais on se rend bien compte qu'en opérant sur des laits différents, les résultats seraient identiquement pareils; nous avons observé en effet que le rapport entre le rendement de crême et la température, d'une part, et le rendement de crême et l'aération d'autre part, se maintient à peu près constant, quel que soit le lait employé.

Il arrive parfois que l'expérience de l'aération semblerait ne pas donner des résultats concordants entre eux, mais la cause en est que le lait a été plus ou moins secoué avant d'entrer dans la laiterie (ce qui altère les conditions de l'expérience), et qu'il est d'ailleurs transporté le plus souvent dans des vases différents. De telle sorte que le lait n'étant pas expérimenté sous l'influence des mêmes circonstances, les résultats ne peuvent manquer de varier plus ou moins.

En ce qui concerne la température, nous pouvons affirmer sans hésitation que la chaleur nuit à l'extraction de la crême formée par le repos de la masse laiteuse, tandisque le froid produit l'effet contraire. Ainsi, l'on doit condamner les pratiques couramment usitées dans le pays, et notamment dans l'Alemtejo. A Evora, par exemple, et sur d'autres points, comme Manhouce et certains hameaux voisins de la Serra d'Estrella, on a l'habitude très connue de porter le lait sur le feu dans des pots de terre pour laisser se former la crême sous l'action d'une chaleur douce. Le résultat est infailliblement défavorable à la formation de la crême, envisagée au point de vue de la quantité; tout ce qui reste est perdu, car cette partie (relativement non à dédaigner) va à l'auge des pourceaux.

C'est encore un procédé condamnable et nous en avons eu la confirmation par les études comparées faites dans notre laiterie, de mettre le lait à reposer pour la formation de la crême dans des vases de terre à embouchure haute et étroite. Divers essais nous autorisent à poser en principe que la production de crême sera d'autant plus avantageuse que le récipient employé pour l'écrêmage est plus large et moins profond.

Cette question, et d'autres non moins pratiques, ne peuvent guère être définitivement tranchées qu'en vertu d'une expérimentation directe; c'est pourquoi nos pensons que l'établissement d'ateliers semblables à celui qui existe déjà à l'Institut, tournerait au profit de l'enseignement général, en rendant les professeurs comme les élèves aptes à motiver catégoriquement leurs conclusions relativement à des points aussi précis et positifs que sont ceux de l'agriculture.

Cabinetl e physique agricole.

Les installations destinées à l'étude des matières qui sont du ressort de la quatrième chaire (physique agricole) sont déjà très importantes, principalement au point de vue de l'agrologie et de la climatologie du pays. Un cabinet spécial reunit des matériaux précieux pour l'étude, si vaste et si complexe, de cette branche de l'enseignement.

Le professeur de cette chaire, M. Filippe Eduardo de Almeida Figueiredo, s'occupe activement de compléter cet outillage et espère avant peu être en état d'élargir le champ de ses observations. Le programme de son cours, et ses vues

LABORATOIRE ET MUSÉE DE PHYSIQUE-AGRICOLE À L'INSTITUT AGRONOMIQUE ET VÉTÉRINAIRE

personnelles dans l'organisation de son programme de travaux ainsi que le catalogue de ses collections d'étude ont été publiés en brochure que l'éminent professeur vient de mettre au jour sous le titre de *La chaire de physique agricole du cours d'agronomie*.

Le matériel d'enseignement de la chaire de physique agricole consiste dans les objets dont suit la nomenclature :

I. Collection de cristaux naturels pour servir à l'étude de la cristallographie, 100 exemplaires.

II. Échelle de sûreté de Mohs.

III. Échelle de fusibilité de Kobell.

IV. Collection de minéraux pour l'essai au chalumeau, 100 exemplaires.

V. Collection de roches préparées pour l'étude au microscope, 250 exemplaires.

VI. Collection d'étude des principales espèces de minéraux, 280 exemplaires.

VII. Collection d'étude des principales espèces des roches, 700 exemplaires.

VIII. Collection générale des principaux minéraux et roches du Portugal, 451 exemplaires.

IX. Collection des principaux fossiles des divers terrains, 200 exemplaires.

X. Collection de sols arables du Portugal classifiés d'après leurs origines géologiques, 315 exemplaires.

XI. Collection complète d'instruments pour les observations météorologiques y compris des appareils enregistreurs.

XII. Instruments et appareils pour l'analyse physique des sols arables et pour l'étude de leurs propriétés physiques :

XIII. Instruments et appareils pour l'étude de l'action des propriétés physiques du sol et des phénomènes météorologiques sur la végétation.

XIV. Collection de cartes et tableaux, dont les principaux sont les suivants :

1° Carte chorographique du Portugal, échelle $\frac{1}{100.000}$

2° Carte chorographique des environs de Lisbonne, échelle $\frac{1}{100.000}$

3° Carte géologique du Portugal, échelle $\frac{1}{500.000}$

4° Carte géologique des environs de Lisbonne, échelle $\frac{1}{100.000}$

5° Carte agricole du Portugal, échelle $\frac{1}{50.000}$

6° Carte agrologique du Portugal, échelle $\frac{1}{50.000}$

7° Carte hydrographique du Portugal, échelle $\frac{1}{1.000.000}$

8° Carte orographique du Portugal, échelle $\frac{1}{1.000.000}$

9° Carte des isothermes du Portugal, échelle $\frac{1}{1.000.000}$

10° Carte de la distribution des pluies en Portugal, échelle $\frac{1}{1.000.000}$

11° Neuf cartes indiquant la distribution des arbres forêstiers du Portugal, échelle $\frac{1}{1.000.000}$

12° Carte des régions agricoles du Portugal, échelle $\frac{1}{1.000.000}$

13° Carte de l'embouchure du Vouga, échelle $\frac{1}{10.000}$

14° Carte du cours du Tage et de ses terrains marginaux, échelle $\frac{1}{70.000}$

15° Mappe-monde, indiquant le relief des continents, échelle $\frac{1}{2.000.000}$
16° Carte oro-hydrographique de la Péninsule Ibérique $\frac{1}{750.000}$
17° Carte géologique de la Péninsule Ibérique, échelle $\frac{1}{2.000.000}$
18° Carte géologique de la France, échelle $\frac{1}{2.600.000}$
19° Carte géologique internationale de l'Europe, échelle $\frac{1}{1.000.000}$
20° Carte thermique de l'Europe.
21° Carte de la distribution des pluies en Europe.
22° Tableaux contenant les résultats numériques des observations météorologiques dans les diverses régions du Portugal.
23° Tableaux de météorologie agricole, contenant des données numériques: sur l'action des météores dans le développement des plantes; l'influence des forêts sur la température, l'humidité et le régime des pluies; et des observations relatives aux phénomènes périodiques de la végétation, etc.
24° Tableaux présentant quelques données intéressantes relativement à la physique du sol, tels que: marche annuelle de la température et de l'humidité dans le sol, propriétés physiques du sol et leur influence sur la végétation, etc., etc.

Cabinet de botanique.

Le matériel d'enseignement de la première chaire (botanique), supérieurement régie par l'illustre professeur de l'Institut et de l'École polytechnique, M. Pereira Coutinho, consiste dans les objets énumérés ci-dessous:

Herbier général composé de près de 7.000 espèces croissant spontanément dans le pays;

Herbiers étrangers renfermant 3.600 exemplaires;

Nombreuse collection d'exemplaires de bois des principales essences venant naturellement ou naturalisées en Portugal;

Collection de 300 exemplaires de fruits et de semences de plantes cultivées ou spontanées dans le pays;

Collection de 62 tableaux muraux d'histoire naturelle, embrassant toute la morphologie et anatomie végétales;

Collection de 100 exemplaires clastiques, indiquant la forme et la structure des principaux types végétaux;

Tout le matériel nécessaire pour la préparation et la conservation des exemplaires d'herbiers;

Matériel de microscopie, comprenant 13 microscopes de Nachet et de Reichert, avec tous leurs accessoires pour l'étude de l'anatomie des plantes; plus une nombreuse et variée collection de préparations montées;

Une section du champ annexe de l'Institut est affectée à la chaire de Botanique pour les besoins de son service.

Cabinet d'hygiène et zootechnie.

Le cabinet d'hygiène et zootechnie appartenant à la 10e chaire renferme, pour la demonstration des cours, le matériel suivant:

Collection de filtres de divers modèles pour la dépuration des eaux.

Matériel pour l'analyse des eaux.

Appareil minimétrique d'Angus Smith pour le dosage de l'acide carbonique de l'air.

Appareil complet de Hesse pour l'analyse bactérimétrique de l'air.

Modèles de logements d'animaux domestiques.

Matériel pour le nettoyage et la desinfection des étables.

Collection de harnais de protection, de contention et de travail pour les diverses espèces domestiques.

Exemplaires de la flore fourragère portugaise.

Collection de grains, semences, féveroles et résidus industriel d'origine végétale.

Matériel pour l'examen des aliments.

Utensiles pour la conservation et la préparation de substances alimentaires.

Tableau synoptique de la composition chimique et des relations, valeur et équivalents nutritifs.

Appareil de Thieng pour le dosage de l'urée.

Collection clastique de mâchoires de cheval et de bœuf pour l'étude de l'âge.

Exemplaires naturels de mâchoires d'équidés et de bovidés pour la vérification de l'âge;

Fragments du tégument externe de chevaux pour l'étude de la robe.

Crânes des différentes espèces portugaises. Crânéomètres.

Exemplaires empaillés de divers animaux domestiques.

Hippomètres.

Collections de tableaux avec gravures, peintures et photographies, représentant différents types des diverses espèces domestiques.

Tableau synoptique des laines portugaises.

Collection clastique pour l'étude de la sériciculture.

Exemplaires artificiels pour l'étude de l'apiculture.

Exemplaires naturels, montrant systématiquement l'évolution complète des poissons.

Matériel photographique complet.

Musée de produits agricoles.

Le musée de l'Institut occupe une vaste pièce où sont disposés sur des tables, dans des vitrines ou étagères, les principaux produits agricoles du pays, formant une petite mais instructive exposition permanente, consacrée au service de la démonstration des cours et aux travaux pratiques des élèves.

Parmi tous ces produits on peut citer une collection très complète d'échantillons d'huile d'olives où sont representés tous les districts du Portugal; aussi bien qui une autre des vins, vinaigres et eaux-de-vie.

Y figurent également les principaux types de blés cultivés en Portugal, de même que les variétés de maïs, de seigle, d'orge, d'avoine et de riz; la fève, les haricots et d'autres produits horticoles; les caroubes de l'Algarve; une précieuse collection des bois de nos arbres, tant du continent que des colonies; les lièges de nos forêts, et les differentes variétés de glands, utilisés dans l'engraissement des porcs; les résines et les autres produits derivés; l'énorme variété de nos olives; les fruits de nos vergers; le miel et la cire; les cocons et la soie dans ses divers états; les laines de tous les types nationaux et quelques-uns étrangers; le coton et le lin dans ses divers états de préparation; etc.

Cette exposition est completée par des tableaux présentant les resultats de diverses observations, expériences, et études realisées à l'Institut; et par des cartes, graphiques et tableaux indicant la distribution des diverses cultures en Portugal, la distribution du betail, le montant des productions, le mouvement commercial des exportations et importations, etc.

Une autre section de ce musée, renferme tout le matériel se rapportant au génie rural.

Il est rangé en quatre pièces distinctes, l'une consacrée à la machinerie agricole, l'autre aux constructions rurales, la troisième à l'hydraulique et la dernière à la topographie.

Musée de machines.

La sale des machines renferme une collection de presque 200 exemplaires ou modèles de machines, appareils et instruments agricoles, parmi lesquels on voit des modèles des instruments traditionels de l'agriculture portugaise, comme par exemple, la charrue *(labrego)* du Ribatejo, l'araire *(araveça)* du Ribatejo, l'araire ordinaire, l'araire de Beja, le traineau en fer de Benavente, celui des Açores, le char de l'Alemtejo, etc. En plus, une nombreuse collection de machines perfectionnées, savoir: les charrues de Dombasle et de Grignon, de Brabant et de Howard, de divers types, à un et à plusieurs socs; scarificateurs, et extirpateurs de divers auteurs; le cultivateur de Colleman, les sarcleurs de Garrett et autres; les rouleaux de Crosskill, les herses Valcourt et Howard; semoirs de différents types, de Smith, Docte, Higgs; faucheuses, moissonneuses et moissonneuses-lieuses de Wood, Mac-Cormich, etc.; un modèle réduit, mais complet, de l'appareil de labourage à vapeur de Fowler; les batteuses de Ransomes; les coupe-paille et coupe-racines, les concasseurs, les distributeurs d'engrais liquides; modèles de chars perfectionnés; des dinamomètres de traction, etc.

Musée de constructions rurales.

La deuxième sale contient le matériel de demonstration pour les constructions rurales, comprenant:

a) Collection de pierres naturelles, brutes ou appareillées: calcaires, granits, grés, ardoises, schistes, marnes, argilles, etc., explorées dans les différentes régions du pays.

b) Collection de près de 100 échantillons de marbres, blancs, noires, rayés, etc.

c) Collection d'argilles, marnes, chaux, sables, explorés dans le pays.

d) Collection de pierres artificielles: carreaux de différents modèles et pour différentes applications, *azulejos*, tuiles ordinaires, de Marseille et autres, tuyaux d'argille et de grés, etc.

e) Nombreuse collection de modèles de pièces de charpenterie et de boiserie.

f) Modèles diverses, en plâtre, de cintres, arcs, voûtes, escaliers, etc.

g) Machines auxiliaires, telles que:

Machines pour fabriquer des tuiles, carreaux, tuyaux.

Modèle de four à chaux.

Modèles de crics, et autres machines pour élever des poids, etc.

h) Modèles d'étables:

Pour chevaux.

Pour bœufs.

MUSÉE DE MACHINES ET PRODUITS AGRICOLES

Pour moutons.
Pour porcs.

i) Collection de bois de construction des forêts du pays:

Nombre d'échantillons:

Du district d'Evora	50
Du district de Coïmbra	57
Du district de Vizeu	40
Du district de Bragance	22
De l'île de Madère	72

Échantillons divers:

Acacia	2
Cèdre	3
Platane	1
Hêtre	2
Yeuse	4
Peuplier	2
Frêne	6
Eucalyptus	4
Aulne	2
Pin	20
Châtaignier	7
Chêne	14
Chêne-liège	5
Prunier	1
Poirier	1
Pommier	3
Abricotier	1
Mûrier	2
Cerisier	6
Citronnier	3
Figuier	3
Coignassier	1
Amandier	1
Oranger	2
Olivier	2
Noyer	8
Lotus	2
Laurier	4
Magnolia	1
Genêt	1
Olivier sauvage	1
Saule	2
Orme	2
Buis	4

Musée d'hydraulique agricole.

La troisième salle, consacrée à l'hydraulique agricole, renferme des modèles de roues hydrauliques de différents types; des différentes formes d'écluses, digues, canals; des machines pour élever l'eau; des distributeurs d'eaux; des modèles en relief représentant les principaux types d'armation des prés, et des systèmes d'irrigation; des modèles de reconstitution des terrains de montagne corrodés par les eaux; des modèles de travaux de drainage; collection de tous les instruments employés dans les travaux de hydraulique agricole.

Cabinet de topographie.

Enfin le cabinet de topographie renferme le matériel complet pour les travaux des élèves, tant de cabinet que de campagne. Parmi ces derniers on voit:

Boussoles ordinaires, éclimètre, boussole simples, à alidade, à pinnules, de Bournier, Peigné, Casella.

Niveaux de Chesy, de Donaldson, d'Egault, de Brunner.

Niveau de précision de Brito Limpo (ingénieur portugais).

Niveaux de Casella, Lenoir, Bourdalou, d'eau, de boule d'air; niveau de reflexion de Burel.

Curvigraphe enregistreur de Bonnefon.

Curvimètres, telemètres, sextants.

Clisimètres simples de Goulier.

Lunette stadimètrique de Goulier.

Théodolites de Casella, pantomètre à lunette.

Équerres d'arpenteur; alidades diverses.

Graphomètre de Secrétan, éclimètre de planchette.

Nonios divers (verniers).

Mires diverses.

Hypsomètres, etc.

Musée d'anatomie.

L'enseignement pratique de la 12e chaire se compose de démonstrations faites par le professeur pendant le cours de ses leçons, et de dissections dirigées par le répétiteur d'après les indications du professeur.

Les dissections embrassent tous les systèmes anatomiques et sont faites dans la salle des dissections, pendant toute l'année lective, aux jours et heures marqués à l'horaire.

Voici le matériel destiné à l'enseignement pratique de la 12e chaire:

Plusieurs squelettes de poissons, amphibies, reptiles, oiseaux et petits mammifères.

Squelettes d'oiseaux domestiques (cop, dindon, pignon, canard, cygne, etc.).

Squelettes d'équidés.

Un squelette d'âne adulte (ayant 17 paires de côtes).

Un squelette incomplet d'âne (ayant 19 paires de côtes, dont 10 sternales).

Un squelette complet d'âne de dix mois.

Squelettes de bovidés.

Squelettes d'ovidés.

Squelettes de porc.

Squelettes de chien.

Squelette de chat.

Squelette de lapin.

Squelettes de lièvre.

Plusieurs collections de crânes et d'os des différentes espèces domestiques.

Exemplaires du larynx et l'appareil hyoïdien des principales espèces domestiques.

Un exemplaire d'anatomie clastique de la corvine *(Siœna aquila,* G. Cuvier).

Un exemplaire de boa *(Boa constrictor).*

Un exemplaire de dindon *(Melleagris gallo-pavo).*

Un exemplaire de cheval *(Equus caballus).*

Un exemplaire clastique de l'utérus de la vache en gestation.

Un exemplaire des estomacs des ruminants (mouton).

Un exemplaire des centres nerveux du cheval.

Un exemplaire de larynx, trachée et bronches.

Un exemplaire du cœur.

Un exemplaire de l'appareil auditif.

Un exemplaire de l'appareil visuel.

Un exemplaire du pied du cheval.

Un exemplaire d'ovologie contenant vingt-trois pièces.

Une collection de quarante pièces tératologiques, dont vingt-huit conservées dans l'alcool.

Laboratoire de chimie médicale.

La 14e chaire (matière médicale, chimie médicale, pharmacologie et pharmacie) possède un petit laboratoire de recherches et pour les travaux practiques des élèves. Il renferme:

Exemplaires, appareils, instruments et ustensiles destinés aux démonstrations et aux exercices ayant pour objet les matières de cette chaire.

Collection de plantes médicinales, spontanées et cultivées dans le pays.

Collections de racines, tiges, feuilles et autres produits végétaux exotiques et indigènes.

Collections de sels et autres produits d'origine minérale ou chimique.

Seringues pour les injections hypodermiques.

Machine électrique avec régulateur pour les chocs.

Microscope de M. & Boch.

Uréomètre de Yvon.

Uréomètre de Thierry.

Uréomètre de Vegel.

Densimètre de Quévenne.

Lacto-densimètre de Quévenne et Bouchardat.

Crémométre de Chevalier.

Crémomètre de Quévenne.

Lactoscope de Donné.

Galactomètre.

Pèse-lait thermique.

Lacto-butyromètre de Marchand.

Lactomètre Balling.

Lactomètre officiel.

Appareil de Marsh.

Hydrotimètre de Boution et Mondet.

Bain-marie à niveau constant.
Pompe hydro-pneumatique.
Etuve avec régulateur.
Balances communes et de précision.
Densimètre, thermomètre, éprouvettes, ballons, capsules et autre matériel en verre ou en porcelaines, indispensable pour les analyses de chimie médicale et de chimie toxicologique.
Réactifs.

Cabinet de pathologie.

Le matériel pour la démonstration et exercices de la 15e chaire (pathologie générale et interne et clinique médicale) comprend:
Une collection de pièces anatomo-pathologiques, convenablement conservées dans des flacons.
Une collection de préparations d'histologie pathologique.
Un microtome automatique (Reichert).
Un microscope binoculaire (Beck).
Un rhino-laryngoscope (Polansky et Schindelka).
Specula auriculaires, animaux et vaginaux.
Sondes esophagiques et urétrales.
Plessimètres de Delafond, Leblanc, etc.
Stethoscopes ordinaires de Vigier et biauriculaire de Constantin Paul.
Un phonendoscope (Bassi et Brianchi).
Un ophtalmoscope (Follin).
Un pneumographe (Harey, modification de Paul Bort).

Le professeur de cette chaire et le chef de service ont à leur disposition soit dans le laboratoire de bactériologie, soit dans le cabinet d'histologie normale et de physiologie comparée ainsi que dans le cabinet de l'hôpital vétérinaire d'autres instruments et appareils pour les démonstrations de la chaire et les exercices de clinique.

Laboratoire de bactériologie.

Le laboratoire de bactériologie, créé par la loi de 1886 du ministre Emygdio Navarro, constitue un autre atelier de travail consacré à l'étude des maladies contagieuses et à la préparation de vaccines d'une application extrêmement importante et utile pour l'enseignement. Installé d'abord dans un local très étroit réduit à se contenter provisoirement d'un petit coin pris sur le laboratoire de chimie, le cabinet de bactériologie, fut organisé par deux distingués professeurs de l'Institut, MM. Joaquim Ignacio Ribeiro et João Viegas Paula Nogueira, et confié pendant quatre années à leur intelligente direction. Maintenant, il fontionne dans un établissement aménagé expressément en vue de ce service, disposant d'appareils de premier ordre et placé sous la direction du dernier professeur que nous avons cité plus haut, M. Nogueira.

Ce laboratoire est aujourd'hui en possession d'appareils pour les cultures de bacilles, de machines de pression, de filtres Pasteur et Chamberland, d'une collection d'étuves, de thermostates, d'autoclaves, de microscopes et enfin de tout le matériel nécessaire pour l'étude de la technique microbiologique. Entre autres collections curieuses, on trouve dans cet établissement une précieuse série de cul-

LABORATOIRE DE BACTÉRÉCLOGIE DE L'INSTITUT AGRONOMIQUE ET VÉTÉRINAIRE

tures pures des divers microbes pathogènes attaquant l'homme et les animaux domestiques, importée de Berlin du laboratoire du docteur Kock, par les soins personnels d'un des professeurs de l'Institut qui se rendit en 1889 dans cette ville en mission d'étude.

Les expériences qui se pratiquent journellement dans cet atelier pratique dépendant de l'Institut sont remarquablement variées. Elles fournissent des éléments excellents pour la parfaite connaissance de la plupart des questions modernes qui se rattachent à la batériologie.

Dans ce laboratoire on prépare des sérums ou des vaccines contre le charbon des animaux pour être vendus aux éleveurs du pays, et dans le moment, on est à la recherche d'un spécifique préventif contre le mal rouge de l'espèce porcine.

C'est avec ces ressources matérielles que l'Institut Agronomique et Vétérinaire est en mesure de fournir son enseignement aux élèves qui fréquentent les dix-sept chaires, dont il est aujourd'hui doté.

Rien ne nous paraît plus propre à donner une idée exacte de la nature de cet enseignement que de reproduire ci après les programmes respectifs de ces différents cours:

PROGRAMME DE LA PREMIÈRE CHAIRE

BOTANIQUE

Professeur — *Antonio Xavier Pereira Coutinho*

INTRODUCTION

Définition de la botanique. Importance agricole et vétérinaire de cette science.

Notions générales sur les plantes. Multiplicité des formes des végétaux. Forme simple et ramifiée; forme homogène et différenciée. Membres; organes et fonctions. La cellule végétale. Tissus. La radiation et l'alimentation comme conditions de l'accroissement. Multiplication et reproduction; différences et valeur relative. L'individu végétale et l'espèce botanique. Transmissions héréditaires.

Principaux types d'organisation: Phanérogamiques, cryptogamiques vasculaires, Muscinées et Thallophytes; subdivision des Phanérogamiques en Angiospermiques et Gymnospermiques et des premières en Dicotylédones et Monocotylédones.

Divisions de la botanique en générale et spéciale. Sub-divisions de la botanique générale. Plan du cours.

A. BOTANIQUE GÉNÉRALE

I.—*Morphologie externe*

1.° ORGANES VÉGÉTATIFS

Axes et appendices

Racine: Caractères généraux, racine normale, racines adventices et latentes. Ramification de la racine. Situation (terrestre, aquatique, aérienne). Durée (annuelle, biennale, vivace) Direction, consistance; accidents de la superficie. Principales formes des racines.

Racines ordinaires; racines différenciées;

Racines des Dicotylédones et des Gymnospermiques. Racines des Monocotylédones. Racines des Cryptogames vasculaires. Plantes sans racines.

Tige: Conformation générale; nœuds et entre-nœuds. Ramification; bourgeons ou boutons: latéraux et terminaux: normaux, adventices et latentes. Nature de la tige (herbacée, subarbustive, arbustive et arborescente), dimensions, consistance; direction; accidents de superficie. Principales formes de tiges. Port des plantes; modifications apportées par la culture.

Caules ordinaires; rhizomes; tubercules; branches-vrilles; branches-épines; cladodes. Tiges des Dicotylédones et des Gymnospermes; tiges des Monocotylédones; tiges des Cryptogames vasculaires; tiges des Muscinées. Plantes sans tige.

Feuilles: Caractères généraux. Parties constituantes: gaine, pétiole et limbe; simplification par avortement; phyllodie. Disposition des feuilles sur la tige. Nervures; division du limbe; accidents de superficie; consistance, durée. Principales formes de feuilles. Dispositions des feuilles dans le boutons (foliature).

Stipules. Ligule.

Feuilles ordinaires; feuilles protectrices (écailles); feuilles nourricières; bulbes et bulbilles; feuilles-épines; feuilles-vrilles; feuilles reproductices. Polymorphysme des feuilles dans la même plante.

Feuilles des Cryptogames; des Monocotylédones; des Gymnospermes; des Cryptogames vasculaires; des Muscinées.

Plantes sans feuilles.

Thalle: Conformation générale; principales formes. Situation. Thalle des Algues et des Champignons (mycélium).

2.° ORGANES DE REPRODUCTION

Dans les Phanérogames

Fleur: Parties composantes; bractées. Métamorphose progressive et régressive.

Inflorescences.

Le réceptacle; fleurs verticillées, cycliques et mixtes.

Calice: position; forme, nombre, consistance et couleur des sépales; adhérence aux autres verticilles; cohérence des sépales; durée du calice. Formes principales. Calicule. Avortement et absence de sépales.

Corolle: Forme, nombre, consistance et couleur des pétales; adhérence aux autres verticilles; cohérence des pétales; durée de la corolle. Formes principales. Ramification des pétales.

Androcée; étamines; parties constitutives; nombre, grandeur relative, formes, adhérences et cohésion; ramification. L'anthère et le filet; position de l'anthère; forme et déhiscence; le connectif et les bourses polliniques; le pollen. Etamines. Avortement et absence des étamines.

Gynécée: carpelles; parties composantes; nombre, formes, adhérences et cohérence; ramification. L'ovaire: forme, couleur, grandeur relative, locules; disposition, placentation, formes, parties composantes. Le stilet: situation, nombre, forme, durée, direction, division. Le stigmate: nombre, position, division, forme.

Avortement et absence des carpelles.

Disque: carpophore; gynophore; nectaires floraux.

Formules et diagrammes floraux. Préfloraison. Polymorphisme de la fleur dans la même plante et dans diverses plantes de la même espèce. Anomalies de la fleur.

Pollinisation. Auto-fécondation, croisement et hybridation; plantes anémophylles et entomophylles; déductions agricoles.

La fleur dans les Dicotylédones; dans les Monocotylédones; dans les Gymnospermes.

Fruit: Origine. Parties constituantes: péricarpe et semence.

Fruits simples et aggregés ou infrutescenses; annexes du fruit. Classification des fruits. Semences; nombre, forme, grandeur, disposition à l'intérieur du fruit, position. Arille et caroncule. Les réserves nutritives et l'embryon. Dissémination.

Plantes monocarpiques et polycarpiques.

Le fruit dans les Angiospermes et Gymnospermes.

Dans les Cryptogames

Valeur relative de la multiplication et de la reproduction dans les Phanérogames et les Cryptogames.

a) *Cryptogames vasculaires:* Dans la phase cellulaire (prothalle): anthéridies et archégones, forme, situation et déhiscence; anthérozoïdes et oosphère. Dans la phase vasculaire: sporanges, forme, situation et déhiscence; spores. Différenciation des sporanges et des spores; macrosporanges et microsporanges, macrospores et microspores.

b) *Muscinées:* Anthéridies et archéogones: forme, situation et déhiscence; anthérosoïdes et oosphère. Le sporogone: forme, situation et déhiscence: spores. Le protonéma.

c) *Thallophytes:* réproduction hétérogamique et reproduction isogamique: types principaux.

II. — Taxonomie

Importance de cette partie de la botanique.

L'espèce, la variété et la variation; leur valeur culturale relative.

Le genre; les tribus. Les familles. Les ordres. Les classes. Les grands embranchements ou divisions. Séric ascendante et descendante.

Nomenclature botanique. Description des plantes. Synonymie.

Récolte et préparation des plantes. Herbiers et collections.

Rapide résumé des systèmes de classifications antérieurs à Linnée.

Systèmes artificiels et méthodes naturelles.

Résumé du système de Linnée; de la méthode de Jussieu; de celle de De Candolle; de celle de Lindley; de celle de Brogniart; de celle de Bentham et Hooker; de celle de Van Tieghem.

III.— Morphologie interne

La cellule végétale: ses parties composantes; formes de differentiation.

Étude du protoplasme et de ses dérivés inclus; du noyau et de ses derivés inclus; des leucites et de ses derivés inclus; des hydroleucites et de ses derivés inclus; du suc cellulaire; de la membrane et ses dérivés. Formation des cellules.

Structure continue et cellulaire.

Tissus: Méristèmes et tissus définitifs. Origine des tissus.

Méristème terminal et intercalaire, primaire et secondaire. Classification des tissus.

Epiderme: stomates, poils, etc. Tissu subéreux. Parenchymes à parois épaisses et à parois minces. Tissu sécrétoir.

Esclérenchyme: à éléments courts et à éléments longs (fibres).

Tissu vasculaire: vases fermés et vases ouverts. Tissu criblé. Espaces aérifères internes.

Appareils: (a) *mécaniques:* tégumentaire ou protecteur; conducteur; de résistance ou stéréoma; conjunctifs; (b) *chimiques:* assimilateur; de réserve; secréteur; absorbant; aérifère.

1.º ORGANES DE LA VÉGÉTATION

Axe et appendices

Racine: Structure primaire typique: écorce et cylindre central; la coiffe ou *piléorhiza;* appareils; principales modifications de ce type; anomalies. Origine de la structure primaire de la racine: formation par une seule cellule-mère; par un groupe de cellules-mères. Croissance de la racine. Origine, insertion, accroissement interne et sortie des radicules ou ramifications.

Structure secondaire de la racine. Production artificielle de racines adventives; bouture, greffe.

Racines des Dicotylédones; des Monocotylédones; des Gymnospermes; des Cryptogames vasculaires.

Tige: structure primaire typique: épiderme, écorce et cylindre central; différences entre la structure de la tige et celle de la racine; appareils. Principales modifications du type; anomalies. Origine de la structure primaire de la tige: pour une cellule-mère; pour un groupe de cellules-mères.

PAVILLONS DE PHYSIOLOGIE VÉGÉTAL

Accroissement de la tige. Origine et insertion des rameaux. Origine et insertion des racines sur la tige. Structure secondaire de la tige: liège; rhytidome, lenticeles; utilisation agricole et vétérinaire des écorces; le bois; le cœur et l'aubier; déductions agricoles. Anomalies. Cicatrisation des plaies.

Tiges des Dicotylédones et des Gymnospermes, des Monocotylédones, des Cryptogames vasculaires, des Muscinées.

Feuille: Structure primaire, comparaison avec celle de la tige. Structure du pétiole. Structure du limbe; epiderme; parenchyme homogène et hétérogène; nervures; appareils. Accroissement terminal et intercalaire. Origine et insertion des feuilles sur la tige. Structure secondaire des feuilles. Mécanisme de la chûte des feuilles.

Feuilles des Dicotylédones, des Gymnospermes, des Monocotylédones, des Cryptogames vasculaires, des Muscinées.

Thalle: Structure et mode d'accroissement, dans les Algues; dans les Champignons.

2.° ORGANES DE REPRODUCTION

Dans les Phanérogames

Fleur: Structure du pédoncule, des bractées, des sépales et des pétales. Origine et accroissement de ces diverses parties.

Structure de l'androcée. Structure du filet et de l'anthère; formation des cellules-mères du pollen; formation du pollen à l'intérieur des cellules-mères; structure et déhiscence de la paroi de l'anthère. Étude du grain du pollen; formation des cellules-filles; germination (sortie du tube pollinique) dans les Gymnospermes et dans les Angiospermes.

Structure du gynecée. Structure de l'ovaire, du stilet, et du stigmate. Étude anatomique de leurs adhérences et cohérences; ovaire supérieur et inférieur. Structure de l'ovule; formation du sac embryonnaire; homologie de la nucelle et du sac pollinique.

Formation de la oosphère dans le sac embryonnaire des Gymnospermes et des Angiospermes; homologie de la oosphère et de la cellule-mâle.

Structure de funicule et des téguments.

Structure des nectaires floraux.

Fruit: Différences entre le fruit et l'ovaire d'où il provient.

Structure du péricarpe, maturation des fruits, déhiscence du péricarpe. La semence, le tégument et l'amande; structure du tégument, structure de l'amande; l'embryon dans les Dicotylédones et les Gymnospermes, et dans les Monocotylédones; albumen, périsperme et endosperme.

Dans les Cryptogames

a) Cryptogames vasculaires: Formation et structure des antheridies et archégones, mécanisme de leur déhiscence; formation des anthérozoides et de la oosphère. Origine des sporanges, structure, formation des spores et déhiscence.

b) Muscinées: Formation et structure des anthéridies et archégones; mécanisme de leur déhiscence; formation des anthérozoïdes et de la oosphère. Structure du sporogone dans son évolution, formation des spores et déhiscence.

c) *Thallophytes:* Formation des cellules reproductrices dans les principaux types suivants: (*A*) *reproduction hétérogamique*: anthérozoïde mobile et oosphère fixe et immobile; anthérozoïde mobile et oosphère libre et mobile; anthérozoïde avec membrane cellulosique, oosphère fixe, oogone prolongée en trichogyne; anthéridie sans anthérozoïdes, oosphère fixe. (*B*) *reproduction isogamique:* avec cellules reproductrices fixes et immobiles, ou libres et mobiles.

IV.—Physiologie

La plante et les milieux extérieurs.

Influence de la gravité, de la lumière et de la température sur l'accroissement; direction des axes et appendices dans l'espace; influences accidentelles. La racine comme appareil de fixation; déductions pratiques relatives à l'enracinement des plantes.

Inégalités dans l'accroissement d'un organe; circomnutation et torsion.

Conséquences pour la plante.

Tiges volubles.

Enroulement des vrilles; vrilles adhésives.

Respiration. Conséquences pratiques.

Transpiration. Déductions agricoles.

Absorption; organes de l'absorption; mécanisme de l'absorption.

Assimilation de l'azote. Déductions agricoles.

Assimilation des autres élements. Digestion externe. Considérations relatives aux sols agricoles et systèmes de radication des plantes.—Les plantes spontanées et les plantes cultivées, au point de vue de l'alimentation.—Sève ascendante; tissus conducteurs. Sève élaborée; transport à l'intérieur de la plante.

Assimilation, réserve et désassimiliation. Digestion interne. Substances plastiques et produits éliminés; secrétions. Dégagement de chaleur. Utilisation agricole et industriel des réserves végétales.

Actions de la radiation sur la plante développée. Action motrice de la radiation sur les feuilles développées.

Mouvements des feuilles: sommeil; mouvements provoqués par une irritation mécanique: mouvements spontanés. Conséquences pratiques. Mouvement des fleurs et de leurs parties constitutives. Phénomènes chimiques et biologiques de la chute des feuilles; déductions pratiques.

Fonctions générales de la fleur. Fécondation dans les Gymnospermes et Angiospermes; formation des tissus de réserve; digestion faite par l'embryon.

Vie latente de la semence; conservation des semences. Germination: conditions intrinsèques et extrinsèques; causes externes qui favorisent ou empêchent la germination. Phénomènes morphologiques et physiologiques de la germination. Formation et développement de l'œuf dans les Cryptogames vasculaires, dans les Muscinées et dans les Thallophytes.

Influence de la parenté des cellules reproductrices dans la race pure et dans la race croisée. Caractères des métis et hybrides: utilisation dans l'agriculture. Influence des conditions extérieures dans la variation; déductions pratiques.

Approximation anatomique et physiologique des procédés de reproduction dans les divers groupes végétaux. Analogies; équivalences; comment elles sont expliquées par la théorie transformiste; valeur de cette théorie.

Action des excès (en plus ou en moins) de température, de lumière, d'humidité et de nutrition, sur les plantes.

Plantes spontanées et cultivées.— Naturalisation.

Phases diverses du développement des plantes annuelles; germination, accroissement, floraison et fructification.

Périodes de repos des plantes vivaces. Végétation des rhizomes, bulbes et tubercules.

Mort naturelle.

B. — BOTANIQUE SPÉCIALE

Dicotylédones.— Divisions en ordres et familles. Étude de celles qui offrent le plus d'intérêt agricole ou vétérinaire.

Monocotylédones.— Division en ordres et familles. Études de celles qui offrent le plus d'intérêt agricole ou vétérinaire.

Gymnospermes.— Division en familles. Étude de la famille des *Conifères.*

Cryptogames vasculaires. — Division en classes et ordres; utilité au point de vue agricole et vétérinaire de ces plantes.

Muscinées. — Division en classes et ordres; utilité agricole de ces plantes.

Algues.— Division en ordres. Étude des familles les plus importantes pour l'agriculture ou la vétérinaire.

Champignons. — Divisions en ordres. Étude des familles les plus importantes pour l'agriculture ou la vétérinaire.

GÉOGRAPHIE BOTANIQUE

Action de la chaleur sur la distribution des espèces végétales; action de l'humidité; action de l'homme; action de la distribution des climats, des mers et continents, aux époques géologiques antérieures. Zones botaniques.

Aire des espèces: habitat; influence de la composition des terrains.

Régions botaniques portugaises.

Flore spontanée de nos prairies, des forêts, des landes, des terres à blé, des vignes, des jardins et des chemins, des lieux marécageux.

PROGRAMME DE LA DEUXIÈME CHAIRE

MÉCANIQUE ET SON APPLICATION AUX INSTRUMENTS ET AUX MACHINES AGRICOLES; TOPOGRAPHIE

Professeur — *Augusto José da Cunha*

I. — Cours de mécanique et son application aux instruments et aux machines agricoles

PRÉLIMINAIRES

1. — Matière, forme, densité, homogénéité, hétérogénéité.

2. — Matière vivante, matière brute, énergie et inertie, généralisation de la notion de l'inertie.

3. — Phénomène du mouvement, idée de la force, comme attribut de la matière et comme action externe, généralisation de la notion abstraite de la force.

4. — Mécanique, cynématique et dynamique; méthodes d'étude de la mécanique.

5. — Mécanique des solides, mécanique des fluides; divisions correspondantes; science pure, science appliquée.

I. — Mécanique rationelle

6. — Mouvement, espace, temps, trajectoire.

7. — Mouvement uniforme, varié, uniformément varié, périodique, vitesse, accélération, chute et ascension des graves.

8. — Mouvement absolu, relatif, de translation, de rotation, vitesse angulaire, vitesse linéaire, nombre de tours.

9. — Indépendance des mouvements simultanés, composition et décomposition des mouvements, des espaces, vitesses et accélérations.

10. — Forces en général, lois expérimentales, forces instantanées, constantes et variables. Action et réaction, mesure des forces, poids, dynamomètres simples.

11. — Force produisant le mouvement, équilibre, rapports avec la vitesse et avec l'accélération, masse, quantité de mouvement, impulsion, force vive.

12. — Composition et décomposition des forces superposées, opposées et angulaires, parallélogramme, polygone et parallélipède des forces, rapports entre la résultante et les composantes.

13. — Composition et décomposition de forces parallèles en un sens quelconque; couples.

14. — Moments par rapport à un point, bras de levier, forces parallèles, comme cas particulier des forces angulaires.

MUSÉE DE MACHINES ET PRODUITS AGRICOLES

15. — Centre de forces parallèles, centre de gravité, lois de symétrie, centre de gravité des lignes, des surfaces, des volumes; centre de gravité des corps hétérogènes, coïncidence avec le centre de figure; procédés pratiques pour l'obtenir.

16. — Travail des forces constantes ou variables, unité de travail, mesure du travail mécanique, effort moyen, travail mécanique exprimé dans la force vive, travail du poids.

17. — Forces appliquées à un solide, leur composition et leur équilibre, rotation sur un axe, force centrifuge.

18. — Solides en équilibre sur un, deux ou trois points fixes; machines simples, leurs conditions d'équilibre, machines usuelles auxquelles elles servent de fondement.

19. — Fluides en général; actions externes, poids et pression sur les parois des vases par rapport aux liquides.

20. — Mouvement des liquides, écoulement constant, calcul du débit, contraction de la veine fluide; bouches ou orifices d'écoulement, tuyaux ou tubes additionnels, rigoles, coefficient d'écoulement.

21. — Fluides élastiques, pression, expansion et travail de la vapeur, sa mesure; air en mouvement.

II. — Mécanique appliquée

22. — Machines, moteurs, récepteurs et opérateurs en général; mécanismes; communications et transformations de mouvement.

23. — Résistances passives, rendement des machines transmission du travail mécanique, application aux machines simples et aux mécanismes, régulateurs.

24. — Moteurs animés; traction, véhicules, influence de la nature et de la déclivité du chemin, rapports entre la charge et l'effort de traction; manèges, leur établissement et leurs applications.

25. — Vent considéré comme moteur; moulins, leur appréciation et leurs applications.

26. Eau produisant le mouvement, moulins à eau, turbines, roues hydrauliques, roues des marées; conditions d'utilisation.

27. — Machines à vapeur en général, leur classification et description des types principaux; combustibles; caractères spéciaux de machines à vapeur agricoles et forestières; locomobiles, locomotives charretières; idée sommaire de la théorie de la chaleur.

28. — Essais de l'application de l'électricité comme force motrice.

29. — Résistance des matériaux à la compression, à l'allongement, à la flexion et à la torsion; manière d'en tenir compte des constructions; emploi des métaux, des bois, et des matériaux flexibles et élastiques dans la construction des machines.

30. — Travail des moteurs vivants, selon la manière dont il est utilisé; travail qu'exigent les différentes opérations mécaniques, résistances passives correspondantes; projet et établissement des machines.

31. — Frein de Prony, dynamomètres de traction, compteur des tours, manivelle dynamométrique, comparaison de différents types de machines, marche des expériences.

III.— Machines agricoles

32. — Machines agricoles en général; influence sociale; caractère industriel de l'agriculture moderne.

33. — Outils et machines, moteurs et opérateurs, classification du matériel agricole.

34. — Araire en général, conditions de son travail; parties constituantes: étude de chacune d'elles; les araires des différentes régions agricoles du pays.

35. — Charrues ordinaires, de sous-sol, spéciales, polysocs: description, appréciation et usage.

36. — Machines à défricher, labour à vapeur, conditions de service et d'établissement; avantage des canaux dans les terres basses.

37. — Cultivateurs, herses, rouleaux.

38. — Semoirs, épandeurs de fumier liquides et en poudre.

39. — Sarcleurs et buttoirs.

40. — Moissonneuses, faucheuses, faneuses, râteaux mécaniques, presses à foin.

41. — Machines à dépiquage considérées en général; exigences particulières de l'agriculture méridionale, nettoyeurs, cribles, gréniers mécaniques, élévateurs pour la paille.

42. — Hache-pailles; laveurs de racines; coupe-racines; concasseurs et égreneurs.

43. — Combinaisons de machines; applications des moteurs.

II. — Cours de topographie

PRÉLIMINAIRES

Définitions. Limites de la topographie. Planimétrie et nivellement. Généralités sur les cartes; cartes géographiques, chorographiques et topographiques. Échelles en général. Échelles anciennes et modernes. Échelles officielles du pays et étrangères. Configuration du terrain. Courbes de niveau. Normales. Signes conventionels et couleurs.

I. — Planimetérie

1. — *Alignements:* Manière de les faire et de les mesurer; description des instruments employés. Chaînes, rubans, règles de Clerck. Niveau de fil à plomb; niveau de bulle d'air; moyen de les vérifier et corriger; stadia, description, théorie, usage.

2. — *Triangulation:* Théorie. Reconnaissance du terrain. Base; choix et conditions à satisfaire, mensuration avec la chaîne ou le ruban et réduction à l'horizon; mensuration avec les règles de Clerck; réseau de triangles; ceux qui conviennent le mieux; limite des erreurs.

3. — *Parties composantes des instruments employés pour déterminer les angles:* Trépieds; articulations de sphère et de coquille; graduation des limbes, nonius ou vernier. Alidade de pinnules simples et doubles. Lunette de deux et de

quatre verres; alidade de lunette; avantages et inconvénients; vérifications et corrections.

4. — *Goniomètres et goniographes:* Définitions. Équerre ordinaire. Pantomètre. Graphomètre. Théodolite. Boussole. Planchette. Description, usage, vérifications et corrections de ces instruments.

5. — *Instruments de refléxion:* Principes que leur servent de base. Description et usage des types les plus importants.

6. — *Mesure des angles:* Principes de la répétition et différentes méthodes de les mesurer, corrections de réduction au centre de la station et de la phase du signal. Centres inaccessibles. Calcul provisoire et définitif d'une triangulation. Orientation. Procédés pour déterminer le méridien, hauteurs correspondantes, lever et coucher du soleil, passage des étoiles par le même méridien. Distance à la méridienne et à la perpendiculaire, et placement des signaux dans le dessin.

7. — *Méthodes de levé:* Différentes manières de déterminer la position d'un point par rapport à une ligne droite. Méthode des intersections, en marchant et mesurant, et des découpures. Exécution de trois méthodes en se servant de la planchette, d'un goniomètre quelconque, de la boussole ou simplemente d'un instrument à mesurer les distances. Registres respectifs. Levés abrégés. Levé des détails.

8. — *Réseaux secondaires:* Formation des triangles secondaires. Polygones, choix des côtés et des sommets; liaison avec les points trigonométriques préexistants; déterminaison des alignements et des angles; vérifications, erreur de fermeture.

9. — *Arpentage:* Transformation des polygones; calcul des surfaces agraires; division des terrains. Résolution de quelques problèmes pratiques.

10. — Plans, projection verticale et coupe des édifices. Levé de machines. Détails. Échelles spéciales.

II. — Nivellement

1. — *Principes généraux:* Verticale. Plan horizontal. Plan de rapport. Cotes. Différences de niveau. Corrections de sphéricité et de réfraction, formules.

2. — *Mires:* Mires de but (de Metz et ordinaire), moyen d'employer la mire directe et inverse. Mires parlantes. Mires de Brito Limpo et modifications de «Campos Rodrigues».

3. — *Niveaux sans lunette:* Niveau de fil à plomb. Niveau à eau. Niveau de pinnules et de bulles d'air. Théorie, vérification et emploi.

4. — *Mires avec lunette: a)* Lunette et niveau de bulle d'air fixés ensembles et aux autres parties de l'instrument. Niveau de Troughton.

b) Lunette et niveau de bulle d'air fixés ensemble, mais détachés du reste de l'instrument.

c) Lunette libre et niveau de bulle d'air fixé à l'instrument. Niveau d'Égault; méthode particulière d'observation.

d) Lunette et niveau de bulle d'air, indépendants l'une de l'autre et du reste de l'instrument. Niveau de Salleron.

e) Niveau de Brito Limpo. Théorie, vérifications, avantages, méthodes d'observation et simplification.

5. — *Éclimètres:* De perpendicule; de lunette; théories, vérifications et méthode d'observer. Éclimètre de Chézy, théories, vérifications et corrections.

Applications: Nivellement trigonométrique; géométrique simple et composé; méthode d'enregistrement. Nivellement rayonnant. Théorie, exécution et enregistrement. Profils longitudinaux; transversaux et courbes de jonction: méthode pour niveler, enregistrer et construire. Configuration du terrain; courbes de niveau, procédés pour les déterminer. Sondages, sondes et méthodes à suivre. Nivellement barométrique; explication et usage des planches d'Oltmanus, formule de Laplace. Levé et nivellement simultané avec la boussole; méthodes, vérifications et registres.

PROGRAMME DE LA TROISIÈME CHAIRE

CONSTRUCTIONS RURALES ET HYDRAULIQUE AGRICOLE

Professeur — *Augusto de Figueiredo*

PREMIÈRE PARTIE

Cours de constructions rurales

PRÉLIMINAIRES

1. — Architecture rurale, vestiges, dans les pays, des habitations de l'époque pastorale et de l'époque agricole primitives: hutte, chaumière, abris rudimentaires pour les animaux.

2. — Types différents par la forme et matériaux employés selon les régions.

3. — Les usages ou la tradition indigène, et les progrès résultant des perfectionnements dans les ustensiles et machines rustiques, dans les procédés de culture et arts agricoles. Morosité et direction de la marche progressive; réaction ou routine; causes.

4. — Influence traditionaliste des populations locales et régionales; caractère imprimé aux constructions par les matériaux employés.

Harmonie que l'on doit observer entre le but de l'édifice, les matériaux dont on peut disposer, le faciès régional et le climat.

I. — Matériaux de construction

5. — Classification des matériaux de construction selon leur origine:

a) Minéraux. . .	principaux — pierres, argiles et sables.
	secondaires — métaux, asphalte, pouzzolane.
b) Végétaux . . .	principaux — bois.
	secondaires — chaumes, filasses.

6. — Pierres naturelles: calcaires, granitiques, schistoïdes, porphyriques, grésiques, gypseuses; extraction, propriété, résistance. Appareil des pierres naturelles; outils usités dans le pays.

Sables — origine, nature, propriétés, importance pour les constructions.

Argiles — type de l'argile ou argile pure; mixtes argileux; argile figuline, smétique, argile grossière.

Métaux — fer, fer natif, types principaux utilisés dans l'industrie de préparation. Fer forgé, fondu, acier; fer laminé, en lingot; principales dénominations industrio-commerciales du fer.

Idée sommaire de la préparation du fer.

Zinc — en plaque, propriétés, application.

Plomb — propriétés, plomb en lingot, en plaque, en tubes; usages et importance.

Cuivre — usage et importance dans les constructions.

Métaux existant dans le pays. Fils de fer propres aux clôtures rurales.

7. — Pierres artificielles — Briques, tuiles, tuyau en grès, carreaux, carreaux de faïence, adobes, verres. Propriétés, fabrication, usages du pays, ustensiles.

8. — Fournitures de maçon.

a) Naturelles — sables, argiles, pouzzolanes; propriétés, extraction.

b) Artificielles — chaux et ses variétés; chaux hydraulique, degrés de l'hydraulicité; ciments, types principaux.

Pouzzolanes, nature, propriétes, gisements, préparation.

Maçonnage (beton); composition, préparation, propriétés.

Mortiers divers.

9. — Bois:

Sapins, chêne indigène, châtaignier, frêne, orme, aïlante, peuplier, lotus.

Leur distribution dans le pays et leur importance relative.

Bois étrangers les plus usités dans les constructions.

Époque de la coupe, sciage; nomenclature usuelle indigène des différentes pièces pour les constructions rurales.

Instruments de coupe et de sciage.

10. — Matériaux secondaires principaux: Bitumes, asphalte naturel et artificiel; composition, préparation, propriétés et usages compatibles avec le climat.

Goudron, brai, coaltar ou poix, feutres et cartons imperméables; usages. Chaume, roseaux, propriétés et usage dans le pays. Câbles en fil, chanvre, jonc, piassaba, kaire.

Manches en fer et en airain employés dans les mécanismes hydrauliques vulgaires indigènes.

Peinture: ocres, terres diverses (violet, terre, etc.); huile végétale. Couleurs employées dans les constructions.

II. — Emploi des matériaux

11. — Éléments des constructions; matériaux respectifs; conditions générales de stabilité.

12. — Diversité, nature, état et relief du terrain qui sert de base aux édifices ruraux.

Reconnaissance, fossés, séchage du terrain trempé, détournement des eaux affluentes, extraction de la terre; fondements, procédés et matériaux divers; bases.

13. — Pierre de taille, moellon piqué; appareil et nomenclature de ces pierres; maçonneries diverses.

14. — Murs en maçonnerie; en moellon piqué, en briques, en maçonnerie ordinaire, hydraulique, en pierre sèche, en pierre sèche crépie; murs homogènes; murs mixtes.

15. — Chaines de maçonnerie, angles, pilastres, corniches, cimaises; entablements; cordons ou chaînes, embasement, garde — crotte et socles. Cavités des portes et des fenêtres extérieures, garnitures correspondantes en maçonnerie; nomenclature de l'ensemble et des parties.

Cintres, petites voûtes en arrière voussure; cheminées et ventilateurs; tuyaux des égouts.

16. — Murs de support, murailles; conditions de stabilité; contre-forts, grosse maçonnerie, plans horizontaux par gradins successifs.

17. — Colonnes, piles, piliers, voûtes les plus appropriées aux constructions rurales; tracé, matériaux, exécution; voûtes en plâtre; usages du pays.

18. — Nomenclature des murs des habitations; murs intérieurs et extérieurs.

Fronteaux en maçonnerie ordinaire, en briques, en moellon piqué; murs de refend.

Cloisons ordinaires, cloisons en briques et autres formes de cloisons.

19. — Charpentes; leurs avantages, dans certains cas, dans les édifices ruraux.

20. — Solives en bois; plombs, poutres, soliveaux, chevilles en bois, planchers.

Poutres en fer, verrons, poteaux, poutrelles, poutres pour voûtes en plâtre.

21. — Lambris divers; matériaux, usages du pays.

22. — Plafonds en bois, chevrons, poutre, faîtage, madriers, solives, lattis, cache-poussière, mansardes.

23. — Toits; combles à 1, 2, 3, 4 pans; entablements; faîte, sommet. Toits ordinaires, toits à un égout ou en appentis, à deux égouts ou à deux pentes. Avant-toits, gouttières.

Pierres de passage, convertures métalliques, inconvénients; couvertures en bois, en chaume, en ardoise; usages du pays.

24. — Rampes; escaliers intérieurs en pierre, en bois, en fer. Cage, lanterne. Volées d'escalier, marches, contre-marches, paliers. Escaliers extérieurs en maçonnerie, en brique, en pierre, en bois. Échelles pour le service domestique. Greniers, caves, étables, déversoirs.

25. — Planchers en terre, en terre battue, en pavage ordinaire, en pavage et mortier, en beton, en asphalte, en carreaux et en briques.

26. — Achèvement des murs, matériaux divers.

27. — Passages, entrées et chemins dans les propriétés agricoles.

III. — Edifices ruraux

28. — Conditions de salubrité locale. Le meilleur endroit de la propriété rurale approprié aux édifices; situations forcées; moyens de communication; eaux

courantes et eaux de source; points élevés; moyens auxiliaires de la vie rurale et des petites industries champêtres.

29. — Maisons d'habitation; étables; dépôts, remises; cours, fumier; emplacement, distance relative; distribution sur plan; orientation de chacun de ses annexes. Conditions de propreté et précautions contre incendie.

a) Maisons d'habitation; emplacement le plus approprié par rapport à l'ensemble; distance des étables; conditions externes et internes de lumière; aération; orientation.

Distribution des compartiments, emplacement des dortoirs et des ateliers; surface et hauteur des étages; ventilation; simplicité des achèvements internes et décorations.

b) Logements pour les bêtes bovines: de travail; d'élevage; d'engraissement; de lactation. Conditions appropriées à chacune de ces industries. Détermination de la surface, critérium pour ce calcul: les races; la fonction zootechnique des animaux. Cloisons internes; corridors; compartiments annexes internes; rateliers; crèches.

Détermination de la hauteur, critérium: conditions de respiration et renouvellement de l'air; influence du climat; climats excessifs et climats doux. Portes et fenêtres, ventillateurs. Planchers; conditions et matériaux; planchers perméables et leurs conséquences; planchers imperméables. Épaisseur des murs; murs en maçonnerie et murs en bois. Convertures ou toits, matériaux — tuiles, bois, chaume, ardoise.

30. — Écuries: adaptation aux fonctions zootechniques, à la race et à l'âge. Calcul de la surfaee; cloisons; service et annexes internes; animaux sains et animaux malades; besoin d'isolement pour les animaux malades; les reproducteurs; les femelles en gestation; en parturation; en allaitement. Mangeoires; rateliers et crèches; boxes et stalles.

Hauteur; critérium; surface; fonction respiratoire et produits viciés, leur élimination; renouvellement de l'air; portes, fenêtres et ventilateurs; lumière et sa gradation.

Planchers: disposition; matériaux; besoin, hygiène et économie de leur imperméabilité; leur besoin de résistance au choc des pieds des animaux. Annexes externes: cours, jumenteries et poulineries,

31. — Bergeries: Calcul de la surface; critérium: taille ordinaire; variabilité des races, variétés et régime de traitement; caractère et habitudes de ces animaux. Besoin de divisions et de passages intérieurs.

Murs extérieurs, hauteur et épaisseur, matériaux; cavités des portes et fenêtres, dispositions qui règlent la sortie des animaux. Lumière et aérage. Crèches appropriées aux bêtes à laine. Planchers, matériaux; avantages de leur imperméabilité et son remplacement par des dispositions spéciales dans le sol. Couvertures; pentes des toits selon le climat et les matériaux. Bâtiments et parcs annexes donnant libre accès à l'air, pour les moutons.

Logements pour les bêtes caprines; caractères et mœurs de ces animaux vifs et sauvages. Dans quelles conditions ils peuvent vivre en commun avec les moutons: dispositions internes nécessaires.

32. — Porcheries: Calcul de la surface par la taille, le caractère et le régim d'exploitation. Besoin des cloisons ou boxes et passages intérieurs. Murs, maté-

riaux; hauteur et épaisseur. Lumière et aération; portes et fenêtres. Planchers, matériaux imperméables et résistants contre l'habitude habitudes qu'ont les porcs de fouiller la terre avec leur groin. Dispositions particulières des auges, matériaux. Convertures et leurs matériaux. Circonstances d'isolement: l'âge et les maladies. Parcs annexes et en communication directe avec les cloisons ou boxes. Appropriation des boxes aux animaux d'élevage et d'engraissement.

Lavoirs et cuisines.

Volières

33. — Colombiers et poulaillers: Nature et rôle des colombes, pigeons, poules, etc., dans le régime économique de la vie rurale. Circonstance où l'on peut utiliser certains résidus de la nourriture des autres animaux et le parasitisme de certains terrains et cultures. Constructions appropriées, pavillons très-simples de bois en persienne; parcs fermés avec réseau de fil de fer. Parasitisme fréquent et dangereux de ces animaux; désinfection des pavillons. Dispositions intérieures des parcs pour des abreuvoirs et les bains les orseaux.

34. — Abris dans les champs: Tentes; cabanes; chaumières. Hangars, bergeries et bercails; buts divers de ces abris.

Autres constructions

35. — Conservation des moissons: Granges et fenils; silos pour fourrages. Caves; greniers, silos pour grains; divers types de ces constructions.

36. — Récoltes: Aires: leur forme; matériaux de construction; dalles.

37. — Dépôt de machines diverses, outils, ustensiles rustiques. Magasins, auvents, hangars.

38. — Clôtures: Murs; fossés; haies vives; treillis; palissades; halliers. Passages: portes; passerelles. Réseau en fil métallique; fil métallique à pointes.

39. — Passage dans les propriétés, entrées et passages; chemins pour piétons et voitures. Petits aqueducs et ponts de passage; matériaux divers; usages locaux.

Industries accessoires

40. — Caves et pressoirs.

41. — Pressoirs pour les olives.

42. — Laiteries et fromageries.

43. — Magnanerie.

44. — Moulins.

45. — Fours: Cuisson du pain; calcination; cuisson de briques et de tuiles.

Projets

46. — Plans; élévations; coupes; détails de construction.

47. — Séries de prix; mesurage d'aires et de volumes; budgets; mémoires.

DEUXIÈME PARTIE

Hydraulique agricole

48. — Orographie portugaise: Relief général du pays; prépondérance de l'aire montagneuse sur la surface plate; orientation des branches alpestres prin-

cipales et des cours d'eau; direction des vents dominants par rapport aux branches montagneuses; prépondérance des vents marins sur les telluriques; régions d'exception.

49. — Points de plus grande altitude dans chaque région, ligne des sommets ou de division des eaux météoriques; points les moins élevés de chaque région, lignes d'affluence des eaux: thalwegs; systèmes hydrauliques; branches secondaires ou composantes et axe central; systèmes péninsulaires communs et systèmes lusitaniens. Classification des cours; fleuves; rivières; torrents; ruisseaux. Cours temporaires et cours permanents.

50. — Influence stratigraphique et minéralogique des terrains dans la fréquence et le volume des eaux courantes; influence du relief, de l'arborisation et des cultures dans le phénomène des pluies.

51. — Fractionnement des eaux météoriques dans l'acte de la pluie. Fraction d'écoulement superficiel, d'infiltration et d'évaporation; variabilité dans la valeur des trois fractions selon la nature et le relief tellurique, l'arborisation et l'intensité des cultures.

52. — Prépondérance des eaux courantes; causes, débordements ou inondations; effets sur les terres hautes: montagnes, collines, coteaux, etc., travail incessant des eaux courantes superficielles et des eaux courantes; travail érosif, transport et reconstitution; dégradation; deltas, javeaux, îlots; irruptions sur les bords des cours d'eau; voies d'eau et incursions dans les terres marginales; ravines et bassins; sables, marécages et lagunes.

53. — Travaux de régime: Arborisation des montagnes, collines, coteaux et landes stériles; gazonnement et bruyères de réserve; influence de l'arborisation en général; influence du boisement; chaînes de montagnes et collines; travaux de régime dans les torrents; écluses, digues et abris marginaux.

54. — Régime des rives temporaires et permanentes; tronçons stables et divagants; fixation des lits divagants; digues marginales insubmersibles et submersibles; digues continues et discontinues; éperons divers, leur forme; éperons simples; éperons en T; plantations de saules, de peupliers et de frênes; plantes arbustives toujours vertes. Profils droits et courbes; substitution des seconds par les premiers. Propreté et régularisation permanent des bords et des lits.

II. — Hydrographie souterraine

55. — Couches perméables et imperméables; eaux phréatiques; épaisseur variable de la mappe aqueuse; fluctuation de la mappe aqueuse selon les saisons, la pluie et l'état atmosphérique; influence de cette fluctuation sur la masse des eaux courantes, sur les puits ordinaires et sur les fontaines. Action réciproque de certains cours d'eau sur la couche phréatique des terres marginales.

56. — Recherches et captation des eaux phréatiques; inspection du relief et de la nature des terrains; état de la végétation en général; végétaux les plus caractéristiques de l'existence des eaux souterraines. Vis hydrauliques; sondages pour l'étude de la stratigraphie locale et régionale, et circulation des eaux souterraines. Critérium des sourciers.

57. — Eaux profondes; conditions spéciales de ces eaux; aire collectrice ou de réception des eaux profondes; grands et petits cours, selon l'aire colle-

ctrice. Recherches; connaissance stratigraphique régionale; difficulté des recherches. Puits artésiens; prix de ce genre de captation et son incompatibilité avec la propriété particulière.

58. — Eaux émergeant à la surface libre; recherches; dérivations; réserves collectives. Fontaines et sources; fontenier; puits instantanés.

III. — Utilisation des eaux superficielles

59. — Grandes et petites réserves: Lagunes; conditions orographiques; idée sommaire de la construction; cherté; difficultés d'assainissement; dangers provenants de l'éboulement.

60. — Petites réserves: Grande étendue des territoires portugais appropriés à ces constructions; leur incomptabilité avec la propriété particulière; buts multiples; construction; facile assainissement; réserves mixtes pour les eaux de pluie et les eaux émergeant à la surface.

61. — Critérium élémentaire entre eaux d'arrosage et eaux potables; besoin d'eau potable dans la propriété rurale; condition de captation des eaux potables. Fontaines; citernes; fontaines Palissy; possibilité de convertir les eaux d'arrosage en eaux potables.

IV. — Reconstruction de terrains avariés par les eaux des débordements

62. — Colmatage: Écluses dans les rivières et les torrents; matériaux employés; conditions d'établissement et travaux préalables; barrières temporaires et permanentes; petits canaux ou biez; travaux préparatoires et constructions.

63. — Préparation de l'aire déprimée et marécageuse; procédé discontinu de colmatage; défauts; procédé continu; motifs de préférence. Application du colmatage à des terrains en pente et à des terrains plats éloignés des cours d'eau. Le colmatage comme correctif des terrains défectueux dans leur constitution minéralogique; transport hydraulique de sables dans des terrains argileux; transport d'argiles dans les terrains sablonneux. Application du colmatage à des terrains pierreux, graveleux, caillouteux et sableux improductifs.

V. — Desséchement des terres de culture

64. — Terrains marécageux; recherches des causes; mouillage par infiltrations des terrains limitrophes; par eaux émergentes perdues; travaux spéciaux de desséchement appropriés; dérivation des eaux perdues au dehors de la propriété; cas d'utilisation des eaux perdues ou infiltrées.

65. — Terres fortes marécageuses ou excessivement humides; procédés de desséchement direct; fossés d'isolement; tranchées fermées; puits absorbants; drainage vertical; drainage hollandais.

68. — Drainage romain; critérium de ce procédé de desséchement; travaux préparatoires; project; exécution du travail; résultats à l'étranger; exemples de cette ressource exécutés dans le pays. Effets du drainage romain explicatifs des résultats dans les cultures.

VI. — Fertilisation des terrains par des eaux boueuses

67. — Limonage: Composition du *limus* ou limon; limonage naturel: ancienneté de l'observation de ce fait; irrégularité et contingences du limonage naturel.

68. — Limonage artificiel; préparation des terrains; application du procédé aux terres marginales et éloignées des cours d'eau; généralisation du procédé à des terrains éloignés; influence du procédé sur la richesse publique; disposition conséquente des débordements ruineux; influence du procédé sur l'abondance des eaux souterraines. Application du procédé aux sables des côtes; concurrence avec l'arborisation des sables légers; brièveté du procédé hydraulique dans la transformation des terrains pauvres par rapport aux arbres.

VII. — Eaux d'arrosage

69. — *Eaux courantes;* calcul de l'écoulement; calcul direct; calcul par la section transversale et la vitesse moyenne; détermination de la vitesse par les flotteurs, torniquets et tube Pitot-Darcy. Calcul de l'écoulement des eaux dormantes; procédé d'arrosage par reprise d'eau.

70. —Valeur des eaux d'arrosage par leur minéralisation et leur matière organique; substances contenues les plus fréquentes; importance de l'air ou de l'oxygène contenu.

71. — Calcul de l'écoulement dans les biez ou petits canaux; problème inverse; étant donné le volume par unité de temps, déterminer la déclivité au fond et la section transversale.

72. — Répartition des eaux; répartition dans les reprises d'eau; répartition dans les biez; répartiteurs latéraux; transversaux fixes; à pointe mobile; à aiguilles; défauts de tous ces répartiteurs.

73. — Modules; avantages de ces répartiteurs sur les précédents; module milanais. Répartiteur proposé par Vidalin; restriction de son emploi. Autres procédés de répartition faisant intervenir le tube Pitot-Darcy.

74. — *Eaux des puits et des fossés;* élévation de ces eaux à une petite hauteur; ustensiles et mécanismes appropriés: calebasses, corbeilles; roue à seaux; roue de godets; vis d'Archimède; vis hollandaise; roue à tympans. Régions et localités du pays où il convient d'introduire la vis, la roue à tympans, ainsi que le moulin hollandais. Élévation des eaux à de plus grandes hauteurs; norias; moulins américains; pompes.

VIII. — Application des eaux aux cultures

75. — Cultures habituellement arrosées dans le pays: herbages, riz, maïs, cultures potagères. Groupe de cultures accidentellement arrosées; herbacées; ligneuses. Cultures pour lesquelles les arrosages doivent être généralisés: blé, olivier, vigne en certains cas.

76. — Arrosage naturel et artificiel; formes diverses de l'arrosage artificiel; effets de l'arrosage sur le terrain, sur la plante, sur l'air ambiant.

77. — Arrosage des herbages: Prairies naturelles et artificielles; prairies d'été et d'hiver; prairies anciennes et modernes; principaux types de prairies

modernes; prairies de montagne; des terrains en pente et des collines; des plaines. Construction des prairies; exécution des arrosages. Arrosage des prairies de *marcita* et arrosage indigène nommé *lima*. Submersion des prairies. Principes qui règlent l'arrosage et la conservation des prairies. Grands et petits arrosages. Calcul de l'eau nécessaire.

78. — Riz: Construction de la rizière; arrosage continu et arrosage intermittent ou périodique; procédés étrangers et indigènes. Riz de montagne; signification ancienne et moderne de cette espèce. Eau nécessaire.

79. — Arrosage du maïs, du blé; seigle; haricots; pommes de terre, etc. Arrangement approprié du terrain de ces cultures: Règles pour l'arrosage de ces cultures. Quantité d'eau nécessaire variant avec les espèces cultivées.

80. — Arrosage des vergers, oliviers et arbres isolés; procédés divers. Eau nécessaire.

81. — Arrosage de la vigne.

82. — Submersion de la vigne; buts divers; emploi des eaux claires et des eaux vaseuses. Quantité d'eau nécessaire.

PROGRAMME DE LA QUATRIÈME CHAIRE

PHYSIQUE AGRICOLE

Professeur — *Filippe Eduardo de Almeida Figueiredo*

INTRODUCTION

Notions complémentaires de physique générale

PRÉLIMINAIRES

Poids des corps. Masse. Poids spécifique et densité.

Propriété des liquides sous l'action du poids. Capillarité. Densité des liquides et des solides.

Propriété des gaz en équilibre. Pression atmosphérique. Barométrie. Tension ou force élastique des gaz. Diffusion et dissolution des gaz. Notions d'hydrodynamique.

Chaleur. Son action sur les corps. Dilatation des solides, des liquides, des gaz. Thermométrie. Changement d'état des corps. Hygrométrie.

Calorimétrie. Conductibilité des corps pour la chaleur. Irradiation de la chaleur. Équivalent mécanique de la chaleur.

Propagation de la lumière. Réflection et réfraction de la lumière. Dispersion de la lumière.

Magnétisme. Propriétés des aimants. Magnétisme terrestre.

Électricité statique. Principes fondamentaux. Distribution de l'électricité dans les corps. Influence électrique. Condensation de l'électricité.

Électricité dynamique. Piles. Effets des courants électriques.

PREMIÈRE PARTIE

Le milieu terrestre

SECTION I

Étude des matériaux formant la croûte du globe

I.—Minéraux. Principes généraux de minéralogie. Classification des minéraux. Description des principales espèces.

II.—Roches. Leur classification. Critérium sur lequel elle se base. Description des principales espèces.

SECTION II

Étude de la forme de la croûte du globe

I.—Les continents. Leurs caractères généraux. Relief des continents. Plaines, plateaux et montagnes. Leurs caractères. Leur origine. Traits généraux de l'orographie du Portugal.

II.—Les mers. Forme des bassins océaniens. Mouvements des eaux de la mer. Vagues, marées et courants. Leur action géologique. Formations d'origine maritime. Dunes. Le littoral portugais.

III.—Eaux continentales. Pluies. Répartition du produit des pluies. Évaporation. Infiltration. Eaux souterraines. Leur action géologique et agricole. Écoulement superficiel. Eaux superficielles. Cours d'eau. Torrents et fleuves. Leur action géologique. Traits généraux de l'hydrographie du Portugal.

Les eaux à l'état solide. Glaciers. Leur action comme agents géologiques.

IV.—Forces internes du globe. Phénomènes volcaniques. Mouvements de déplacement de la croûte.

SECTION III

Étude de la structure de la croûte du globe

I.—La croûte primitive du globe. Sa formation. Roches primitives. Leur classification, et description des principales espèces.

II.—Formations sédimentaires. Agents géologiques. Actions physiques et mécaniques, chimiques et physiologiques. Formations qu'elles originent.

III.—Dispositions des formations sédimentaires. Stratigraphie et paléontologie. Classification chronologique des formations sédimentaires. Grandes ères géologiques. Leurs diverses périodes. Caractères généraux et formations principales de chaque période. Leur localisation en Portugal.

IV.—Roches éruptives. Leur classification chronologique. Leur distribution en Portugal. Action des roches éruptives sur les terrains qu'elles traversent. Roches métamorphiques.

SECTION IV

Le sol agricole

I. — Le sol agricole, son mode de formation. Sol et sous-sol. Fonction du sol dans la culture.

II. — Composition élémentaire du sol arable. Éléments physiques du sol. Leur origine.

III. — Propriétés physiques du sol. Propriétés que communiquent au sol ses divers éléments. Sous-sol. Ses différentes espèces. Son influence sur le sol.

IV. — Relief, orientation et altitude du sol. Terrains de plaines de montagnes, plateaux, versants, vallées, etc. Influence de ces différentes conditions du sol sur ses propriétés.

V. — Classification des sols agricoles selon leur composition élémentaire. Différentes classes de terres arables. Leurs caractères, aptitudes et défauts. Intervention des différentes espèces de roches dans la formation des terres arables. Classification des terres et leurs caractères, selon l'origine géologique.

VI. — Géologie agricole du Portugal. Principales formations géologiques du sol portugais. Terres agricoles qu'elles produisent.

DEUXIÈME PARTIE

Le milieu aérien

SECTION I

Les phénomènes atmosphériques et leur action sur le sol et sur les plantes

I. — L'atmosphère. Sa composition. Pression atmosphérique. Observations barométriques. Variations de la pression. Ses causes. Influence de la pression sur les plantes.

II. — Le soleil comme cause primaire des phénomènes de l'atmosphère. Analyse de l'irradiation solaire. Chaleur. Sa propagation à travers l'atmosphère. Quantité de chaleur reçue par la terre. Circonstances qui influent sur cette quantité. Température du sol. Action de la chaleur sur le sol.

Température de l'air. Observations thermométriques. Variations de la température de l'air. Leurs causes.

III. — Lumière. Pouvoir éclairant des différents rayons du spectre. Évaluation de l'intensité lumineuse. Observations actinométriques. Variations de l'intensité lumineuse. Leurs causes.

Énergie chimique de l'irradiation. Les variations et causes qui les déterminent.

IV. — Action de l'irradiation solaire sur les plantes. Effets thermiques, lumineux et chimiques.

V. — Vents. Leurs causes. Direction, vitesse et force du vent. Observations. Influence des vents sur le sol et sur les plantes.

Classification des vents. Vents généraux.

VI.—Évaporation à la surface du golbe. Causes influentes. Évaporation de l'eau. Observations de l'évaporomètre. Évaporation de l'eau incorporée dans le sol.

Humidité atmosphérique. Observation des hygromètres et du psychromètre. Variations du degré hygrométrique de l'air. Leurs causes.

VII.—Rosée. Gelée. Brouillard. Nuages.

VIII.—Pluies. Leurs causes. Leur quantité, fréquence et intensité. Leurs variations et causes qui les déterminent. Udomètres. Leurs observations. Pluies de neige. Glaces.

IX.—Action générale de l'eau sur le sol et sur les plantes. Action spéciale de l'humidité atmosphérique, des brouillards, des rosées, pluies, neiges et glaces.

X.—Électricité atmosphérique. Électromètres. Leur observation.

Orages. Action des phénomènes électriques sur les plantes et sur l'agriculture en général.

SECTION II

La prévision du temps pour l'agriculture

I.—La prévision du temps en général et en particulier pour l'agriculture. Changements de temps. Leurs causes. Leurs lois. Pronostics fournis par les instruments météorologiques. Cartes du temps. Pronostics fournis par divers phénomènes atmosphériques, l'état du ciel, etc.

II.—Prévision du temps éloigné. Périodicité des phénomènes météorologiques. Signes et pronostics populaires. Proverbes. Leur valeur scientifique.

SECTION III

Climatologie

I.—Climatologie générale. Distribution des phénomènes météorologiques à la surface du globe. Causes qui la déterminent. Influence des divers phénomènes météorologiques dans la caractérisation des climats. Classification des climats.

II.—Climatologie agricole. Conditions de climat nécessaires à la vie des plantes. Influence du climat sur les conditions de végétation de certaines espèces végétales. Acclimatation des plantes.

Aptitudes culturales des différents climats. Limites climatériques des cultures. Régions agricoles de l'Europe. Leurs caractères météorologiques et agricoles.

III.—Climatologie du Portugal. Distribution des phénomènes météorologiques en Portugal. Leurs causes. Influence des différents phénomènes météorologiques sur la caractérisation climatérique du pays. Classification des climats du Portugal.

Les climats portugais et la végétation. Conditions climatériques du Portugal pour les différentes cultures. Régions agricoles du Portugal. Leurs caractères météorologiques et agricoles.

Travaux pratiques des élèves

I.—Diagnose et classification des minéraux et des roches.

II.—Diagnose et classification des terres arables. Étude de leurs propriétés physiques.

III. — Observations météorologiques et leur registres.

IV. — Étude de l'influence des propriétés physiques du sol et de l'action des divers phénomènes météorologiques sur la végétation au moyen d'essais de culture.

V. — Travaux graphiques :

1° Résolution de problèmes de physique générale ;

2° Esquisse, sur des cartes du Portugal, des diverses modalités de ses conditions physiques.

3° Interprétation et construction de cartes du temps.

4° Construction de diagrammes représentatifs de la marche des différents phénomènes météorologiques en Portugal.

Ces travaux seront accompagnés de petits mémoires descriptifs, faits par les élèves.

PROGRAMME DE LA CINQUIÈME CHAIRE

CHIMIE AGRICOLE — ANALYSE DES TERRES, EAUX ET ENGRAIS

Professeur — *M. Luiz Rebello da Silva*

INTRODUCTION

Chimie analytique

Analyse chimique; sa division en qualitative et quantitative. Opérations et manipulations générales.

Opérations mécaniques.

Opérations physiques.

Opérations chimiques.

Méthode générale d'analyse. Analyse par la voie sèche. Analyse spectrale. Analyse par la voie humide. Détermination des métaux les plus importants, des acides et des differents sels.

PREMIÈRE PARTIE

Analyse chimique appliquée aux terres, aux eaux, aux plantes et aux engrais

§ 1. — Analyse des terres. Manière de recueillir l'échantillon. Examen des propriétés physiques les plus importantes des terres arable: densité, ténacité, propriétés hygroscopiques, pouvoir d'absorption pour les principes fertilisants, pouvoir d'absorption de la chaleur par la terre, pouvoir d'infiltration des terres.

Analyse mécanique du sol. (Méthode de Grandeau.)

Analyse physico-chimique. (Méthode de Schlœsing modifiée et méthode de Schœne).

Analyse chimique des terres. Réactifs nécessaires. Dosage de l'humidité. Dosage de la matière organique. Dosage de l'azote organique. Méthode de Péligot. Méthode de Kjedahl. Dosage de l'azote ammoniacal. Dosage de l'azote nitrique. Dosage du résidu inattaquable à l'eau régale. Dosage du fer. Dosage de l'alumine. Dosage de la chaux. Dosage de la magnésie. Dosage de la potasse et de la soude. Dosage de la potasse par la méthode de Contamine. Dosage de la potasse par l'acide perchlorique. Dosage de l'acide phosphorique total. Dosage de l'acide carbonique. Dosage du chlore. Dosage de la matière dyalysable, Exemples d'analyses.

Méthode d'analyse de terres de MM. Aubin et Alla.

§ 2. — Analyse des eaux. Réactifs nécessaires. Essai qualitatif. Analyse hydrotimétrique. Dosage du résidu salin. Dosage de la matière organique. Dosage de l'ammoniac. Dosage de l'acide nitrique.

§ 3. — Analyse des matières organiques (semences). Réactifs nécessaires. Dosages à effectuer. Dosage de l'eau. Dosage des cendres. Dosage de l'azote total. Détermination du poids moyen. Détermination des coefficients de germination. Détermination de la valeur culturale.

§ 4. — Analyse complète des plantes et des semences. Réactifs nécessaires. Corps à doser. Préparation des échantillons. Dosage de l'eau. Dosage des cenders. Dosage de la matière organique. Dosage de l'ammoniac. Dosage de l'acide nitrique. Dosage de l'azote organique. Dosage de l'azote des matières protéiques. Dosage de l'azote des corps amidés. Dosage des matières grasses et résineuses. Dosage de la cellulose. Dosage des matières pectiques. Dosage de l'amidon. Dosage du sucre. Dosage de l'acide oxalique. Dosage de l'acide citrique. Dosage de l'acide malique. Dosage de l'acide acétique. Dosage de la silice. Dosage de la magnésie. Dosage de l'acide phosphorique. Dosage de la chaux. Dosage du fer. Dosage de l'acide carbonique. Dosage du chlore. Dosage de la potasse et de la soude. Dosage de l'anhydride sulfurique. Calcul des relations alimentaires.

§ 5. — Analyse des engrais. Engrais organiques. Engrais chimiques proprement dits. Engrais complexes. Considérations générales. Examen préliminaire des engrais. Essai qualitatif. Recherche de l'azote ammoniacal, de l'azote nitrique, de l'acide phosphorique, de la potasse et de la magnésie.

Préparation des échantillons d'engrais au laboratoire. Dosage de l'azote organique. Dosage de l'azote ammoniacal et nitrique. Analyse des nitrates. Dosage de l'azote nitrique dans un engrais complexe. Dosage de l'acide phosphorique. Dosage de l'acide phosphorique dans un phosphate de chaux naturel. Dosage de l'acide phosphorique dans un engrais. Dosage de l'acide phosphorique dans les scories de déphosphoration. Dosage de la potasse. Dosage de la potasse et de la soude.

DEUXIÈME PARTIE

Chimie agricole proprement dite

§ 1. — Chimie agricole. Son importance. Plan de distribution du cours.

§ 2. — Moyens par lesquels se développent les plantes.

a) L'atmosphère

Importance agricole des divers composants de l'atmosphère. L'anhydride carbonique : percentage, origines, causes régulatrices du carbone nécessaire à la végétation.

L'oxygène et l'azote. Proportion, leurs relations avec la vie végétale. Expériences de G. Ville, de Boussingault, Lawes et Gilbert, etc., par rapport à la fixation ou à la non fixation de l'azote libre par les cultures. Expériences de Dehérain et Bertholet, et ce qu'elles disent à l'égard de la fixation de l'azote atmosphérique par les terres végétales.

L'acide nitrique, nitreux et l'ammoniac, formation, proportion, état. Théorie de Schlœsing. Lois des échanges entre les mers, l'atmosphère et les continents.

AMPHITHÉÂTRE DE CHIMIE ET TECHNOLOGIE AGRICOLE

Absorption de l'ammoniac par les surfaces liquides et par les terres. Circulation de l'ammoniac à la surface du globe. Conclusions généralement admises. Origines de l'azote nécessaire à la végétation.

Autres composants de l'atmosphère, leurs rôles.

b) Le sol

Définitions. Sol, sous-sol. Couche arable ou sol actif et sol inactif. Courte récapitulation au sujet du mode de formation des sols agricoles. Classification des sols agricoles.

Étude des quatre terres élémentaires.

L'argile ; ses propriétés, son importance, sa constitution chimique.

Le sable, ses propriétés, son importance, sa constitution. Marnes.

L'humus. Divers états de la matière organique ; propriétés et composition chimique.

Étude des propriétés physiques du sol ; circonstances qui modifient ces propriétés. Propriétés chimiques du sol. Le sol considéré comme magasin des substances nutritives des plantes. Théories de la nutrition végétale. Pouvoir absorbant du sol pour l'ammoniac, la potasse, la soude, les phosphates, etc. Étude des éléments, considérés au point de vue agricole, qui ont le plus d'importance pour la végétation, c'est-à-dire, de l'azote, du phosphore, de la potasse.

Causes de la fertilité ou de l'infécondité des terres arables.

Détermination du degré de fertilité et composition chimique du sol. Champs d'expériences. Analyse chimique.

c) L'eau

Diverses propriétés et composition des eaux naturelles.

Eaux potables ; eaux d'arrosage et de colmatage.

d) Les engrais

§ 1.—*Engrais.* Causes d'appauvrissement des terres de culture ; nécessité des engrais. Engrais naturels et artificiels.

§ 2.—*Engrais complets et incomplets.* Engrais animaux, végétaux, minéraux et mixtes.

a) Fumiers.

b) Guanos, sang sec, déjections humaines, *mixoalho* ossements, charbon animal. Substances diverses d'origine animale.

c) Fumiers verts. Leur préparation, valeur et emploi.

d) Engrais marins.

e) Marcs.

f) Phosphates, sels azotés, sels alcalins et cendres. Plâtras, marnes et chaux. Plâtre. Terre brûlée.

g) Engrais mixtes ; ordures.

Chimie de la culture

§ 1.—*Balance chimique des cultures.* Éléments que la végétation fixe dans le sol et ceux qu'elle lui dérobe. Cultures d'amélioration et cultures épuisantes.

Succession de la même culture pendant plusieurs années sur le même terrain; ses inconvénients. Comparaison de l'exploitation des prairies sans engrais et des forêts avec la culture herbacée. Bases des assolements culturaux. De la jachère et des cultures sarclées. Systèmes de culture et rotations principalement employés en Portugal. Adaptation des cultures aux sols. Théorie de dominantes. Champs d'expérience. Choix des engrais et intensité de la fumure selon les terrains. Balance chimique de l'exploitation rurale.

§ 2.—*Des stations de chimie-agricoles portugaises.* De leur organisation et de leur importance.

PROGRAMME DE LA SIXIÈME CHAIRE

AGRICULTURE GÉNÉRALE ET CULTURES HERBACÉES ET HORTICOLES

Professeur — *Sertorio do Monte Pereira*

PREMIÈRE PARTIE

Agriculture générale

Sciences technologiques. Agronomie et agriculture. La science, l'art et le métier. Théorie et pratique. L'observation et l'expérience dans l'étude de l'agriculture.

Importance générale de la production agricole, spécialement dans l'économie portugaise.

Cultures herbacées et horticulture. Définitions.

Plan et division du cours.

I.— La plante

Composition morphologique, immédiate et élémentaire des végétaux. Fonctions générales des plantes. Mode de végétation.

Phase de la végétation. Exigences totales et à chaque phase du développement des plantes.

Végétaux cultivés, ligneux et herbacés. Classification des plantes cultivées d'après leur durée, la forme des racines, la composition, le mode de végétation, les exigences, le mode de culture et la destination de leurs produits.

Leçons pratiques. Caractérisation et reconnaissance des familles, des genres, des espèces et des variétés de végétaux herbacés cultivés, en herbiers, dans les jardins agricoles ou en excursion.

II.— Le sol

Sol et sous-sol. Définition. Constitution du sol arable. Propriétés physiques et chimiques. Classification et aptitudes agricoles. Description et distribution du sol agricole en Portugal.

Distribution des plantes cultivées selon la nature des terrains.

Leçons pratiques. Reconnaissance des divers sols, en excursion. Sondages. Collection d'échantillons de terres. Appréciation sur place.

III.—Le climat

Définition. Le climat et les cultures. Les climats portugais et leur caractérisation agricole. Régions agricoles. Divisions régionales du Portugal.

IV.— Travaux généraux de culture

Formation des variétés culturales et choix de la semence

Influence des variétés cultivées sur la quantité et la qualité de la production. Formation de variétés par sélection, par croisement et par hybridation. Importation des nouvelles variétés. Age, conformation, volume et poids de la semence. Pureté, pouvoir germinatif et valeur culturale de la semence. Renouvellement de la semence. Règles à suivre dans le renouvellement des semences.

Leçons pratiques. Exécution des diverses opérations de sélection, de croisement et d'hybridation. Examen et reconnaissance des semences. Détermination de leur pureté, pouvoir germinatif et valeur culturale. Leçons dans le jardin agricole et dans la classe.

Préparation du sol

Mobilisation mécanique

Labours. Définition. Effets généraux. Objets spéciaux. Forme et profondeur du labour et division de la bande.

Profondeur dans les effets du labour. Conditions qui la déterminent et la limitent. Labours superficiel ordinaires ou profonds. Labour du sous-sol.

Formes des labours. Influence de la forme donnée à la superficie du sol. Inclinaison de la bande. Relation entre la largeur et l'épaisseur de la bande. Labour à plat, en sillons, em planches, et en billons.

Division de la bande. Influence du degré de pulvérisation de la terre arable. Nombre des labours. Hersage et roulage.

Exécution du labour. Epoque. Conditions qui la déterminent. Labours avec instruments manuels, avec instruments fonctionnant par les animaux ou par la vapeur.

Labour à la bêche. Direction et conditions qui le déterminent. Levée de la première bande, sa collocation et manière de broyer. Manière de placer et de distribuer les ouvriers pour le travail. Calcul du travail journalier moyen.

Labours avec instruments tirés par les animaux. Direction et conditions qui les déterminent. Moyen de marquer le labour. Circonstances à observer. Division en flanches. Distribution des instruments dans le champ à labourer. Calcul du travail journalier moyen avec les divers instruments.

Labourage à la vapeur. Conditions de son emploi. Avantages. Exécution avec une ou deux machines. Collocation des appareils. Travail journalier.

Amendements

Généralités. Classification des engrais. Calcul de l'engrais. Transport et distribution des engrais sur les terres. Incorporation au sol. Engrais liquides et leur emploi. Engrais en couverture et moyen de l'employer.

Fertilisation par les fumiers verts. Plantes employées. Composition. Théorie de la fumure en vert. Siderátion. Moyens d'enfuer les fumiers verts.

Fertilisation du sous-sol.

LE BATTAGE DU BLÉ, À LA FERME DE MONTALEGRE

Drainage

Généralités. Théorie. Terrains auxquels on doit l'appliquer.

Irrigation

Influence de l'eau sur la végétation. Des eaux d'arrosage. Calcul de la quantité d'eau employée. Généralités et conditions de l'emploi des divers modes d'irrigation.

Défrichements

Etendue et distribution des terrains incultes en Portugal. Classification de ces terrains selon leur fertilité probable déduite de la composition minéralogique et de la végétation spontanée. Terrains secs, humides et marécageux. Assainissement.

Travaux de défrichement. Enlèvement et crémation des sous-bois, enlèvement des pierres, labour. Epuisage des eaux. Première culture.

Leçons pratiques. Examen de toutes les opérations indiquées dans les excursions. Exécution, autant que possible, dans les jardins agricoles.

Ensemencements

Quantité de semences employées par hectare. Conditions qui la déterminent. Calculs théoriques. Circonstances qui modifient dans la pratique les indications de ce calcul.

Epoques de la semence. Manière de la déterminer. Circonstances d'après lesquelles elle varie.

Profondeur de l'ensemencement. Conditions qui la déterminent. Diverses manières d'enterrer la semence.

Ensemencement en ligne, à la vollée, ou en groupes. Description et appréciation de ces divers modes d'ensemencement. Procédés d'exécution.

Leçons pratiques. Examen des opérations en excursion.

Travaux pendant la végétation

Nettoyages. Plantes nuisibles entremêlées aux plantes cultivées. Leur caractérisation. Epoques de nettoyages.

Sarclures. Effets de la sarclure. Epoque de son exécution. Procédés employés pour la réaliser, soit avec la main, soit avec des sarcloirs mécaniques.

Buttage. Effets de cette opération. Epoque. Procédés d'exécution avec instruments manuels et avec instruments tirés par les animaux.

Leçons pratiques. Exercices dans le jardin agricole, et examen et appréciation des diverses opérations en excursion.

DEUXIÈME PARTIE

Cultures herbacées

Plan et division de l'étude des cultures.

Plantes alimentaires et industrielles.

Plantes alimentaires

Division en classes: plantes cultivées pour les semences farinacées; plantes cultivées pour les tubercules et racines charnues; plantes cultivées pour les tiges et feuilles, ou plantes fourragères des prairies.

PREMIERE CLASSE

Plantes de semences farinacées

Céréales et légumineuses.

Céréales. Produits principaux et secondaires. Leur importance dans l'agriculture du pays.

Céréales à barbe du terrain sec. Blé, orge, seigle et avoine.

Blé. Espèces et variétés cultivées. Leur importance relative. Mode de végétation. Climat et sol.

Culture du blé. Cultures intérieures. Préparation mécanique du sol. Fumure. Travaux pendant la végétation. Moisson. Battages. Rendement par hectare, en grain et en paille. Culture comparée du blé.

Seigle, orge et avoine. Espèces et variétés cultivées. Leur importance dans l'agriculture du pays. Climat et sol. Culture.

Céréales cultivées par le système de l'inondation permanente ou périodique. Riz. Variétés.

Riz. Mode de végétation. Climat et sol.

Culture. Disposition et préparation du sol pour les rizières.

Eau, ses qualités et son influence sur la production. Semence. Travaux pendant la végétation. Récolte. Battage et rendement par hectare en paille et en grain.

Céréales en culture sarclée, en terrain sec ou arrosé. Maïs; maïs gros, menu, millet et maïs sorgho.

Maïs gros. Variétés. Leur importance relative. Mode de végétation. Climat et sol.

Culture. Préparation mécanique du sol. Fumures. Ensemencement. Travaux pendant la végétation, sarclage, buttage, arrosage, enlèvement des panicules et effeuillage. Appréciation de ces deux dernières opérations. Plantes qui peuvent être cultivées simultanément avec le maïs. Récoltes. Battage et rendement par hectare. Culture comparée du maïs.

Millet et sorgho. Importance. Culture.

Légumineuses à semences farinacées. Fèves, pois, haricots, lentilles, pois chiches, pois pointu, vesce et lupin. Importance relative. Caractères génériques de leur culture.

Fève. Mode de végétation. Climat et sol.

Culture. Préparation mécanique du sol. Fumures. Ensemencement. Travaux pendant la végétation. Récoltes. Battage. Rendement par hectare.

Culture des diverses espèces et variétés des plantes de ce groupe, mentionnées ci-dessus.

LE TRANSPORT DU BLÉ, À LA FERME DE MONTALEGRE

DEUXIEME CLASSE

Plantes cultivées pour les tubercules ou pour les racines charnues

Tubercules. Pommes de terre, patates douces, topinambours ou patates du Brésil.

Pommes de terre. Importance de cette culture. Variétés. Mode de végétation. Climat et sol. Cultures intérieures.

Culture. Préparation du sol. Fumures. Mode de reproduction. Ensemencement et plantation. Sarclages.

Suttage. Récolte. Instruments spéciaux pour arracher la pomme de terre. Rendement par hectare.

Culture comparée.

Patates douces et topinambours. Généralités.

Importance actuelle et future de ces cultures.

Culture.

Racines charnues. Betterave fourragère, navets et carottes.

Importance de ces cultures.

Betterave. Variétés. Mode de végétation. Climat et sol. Culture.

Navets. Espèces et variétés généralement cultivées sous ce nom.

Cultures de différentes espèces.

Carotte. Variétés. Culture.

TROISIEME CLASSE

Herbes des prairies fourragères

Conditions physiques de la production fourragère. Importance de cette production dans le pays. Necessité de l'améliorer et de la développer.

Prairies naturelles et artificielles.

Prairies naturelles. Prés naturels de notre pays. Flore des prés naturels, Classification et exercices pratiques, en herbiers et en excursions.

Création d'un pré naturel. Choix des semences.

Epoques et procédés de l'ensemencement.

Amélioration des prés permanents.

Travaux de conservation.

Utilisation des prés pour le pâturage ou pour le foin. Fenaison.

Prairies artificielles. Généralités. Prés arrosés et prés secs.

Plantes propres aux prairies artificielles; légumineuses, luzerne, trèflis, sainfoins, serradèle et vesce, etc. Graminées, maïs, ray-grass, fromental, fétuques, etc. Familles diverses: esparcette, pimpenelle, chicorée, etc.

Importance de ces diverses plantes. Espèces et variétés. Mode de végétation. Climat et sol. Culture spéciale de chacune de ces plantes.

Culture simultanée des différentes espèces de plantes des prés. Avantages de ce mode de culture. Théorie des mélanges. Formules pratiques de ces mélanges, selon le climat et le terrain. Procédés d'ensemencement.

Plantes industrielles

Généralités. Importance de ces plantes dans l'agriculture du pays. Conditions qu'elles exigent.

Classification. Plantes textiles, saccharifères, tinctoriales et plantes diverses.

Plantes textiles. Lin et chanvre. Variétés. Mode de végétation. Climat et sol. Culture.

Plantes tinctoriales. Garance, pastel des teinturiers. Mode de végétation. Climat et sol. Culture.

Plantes saccharifères. Betteraves, sorgho sucré, canne à sucre, patate douce et topinambour.

Beterrave. Variétés sacharines, leur caractère et distinction des variétés fourragères. Mode de végétation. Climat et sol.

Culture. Préparation mécanique du sol. Fumures. Semis. Transplantation. Récolte.

Sorgho à sucre. Variétés. Mode de végétation. Climat et sol. Culture.

Canne à sucre. Espèces et variétés. Mode de végétation. Climat et sol. Culture.

La patate et le topinambour, comme plantes alcoolisables. Considérations générales sur leur culture.

Plantes diverses. Tabac. Houblon, etc.

Tabac. Variétés. Climat et sol. Mode de végétation.

Culture. Préparation du sol. Semence. Plantation. Sarclages et arrosages. Descorvar. Récolte. Culture du tabac en Portugal.

Houblon. Culture.

Assolements

Définition. Nécessité des assolements. Succession des cultures. Règles culturales des assolements.

Culture comparée des diverses régions du pays.

L'année agricole pour chacune de ses régions.

Calendrier de l'agriculteur en Portugal.

TROISIÈME PARTIE

Horticulture

Définition de l'horticulture. Importance de cette branche de l'agriculture. De l'horticulture en Portugal. Extension et distribution des cultures potagères.

I.— Généralités

Sol. Caractères des sols les plus appropriés à l'horticulture. Situation et exposition du terrain. Fumures organiques et leur préparation. Fumures minérales. Eau. Quantités de l'eau. Eau de pluie, des sources et des puits. Réservoirs.

Instruments et outils. Pour creuser, pour transport de l'eau, des fumiers, etc., pour abri et défense.

Etablissement du jardin

Plan du jardin. Assolement. Division en carrés. Préparation du terrain.

Opérations générales

Ameublissement du terrain. Fumures. Ensemencement. Transplantation. Arrosages.

Culture spéciale

Énumération et classification botanique des plantes de jardin. Classification en trois groupes, selon les organes utilisés.

1° groupe. Plantes. Racines. Toutes celles dont on utilise les organes souterrains : pommes de terre, navets, raves, radis, oignons, etc.

2e groupe. Plantes herbacées. Celles qui fournissent des feuilles, des rameaux, tiges, etc. Laitues, choux, chardons, cressons.

3e groupe. Plantes dont on utilise les fruits ou les semences : citrouille, melon, pastèque, haricot, concombre, pois, etc.

Culture spéciale et détaillée des plantes comprises dans les groupes précédent.

II. — Cultures forcées

Ce qu'on entend par culture forcée. Avantages. Condition de ce mode de culture. Situations qui leur sont favorables. Serre. Différentes espèces de serres. Situation et construction des serres. Procédés de chauffage.

Couches ou semis en serres chaudes. En quoi elles consistent. Couches découvertes et couches couvertes. Manières de les former et des renouveler. Rechauffage. Situation et exposition.

Espaliers. En quoi ils consistent. Principes sur lesquels se fonde leur construction. Pente et exposition de l'espalier. Manière de la former.

Culture spéciale par chacun des moyens artificiels précédemment indiqués.

Calendrier horticole.

PROGRAMME DE LA SEPTIÈME CHAIRE

Professeur — *Henrique da Cunha Mattos de Mendia*

Cours biennal : première partie, Arboriculture et Viticulture — deuxième partie, Silviculture

---

PREMIÈRE PARTIE

Arboriculture et Viticulture

GÉNÉRALITÉS

I. — Considérations spéciales sur la végétation des arbres

II. — Notions générales sur la création des plantes ligneuses:

1er Reproduction naturelle: Semences; récolte, choix, conservation; ensemencement, méthodes et époques, pépinières.

2. Reproduction artificielle:

a) Marcottes.

b) Boutures.

c) Greffes.

3. Pépinières pour plantes arborescentes. Définitions; utilité; situation et conditions propres; préparation; ensemencement; transplantation; soins et cultures; catalogation et étiquettes.

III. — Notions générales sur la formation des vergers.

1er Choix et préparation du sol : Exposition; nature du sol, ameublissement, drainage.

2. Transplantation. Utilité; arrachement des plantes; préparation; transport.

3. Plantation. Méthode; époque; préceptes; alignements; moyens de fixer ou protéger les arbres.

IV. — Notions générales sur les soins et la culture des vergers; indications respectives:

1er A la terre: Béchages; sarclages; fumures; arrosages.

2. A l'arbre:

a) Taille; époques; espèces; méthode et avantages;

b) Echallassement; époques; espèces; méthodes et avantages;

c) Espaliers.

V. — Notions sur la récolte et la conservation des fruits.

1er Récolte. Nature et usages des fruits; maturation; cueillette.

2. Conservation. Locaux pour garder les fruits; preceptes speciaux relatifs à leur construction; procédés pour retarder la maturation et éviter la pourriture.

CHAPITRE I

Arboriculture

I. — Culture de l'olivier.

1er Description botannico-agricole de l'olivier;

2. Variétés: *(Negraes, Borraceiras, Lentisqueiras, Verdeaes, Cordovis, Bicaes, Sevilhanas, Mançanillas,* etc.).

3. Mode de végétation;

4. Sol, climat, exposition et situation;

5. Propagation des oliviers.

a) Semence;

b) Marcotte;

c) Bouture;

d) Greffage: Utilisation des oliviers sauvages;

6. Plantation. Ouverture des trous; collocation des arbres.

7. Culture et éducation des oliviers.

8. Tailles de conformation.

9. Tailles de nettoyage.

10. Engrais les plus convenables. Occasion et meilleure manière de les appliquer.

11. Labours. Occasion et meilleure manière de les exécuter.

12. Rajeunissement des oliviers.

13. Cueillette de l'olive.

II. — Culture du figuier.

1er Description botanico-agricole du figuier.

a) Mode de végétation et fructification;

b) Fructification tardive et de saison.

2. Variétés du figuier et leurs applications.

3. Condition du sol et du climat.

4. Propagation. Naturelle et par segmentation.

5. Formation de l'arbre.

6. Travaux culturaux. Labours, fumures, irrigations; traitement de l'arbre.

7. Récolte des figues; préparation et conservation.

8. Rajeunissement des figuiers.

III. — Culture du mûrier.

1er Description botanico-agricole des mûriers. Mode de végétation.

2. Espèces et variétés.

3. Climat et sol.

4. Propagation. Semence, bouture, marcottage, greffage.

5. Plantation. Disposition la plus avantageuse des mûriers.

6. Diverses formes de armation des mûriers. Taille de formation.

7. Taille de production. Époques et méthodes d'alternation.

8. Engrais et labours.

9. Cueillette et conservation des feuilles.

10. Rajeunissement des mûriers.

IV. — Culture de l'oranger.

1er Histoire; description botanico-agricole et mode de végétation.

2. Espèces *(aurantium* et *medica)*. Variétés: (Oranger ordinaire, acide, mandarine; oranger de sang ou de malte; citronnier doux, acide, limettier, bergamottier, cédratier).

3. Climat et sol.

4. Propagation: Divers procédés.

5. Taille.

6. Engrais, labours et arrosages.

7. Récolte et conservation des fruits.

V. — Culture du grenadier.

VI. — Culture des pomacées à feuilles caduques:

1er Description botanico-agricole. Mode de végétation. Climat, situation et exposition. Nature du sol. Propagation. Traitement des arbres et du sol. Récolte.

2. Application spéciale aux différentes variétés de:

a) Poiriers;
b) Pommiers;
c) Coignassiers;
d) Sorbiers;
e) Nêfliers;
f) Azeroliers.

VII. — Culture des drupacées:

1er Etude botanico-agricole. Modes de végétation. Climat, situation et exposition. Sol. Propagation. Traitement des arbres et entretien du Sol. Récoltes.

2. Application spéciale aux diverses variétés de:

a) Cerisiers;
b) Pruniers;
c) Abricotiers;
d) Pêchers;
e) Jujubiers.

VIII. — Culture des arbres à fruit sec et oléagineux:

1er Description botànico-agricole. Mode de végétation. Climat et Sol. Propagation. Traitement de l'arbre et du sol. Récolte.

2. Application spéciale aux différentes variétés de:

a) Amandiers;
b) Noyers;
c) Noisetiers;
d) Pistachiers.

IX. — Culture des arbres à fruit sec et féculent.

1er Description botanico-agricole. Mode de végétation. Climat et Sol. Propagation. Traitement de l'arbre et du sol. Récolte.

2. Application culturale aux différentes espèces:
a) Châtaigniers doux;
b) Chênes-verts;
c) Chênes-lièges.
3. Caroubier. Mode de végétation; variétés; climat; sol et culture.

X. — Idée sommaire de quelques cultures d'arbustes exotiques:
a) Café;
b) Thé;
c) Quina;
d) Canne à sucre;
e) Bannaniers;
f) Cannaliers;
g) Cotonier;
h) Côcotiers.

CHAPITRE II

Viticulture

I. — Ampélographie.

1er Familles des ampélidées. Genres (Cissus, Ampélopsis, Ampélocissus, Pterisanthes, *Vitis*).

2. Espèces du genre *Vitis* américaines et asiatiques. Section moscadine; Vitis rotundifolia. Section des uvites (Labrusca; rupestres; riparia; æstivalis; cordifolia, candicans, monticola, berlandieri, arisonica, cinerea; caribaea, flexuosa, amorensis et autres).

3. Étude particularisé des espèces les plus importantes.

a) Æstivalis; riparia; rupestris; labrusca;

b) Leurs variétés naturelles ou hybrides. Leur choix et aptitudes;

c) Description. Développement, racines, ceps, rameaux, feuilles, fleurs et fruits.

4. Organographie et physiologie de la Vitis vinifera.

a) Variétés. Blanches, noires, rouges. Précoces, tardives, moyennes;

b) Description. Développement, racines, ceps, rameaux, feuilles et fleurs;

c) Choix. Qualités vinifères; productibilité; rusticité, etc.

II. —Viticulture, proprement dite.

1er Considérations générales.

a) Histoire de la viticulture;

b) Sol et son influence;

c) Exposition et situation des vignes;

d) Climats et accidents produits par les intempéries. Coulure et ses causes; gelées printanières; vents; grésil; étés humides et grandes chaleurs;

e) Importance des cépages et des époques de maturation;

f) Influence des méthodes de culture et de la relation entre les divers cépages.

2. Plantation et création des vignes.

a) Nettoyage du sol;

b) Préparation du sol; fumures et mobilisation profonde;

c) Différentes méthodes de plantation. Plantoir; trous; fosses et leurs variantes. Méthodes suivies dans nos régions vinicoles les plus importantes;

d) Profondeur. Terrain plat; incliné, sec, humide, etc.;

e) Disposition de la plantation. Orientation; plantation en carré, en quinconce; rangées; lignes; distance des souches;

f) Boutoures. Choix; récolte; conservation;

g) Racines. Procédés pour les obtenir; circonstances dans lesquelles l'opération réussit le mieux;

h) Traitement des pépinières. Réparation, substitution et conservation. 1re, 2e et 3e années.

3. Opérations culturales dans les vignes.

a) Théorie physiologique sur laquelle s'appuie la taille de la vigne. Circulation de la sève; formation du tissu ligneux et du fruit;

b) La vigne; grande, moyenne et petite arborescence;

c) Tailles. Longue, courte et mixte. Taille de l'hiver. Taille de l'été ou en vert;

d) Des meilleurs systèmes de taille. Méde; Cazenave; Guiot, Douro, Alemtejo, Torres, etc. Taille des vignes hautes;

e) Époques. Instruments et soins employés pour la taille;

f) Echallassement. Divers systèmes suivis dans le pays et à l'étranger; tuteurs de la vigne haute; arbres et bois secs; leurs avantages corrélatifs;

g) Fumures. Époque; engrais les plus convenables; manière de les employer. Correctifs et leur importance;

h) Soins de culture. Considérations générales; béchages d'automne, d'hiver et de printemps. Diverses méthodes de labour des vignes;

i) Taille en vert. Époques; manières et soins à apporter dans l'exécution.

4. Traitement des vignes contre les accidents morbides.

a) Souffrage, époque, conditions pour la bonne application; méthode d'exécution;

b) Submersion. Conditions pour le bon résultat, au point de vue de l'eau, du sol et des qualités des cépages;

c) Établissement de la submersion;

d) Application de la submersion. Age de la vigne; époque; durée; influence du climat, du sol et de la saison;

e) Application du sulfure de carbone. Méthodes diverses.

5. Travail de reconstitution et d'amélioration.

a) Marcottages. Pour remplir des clairières; pour rajeunir les vignes. Marcottes. Divers procédés de provignage;

b) Greffes. Pour améliorer les cépages; pour rajeunir les vignes. Diverses formes de greffage, fente ordinaire, fente pleine, à la Pontoise, fente anglaise, greffe Champin, greffe au chevalet, greffe bouture, greffe Fernand, etc.

6. Vignes hautes et moyennes.

a) Description des procédés mis en usage;

b) Inconvénients de la trop grande élévation des vignes;

c) Armation en feston, espalier et treille;

d) Modifications à introduire en raison de la hauteur de la taille et de l'echallassement;

e) Taille en vert; diverses espèces; utilité, époque et manières de les exécuter.

DEUXIÈME PARTIE

Silviculture

INTRODUCTION

L'agriculture proprement dite, la silviculture et l'arboriculture. Distinction fondamentale et limite naturelle de leur sphère d'action. Caractéristiques culturales et économiques. Rôle relatif qu'elles représentent en général dans les diverses pays de l'Europe. L'agriculture, la silviculture et l'arbriculture en Portugal. Aperçu général de leurs conditions passées et présentes, comme base pour leur développement ultérieur.

CHAPITRE I

Botanique forestière

I. — Organisation et vie des espèces ligneuses

L'arbre et l'arbuste.

Espèces feuillues et résineuses; caractéristiques qui les définissent.

Système radiculaire des espèces ligneuses.

La souche.

La tige. Constitution anatomique du bois des essences feuillues et résineuses.

L'écorce; le liége.

Comparaison et distinction entre le bois de la racine et celui de la tige.

Accroissement des plantes ligneuses en diamètre; couche annuelle, zones du printemps et de l'automne. Conditions de l'accroissement, sa variabilité et ses relations avec la nature des bois et des écorces. Formes de croissance.

Bois parfait ou duramen et aubier; bois mous ou blancs, durs ou foncés. Conditions pour la meilleure formation du bois parfait.

Cicatrisation des blessures.

Composition chimique du bois (élémentaire et immédiate).

Ramification de la tige. — Formes de la ramification et leur classification. L'arbre isolé et en massif. Tige et tête des arbres. Boutons.

Croissance des plantes ligneuses en hauteur; leur mécanisme et conditions qui les diversifient.

Boutons adventices; yeux dormants, branches gourmandes.

Condition du bourgeonnement des souches.

Exploitation en haute futaie et en taillis.

Feuilles. — Parties composantes, principales formes; couleur normale. Persistance et caducité des feuilles; chûte des feuilles; phénomènes mécaniques et chimiques qui se réalisent.

Vie des plantes ligneuses. — Cycle végétatif et période de repos. Phénomènes végétatifs dans les espèces à feuilles caduques et dans les espèces à feuilles persistantes. Mort naturelle des arbres; causes principales; aspect de l'arbre dans les diverses périodes de la vie.

La fleur et les phénomènes de la réproduction. — Époque de la floraison; âge, auquel les arbres entrent en floraison; conditions qui la font varier.

Pollinisation dans les essences feuillues et dans les résineuses; temps qui s'écoule chez les diverses espèces entre la floraison et la maturation des fruits.

Le fruit, la semence et les phénomènes de la germination. — Fructification: formes des fruits (vrais ou faux); parties composantes. Espèces à fructification annuelle, constante ou périodique. Maturation des fruits; dissémination.

Semences; parties composantes; formes des semences; durée de la faculté germinatrice.

Germination; conditions de la germination; phénomènes qui se réalisent; temps que nécessitent les semences des diverses espèces d'arbres pour germer.

Exigences des nouvelles plantes selon les différentes espèces.

Peuplements; produits forestières; leur classification: produits ligneux, produits corticaux, fruits, produits résineux et autres.

II. — Climatologie forestiere

Influence du climat sur la distribution des essences forestières; conditions climatériques nécessaires à la vie des arbres.

Régions forestières de l'Europe. Climat forestier du Portugal.

Influence des variations locales du climat sur la manière de vivre d'une même espèce ligneuse; époques des diverses phases de la végétation; port et croissance annuelle des arbres; action de la forte chaleur et du froid sur les arbres; action de la lumière; action de l'eau et du vent. Influence de l'exposition et de l'altitude; pays plats et pays montagneux.

Influence réciproque des forêts sur le climat; état de la question. Influence sur la température de l'air et du sol, sur l'humidité atmosphérique sur les pluies et l'évaporation du sol. Action des forêts sur les vents et la salubrité de l'air. Influence du couvert des arbres sur la végétation inférieure.

Études de climatologie forestière en Portugal et dans le divers pays de l'Europe. — Ce qui a été fait dans notre pays et ce que l'on sait. Le Portugal au point de vue de ses climats forestiers. Les stations expérimentales de la France, particulièrement celle de Nancy. Celles d'Autriche et celles d'Allemagne, notamment celles de la Bavière. Leurs organisateurs. Voie suivie dans les études entreprises. Procédés employés et résultats obtenus. Des principaux silviculteurs qui se sont appliqués à l'étude de la climatologie forestière; moyens dont ils disposent. Leurs principaux travaux.

III. — Agrologie forestière

Influence du sol sur la distribution des essences forestières. — Influence de la composition chimique; action du sel marin et de la chaux. Influence de l'humidité, profondeur et fertilité du sol.

Classification des sols forestiers. Les arbres et la culture herbacée au point de vue de l'épuisement du sol.

Les terrains du Portugal, leur influence sur la distribution des essences forestières.

Les diverses qualités du sol et leur action sur la vie des arbres; qualités des bois.

Le sol des forêts; partie dont il se compose; la couche humifère, son rôle dans la végétation des forêts; la composition et quantité annuelle de feuilles tombées dans les massifs des diverses essences. Formation de l'humus.

L'expérimentation en France, en Autriche, en Italie et en Allemagne, pour l'étude et la résolution des problèmes relatifs à l'agrologie forestière.

Stations expérimentales de ces pays.

Quelles sont l'organisation, l'administration et les moyens d'action dont elles disposent.

Les stations expérimentales et les gouvernements. Résultat obtenu. Conclusion.

Actions réciproques des forêts sur le sol: leur influence sur les sables mouvants du bord de la mer. Action des forêts dans la consolidation des terrains montagneux et dans la régularisation des cours d'eau. Leur influence sur la formation des sols agricoles, et leur fertilité.

IV. — Étude des essences forestières les plus importantes pour le Portugal

Description et étude botanico-forestier des arbres suivants:

Pin maritime, pin pignon et pin d'Alep; les chênes (Quercus suber, Q. ilex, Q. robur, Q. tozza, Q. lusitanica, Q. pedunculata), châtaignier, caroubier, orme, frêne, peupliers (espèces de genre *Populus)*, saules et osiers (espèces du genre *Salix)*, bouleau, aulne, érable (espèces du genre *Acer)* platane, eucalyptus et faux acacia.

Caractères différentiels de ces espèces, leur distribution dans notre pays; climat, situation et exposition qu'ils demandent, sol, forme de la radication, croissance, port, durée, caractères du bois, de l'écorce; forme de feuillage, étude de la floraison, de la fructification, de la germination, des principales nécessités du jeune plant, et finalement, quels sont les produits qu'ils fournissent d'ordinaire.

Études plus succintes d'autres espèces ligneuses moins importantes et spécialement de celles qui d'ordinaire couvrent le sol des forêts, ou constituent un peuplement secondaire dominé par le peuplement principal. Relativement à ces espèces, qu'on étudie aux points de vue de leur influence, utilisation et conditions les plus favorables pour leur développement, il y a lieu de s'arrêter aux considérations suivantes:

1er groupe: Arbres ou arbustes relativement peu exploités:

Les cyprès (genre *Cupressus)*, les genévriers (genre *Juniperus)*, l'if, le houx, l'arbousier, le sumac, le sureau, le tamarix, etc.

2e groupe: Arbustes et arborisseaux qui constituent le sous-bois:

Les différentes espèces des genres: Rhamnus, Phillirea, Pistacia, Sorbus, Cistus, Erica, Ulex, Genista, Pterospartum, Corêma, etc.

Cette étude réalisé sous une forme essentiellement pratique, autant que le permettent les ressources dont dispose la chaire de la silviculture et l'organisation de l'enseignement, a pour naturel complément les exercices de classification botanique de nos espèces ligneuses, exercices dirigés de façon à ce que l'étudiant acquière autant que possible la connaissance pratique des diverses essences forestières; qu'il apprenne la manière de les étudier et de les décrire et des principaux auteurs qui se sont consacrés à ce genre de travail, tant dans le pays qu'à l'étranger.

DEUXIÈME PARTIE

Cultures forestières

Régénération naturelle et artificielle des massifs forestiers; considérations générales:

1er Peuplements forestiers obtenus par les procédés artificiels.

Appropriation et choix des essences. Défense du terrain, haies, etc.

Ensemencement. — Récolte de la semence, son choix et conservation; moyens de reconnaître la qualité de la semence. Préparation du terrain, labours divers. Leur comparaison. Époques pour exécuter ces travaux. Nettoyages du massif, écobuages.

Époques propres pour l'ensemencement; quantité de semences à employer; manières de semer; profondeur à laquelle doit rester la semence. Ensemencements mixtes (d'essences variées); objet en vue duquel on les pratique; règle générale.

Plantation. — En quoi elle consiste; comparaison avec l'ensemencement; cas particulières où s'applique chacun de ces procédés.

Conditions auxquelles doit satisfaire l'arbre qui va être planté; âge qu'il doit avoir, selon les essences et les circonstances locales.

Pépinières. — Fixes et mobiles. Choix du terrain; sa préparation et délimitation. Entretien de la pépinière, semence, plantations, élagages, arrosages, etc. Etiquettes et registres.

Manières de planter; extraction des plantes; transport et conservation, pendant quelque temps. Taille et préparation des arbres avant la plantation; nettoyages.

Espacement à donner aux arbres; saison propre à la plantation.

Plantation en groupes. Ses avantages.

Plantation en terrain marécageux.

Bouture. — En quoi elle consiste. Comment elle doit être considérée physiologiquement. Lieux où son emploi est principalement recommandé. Espèces les plus apropriées chez nous à ce procédé de reproduction. Formes et dimensions des boutures. Procédés de plantation: choix de l'époque la plus convenable. Education des boutures dans la pépinière.

Marcottage. — En quoi elle consiste; cas restreints où il convient de l'employer; espèces apropriées; moyens d'exécution. Saison la plus convenable.

Remplacement des arbres et reboisement des clairières dans les forêts. — Règle générale. Procédés de régénération les plus appropriés. Soins spéciaux à apporter dans la création des massifs forestiers par l'emploi des moyens artificiels.

Cas spéciaux de plantation d'arbres. Ensemencements dans les sables mouvants (dunes).

Considérations générales.

Aspect général des dunes avant le premiers travaux. Leur origine. Rôle de la mer et des vents. Action de la mer dans la deposition du sable. Formation des dunes. Configuration qu'elles affectent. Conséquences des lois de leur formation. Effet de l'invasion des sables. Lois du mouvement des dunes. Dangers qu'elles entraînent. Nature et composition du sable des dunes. Conditions physiques et présence constante d'une certaine humidité. Distribution géographique des sables mouvants.

Leur distribution dans notre pays et conditions générales sous lesquelles elles se présentent.

1er Du Guadiana au Tage:

a) Dunes de la côte méridionale de l'Algarve;

b) De Aljezur au cap de Sines;

c) Du nord de ce cap à Setubal et à Trafaria.

2. Du Tage au Rio Minho:

a) Grèves de Guia;

b) Grèves de Collares;

c) Grèves de l'embouchure du Sizandro;

d) Dunes de Peniche;

e) De Nazareth à la forêt de pins de Leiria;

f) Dunes adjacentes à cette forêt;

g) Du Rio Liz à l'embouchure du Mondego;

h) De Quiaios à Palheiros de Mira;

i) De Palheiros à Barra Nova de Aveiro, à Ovar, à Barrinha et jusqu'à l'embouchure du Douro.

Idées complémentaires sur quelques-unes de ces dernières sections, principalement au point de vue économique. Entre Douro et Minho. Récapitulation succinte et conclusion.

Travaux de repeuplement.—Bases du système de fixation. Principes généraux d'orientation des travaux. Formation de la dune littorale.

Haies, barrières et haies mobiles. Élévateurs mécaniques. Forme à donner au dépôt. Manière de l'obtenir. Érosions de la mer. Effets du vent sur un versant rapide. Régularisation des dunes. Fixation proprement dite. Position du premier travail. Disposition des matériaux. Saison des travaux. Le repeuplement des dunes en Portugal. José Bonifacio de Andrada, Brémontier et Laval. L'administration des forêts de l'État. Travaux de fixation et études réalisées, ou en cours d'éxécution, des dunes contiguës à la forêt des pins de Leiria, près de Pedrogão et du Pinhal do Urso, au nord du Liz. Au Cabedello de l'embouchure du Mondego. Aux environs de Aveiro et à Villa Real de Santo Antonio. A Trafaria. Près de la forêt de pins de Camaride. Considérations techniques et économiques. Résultats obtenus. Conclusions.

Idées et indications complémentaires.—Transport au moyen de chars expressément construits et appropriés. Transport par le moyen des animaux. Chemins en terrain naturel. Routes empierrées. Leur conservation et nature des matériaux. Étables. Leur construction et conservation. Organisation du service. Chemins de fer forestiers. Camions Décauville; leur établissement, services et résultats. Aletier de pénétration. Jardins d'expérience. Essais de repeuplement. Culture spéciale. Construction forestière. Relevés, modes d'exécution. Tableaux. Cartes topographiques. Collection. Modèles. Plantes sèches et vives.

Boisement des montagnes. — Des régions montagneuses de notre pays, considérées au point de vue technique et économique. La Serra da Estrella, le Suajo et le Gerez. La Guardunha. Travaux de Julio Henriques, de B. Barros Gomes et de Rivori. Ce qui a été fait depuis. Moyens employés et voie à suivre. Considérations culturales et économiques. Les dernières mesures officielles et de leur résultat probable.

Dans quel cas il convient d'employer le gazonnement et quand il est préférable de planter des arbres afin d'empêcher le glissage et le ravinement des versants. Procédés de plantation dans ce cas particulier. Systèmes principalement appropriés à notre pays. Travaux dont il faut faire précéder ou accompagner cette plantation. Des innondations et des moyens de les éviter ou de les prévenir. Effets des torrens. Procédés de défense et d'extinction. Mesures restrictives du droit de propriété. Quels sont les terrains auxquels elles doivent s'étendre. Effets de ces dispositions sur la production. Des intérêts en jeu. Dispositions législatives en Portugal et dans les divers pays de l'Europe.

Discussions des principes de droit. Organisation du service administratif. Indication des exigences du service :

1er Étude des cours d'eau sujets à des crues extraordinaires.

2. Reconnaissance et examen des bassins de réception et de ceux de leurs affluents. Procédés détaillés pour les mettre en pratique.

3. Reconnaissance et étude des canaux de reception.

4. Reconnaissance et étude des lits de écoulement.

5. Canaux d'épuisement. Actions judiciaire et administrative. Fiscalisation, police, constatation des contraventions.

Attributions de ces services à l'inspection forestière, dépendant de la direction générale de l'agriculture.

Dépenses. Concours de l'état, des municipalités et des particuliers. Les Vosges et le Jura. Notice sur leur replantation. Résultats techniques et économiques. Travaux de Surrel et de Demontzey. L'administration forestière française et son organisation, en ce qui concerne ces travaux. Résumé et conclusion.

II. — Exploitation forestière

Idées fondamentales. Nécessité d'une production annuelle. Règles primordiales d'exploitation des forêts. Rotation. Série. Régime. De l'exploitabilité en général, ou envisagée spécialement d'après les cas qui peuvent se présenter. Leur classification. Possibilité par étendue et par volume. Antagonisme des écoles française et allemande. Idée que l'une et l'autre soutiennent et principes sur lesquels elles se fondent.

Règle à observer en vue de la réalisation des coupes.

Exploitation des hautes futaies. — Définitions : futaies régulières et irrégulières. Massif régulier et irrégulier ; serré, incomplet, entrecoupé. Clairière. Coupe rase. Destination périodique. Périodes. Parcelles.

1er *Hautes futaies régulières.* — Comment l'étude de la végétation des essences forestières abandonnées à la nature nous indique les principes fondamentaux d'une bonne exploitation. Considérations qui servent de base à une méthode régulière d'exploitation. Ébauche de cette méthode. Coupes de regénération d'ensemencement, secondaires et définitives. Règles auxquelles elles doivent satisfaire; manières de les exécuter; époques apropriées.

Coupes d'amélioration; de nettoyage; éclaircies périodiques. Règles observées; avantages de ces coupes; époques favorables.

Explorabilité des hautes futaies (considérées culturalement); conditions auxquelles elle doit satisfaire; règles générales.

Possibilité des divers coupes de l'exploitation régulière. Marche de l'exploitation dans une haute futaie régulière. Essences les plus appropriées à la futaie dans notre pays. Les coupes dans les hautes futaies. Procédés employés. Instruments usités. Précautions. Choix de l'époque la plus convenable. Conduction des produits ligneux hors du lieu d'exploitation. Moyens employés ou à employer selon les circonstances locales; rampes naturelles; chemins de traverse; transports par eau, etc.

2e. *Hautes futaies irrégulières.*—Coupes de jardinage intermittentes. En quoi elles consistent; comparaison avec les futaies régulières. Cas où l'exploitation irrégulière peut être utile. Possibilité et exploitabilité dans ces forêts.

Coupe rase. En quoi elle consiste. Comparaison avec la futaie régulière et les coupes intermittentes. Cas où la coupe rase pourrait convenir. Possibilité et exploitabilité dans cette méthode de traitement.

Exploitation des taillis. — Définitions. Taillis simple et composé. Réserves des taillis. Baliveaux. Couvert et ombre qu'ils produisent.

1er *Taillis simple.*— Exploitabilité, possibilité; époque de la coupe; moyens d'effectuer la coupe; précautions à observer; transport du bois hors du lieu de la coupe. Règles spéciales à ce genre d'exploitation. Essences appropriées aux taillis simples dans notre pays.

Taillis mixtes.

2e. *Taillis composés.* — Avantages et inconvénients. Comparaison du taillis composé avec les taillis simples et la haute futaie. Exploitabilité du taillis proprement dit et des balivaux et réserves; règle générale. Possibilité du taillis et des réserves. Soins à observer dans ces opérations.

3e. *Taillis terminaux et latéraux.* — En quoi ils consistent; comparaison des deux procédés; essences appropriées; explorabilité; époques favorables pour la coupe. Moyen de la réaliser. Avantages et applications de cette exploitation.

Exploitations de conversion. — En quoi ils consistent. Cas où il convient de changer de régime. Comparaison au point de vue cultural entre les taillis et la haute futaie. Cas où il devient utile de changer de méthode d'exploitation. Futaie régulière et irrégulière. Taillis simple et composé parallèles et comparaisons. Règles culturales communes à toute la conversion. L'emploi des conversions dans nos forêts. Cas possibles et règles spéciales.

Exploitation et culture relatives aux essences les plus importantes de notre pays:

1er *Forêts de pins maritimes et de pins pignons.* — Leur importance et distribution en Portugal. Leur importance hygiénique, commerciale, économique, etc. Surface qu'elles occupent; produits qu'elles fournissent.

Explorabilité. Époques de la coupe. Age où il convient de la faire, selon les cas spéciaux dans lesquels ils se présentent. Méthode d'exploitation suivie et à suivre. Règles générales de culture fondées sur l'observation et sur l'expérience.

Traitement spécial des forêts de pin en vue de l'exploitation de la résine. Quelques considérations économiques, culturales, commerciales techniques sous le point de vue forestier, pouvant déterminer le choix, soit de la production de la résine, soit de la production ligneuse. Influence du gemmage sur l'économie de l'arbre et sur le rendement de la forêt. Ensemencements sur des terrains fermes.

Incendies. Mesures et précautions pour les éviter ou les prévenir. Moyens de combattre ce genre de sinistre.

2. *Châtaigneraie.* — Leur importance; produits qu'ils fournissent; leur valeur commerciale et économique dans notre pays. Explorabilités les plus usuelles selon les différentes cas qui peuvent se présenter.

Procédés d'exploitation. Règles de culture. Exploitation du châtaignier en haute futaie. Utilité dans le présent et dans l'avenir, que pourrait offrir au pays cette méthode d'exploitation appliquée à la susdite essence forestière.

Le châtaignier en état de produire du fruit. Greffage. Ensemencement et plantation de ces arbres.

3. *Les forêts de chêne-liége et de yeuse.* — Leur importance. Leur distribution; surface qu'ils occupent dans notre pays. Anciennes forêts des chênes-liége et les massifs actuels de cette essence en Portugal. Discussion succinte relativement à leur constitution considérée sous le rapport botanique. Comment et pourquoi plusieurs de ces forêts ont été détruits dans ce pays. Comment et pourquoi ils ont été reconstitués dans la suite. Principaux mobiles de cette reconstitution. Notre Alemtejo et les bois de chênes-liége. De leur valeur commerciale et économique en tant que richesses publiques et particulières du Portugal. Formation des forêts; exploitations usuelles. Études qu'on doit entreprendre au sujet de cette exploitation. Améliorations à proposer.

4. *Exploitation des autres essences du genre Quercus (Q. robur, Q. lusitanica, Q. pedunculata, Q. torza).* — Exploitation en taillis et en haute futaie; importance de ces exploitations; produits qu'elles fournissent. Règles de culture.

TROISIÈME PARTIE

Aménagements

Ce que c'est que l'aménagement forestier. Nécessité de son application pour les producteurs et les consommateurs des produits forestiers. Comparaison entre les forêts aménagées et non aménagées. Des aménagements forestiers et des propriétés particulières. Circonstances techniques et économiques à observer dans l'exécution des uns et des autres. Bases fondamentales et principes généraux.

Opérations préliminaires et communes à tout aménagement.

Levée du plan général; statistique et inventaire de la forêt.

Parcelles. Leur détermination. Plans parcellaires. Choix du régime de la méthode d'exploitation. Considérations culturales et économiques. Séries. En quoi elles consistent. Comment et dans quels cas il convient de les établir. Règles à suivre. Tableau des séries.

Détermination de la rotation. De l'explorabilité en agriculture et en silviculture; considérations générales. Des diverses explorabilités qui peuvent se présenter. Comment elles se classent et de quelle manière chacune d'elles se détermine. Explorabilités propres aux divers procédés d'exploitation; explorabilités appropriées à divers propriétaire de forêts. L'état, les municipalités, les corporations et les particulièrs.

Plan d'exploitation. En quoi il consiste; règle générale, objet qu'il a en vue.

1er *Plan d'exploitation de futaie régulière.* — Motifs pour lesquels le plan d'exploitation doit être différent dans la futaie et dans le taillis. Division de la rotation en périodes, règle générale; division de la série en affectations périodiques; règles à avoir en vue; tableau spécial des affectations périodiques, leur classement.

2. *Plan d'exploitation des taillis simples.*— Classification des parcelles. Conditions auxquelles doit satisfaire cette classification. Exemples.

3. *Plan d'exploitation des taillis composés.* — Plan d'exploitation du taillis proprement dit. Des réserves. Opérations complémentaires.

Règlement général des exploitations par période. — Tableaux. Détermination de la possibilité des diverses coupes (principales et d'amélioration). Procédés rigoreux et pratiques généralement employés pour cette détermination.

Fonds de réserve; ce qu'il est; ses avantages; ses inconvénients: travaux d'amélioration relatifs au sol, au peuplement, aux chemins forestiers, à la garde et à la conservation.

Vérification de la possibilité.

Rédaction du projet d'aménagement. Sa division périodique. Exécution de l'aménagement.

Exploitation irrégulière. Explorabilité et possibilité dans les forêts soumises au jardinage et aux coupes rases.

Aménagement de conversion.— Comparaison économique des divers régimes et résultats de l'exploitation.

En quoi consiste l'aménagement de conversion. Règle générale. Rotation définitive, préparatoire et transitoire. Opérations préliminaires. Différences qui caractérisent l'aménagement selon les conversions qu'on aura en vue ou les resultats employés dans la transformation.

Des aménagements forestiers dans quelques pays de l'Europe et en Portugal.— Opinions dominantes en Allemagne et en France sur les aménagements forestiers entre les silvicultures les plus distingués de ces deux pays. L'école française et l'école allemande. L'aménagement par volume et par étendue diversement considéré par les uns et par les autres. Les plus récents travaux sur les aménagements forestiers en Allemagne, en France, en Italie et en Espagne.

Travaux d'aménagement forestier en Portugal. De leurs promoteurs et de l'aménagement de la forêt de Machada, fait à 1864. Travaux postérieurs entrepris par l'administration générale des forêts du royaume. Aménagements des forêts du sud du pays. Aménagement de la forêt de pins de Leiria et de celle du Vallado. Leurs auteurs. Etat actuel de la question. Quelles considérations de diverse nature elle suggère. La direction générale de l'agriculture; nos agents forestièrs et l'exploitation scientifique des forêts nationales. Conclusion.

QUATRIÈME PARTIE

Dendrométrie

En quoi elle consiste. Quel problème elle a à résoudre. Son importance.

Détermination du volume des arbres abattus. — Méthode générale de cubage. Considérations observées relativement à la forme des troncs. Instruments employés dans la pratique pour le cubage des arbres abattus : le mètre ; les différents rubans ; le compas forestier ; le xylomètre. Avantages et inconvénients inhérents à l'emploi de ses diverses instruments.

Instructions pratiques sur la manière de procéder.

Cubage d'une arbre dans un but d'expérimentation.

Tableaux spéciaux. Comment ils se décomposent.

Études particulières à diverses essences les plus importantes. Eclaircissements pratiques divers.

Cubage des bois d'œuvre. Cubage d'un tronc rond avec ou sans l'écorce. Bois équarrés. Cubage au quart sans déduction. Au cinquième et au sixième déduit. Application respective des formules :

$$V\,{}^{1}/_{4} = \frac{\left(\frac{2\pi R}{4}\right)}{\pi R^2 H} \qquad V\,{}^{1}/_{5} = \frac{\left(\frac{2\pi R}{5}\right)^2 H}{\pi R^2 H} \qquad V\,{}^{1}/_{6} = \frac{\left(\frac{2\pi R \,.\, 5}{4 \,.\, 6}\right)^2 H}{\pi R^2 H}$$

Cubage des arbres sur pied :

a) En s'appuyant sur la pratique ;

b) Sur le calcul de la possibilité ;

c) Sur la détermination du volume des produits de chaque essence dans une coupe sur pied ;

d) Sur l'évaluation du matériel ligneux d'une propriété forestière.

Procédés exactes et procédés expéditifs : Cubage d'une arbre considéré isolément. Procédés exactes. Mesures de grosseur et hauteur. Mesures de grosseur. Instruments employés. Mesures de hauteur. Hypsomètres et dendromètre.

Principes généraux sur lesquels se fondent ces instruments. Divers cas pratiques. Equerre de Duhamel. Planchettes dendrométriques. Dendromètre perpendiculaire de Regnault. Modifications de Faustman. Dendromètre de Bouvart. Instrument universel de Presler. Détermination par la méthode dite du point directeur de Presler.

Emploi du coefficient de forme *(Formzahlen)* ou facteurs de conversion du volume conique ou cylindrique en volume réel. Exemples pratiques. Evaluation des produits obtenus. Coefficient de fabrication. Procédés expéditifs et pratiques.

Cubage des peuplements. — Principes auxquels doit obéir un procédé quelconque employé dans ce but.

a) Cubage par comptage et classe d'arbres ;

b) Cubage par place d'essai ;

c) Cubage à l'œil.

Application de ces procédés à la pratique forestière et aux calculs de la possibilité.

Comment on peut remplacer le xylomètre. Procédé par la double détermination de la densité et du point. Les balances et les dynamomètres de Regnier ou de Poncelet. Coefficients ou facteurs de stérage. Tables de cubage. Sur quelles observations pratiques elles se fondent. Tables spéciales de Burckhard et Pfeil de Klauprecht, Köning et Staht. Tables de Presler. Leur traduction et appropriation aux usages portugais et aux conditions de nos massifs. Réduction du volume apparent ou volume réel dans les bois de pins empilés (d'après cinq classes d'empilage). Usages des tables de Presler. Exemples pratiques. Applications.

La dendrométrie appliquée à la vente de la production ligneuse d'après sa nature et les divers cas qui peuvent se présenter.

Cubage d'un peuplement soumis au régime forestier. Modèles de construction des tables spéciales pour servir au cubage d'un peuplement d'un âge unique. Tableaux et modèles.

Des cubages des hautes futaies régulières et irrégulières, et des cubages des taillis simples et composés.

Évaluation des arbres en produits fabriqués.

Évaluation en argent des peuplements et des arbres abattus et sur pied.

Détermination des accroissements d'un arbre.

Accroissement annuel et moyen; mesures des accroissements en hauteur.

Détermination des accroissements d'un massif forestier.

Détermination d'un accroissement passé et futur.

Calcul du maximum d'accroissement moyen.

Détermination du volume de l'écorce d'un chêne-liége sur pied. Du liége separé de l'arbre producteur.

Densité d'une forêt, sa détermination et classification. Méthodes de Köning et de Presler. Considérations sur lesquelles on se base pour cette détermination.

Appréciation générale sur la dendrométrie. Résumé. Conclusions.

CINQUIÈME PARTIE

Principes économiques immédiatement liés aux conditions culturales déjà exposés et leur complément naturel

La production forestière et la production agricole proprement dites, considérées l'une et l'autre au point de vue économique. En quoi elles se distinguent l'une de l'autre.

Des utilités qui résultent, pour le bien d'un pays, de la plantation de ses diverses régions. Valeur de ses produits à la lumière des idées économiques.

Culture intensive et extensive, dans les régions peuplées de forêts, comparées à l'intensité de la culture agricole et forestière dans divers pays. Grandes et petites propriétés forestières, étudiées particulièrement en égard à nos conditions propres sous ce point de vue.

Histoire de la propriété forestière et des délits qui s'y commettent vulgairement. Servitudes forestières, leur origine et importance dans le pays.

Les forêts de l'État. Nécessité de l'intervention des pouvoirs publics. Comment elle doit se pratiquer. Revenu des propriétés forestières appartenant à l'État. Ce qui à ce propos s'est passé en France, en Espagne et en Portugal. Lois et mesures qui se réfèrent à cette question. Leurs résultats et conséquences. Arguments par lesquels on peut combattre ou défendre quelques mesures de ce genre. La propriété forestière au point de vue de la culture, considérée dans ses rélations avec l'État.

Terrains forestiers; quels sont aujourd'hui économiquement, dans le pays, les terrains qui doivent être utilisés pour des forêts; leurs conditions de milieu et de fertilité; rapport comparatif de leurs surfaces avec celles des terrains agricoles.

Produits réguliers et périodiques des forêts. Histoire des principales méthodes d'exploitation forestière.

Fermage et emphytéose des forêts.

Des capitaux dans l'industrie forestière; ce qu'est le capital forestier; comment il varie selon les diverses méthodes d'exploitation. Le produit brut; les frais de production et le produit liquide. Le crédit et les forêts. Le revenu et l'intérêt dans l'industrie forestière. Conditions commerciales des produits silvicoles.

Divers procédés pour régler la partie économique des coupes et la vente des produits forestiers; leur division et comparaison.

SEPTIÈME PARTIE

Administration, statistique et enseignement forestier

Administration.— Histoire de l'administration forestière en Portugal; lois et règlements qui l'ont régie et la régissent actuellement; agents forestières.

Statistique. — Statistique forestière des principales nations productrices.

Surface occupée par les forêts en Portugal et dans les différents pays de l'Europe. Leur production annuelle.

Statistique de l'exportation et de l'importation de notre pays.

Enseignement forestier. — Histoire de l'enseignement forestier. De la dernière réforme et des dernières mesures à ce sujet.

L'enseignement forestier actuel dans les principales nations.

Formes que cet enseignement à pris dans notre pays.

HUITIÈME PARTIE

Excursions forestières

Excursions des élèves sous la direction du professeur et du répétiteur aux principaux centres forestiers du royaume.

PROGRAMME DE LA HUITIÈME CHAIRE

NOSOLOGIE VÉGÉTALE

Professeur — *José Verissimo de Almeida*

Vie normale des plantes. Altérations morbides de l'organisme végétal; accidents et maladies; leurs causes.

I. — Action mésologique.

II. — Action parasitaire { Parasites végétaux. / Parasites animaux.

Importance relative des diverses causes de maladie; *criterium* économique de leur valeur relative.

I — ACTION MÉSOLOGIQUE

Sol. — Influence nuisible du milieu souterrain sur la végétation des plantes:

a) Par la composition défectueuse de ce milieu;

b) Par le défaut ou l'excès d'humidité;

c) Par le défaut ou l'excès de température.

Atmosphère. — Influence nuisible du milieu aérien sur la végétation:

a) Par le degré hygrométrique;

b) Par les pluies;

c) Par les vents (température et vitesse).

Necessité d'étudier l'influence simultanée des deux milieux, souterrain et aérien, pour apprécier la résultante de leur action sur la vie végétale.

II — ACTION PARASITAIRE

Parasites végétaux

Mode d'action et degré d'influence. Moyens naturels de résistance et de défense. Procédés généraux de traitement des maladies dues aux phytoparasites. Classification.

Champignons. — Distribution systématique. Étude particulière des maladies les plus importantes occasionnées par les parasites végétaux, en considérant spécialement ces points essentiels: symptômes; recherche de la cause; étude du champignon, sa caractérisation, les conditions de sa végétation, son mode d'évolution et de dissémination. Effets de la maladie. Traitement.

Myxomycètes. — Étude générale. *Plasmodiophora Brassicae* Woron. (Hernie des crucifères).

Phycomycètes. — Étude générale.

Péronosporacées. — Étude des maladies (*Rouille blanche* des Crucifères, *Mildew*, maladie de la pomme de terre, etc.) causées par les champignons de cette famille, appartenant aux genres *Cystopus, Pythium, Phytophthora, Plasmopara, Bremia* et *Peronospora*.

BASIDIOMYCÈTES. — Étude générale.

a) Agaricacées. — Genre *Armillaria*. Pourriture des racines *(Pourridié)* déterminée par l'*A. mellea* Vahl.

b) Polyporacées. — Étude des espèces les plus nuisibles des genres *Polyporus, Trametes*, etc.

c) Théléphoracées. — Genres *Exobasidium, Hypochnus, Stereum*, etc.;

d) Urédinacées. — Étude des *rouilles*, produites par les espèces des genres *Uromyces, Hemileia, Melampsora, Cronartium; Puccinia* et *Gymnosporangium; Coleosporium*, etc.

e) Ustilagacées. — Étude des *charbons* et de la *carie*, causés par les espèces des genres *Ustilago, Tilletia* et *Urocystis*.

ASCOMYCÈTES. — Étude générale.

a) Exoascées. — Cloque du pêcher, des cerisiers; pochettes du prunier, causées par les champignons du genre *Exoascus;* espèces pathogènes du genre *Taphrina*.

b) Pezizacées. — Espèces pathogènes des genres *Pseudopeziza, Sclerotinia, Stromatinia*.

c) Helvellacées. — Espèce parasite des racines de la vigne, du genre *Vibrissea*.

d) Périsporiacées. — Espèces nocives des genres *Sphaerotheca, Podosphaera, Erysiphe, Uncinula, Meliola, Capnodium*, etc.

e) Sphériacées. — Maladies produites par les champignons des genres *Rosellinia, Guignardia, Sphaerella, Gnomonia, Gibellina, Leptosphaeria, Pleospora, Dilophia, Ophiobolus*, etc.

f) Hypocréacées. — Genre *Nectria, Polystigma, Sphaeroderma, Claviceps*, etc.

DEUTEROMYCÈTES. — Groupe d'espèces imparfaitement connues.

a) Sphéropsidacées. — Maladies occasionnées par les espèces des genres *Phyllosticta, Phoma, Coniothyrium, Ascochyta, Septoria*, etc.

b) Melanconiacées. — Genre *Glœosporium, Colletotrichum, Cylindrosporium, Pestalozzia*, etc.;

c) Hyphomycetacées. — Genres *Monilia, Oidium, Ramularia, Piricularia, Cycloconium, Fusicladium, Scolecotrichum, Cladosporium, Helminthosporium, Cercospora, Macrosporium, Alternaria, Fusarium*, etc.

Bactériacées. — Étude générale. *Bacteriosis* de l'olivier, de la vigne, de la tomate, de la batate, etc.. dues ou attribuées aux bactéries.

Phanérogames parasites. — Coup d'œil général sur les espèces parasites appartenant à la famille des *Cuscutées, Orobanchées*, etc.

Parasites animaux

Formes de parasitisme. Effets généraux. Traitements. Groupes zoologiques auxquels appartiennent les animaux nuisibles aux plantes cultivées et aux arbres fruitiers ou forestiers.

LABORATOIRE ET MUSÉE DE NOSOLOGIE VÉGÉTALE À L'INSTITUT AGRONOMIQUE ET VÉTÉRINAIRE

Vers. — NEMATODES. Anguillulides : genre *Tylenchus* et *Heterodora*.

Arthropodes. — Étude générale.

Arachnides. ACARIENS. Importance limitée des parasites de cet ordre.

a) Trombidides. — Genre *Tetranychus* et espèces parasites.

b) Phytoptides. — Genre *Phytoptus* et espèces parasites.

Insectes. — Ordres dans lesquels se rencontrent des espèces véritablement parasites. Étude générale des espèces nuisibles aux cultures et aux arbres forestiers.

THYSANOURES. — Famille des *Podurides*. Genre *Smynthurus*.

ORTHOPTÈRES. — Étude sommaire des genres *Stauronotus, Caloptenus, Pachytilus, Acridium*, etc. Invasion des sauterelles en Portugal.

COLÉOPOTÈRES. — Principales familles qui comprennent des espèces parasites.

a) Carabides, Silphides, Cryptophagides, etc. — Notice sommaire.

b) Buprestides. — Genre *Coræbus*, etc.

c) Chrysomélides. — Genres *Leptinotarsa, Colaspidema, Haltica*, etc.

d) Scarabéides. — Genres *Rhizotrogus, Cetonia*, etc.

e) Scolytides. — Genres *Scolytus, Bostrichus, Hylesinus, Phlæotribus*, etc.

f) Curculionides. — Genres *Rhynchites, Apion, Peritelus, Othiorynchus, Anthonomus, Ceutorhyncus, Baris*, etc.

LÉPIDOPTÈRES. — Espèces nuisibles des familles qni suivent :

a) Tinéides. — Genres *Lita, Œcophora, Hyponomeuta*, etc. ;

b) Tortricides. — Genre *Tortrix, Carpocapsa*, etc. ;

c) Noctuides. — Genre *Agrotis*, etc.

d) Géométrides. — Genre *Cheimatobia*, etc.

e) Bombycides, Cossides, Sphyngides, Papilionides. Espèces les plus nuisibles de ces familles.

HEMIPTÈRES. — Familles les plus importantes pour leurs espèces parasites.

a) Psyllides. — Genre *Psylla*, etc.

b) Aphides. — Genre *Phylloxera, Schizoneura, Aphis*, etc.

c) Coccides. — Genre *Aspidiotus, Diaspis, Chysomphalus, Aonidia, Mytilaspis, Pulvinaria, Ceroplastes, Lecanium, Dactylopius, Icerya*, etc.

DIPTÈRES.

a) Muscides. — Genre *Ceratitis, Dacus*, etc.

b) Cecidomides. — Genre *Cecidomyia*, etc.

PROGRAMME DE LA NEUVIÈME CHAIRE

TECHNOLOGIE AGRICOLE

Professeur—*Bernardino Camillo Cincinnato da Costa*

INTRODUCTION

Définition de la technologie rurale. Idée générale sur les industries rurales portugaises. Valeur économique des plus importantes d'entre elles et appréciation sommaire de leur influence sur notre mouvement rural. Considérations générales sur notre production agricole. Résumé sommaire des matières premières originaires du pays et utilisées par l'industrie. Degré de développement de notre industrie agricole et sa comparaison avec celle des pays étrangers. L'industriel portugais et l'agriculture.

PREMIÈRE PARTIE

TECHNOLOGIE RURALE

I.—Produits de fermentation et ses dérivés

1.—Le vin. Moyenne de la production vinicole portugaise. Importance économico-agricole de cette industrie. Prédominance de la culture de la vigne en Portugal. Raisons climatériques et économiques. Superficie de végétation de la vigne dans l'Europe agricole.

2.—Caractères d'un bon vin et qualités d'un vin complet; sa composition chimique moyenne. Variation dans la composition chimique des vins, selon les circonstances de leur formation. Influence du terroir, du cepage, des engrais, de la fabrication. Substance et corps du vin. Larme. Tambuladeiras. Vin qui *jambe*. Expressions rurales employées au Minho et Douro. Couleur. Transparence et limpidité. Saveur. Suavité, moelleux, arome et bouquet naturels. Mousse. Aphromètres.

3.—Particularisation des principaux types de vins. Leur classification générale. Vins ordinaires et vins fins. Vins de table et vins généreux. Vins de liqueurs, *geropigas* et *abafados*. Vins de chaudière, propres seulement à la distillation. Vins *verdes* et vins ordinaires.

4.—Les vendanges; leur époque habituelle. Préceptes auxquels elles doivent obéir. Mode divers de leur exécution dans le pays. Discussion scientifique de la meilleure époque pour la récolte des vignes. Vendanges précoces et tardives selon les qualités des vins. Différentes manières de cueillir le raisin. Conditions de sa bonne maturation. Ce qu'on entend par maturité parfaite des raisins. La maturation interne et externe. Indices de la bonne maturation du grain et signes pratiques auxquels on la reconnaît. Usage des glucomètres ou mustimètres. Choix des cépages. Nombre de cépages qui doivent exister dans une vigne. Multiplicité

INSTALLATION POUR LA FABRICATION DU VIN À MONTALEGRE

Propriété de M. Carlos P. F. Anjos

des cépages dans nos vignes portugaises. Bucellas et l'*Arinto*, Collares et le *Ramisco*. Vins renommés de l'Europe produits par un seul cépage. Qualités du vin dépendant du vignoble. Remplissage des paniers et transport des raisins au cellier. *Maceiras* du Minho, tines, cuves et caisses de l'Alemtejo. Le transport des raisins sur des chars. Choix et triage des grappes. Extraction du rasolho. Lavage du raisin. Séchage, *avellamento*, *assolhamento* et *ardimento* des raisins. Discussion de toutes ces pratiques.

5.—Cellier et vaisselle vinaire. Outillage ancien et moderne. Étude comparatif de leur emploi dans les différentes régions vinicoles du pays. L'égrappage du raisin. Cas où il convient de l'employer. Divers systèmes d'éggrappoir usités en Portugal. Fouloir des raisins; des procédés en usage pour cette opération et de leur influence sur la vinification.—Fouloirs mécaniques perfectionnés. Comparaison du travail que consiste à fouler les raisins avec les pieds ou avec les machines. Les moûts. Appréciations de leurs qualités.

6.—La fermentation. Idée générale de ce travail chimique. Étude sommaire de la vie des infiniments petits. Influence des micro-organismes dans le monde des êtres supérieurs. Les schysomycètes microscopiques parasites des liquides organiques. La doctrine de Pasteur et les anciennes théories. Le ferment du vin. Les autres ferments alcooliques. Étude biologique sommaire des differents *Saccharomyces* connus. Organisation et vie des *Saccharomyces ellipsoïdes*. Idée complète de la fermentation alcoolique. Procédé chimico-biologique de la formation de l'alcool. Equation chimique de ce phénomène. Fermentations inter-courantes. Fermentation tumultueuse et lente du vin. Conditions pour régularisaer la fermentation des moûts. *Feitoria, sova, meia feitoria, bica aberta*. Macéion ou *cortimenta*. Signes auquels on reconnaît que la fermentation tumultueuse est terminée. L'auscultation des barriques. Divers récipients pour opérer la fermentation. Cellier de pierre. Cuves à découvert. Système des *talhas* ou type romain. Tonneaux. Cuves closes de Gervais, de Mimard, d'Aguiar, de Perret et autres. Trémie de Agobet. Avantages et inconvenients de la fermentation à vase clos ou à découvert. Cas où l'on doit préférer l'une à l'autre. Résultats des expériences de la comparaison entre les systèmes de fermentation ci-dessus indiqués. Influence de la ventilation sur la fermentation tumultueuse. Influence de la grande et de la petite masse de la cuvée. Fermentation *amuada* et des moyens pratiques de la provoquer. Pressurage des pieds, balsa. Pressoirs anciens et modernes. Transport du vin aux pipes. Description sommaire des diverses pompes employées à cet effet. Applications diverses des marcs du moût de raisin.

7.—La cave. Conditions pour son installation. Conditions essentielles auxquelles il convient de satisfaire. Chairs souterrains. Description de la vaisselle vinaire. Fermentation complémentaire lente du vin dans les pipes ou tonneaux. Soins à donner au vin dans la cave. Ouillage. Précautions contre l'influence de l'air. Collage et soutirage des vins. Souffrage. Alcoolisation. Filtration. Etuage. Chauffage. Réfroidissement. Préparation. Mixtion des vins. Électrisation. Traitement des vins par l'acide carbonique. Composition des lies et leurs applications.

8.—Conditions des caves, des bouteilles et des bouchons. Mise en bouteille des vins. Bouchage, cachetage et capsulage des bouteilles. Dispositions de ces bouteilles dans les caves. Présentation des vins sur les marchés.

9.—Travail de maturation et de dépuration des vins. Etherification. Changement de couleur. Goût quiné et velouté de la vieillesse. Vins vieux. Phénomènes internes de consubstantiation chimique qui produisent ces vins.

10.—Fabrication des vins spéciaux. Vins blancs. Vins de liqueurs. Vins rosés ou paillets. Vins muscats. Vins mousseux, vins généreux. Vins exclusivement propres pour la chaudière.

11.—Vices de constitution des vins. Vin plat. Défaut de maturation. Verdeur. Décoloration. Faiblesse.

12.—Défauts acquis. Góût de vaisselle. Goût de bois. Goût de fade, ou de moisi. Vins fleuris. Goût de terre. Goût de rance. Goût empyreumatique. Odeur de fenouil. Odeur de tuyau. Soût de bouchon.

13.—Étude des maladies des vins. Causes qui les déterminent. Mauvaises conditions. Les agents vivants, considérés comme causes spécifiques déterminantes. Doctrine moderne *pasteurienne*. Le chauffage des vins comme moyen préventif. Le refroidissement. Vins tournés ou échaudés. Vins gras. Vins piqués. Vins amers. Vins aigres-doux. Vins gâtés.

Du traitement des vins malades. Procédés d'antisepsie.

14.—Vins artificiels. Falsifications des vins. Moyens chimiques de les reconnaître. Procédés spéciaux.

15.—Analyse des vins. Densité. Procédés ordinaires de détermination. Picnomètres. Aréomètres divers. Dosage de l'alcool. Alcoomètre de Gay-Lussac et méthode de Salleron. Hydromètre de Sykes. Ebullioscopes et Ebulliomètres. Liquomètre de Musculus. Vinomètre de Delaunay. Dilatomètre Silbermann. Analyse quantitative du sucre. Procédé ordinaire de Fehling. Dosage du tanin. Procédé de Fauré. Méthode de Neubäuer et Lowenthal. Appareil de Muntz et Ramspacher. Détermination de l'acidité totale du vin. Dosage spécial de l'acide acétique et tartrique. Dosage de l'anhydride carbonique. Détermination de l'extrait sec. Procédé de Howard; œnobaromètre. Dosage de glycérine et d'acide succinique. Colorimètres ordinaires. Colorimètre perfectionnée de Laurent. Chromatomètre Andrieux. Vino-colorimètre de Salleron. Dosagé des sels du vin.

16.—Critérium scientifique pour la classification des vins. Essai de classification des vins portugais. Régions vinicoles du Portugal; leur importance spéciale sur les marchés nationaux et étrangers. Considérations sommaires sur le commerce des vins.

II

Le cidre. Choix des fruits. Moûture. Pressurage. Fermentation. Mise en bouteilles. Conservation des cidres.

III

1.—La bière. Importance économique et agricole de sa fabrication en Portugal. Procédés de sa préparation. Matières premières employées pour les brasseries. Les grains et les matières féculentes employées pour cette industrie. Choix et nettoyage de l'orge; sa conservation. Emploi des substances saccharines. Le houblon. Qualités du bon houblon et moyen de le reconnaître. Procédés pratiques de conservation industrielle du houblon. Action des substances résineuses, aromatiques, colorantes, minérales et animales, dans la préparation de la bière.

2.—Maltage. Moûture des grains. Germination. Description sommaire des germinateurs. Dessication du malt. Dessication à froid ou à la chaleur. Étuves diverses. Qualités du malt sec. Conservation et nettoyage du malt.

3.—Brassage. Conditions dans lesquels il doit être effectué. Trempage. Méthodes par infusion où par décoction. Méthode par la vapeur. *Caldeação.*

Température de saccharification. Appareils de macération. Macérations et mixturateurs perfectionnés. Ablution ou lavage des torteaux. Des différentes méthodes de macération. Disposition générale des brasseries perfectionnées.

Refroidissement des moûts.

4.—Fermentation. Levure de la bière. Phases de la fermentation. La fermentation basse et la fermentation haute. Différentes sortes de bière. Fabrication de quelques bières spéciales.

5.—Traitement de la bière. Les caves souterraines. Tonneaux et cuves de conservation. De la clarification.

6.—Maladies des bières. Des causes vives qui les déterminent. Étude des micro-organismes pathogènes des bières.

De la bière lactée. De la bière acide. De la bière putride. De la bière visqueuse ou glutineuse. De la bière tournée. De la biére amère.

7.—Composition et analyse des bières.

8.—Falsifications.

IV

Du vinaigre. Importance de sa fabrication dans notre pays. Développement de cette industrie.

Mères vinaigriéres à la portugaise. Procédé d'Orléans. Procédé de Schutzembach. Procédé de Kostner. Procédé chimique de Pasteur. Différentes qualités de vinaigre. Leur analyse chimique. Falsifications. Maladies du vinaigre et moyens de les prévenir.

V

De la distillation de l'alcool. Partie historique. Degré du développement de cette industrie en Portugal. Usines de distillation. Appareils distillateurs. Alambics. De la distillation des vins. Distillation de la betterave. Distillation des melasses indigènes et exotiques. Distillation des céréales et des pommes de terre par le procédé du malt ou des acides. Distillation directe de la canne à sucre et du sorgho sucré. Alcool de lies de raisins, de figues et des caroubes, etc. Des appareils pour la distillation des sucs fermentés. Appareils pour la rectification des alcools. Différents procédés. Emploi de l'eléctricité.

Huiles d'olives et autres huiles végétales

1. Des corps gras. Leur composition immediate. Apppareils pour la dosage des matières grasses. Composition des huiles en général. Extraction industrielle. Huiles végétaux alimentaires. Modifications qu'ils éprouvent avec le temps. Extraction des huiles des sémences oléagineuses. Elaiomètres. Dépuration des huiles. Huiles siccatives et non siccatives. Huiles volatiles. Leurs propriétés et leur constitution chimique. Mode d'extraction. Production artificielle des huiles volatiles. Leurs nombreuses applications.

2. — Étude de l'huile d'olive. Sa fabrication spécial. Importance économique de cette industrie dans le pays. Étude résumée des conditions végétatives de l'olivier. Végétation de l'olivier en Portugal. Variétés des olives portugaises. Époques de maturation. De la maturation du fruit et de la semence. Moment le plus propice pour la cueillete des olives. Époque la plus favorable pour obtenir la meilleure qualité et le meilleur rendement d'huile. Procédés ordinaires de la cueillete des olives. Gaulage et cueillete à la main. Préparation des olives pour la fabrication de l'huile. Amoncellement et salaison des olives. Mouture. Systèmes divers de pressoirs. Pressurage de l'huile. Panniers à olives. Traitement par l'eau bouillante. Pressoirs divers. Calefaction de l'huile. Travail à vapeur. Qualités diverses de l'huile de la même olive.

Étude de l'huile. Sa composition chimique. Influence de l'air et de la lumière sur ses éléments. Des micro-organismes de l'atmosphère et de leur action sur les huiles. Rancification. Défectueusités et altérations de l'huile. Procédés de conservation. Huiles fines et huiles grossières. Dépuration des huiles. Fractionnement des produits. Décantage successif. Filtration. Lavage. Acidulation. Diverses formes de vases ou récipients de l'huile. Restauration des huiles avariées. Raffinement des huiles. Analyse et falsifications. Oleomètres.

3. — Huile de lin. Huile d'amende. Huile de graines de coton. Huile d'arachides. Huile de sezame. Autres huiles.

Les industries du lait

1. — Industries laitières. Leur importance économique actuelle dans notre pays. Possibilité de leur plus grand développement. Conditions telluriques et météorologiques qui président en Portugal à l'installation de cette industrie. Des pâturages et du bétail laitier. Étude resumée des principales espèces des bestiaux destinées dans notre pays à la production du lait.

2. — Du lait. De sa composition et de ses qualités. Opération de la traite. Aspirateurs appropriés au laitage. Mesure et pesage du lait. Réaction amphichromatique ou amphotère de ce liquide organique. Procédés pratiques de son analyse chimique. Étude des crémomètres de Bank et Kröcker. Des lactoscopes. Du lacto-densimètre. Appareil de Marchand pour le dosage de la matière grasse. Méthode allemande de Soxhlet. Procédés de Duclaux pour l'analyse complète des laits. Autres procédés spéciaux d'analyse.

3. — Des micro-organismes naturels du lait. De leur influence sur son état de conservation. Vices et altérations du lait. Microbes aérobes et anaérobes. De leur étude biologique. Procédés de leur activité chimico-vitale. Moyens de conserver le lait dans les laiteries. De la ventilation, du chauffage et du refroidissement.

4. — Fabrication du beurre. Imperfection de nos procédés rudimentaires. Écrémage du lait. Mécanique de ce phénomène. Influence de la temperature, de la nature des vases, de la ventilation et de la hauteur de la couche laiteuse dans la production de la crême. Procédés d'écrémage. Ascension naturelle de la crême et de sa separation centrifuge.

Procédé hollandais. Procédé de Holstein. Procédé Destinon. Procédé de Devonshyre. Procédé Gussander. Procédé d'Orange-County. Procédé nord-amé-

L'INSTALLATION DES MOULINS, À HUILE, À MONTALEGRE

ricain. Procédé de Swartz. Procédé d'écrémage centrifuge. Appareils modernes de Laval et Lefeldt.

Battage de la crême et du lait. Différentes théories qui expliquent les effets de cette action mécanique. Theorie allemande de butirification de Soxhlet. Barattes à beurre. Conditions qu'elles doivent remplir. Conditions dans lesquelles elles doivent travailler. Description sommaire des divers systèmes propres à fabriquer le beurre. Lavage et salage du lait. Malaxeurs. Beurres frais et beurres salés. De la rancidité et du phénomène de la rancification. Agents qui la provoquent. Influence de la lumière et de l'oxigène sur le beurre. Des micro-organismes atmospheriques comme causes des altérations du beurre.

Analyse et falsification du beurre. Beurres artificiels d'óléo-margarine. Son rôle économique. Du commerce des beurres. Des grandes associations étrangères d'exportation de ce produit agricole. Chiffres statistiques. Degré de consommation et de production des beurres portugais.

5.—Du fromage. Phénomène de la coagulation naturelle du lait. Coagulation artificielle. De la caséine et de son étude spéciale. Des différentes présures. Des présures commerciales. Fabrication de la masse caillée. Précipitation et pressurage du caséum. Appareils modernes utilisés à cet effet. Phénomène de la maturation ou cure des fromages. Action des micro-organismes aérobes et anaérobes. Travail chimique interne de la maturation. Études des principaux fromages portugais. Fromages durs et fromages mous. Manières spéciales de les fabriquer. Étude sommaire des principaux fromages étrangers. Analyse chimico-agricole du fromage. Fàlsifications et moyens pratiques de les reconnaître. De la fromagère. Conditions auxquelles elle doit satisfaire. Importance de l'industrie de la fromagerie en Portugal. Du commerce des fromages. Considérations générales sur l'industrie laitières.

Iudustrie de la mouture et de la panification

1.—Importance économique-agricole de l'industrie de la mouture en Portugal. Bref essai historique de son évolution. Céréales portugaises. Production céréalifère du pays. Étude du blé, du maïs, du seigle, de l'orge, de l'avoine et du riz. Valeur nutritive des grains. Étude et classification des blés portugais. Espèces cultivées. Types commerciaux. Blés mous et blés durs.

2.—Conservation des céréales. Parasites animaux et végétaux qui attaquent le grain. Diverses systèmes de *greniers* et *granges*. Celliers. Examen des céréales au moment de l'achat. Pèse-grains. Aleuromètre de Bolland.

3.—Nettoyage des céréales. Pétrissage. Nettoyage à sec ou par le moyen de l'eau. Tarares. Aspirateurs. Tarares simples. Tarares triples. Tarares de Ransomes. Cribles et tamis. Plateaux de Josse, ou *Epierreur*. Plateau de Hignette. Nettoyeuses mecaniques à cribles cylindriques. Cribles pour la separation des graines rondes. Cribles à alvéoles. Cribles de Pernollet. Nettoyeuses Vachon. Lavage du grain. Mouture. Appareil automatique pour moudre et sécher les blés durs. *Desbarbamento* du blé. Meules à *desbarbar*. Colonnes épointeuses. Décortication des céréales. Machines à décortiquer. Machine «Euréka». Appareils pour brosser le grain. *Acepilhadoras*. Nettoyeuses électriques.

4.—Opération de la mouture. Système des meules et système des cylindres. Description des meules de pierre. Pierres de la Ferté-sous-Jouarre. Conditions des superficies molaires. Entaille ou rainures de la meule. Trajet du grain du blé entre les meules. Conditions de la meule *gisante* et de la meule *tournante*. Vitesse des meules. Ouverture de la meule ou distance des surfaces triturantes. Mouture basse ou anglaise et mouture haute ou française. Influence de ces méthodes sur les qualités des farines. Étude de l'anatomie du grain. Enveloppe du blé ou écorce, germe ou embryon, et barbes. Influence de ces éléments sur la valeur des farines. Comment la mouture influe, selon qu'elle est haute ou basse, sur la trituration de ces éléments. Étude comparée entre la mouture haute et la mouture basse. Rendement de l'une et de l'autre. Taille et appropriation des meules. Moulins à vent; leur description sommaire. Moulins à eau ou azenhas à grande roue. Moulins mis en mouvement par les chevaux. Moulins à vapeur. Installation de la mouture par les meules.

Cylindres austro-hongrois. Cylindres triturateurs et convertisseurs. Description des uns et des autres. Cylindres de Ganz. Convertisseurs horisontaux. Convertisseurs verticaux. Surfaces triturantes. Marche des cylindres. Vitesse différentielle. Mouture haute et basse par les cylindres. Cylindres de Wegmann ou «Victoria». Machine automatique pour strier les cylindres.

Degermeurs. Cylindres fendeurs. Importance de l'extraction du germe pour la bonne mouture. Utilisation du germe comme produit secondaire. Fromentine ou farine embryonnaire.

Comparaison de la mouture par les cylindres avec celle qu'on obtient par le moyen des meules. Rendement en farine de l'une et de l'autre. Conditions pour obtenir une bonne mouture.

Farines. Différentes qualités obtenues. Valeur diverse des farines extraites du même grain. Différence de qualité des farines obtenues du même grain, selon le système de mouture. Tamisage des farines. Tamis vulgaires et tamis perfectionnés. Tamis électriques. Conservation des farines. Analyse et falsifications. Opérations du petrissage. Formation de la pâte. Enfournage. Du pain et de ses qualités. Biscuits. Pâtes. Féculerie.

Produits saccharins

1.—Du sucre. Plantes dont on peut l'extraire.

Importance de l'industrie de l'extraction du sucre en Portugal. De la canne à sucre. Procédé ancien pour l'extraction du sucre de la canne. Perfectionement de ce procédé; procedés modernes.

2.—La betterave considerée comme plante saccharifère. Conditions de leur végétation en Portugal. Importance industrielle de cette culture. Valeur commerciale du sucre de betterave. Procédés industriels para l'obtenir. Lavage des betteraves. Nettoyage et râclage. Extraction du suc pour le moyen des turbines. Extraction du suc pour les presses continues. Macération. Emploi simultané de la presse et de la macération pour l'extraction des jus. Comparaison des procédés de pressurage. Procédé de diffusion de Robert. Dosages du sucre dans les résidus de la presse. Analyse qualitative et quantitative des jus. Essais polarimètriques. Procédés d'analye chimique. Propriétés des principaux éléments des jus saccharins.

Traitement et dépuration des liquides sucrés.

Défécation simples.

Défécation par la méthode de Frey et Jallineck.

Considérations générales sur le traitement des sucs après la défécation.

Décoloration et dépuration des liquides saccharins.

Procédés divers pour éliminer la chaux et les alcalis ou les rendre inertes.

Traitement des sucs saccharins par l'anhydride carbonique.

Filtration de suc saccharin par le noir animal.

Évaporation des sucs. Cuisson. Traitement des pâtes cuites. Extraction du sucre. Considérations sur les modes de calefaction, évaporation et concentration. Traitement des mélasses par l'osmose. Distillation des melasses. Rafinage du sucre. Clarification, cuisson et travail des mots. Travail des étuves. De la crystallisation du sucre candi.

Installation d'une usine à sucre. Main d'œuvre dans les ateliers de préparation et raffinage.

3. — Du sorgho saccharin et de la canne à sucre en Portugal.

Procédés industriels pour extraction du sucre en grande échelle.

4. — Essai analytique des sucres.

5. — Extraction et manipulation du miel et de ses derivés.

Extraction et blanchissage de la cire.

Produits textiles

1. — Des laines. Partie historique et économique. Description et classification des laines portugaises. Examen des *vellos*. Tonte des bétes à laine, lavage et blanchissage des toisons.

2. — Étude des soies. Partie historique et économique. Travaux préparatoirs des cocons. Filage des cocons. Torsion de la soie. Utilisation des résidus de la filage,

3. — Lin et chanvre. Importance économique et culturale dans le pays. Travail de la préparation des lins. Méthodes diverses de fermentation. Fabrication et étude des lins.

4. — Du coton. Partie économique. Étude sommaire des conditions de la végétation de la plante. Récolte du coton. Escaroçamento; machines diverses. Mise en sacs.

5. — Produits filamenteux secondaires. Articles textiles. Ortie blanche. Asbesto. Fibres de l'agave. Sparte. Laine végétale. Autres plantes textiles.

Industrie du tabac

Importance de cette industrie en Portugal. Différents procédés de manipulation et utilisation de la plante. Ateliers ruraux pour la fabrication du tabac. Étude du tabac. Différentes qualités et usages.

Extraction des matières colorantes des végétaux cultivés

Quelques mots sur la teinturerie. Procédés industriels de l'extraction des matières colorantes. Aspect spécial de la culture et traitement des plantes propres à la tinturerie. Ateliers ruraux pour l'extraction des matières colorantes. Étude chimico-agricole des matières applicables à teinturerie.

Produits salins

Extraction du sel marin. Salines portugaises. Travail du salinage. Qualité du sel de nos salines. Utilisation des eaux-mères des salines pour l'agriculture. Valeur économique de l'extraction du sel comme industrie agricole.

DEUXIÈME PARTIE

Technologie forestière

1. — Importance des produits forestiers en Portugal. Richesse de nos forêts et leurs conditions d'exploitation.

2. — Étude sommaire des bois du pays. Caractères distinctifs et emploi des différentes essences. Altérations des bois et leurs causes. Moyens de les prévenir. Procédés de preservation des bois. Durée des bois abbatus. Coupe, equerrement et sciage des bois. Bois à brûler. Divers bois de cette catégorie. Détermination de leur pouvoir calorifique. Bois pour le feu et bois pour le charbon. Bois pour les constructions civiles. Bois pour les constructions navales. Bois d'œuvre. Bois sciés, bois fendus et bois tronqués. Diverses manières de débiter le bois. Courbes pour la marine.

3. — Utilisation des produits secondaires des troncs des arbres. Liège. Son importance économique-agricole de ce produit dans notre pays. Essences qui la produisent. Mode de leur formation et leur étude spéciale. Décortication du liège et moyens pratiques de l'éxécuter. Époques appropriées pour la décortication des arbres. Différents procédés de préparation du liège et moyens pour les obtenir. Le commerce d'exportation du liège national. Les usines du liège portugais. Fabrication des bouchons.

4. — Écorces tanineuses. Essences qui les fournissent principalement. Extraction industrielle du tanin contenu dans les écorces.

5. — Industrie du charbon. Procédés communs pour fabriquer le charbon. Procédés perfectionnés. Différentes qualités de charbon; leur emploi.

6. — Résinage. Extraction de la gemme; de l'huile grasse; préparation de la thérébentine. Procédés communs du résinage. Système Hughes. Outillage employé pour l'exploitation de ce produit forestier. Manière de procéder au résinage pendant les différentes années sur les mêmes arbres. Exploitation et rendement des pins gemmées. Influence du résinage sur la vitalité des arbres. Qualité des bois resinés. Critique des opinions controversées qui se sont produites dans la science. Extraction industrielle des produits de la gemme. Résinage du pin maritime. Résinage du pin d'Alépe, ou de l'Epicea.

Distillation de l'essence de thérébentine par différentes méthodes. Poix sèche ou colophane.

7. — Distillation de la bûche. Alcatrão; gaz utilisables. Alcool méthydique; acide pyroligneux. Créosote. Acide phénique. Formes diverses de la distillation et de la fabrication de la poix noire.

8. — Analyse chimico-agricole des produits forestiers.

Partie pratique

Exercices d'analyse au laboratoire de chimie de l'Institut; essais et travaux pratique au laboratoire de fermentations et technologie agricole de l'Institut.

PROGRAMME DE LA DIXIEME CHAIRE

ZOOTECHNIE, EXTÉRIEUR ET HYGIÈNE DES ANIMAUX DOMESTIQUES

Professeur: *Antonio Maria dos Santos Viegas*

PREMIÈRE PARTIE

Extérieur des animaux domestiques

INTRODUCTION

1. Objet, but et utilité de l'Extérieur.
2. Beautés de la conformation en général.
3. Espèces domestiques à considérer dans l'étude de l'Extérieur:

a) Chevaline, asine et leurs hybrides;
b) Bovine, ovine et caprine;
c) Porcine;
d) Canine.

CHAPITRE I

ÉTUDE DES RÉGIONS

Division de l'extérieur de l'animal en: tête, corps et membres.

SECTION I

Régions de la tête

1. Situation, limites et base anatomique de chacune des régions qui subdivisent extérieurement la tête. Leurs beautés et leurs défauts.
2. Examen et appréciation générale de la tête.

SECTION II

Régions du corps

Situation, limite et base anatomique de chacune des régions qui subdivisent extérieurement le corps. Leurs beautés et leurs défauts.

SECTION III

Régions des membres

Situation, limites et base anatomique:
a) Des régions propres aux membres antérieurs;
b) Des régions propres aux membres postérieurs;
c) Des régions communes aux deux bipèdes antérieur et postérieur.
Beautés et défauts de ces régions.

SECTION IV

Proportions

1. Rapports des différentes régions entre elles et de chacune d'elles avec leur ensemble, sons le double point de vue des dimensions et de la direction.
2. Signification et valeur des expressions *sang* et *fond*.

CHAPITRE II

ATTITUDES ET MOUVEMENTS

Détermination du centre de gravité des animaux. Mécanique de l'appareil locomoteur.

SECTION I

Attitudes

1. Station et décubitus.
2. Du cabrer et de la ruade.
3. Aplombs. Conditions générales de leur régularité.
4. Examen et appréciation des aplombs réguliers et irréguliers ou défectueux:
a) Des membres antérieurs;
b) Des membres postérieurs.

SECTION II

Allures

1. Distinction des allures en progressives, rétrogrades et latérales.
2. Analyse des allures progressives:
a) Du saut;
b) Allures (naturelles et artificielles ou acquises).
3. Mouvements rétrogrades et latéraux.

CHAPITRE III

SIGNALEMENT

Définition, utilité et principaux éléments du signalement.

SECTION I

De l'âge

1. Parties à examiner pour la détermination de l'âge: dents et cornes.

2. Développement, structure et éruption des dents en général, et des incisives en particulier.

3. Caractères fournis par les dents pour la connaissance de l'âge.

4. Irrégularités du système dentaire:

a) Dues à des causes naturelles;

b) Déterminées par des causes artificielles.

5. Organisation et développement des cornes.

6. Caractères fournis par les cornes pour la détermination de l'âge.

7. Longévité des différentes espèces domestiques.

SECTION II

Des robes

1. Classification des robes, en primitives, dérivées et conjuguées. Types et variétés de chacune de ces classes.

2. Signes ou particularités de la robe:

a) de la tête;

b) du corps;

c) des membres;

d) d'une région indéterminée.

3. Marques et taches.

4. Influences pouvant modifier la couleur du poil: climat et saison; sexe et âge; état de santé ou de maladie, etc.

5. Valeur des indices fournis par la couleur et les signes du poil à l'égard des qualités des animaux. Préjugés vulgaires.

SECTION III

De la taille

Instruments employés et précautions nécessaires à la mensuration exacte de la taille des animaux.

SECTION IV

Rédaction du signalement

1. Distinction du signalement en simple et complexe. Règles à observer pour la rédaction de l'un et de l'autre.

2. *Pedigree* et *performances.* — Circonstances qui recommandent leur inclusion au signalement.

CHAPITRE IV

ÉTUDE DES APTITUDES

Considérations générales au sujet de l'utilisation des animaux domestiques.

SECTION I

Choix du cheval selon le service auquel on le destine

1. Types de conformation hippique:
a) Pour le service de selle;
b) Pour le service de trait;
c) Pour le service mixte de selle et de trait.

2. Particularités de conformation respectives à quelques variétés des deux types de selle et de trait.

Appendice. Conformation de l'âne et du mulet.

SECTION II

Choix de la bête bovine selon le but auquel elle est destinée

Types de conformation:
a) Du bœuf de travail;
b) De la vache laitière;
c) Du bœuf d'engraissement.

SECTION III

Choix d'animaux d'autres espèces domestiques

Types de conformation:
a) Du mouton;
b) De la chèvre;
c) Du porc;
d) Du chien.

CHAPITRE V

EXAMEN DES ANIMAUX AU MOMENT DE L'ACHAT

Observations sur les endroits et autres conditions où se font ordinairement l'achat et la vente des animaux.

SECTION I

Examen du cheval et autres équidés domestiques

1. Méthode d'examen:
a) En foire ou sur le marché;
b) Chez le marchand.

2. Examen de l'animal au repos et en action.

3. Examen d'animaux appareillés.

SECTION II

Examen de bovidés et d'autres animaux domestiques

1. Méthode d'examen, selon le lieu de la transaction et le nombre d'animaux à acquérir.

2. Procédés relatifs à chaque espèce animale et à leur destination.

Démonstrations et exercices pratiques.

1. Exercices sur la détermination des différentes régions dans lesquelles se divise extérieurement le corps de l'animal. Examen comparatif de ces mêmes régions chez les différents animaux domestiques compris dans l'Extérieur. Démonstration de leurs défauts.

2. Examen des aplombs du cheval. Démonstration de leur régularité ou de leurs défauts. Exercices sur l'analyse des allures.

3. Exercices sur la détermination de l'âge des animaux.

4. Exercices sur la détermination de la robe et de ses particularités.

5. Exercices sur la mensuration de la taille des animaux.

6. Exercices sur la manière de faire le signalement d'un animal.

7. Examen et appréciation de la conformation de différents animaux en vue de leur destination.

8. Exercices sur l'examen d'animaux au moment de l'achat.

Pour les démonstrations et les exercices, on utilisera non seulement le matériel qui existe dans les cabinets et les musées respectifs, mais aussi les animaux des hôpitaux annexes à l'institut agronomique et vétérinaire.

DEUXIÈME PARTIE

Hygiène

CHAPITRE I

INTRODUCTION

1. Définition et importance de l'hygiène et de la zootechnie; son object; animaux qu'elle comprend.

2. Classification zoologique et économique des animaux domestiques.

3. Statistique des animaux: sa valeur sociale et agricole.

4. Matière et sujet de l'hygiène. Ses divisions, santé.

CHAPITRE II

DIGESTA

SECTION I

Substances alimentaires

Aliments.— Leur composition, propriétés et effets. Valeur nutritive. Étude spéciale des diverses substances alimentaires considérées dans leur composition chimique, leurs propriétés et leurs effets. Altérations des aliments.

2. *Des boissons.* De l'eau potable et de l'eau mauvaise; leur composition; leurs effets. Moyen de purifier les eaux altérées.

3. *Condiments.*—Leurs propriétés, effets et indications.

SECTION II

Alimentation

1. Classification des aliments. Tableaux de leur composition.
2. Équivalents nutritifs.
3. Effets des aliments sous le point de vue de leur quantité et de leur qualité.
4. Rations. Manière de les composer, de les diviser et de les administrer. Règles à suivre. Régimes alimentaires.
5. Production de fourrages en Portugal.

CHAPITRE III

CIRCUMFUSA

1. Influence des astres. Action de la gravité. Influence de la chaleur, de la lumière et de l'électricité.
2. Atmosphère, sa composition. Action physique et chimique qu'elle exerce sur les animaux. Influence des météores et du sol.
3. Influence des climats et des saisons. Acclimatation.
4. Habitations. Préceptes hygiéniques respectifs.

CHAPITRE IV

APPLICATA

1. Opérations de nettoyage; leurs effets et règles d'exécution.
2. Couvertures. Ferrure. Harnais. Leur emploi, leur effet et leurs règles
3. Animaux nuisibles; moyens de défense contre leur action et leurs effets

CHAPITRE V

EXCRETA

1. Sécrétions et excrétions; leur influence sur la santé des animaux.
2. Préceptes hygiéniques à observer.

CHAPITRE VI

GESTA

1. Organes des sens, de la génération et de la locomotion, considérés à l'exercice et au repos.
2. Travail et fatigue; sommeil et repos.
3. Règles hygiéniques à considérer.

CHAPITRE VII

PERCEPTA

1. Sensations externes et internes.
2. Facultés intellectuelles, instinctives et affectives.
3. Habitudes et caractères des animaux.
4. Domestication et enseignement. Aptitudes individuelles.
5. Règles hygiéniques respectives.

CHAPITRE VIII

DIFFÉRENCES INDIVIDUELLES

1. Constitution et tempéraments.
2. Idiosyncrasies. Ages.
3. Préceptes hygiéniques respectifs.

TROISIÈME PARTIE

Zootechnie

CHAPITRE I

ZOOTECHNIE GÉNÉRALE

SECTION I

Races en général

1. Genre et espèce. Races leurs caractéristiques.
2. Origine et formation des races.
3. Variabilité et fixité des races.
4. Causes physiologiques et externes qui agissent sur elles.

SECTION II

Influences zootechniques

1. Comment on définit et classifie ces influences.
2. Influence de la génération.
3. Influence du milieu.
4. Influence de l'activité ou de l'inactivité des organes.
5. Influence de l'homme et de la domesticité.

SECTION III

Améliorations zootechniques

1. En qui consistent et sur quoi se fondent ces améliorations.
2. Aptitudes zootechniques.

3. Methodes d'amélioration:

a) Basées sur les lois de l'hérédité.

b) Fondées sur les lois de l'activité organique.

c) Basées sur l'action combinée des méthodes précédentes et sur l'influence du milieu ou du régime. Sélection naturelle et artificielle.

SECTION IV

Reproduction, élevage et utilisation des animaux domestiques

1. *Reproduction.* Choix des reproducteurs. Procédés d'accouplement. Gestation et délivrance.

2. *Elevage.* Influence des aliments. Elevage. Réceptes se rapportant à l'alimentation et aux régimes.

3. *Education.* Préceptes et buts zootechniques.

4. Utilisation des animaux et leur classification selon les services qu'ils rendent et les aptitudes qu'ils montrent.

a) Fonction du travail.

b) Fonction de l'engraissement.

c) Fonction de la lactation.

d) Production de fumier.

e) Productions diverses.

5. Conditions de chaque aptitude.— Alimentation et régime à appliquer à chacun.

6. Produits que l'on obtient, leur valeur et leur importance économique.

SECTION V

Moyens diverses qui concourent à l'amélioration des animaux domestiques

1. Prix, subventions, concours, expositions, courses, etc.

2. Établissements et institutions spéciales destinées à l'amélioration et à la conservation des races, tels que haras, vacheries, etc.

3. Mesures qui influent sur la consommation et sur le commerce des animaux et de leurs produits.

CHAPITRE II

ZOOTECHNIE SPÉCIALE

SECTION I

Equidés

SOUS-SECTION I

Espèce chevaline

1. Caractères zoologiques du genre et de l'espèce. Races naturelles et zootechniques.

2. Origines des races naturelles. Domestication du cheval. Statistique chevaline.

4. Classification des races chevalines zootechniques.

a) Races étrangères plus importantes.

b) Races péninsulaires et en particulier celles du pays. Type *galicien* et *bétic-lusitanien*. Chevaux de l'Alemtejo et en particulier la race d'Alter. Chevaux du Ribatejo, de Beira, du Minho, de Traz-os-Montes et autres.

Reproduction. Choix des reproductions. Accouplement, gestation et délivrance.

6. Élevage; ses conditions économiques et hygiéniques. Sevrage des poulains. Castration et éducation.

7. Amélioration de la race chevaline par l'importation et le croisement de races étrangères; par le métissage et la sélection des races dans le pays; par le moyen des haras, remontes, etc.

8. Hygiène des écuries. Régimes alimentaires. Nettoyage et autres opérations hygiéniques. Ferrure.

9. Fonctions économiques du cheval:

a) Comme animal de charge.

b) Comme animal de selle.

c) Comme animal de trait.

d) En production de viande.

e) En production de fumier.

SOUS-SECTION II

Espèce asine

1. Considérations générales. Races naturelles et zootechniques.
2. Races plus importantes.
3. Reproduction, accouplement, gestation et délivrance.
4. Régimes alimentaires et hygiène respective.
5. Manière de profiter de ce bétail.
6. Importance de production des bêtes asines. Statistique.

SOUS-SECTION III

Mulets et bardots

1. Base pour la caractérisation des variétés. Types léger et lourd.
2. Choix des reproducteurs. Accouplement.
3. Elevage des mulets et des bardots. Hygiène respective.
4. Utilité et services qu'ils rendent. Statistique relative.

SECTION II

Bovidés

1. Considérations générales. Importance zootechnique des bovidés.

2. Caractères de l'espèce. Classification des races naturelles et zootechniques.

3. Races étrangères plus importantes.

4. Races portugaises; leurs caractères et principales fonctions économiques. Race *barrosã, mirandeza, arouqueza, gallega ou minhota, alemtejana, turina*, etc.

5. Reproduction, accouplement, gestation et délivrance. Avortement. Soins à donner aux mères et aux nouveaux-nés. Sevrage. Castration.

6. Élevage. Enseignement des animaux destinés au travail.

7. Procédés d'amélioration des races bovines. Importations de reproducteurs; concours, expositions, etc.

8. Étables et basses-cours; leurs conditions hygiéniques.

9. Régime alimentaire. Nettoyage. Ferrure.

10. Fonctions économiques des bêtes bovines.

a) *Travail*. Aptitude spéciale. Alimentation et hygiène spéciales. Moyens de profiter de leur force.

b) *Lait*. Races laitières. Caractères spéciaux et leur appréciation. Aptitude lactigène. Castration des vaches. Hygiène et régime alimentaire des vaches laitières. Utilisation des vaches laitières; laitages.

c) *Engraissement*. Engraissement des veaux et des bêtes adultes. Alimentation et hygiène spéciales. Système d'engraissement. Maniements. Détermination du poids vif et de la viande nette. Classes de viande. Commerce et statistique de cette production.

11. *Production de fumier*. Quantité, qualité et valeur du fumier.

SECTION III

Ovidés

1. Caractères de l'espèce. Races zootechniques et zoologiques. Leur provenance et leur importance.

2. Races étrangères. Mérinos et anglais.

3. Races portugaises. De l'Alemtejo, de l'Estrémadure, de la Beira, de Traz-os-Montes, du Minho et de l'Algarve.

4. Reproduction. Accouplement, gestation et délivrance.

5. Élevage; ses buts. Soins spéciaux.

6. Castration et autres opérations.

7. Bergeries, bercails, enclos grillés et étables; leurs conditions hygiéniques. Direction et garde des troupeaux.

8. Régime alimentaire.

9. Fonctions économiques des ovidés:

a) Production de la laine. Classification des laines, causes qui influent sur la qualité de ce produit.

b) De la tonte. Importance de la production de la laine, sa valeur.

2. *Engraissement* Procédés d'engraissement. Classes de viande. Importance de cette consommation. Statistique.

3. *Production du lait*. De la traite; quantité et qualité du lait; sa destination, laitages. Aptitude lactigène.

4. *Production de fumier*. Quantité, qualité et importance. Parcages.

5. Conditions économiques qui déterminent les différentes utilisations des ovidés.

6. Amélioration des races ovines. Introduction de races ou de reproducteurs étrangers. Croisements, métissage et sélection.

SECTION IV

Espèce caprine

1. Caractères de l'espèce. Classification des races. Races étrangères et races nationales.

2. Reproduction. Accouplement, gestation et délivrance. Soins hygiéniques.

Élevage. Différents régimes alimentaires. Traitement des chevreaux après le sevrage. Castration.

4. Hygiène des habitations.

5. Utilisation économique de la chèvre.

a) Production du lait et son utilisation. Aptitude lactigène.

b) Production de viande. Procédés d'engraissement.

c) Production de poils. Son importance.

6. Amélioration des races du pays.

SECTION V

Porcs

1. Classification des porcs, et leur importance zootechnique.

2. Races étrangères plus importantes et en particulier les anglaises. Races portugaises: de l'Alemtejo, de la Beira, etc. Métis de races étrangères croisées avec les races du pays.

3. Reproduction, accouplement, gestation et délivrance. Hygiène respective.

4. Élevage. Traitement des porcs et des porcelets destinés à la reproduction et à l'engraissement. Castration.

5. Porcheries. Recettes hygiéniques respectives.

6. Régimes alimentaires. Troupeaux de porcs; leur division.

7. Fonctions économiques du porc:

a) Engraissement. Engraissement domestique et en pâturage.

Régime des porcs en pâturage. Évaluation et rendement des porcs gras. Consommation et commerce respectifs. Statistique.

b) Production de fumier. Valeur, quantité et qualité du fumier.

8. Méthodes d'amélioration des bêtes porcines. Croisement, métissage et sélection. Moyens indirects.

SECTION VI

Cuniculture

1. Histoire naturelle du lapin. Races.
2. Reproduction et élevage.
3. Garennes. Régime alimentaire.
4. Engraissement des lapins. Chair qu'ils produisent.

SECTION VII

Aviculture

1. Espèces d'oiseaux domestiques.

2. Poule. Races étrangères et portugaises. Ponte. Incubation naturelle et artificielle. Élevage des poussins. Nourriture. Basse-cours. Castration. Procédés d'engraissement. Commerce et consommation spéciaux.

3. Dindons, canards, pigeons. Élevage. Alimentation. Production. Basse-cours.

SECTION VIII

Bombyciculture

1. Histoire naturelle. Espèces et races de vers-à-soie.

2. Procédés d'élevage et de traitement. Maladies et moyens de les guérir et de les prévenir.

3. État de la sériciculture en Portugal. Importance des produits que l'on en obtient.

SECTION IX

Apiculture

1. Histoire naturelle de l'abeille.

2. Ruches. Essaims naturels et artificiels. Traitement des abeilles.

3. Récolte du miel et de la cire.

4. Maladies qui attaquent les essaims. Moyens préventifs et moyens de guérison.

Démonstration et exercices pratiques d'hygiène et de zootechnie

1. Exercices d'application de différentes pièces du harnachement sur des animaux de selle et des animaux de trait.

2. Emplois des outils de pansage des chevaux.

3. Application des appareils de protection, de contention ou d'assujettissement.

4. Examen et appréciation de l'appareil de lactation.

5. Préparation de fourrages et de rations. Pratique du fonctionnement des machines et des appareils employés dans la préparation des aliments.

6. Examen et appréciation des caractères, qualités et altérations des fourrages.

7. Pratique d'administration de rations, diètes et boissons.

8. Organisation de tableaux de rations.

9. Reconnaissance des caractères des races des diverses espèces domestiques.

10. Maniements différents.

11. Mensurations et pesages.

12. Examen des caractères, qualités et état des laines.

13. Visites aux vacheries, étables, abattoirs et marchés aux bestiaux.

PROGRAMME DE LA ONZIÈME CHAIRE

ÉCONOMIE, DROIT ADMINISTRATIF, LÉGISLATION ET COMPTABILITÉ RURALES ET FORESTIÈRES

Professeur : *Francisco Antonio Alvares Pereira*

PREMIÈRE PARTIE

Économie agricole

INTRODUCTION

L'économie considérée comme une partie des sciences agronomiques. Objet et caractère de ce cours. Rapport de ses différentes parties entre elles et avec les autres branches de l'agriculture. Histoire logique des besoins de l'homme.

Production de la richesse

1. Considérations préliminaires sur la formation et la distribution des richesses en général et sur la formation et la distribution des richesses agricoles en particulier. L'utilité et sa création. Transformation, production et explication des opérations productives et industrielles. Idée sommaire des industries.

2. Agents directs de la production: le travail, le capital et la terre. Importance de chacun de ces agents dans la production. Agents indirects de la production ou conditions qui rendent le travail, le capital et la terre plus productifs.

3. Le travail, son influence sur la production des richesses. Lois économiques qui le rendent plus productif.

a) Liberté. Etude comparative du travail de l'esclave, du serf et de l'homme libre. Associations; leur origine; avantages et inconvénients. Colonies agricoles. Fructuaires. Diverses classes d'ouvriers.

b) Instruction. Travail matériel et intellectuel. Importance relative des divers degrés d'instruction. Nécessité de la distribuer et de la graduer selon les différentes classes. Ecoles profissionelles. Instruction agricole, son influence sur les éléments de la production rurale. Avantages de la donner aux ouvriers agricoles. Divers degrés d'instruction agricole. Moyens de la répandre. Ecoles; fermes expérimentales et fermes modèles; musées de produits et d'instruments agricoles; expositions; concours; congrès scientifiques; publications; voyages, etc.

c) Capital. Comment il se forme. Comment il produit ses effets. Dans quelle proportion doivent entrer les autres éléments de la production. Classification des capitaux agricoles; raisons qui la justifient.

d) Machines. Leurs avantages. Causes atténuantes de leurs inconvénients. Application des machines à l'agriculture; raisons de la lenteur de leur introduction. Comparaison entre les crise ouvrières dans les diverses industries et en particulier dans l'industrie agricole ; pour quelle raison elles sont moins sensibles dans l'industrie agricole.

b) Monnaie. Ses fonctions. Conditions auxquelles il faut satisfaire. Valeur légale ; valeur économique de la monnaie. Législation sur la valeur de la monnaie ; son effet réel ou fictif. Nécessité de la monnaie de cuivre ou de billon. Conditions de son existence et de sa valeur. Inadmissibilité du papier-monnaie ; raisons. Prix des produits. Prix naturel ; prix du marché ; différence. Lois qui règlent le prix.

c) Crédit ou levier du capital. Son importance en général et en particulier dans l'agriculture. Crédit dans les premiers temps ; crédit actuel ; conditions de son existence et son influence dans la transformation sociale.

d) Institutions de crédit. Caisses d'épargne et leur mission. Banques de circulation ; traites et billets. Banques hypothécaires ; conditions de leur existence ; leur origine ; divers systèmes de leur organisation. Banques agricoles ; greniers collectifs ; institutions pieuses ou de main morte.

5. La terre. Pour quelles raisons on étudie particulièrement la terre entre les autres agents naturels. Conditions de sa production. Appropriation et liberté de la terre ; sa base économico-agricole. Terre instituée en majorat. Terre amortie. Terre de compagnies.

a) Grande et petite propriété. Contrats qui lient l'agriculteur à la terre. Métayage, fermage, emphytéose. Indépendance entre la grandeur de la culture et celle de la propriété. Grande, moyenne et petite culture. Opinions comparatives des avantages de la petite et de la grande culture. Pourquoi la question n'a pas une solution absolue ; climat, nature du sol, population ; centres de consommation ; capitaux et lois civiles, etc.

b) Constitution de la propriété territoriale. Propriété allodiale. Majorats. Emphytéoses et sub-emphytéoses. Terrains en friche et pâturages communaux. Division excessive de la propriété. Dispersion et enclavement. Agglomération territoriale. Influence de ces différentes manières d'être de la propriété sur la prospérité de l'agriculture.

c) Etude comparative entre les avantages et les inconvénients, pour l'agriculture des contrats de métayage, fermage et emphytéoses. Comment ils embarrassent l'action utilitaire du crédit. Comment on y porte remède, etc.

6. Industries. Leur classification et leur base. Industries primitives, extractives et agricoles. Industries manufacturières et de construction. Industries intermédiaires, commerciale et locomotrice. Caractères qui les distinguent. Conditions de leur existence. Appréciation comparative de leur importance.

a) Distinction entre l'industrie forestière et agricole proprement dite. Considérations économiques sur la production forestière et agricole. Utilité des arborisations. Valeur de leurs produits. Grande et petite propriété forestière.

b) Principes généraux sur l'exploitation forestière. Exploitation physique, absolue, relative et composée. Possibilité par extension et par volume. Différentes méthodes d'exploitation des hautes futaies ; régulière ; coupes rases. Exploitations de la coupe des arbres ; simple et composée. Exploitations spéciales.

c) Capitaux dans l'industrie forestière, comment ils varient dans les diverses méthodes d'exploitation. Rente et intérêt dans l'industrie forestière.

Conditions économiques par rapport aux coupes et à la vente des produits forestiers.

b) Forêts de l'Etat. Raisons qui justifient l'intervention de l'Etat dans l'industrie forestière. Conditions où elle doit avoir lieu.

7. Liberté des permutations. Son action indirecte sur la production. Circonstances qui modifient la liberté absolue et leurs causes justificatives. Considérations sur quelques produits nationaux plus importants (céréales, vins, viandes, etc.). Impôts douaniers; leurs effets et leurs raisons justificatives. Importance des échelles mobiles et leurs inconvénients.

Distribution de la richesse

1. Lois naturelles qui la règlent. Modifications causées par des institutions sociales.

a) Rapport du travail. Salaire et ses espèces; causes qui le font varier. Recherche et offre. Effets des progrès industriels. Nature du travail. Salaire des ouvriers; des hommes de science; des entrepreneurs. Progrès et décadence des centres de population. Loi de Malthus et raisons qui la contredisent.

b) Rapport du capital. Intérêt et loyer. Lois naturelles qui les règlent. Concours de circonstances qui les font changer. Inconvénients des lois qui limitent les intérêts. Usure, ses causes et ses conséquences.

c) Rapport de la terre ou rente. En quoi consiste la nature de la rente ou du prix de la location. Causes qui les font monter ou descendre. Leur effet sur la production agricole. Discussion de la théorie de Ricardo.

d) Profits. Comment on peut expliquer et légitimer les profits des entrepreneurs. Comment les profits peuvent servir aux capitalistes et aux ouvriers. Associations d'ouvriers. Compagnies.

Consommation de la richesse

1. — Signification économique de la consommation. Nature diverse de la consommation. Consommation reproductive et non reproductive. Luxe. Causes qui le déterminent. Son influence sur la production.

2. — Consommation publique. Sa justification. Ses limites. Utilité des gouvernements. Sécurité publique; garantie de la propriété; liberté; instruction; etc.

3. — Sources de la recette publique.

a) Impôts. Conditions économiques auxquelles ils doivent satisfaire. Leur classification. Directs, indirects, mixtes ou de manifestation de richesse. Directs sur le produit brut ou sur le produit liquide. Directs de côte ou directs de répartition. Discussion sur les avantages et les inconvénients des uns et des autres. Effets des impôts. Causes qui empêchent un seul système d'impôts.

b) Emprunts publics. Classification. Raisons qui les justifient. Dette fondée et flottante. Différence fondamentale.

c) Industries exclusives. Raisons qui les condamnent.

d) Conquêtes, indemnités de guerre.

DEUXIÈME PARTIE

Administration rurale

Organisation de l'entreprise agricole

1. — Causes générales et particulières qui influent sur la valeur des terrains. Procédés les plus usités pour l'appréciation de la valeur des terrains. Appréciation de la valeur des améliorations fondiaires.

2. — Divers moyens de culture des terres. Culture des terres pour le compte du propriétaire du terrain; par l'intermédiaire des fermiers; par l'intermédiaire des colons associés.

a) Conditions que l'on doit considérer dans le choix et l'acquisition d'une propriété rustique par rapport aux divers modes de culture des terres.

b) Baux. Causes tendantes à concilier les intérêts du fermier avec ceux du propriétaire. Leur influence sur l'amélioration de l'agriculture.

3. — Terrains. Classification. Rapport entre la classification économique et la classification physique des terrains. Energie productive des terrains considérée économiquement. Éléments naturels qui y influent. Moyens de modifier leur action ou d'y suppléer. Irrigations; desséchement de terres marécageuses; drainage; abris, arborisation, engrais. Conditions d'où dépend l'équilibre d'une entreprise rurale. Statique agricole.

4. — Système de culture. Sa liaison intime avec l'état social des peuples. Système forestier. Système pastoral. Système des céréales. Système des assolements. Système mixte. Système libre.

a) Adoption d'un système de culture. Transition d'un système à l'autre.

b) Conditions générales que l'on doit considérer, dépendant de l'état physique, moral, politique et commercial du pays, des mœurs et de la densité de sa population.

c) Conditions inhérentes au domaine même; forme de la propriété; situation, position et disposition des édifices.

d) Conditions se rapportant aux ressources des laboureurs. Culture intensive et culture extensive.

5. — Production animale: bovine, porcine, chevaline. Conditions économico-agricoles de préférence entre les diverses espèces. Méthodes d'exploitation les plus appropriées aux circonstances économiques.

6. — Consommation et production des fumiers.

a) Consommation. Nature des cultures. Assolements adoptés.

b) Production. Écuries. Bouveries et bergeries. Calculs basés sur les fourrages artificiels, spontanés et restes profitables. Méthodes de calcul de Thaer et autres, etc.

7. — Métairie. Logement pour le chef de l'entreprise et pour les divers ouvriers de culture. Magasins pour les récoltes. Étables pour les bestiaux. Ateliers, etc.

8. — Organisation des différents services d'une entreprise agricole. Avantages économiques des diverses branches de la technologie rurale. Distribution des travaux par les différentes époques de l'année.

9. — Le chef de l'entreprise. Ses fonctions. Domestiques et ouvriers auxiliaires. Leur hiérarchie. Règlement du service de chacun d'eux.

10. — Acquisitions.

a) Bestiaux. Leur achat et manière de pourvoir à leur entretien.

b) Instruments de labourage. Leur achat, conservation et réforme.

c) Fumiers. Moyen de les obtenir, conserver et distribuer.

d) Achats, ventes, et leur importance relative.

e) Fonds nécessaires pour l'entretien. Rapport entre les différents capitaux agricoles; intérêts correspondants.

11. — Considérations économico-agricoles qui déterminent les différentes régions agricoles du Portugal.

a) Considérations de climat, de géologie et d'orographie.

b) Qualité des produits agricoles.

c) Mœurs et aptitudes des classes rurales.

d) Relations agricoles et commerciales du Portugal.

e) Synthèse de l'économie rurale portugaise.

12. — Régions.

a) Entre-Douro-et-Minho.

b) Traz-os-Montes.

c) Douro.

d) Beira Alta.

e) Beira Baixa et Alto Alemtejo.

f) Alemtejo.

g) Estrémadure.

h) Littoral de l'Ouest.

i) Algarve.

TROISIÈME PARTIE

Législation agricole

1. — Influence de la législation sur la prospérité de l'agriculture. Exemples démonstratifs pris dans les chartes du royaume. Minho: chartes de D. Alphonse III, renouvelées par D. Denis. Estrémadure: système des *jugadas* (impôt que payaient les anciens laboureurs par arpent de terre privatif de D. Alphonse Henriques et D. Sancho). Traz-os-Montes: système de D. Denis. Alemtejo: système de D. Alphonse Henriques suivi par D. Denis.

2. — Nécessité de la formation d'un code rural. Idée qui doit présider à sa formation. Objets qu'il doit comprendre.

3. — Besoin d'une législation qui règle l'utilisation des eaux des fleuves pour l'irrigation et leur distribution dans les propriétés rurales. Règles à suivre.

4. — Importance économico-agricole d'une bonne législation sur les impôts. Conditions de ceux-ci pour ne pas nuire au progrès agricole.

5. — Indication des lois civiles, qui régissent la propriété rurale. Lois relatives à la propriété allodiale, aux majorats, aux emphytéoses. Legislation récente.

6. — Appropriations des terrains abandonnés. Lois des *sesmarias* (terrains incultes qu'on partageait aux colons).

7. — Législation sur les emphytéoses de terres marines et sur les terres comptées.

8. — Législation sur la propriété agglomérée, enclouée et éparse.

9. — Législation sur les baux. Conditions prescrites par le code civil actuel.

10. — Législation pour le développement de la culture dans les colonies.

11. — Lois sur la police rurale, se rapportant aux moissons, aux eaux, aux pâturages et aux arbres.

12. — Législation sur l'importation et l'exportation des denrées agricoles.

13. — Législation hypothécaire. Son influence sur le crédit utile à l'agriculture.

14. — Lois et règlements forestiers. Étude comparative de la législation entre quelques pays et le Portugal. Résultats obtenus.

15. — Législation relative à l'enseignement agricole. Différentes organisations de cet enseignement, surtout depuis 1851.

16. — Législation sur les services agricoles et vétérinaires.

QUATRIÈME PARTIE

Comptabilité rurale et forestière

1. — Convenance de l'application d'un système de comptabilité partenue de livres aux industries agricoles.

a) Tenue des livres par parties simples. Livres employés. Moyen de les tenir.

b) Tenue des livres par parties doubles. Principes sur lesquels elle se base. Ses avantages. Livres employés. Manière de les régler et de les tenir.

c) Modifications dans les deux systèmes fondamentaux. Système intermédiaire.

2. — Comptes généraux et leur subdivision.

3. — Bilan de vérification. Bilan général. Procédé pour ouvrir les nouveaux comptes.

4. — Application de la comptabilité par parties doubles à l'agriculture.

a) Moyen d'établir une tenue de livres agricole.

b) Divers comptes qui doivent composer une tenue de livres agricole.

c) Emploi de livres et tableaux auxiliaires dans la comptabilité rurale. Parties journalières et annuelles.

d) Organisation complexe d'un système de comptabilité.

5. — Pratique de la tenue des livres dans les jours marqués à l'horaire.

Partie vague pour les examens

Agents directs de la production.
Travail.
Capital.
Terre.
Constitution de la propriété rurale.
Industries.

Rétribution des différents agents de la production.
Consommation de la richesse.
Sources de la recette publique.
Administration rurale.
Considérations générales et particulières que l'agriculteur doit observer pour organiser son entreprise agricole.
Législation sur la propriété territoriale.
Comptabilité agricole.

Exercices pratiques

Régler le livre *Journal.*
Régler le livre *Raison.*
Régler les livres *Auxiliaires.*
Inscrire les transactions sur le *Journal.*
Transcrire les transactions sur le *Raison.*
Transposition sur les deux grands livres.
Inventaires.
Tableau de la distribution des services de labourage.
Tableau des services journaliers.
Tableau des consommations domestiques et personnelles.
Tableau des fourrages.
Tableau des services du bétail.
Problèmes sur différentes transactions.
Organisation des différents comptes de cultures.
Bilan partiel.
Bilan général.
Problèmes sur des plans d'exploitation.

PROGRAMME DE LA DOUZIÈME CHAIRE

ANATOMIE DESCRIPTIVE, EMBRYOLOGIE ET TÉRATOLOGIE

Professeur — *Joaquim Ignacio Ribeiro*

PREMIÈRE PARTIE

Anatomie descriptive

Prolégomènes

I. — Définition de l'anatomie.
II. — Histoire de l'anatomie.
III. — Divisions de l'anatomie en: générale, histologique, descriptive, topographique, philosophique, comparée, humaine, vétérinaire, plastique, normale et pathologique.

IV. — Idée générale sur l'organisation animale: éléments constituants du corps, stœchiologie, organologie et hydrologie, organes et appareils, organisme.

V. — Phénomènes morphologiques des organes: différenciation, réduction et corrélation.

VI. — Transformation organique: embryologie, embryogénie et paléontologie.

VII. — Animaux domestiques qui font l'objet de l'anatomie vétérinaire, leur classification zoologique et leurs caractères distinctifs. Le cheval comme type d'étude. Différences anatomiques chez les ruminants; porcs, canins, félins et oiseaux des familles des lamellirostres, phasianidés et colombidés.

VIII. — Classification des appareils organiques et ordre à suivre dans leur étude: appareil de la locomotion, de la digestion, de la respiration, de l'excrétion urinaire, de la circulation, de l'innervation, des sens et de la génération.

CHAPITRE I

APPAREIL DE LA LOCOMOTION

SECTION I

Ostéologie

§ 1er Généralités.

Squelette: définition, divisions, nomenclature ostéologique, situation des os, direction des os, forme et particularités externes des os (éminences et cavités, apophyses et épiphyses); périoste, moelle, cartilages, vases et nerfs.

§ 2. Description des os en particulier.

I. — Vertèbres, leurs caractères généraux et leur nombre dans chaque région. Vertèbres cervicales, dorsales, lombaires, sacrées et coccygiennes.

II. — Rachis, ses caractères généraux, faces, direction, mobilité, canal rachidien, variations de forme et de nombre des vertèbres.

III. — Tête, sa divison en crâne et face:

A) Os du crâne: occipital, frontal, pariétal, sphénoïde, ethmoïde et temporal;

B) Os de la face: maxillaires supérieurs, intermaxillaires, palatins, ptérigoïdiens, zygomatiques, lacrymaux, nasaux, cornets, vomer et maxillaire inférieur. Os boutoirs des porcs et carrés des oiseaux.

C) Os de l'appareil hyoïdien: basihyal, urohyals, apohyal, cératohyal, stylohyal et arthrohyal;

D) Caractères généraux de la tête: faces, base et sommet, division régionale des faces, conformation et dimensions du crâne; crânes brachycéphales et dolichocéphales, rapport entre les dimensions du crâne et de la face; modifications de la tête produites par l'âge.

IV. — Du thorax: sternum et côtes. Caractères généraux du thorax: plans, base, sommet et mouvements.

V. — Membres:

A) Antérieurs:

a) Èpaule: scapulum ou omoplate; clavicule; os coracoïdien des oiseaux;

b) Bras: humérus;

SALLE DES DISSECTIONS

c) Avant-bras : radius et cubitus ;

d) Pied antérieur :

1. — Genou : os du carpe : pisiforme, pyramidal, semi-lunaire, scaphoïdes unciforme, capitatum, trapézoïde et trapèze.

2. — Canon : os métacarpes : principal et rudimentaires.

3. — Doigt. première phalange et grands sésamoïdes ; deuxième phalange ; trosième phalange et petit sésamoïde.

e) Usages de la main, nombre apparent de doigts, animaux monodactyles, didactyles, tétradactyles réguliers et tétradactyles irréguliers, archétype de la main et sa démonstration chez les mammifères domestiques.

B) Membres postérieurs :

a) Bassin ; coxal, ilium, ischium et pubis, caractères généraux du bassin, ses dimensions, modifications produites par le sexe et par l'âge ;

b) Cuisse : fémur ;

c) Jambe : tibia, péroné et rotule ;

d) Pied postérieur :

1. — Jarret : tarse, astragale, calcanéum, cuboïde, scaphoïde, grand cunéiforme et petits cunéiformes.

2. — Canon : os du métatarse, principal et rudimentaires.

3. — Doigt : première phalange et grands sésamoïdes, deuxième phalange ; troisième phalange et petit sésamoïde.

e) Usages du pied, son archétype.

C) Homologie des os des membres antérieurs et postérieurs.

§ 3. Théorie sur la constitution vertébrale du squelette.

SECTION II

Arthrologie

§ 1er Généralités.

I. — Union des os entre eux pour former les articulations.

II. — Diarthroses :

A) Caractères généraux : surfaces osseuses, cartilages, synoviales, ligaments, ménisques inter-articulaires ;

B) Mouvements : glissement simple, flexion, extension, adduction, circumduction, rotation, supination et pronation ;

C) Classification des diarthroses : énarthrose, articulation de charnière parfaite, articulation de charnière imparfaite, trochoïde, arthrodie.

III. — Synarthroses ou sutures :

A) Caractères généraux, surfaces articulaires, ligaments ;

B) Mouvements ;

C) Classification : suture vraie, suture écailleuse ou squameuse, suture harmonique, mortaise, gomphose.

IV. — Amphiarthroses :

A) Caractères généraux, surfaces articulaires, ligaments ;

B) Mouvements.

§ 2. Articulations en particulier.

I. — Articulations du rachis :

A) Des vertèbres par leur corps;
B) Des vertèbres par leur partie spinale.
II. — Articulations de la tête:
A) Atloïdo-occipitale;
B) Temporo-maxillaire;
C) Articulations hyoïdiennes.
III. — Articulations du thorax:
A) Vertébro-costales;
B) Sterno-costales;
C) Chondro-costales;
D) Interchondroïdes.
IV. — Articulations des membres:
A) Membres antérieurs: scapulo-humérale, huméro-radiale, radio-cubitale, radio-carpienne, intercarpienne, carpo-métacarpienne, intermétacarpienne, métacarpo-phalangienne, première interphalangienne, seconde interphalangienne;
B) Membres postérieurs: sacro-iliaque, symphyse ischo-pubienne, coxo-fémorale, fémoro-tibio-rotulienne, péronéo-tibiale, tibio-astragalienne, calcanéo-astragalienne, intertarsienne, tarso-métatarsienne, métatarso-phalangiennes, interphalangiennes.

SECTION III

Myologie

§ 1er Généralités: muscles, leur division en striés et en lisses, leur volume, situation, forme, direction, innervation, rapports et usages. Nomenclature des muscles. Annexes des muscles.

§ 2. Muscles en particulier.

I. — Muscle sous-cutané: muscle sous-cutané du thorax et de l'abdomen, de l'épaule, du cou, de la tête.

II. — Région cervicale:

A) Supérieure: rhomboïde, angulaire de l'omoplate, splénius, grand complexus, petit complexus, transversaire épineux du cou, intertransversaires du cou, grande oblique de la tête, petit oblique de la tête, grand droit postérieur de la tête, petit droit postérieur de la tête;

B) Inférieure: mastoïdo-huméral, sterno-maxillaire, sterno-hyoïdien, sterno-thyroïdien, omoplat-hyoïdien, grand droit antérieur de la tête, petit droit antérieur de la tête, petit droit latéral, scalène, long du cou.

III. — Région spinale du dos et des lombes: trapèze, grand dorsal, petit dentelé antérieur, petit dentelé postérieur, ilio-spinal, intercostal commun, transversaire épineux du dos et des lombes.

IV. — Région sous-lombaire: fascia iliaca, grand psoas, psoas iliaque, petit psoas, carré des lombes, intertransversaires des lombes.

V. — Région coccygienne: sacro-coccygiens, ischio-coccygiens.

VI. — Région de la tête:

A) Région faciale: labial, zygomato-labial, sus-naso-labial, sus-maxillo-labial, mento, labial, maxillo, labial, mitoyen postérieur, alvéolo-labial, lacrymo-labial, grand sus-maxillo-nasal, petit sus-maxillo-nasal, naso-transversal;

B) Région temporo-maxillaire : masséter, crotaphite, ptérygoïdien interne, ptérygoïdien externe, digastrique ;

. *C*) Région hyoïdienne : mylo-hyoïdien, génio-hyoïdien, stylo-hyoïdien, kérato-hyoïdien, occipito-styloïdien, transversal de l'hyoïde.

VII. — Région axillaire : pectoral superficiel, pectoral profond.

VIII. — Région costale : grand dentelé, transversal des côtes, intercostaux externes, intercostaux internes, sus-costaux, triangulaire du sternum.

IX. — Région abdominale : tunique abdominale, ligne blanche, grand oblique de l'abdomen, petit oblique de l'abdomen, grand droit de l'abdomen, transverse de l'abdomen.

X. — Région diaphragmatique, diaphragme.

XI. — Muscles des membres antérieurs.

A) Muscles de l'épaule.

a) Région scapulaire externe : aponévrose scapulaire externe, long abducteur du bras, court abducteur du bras, sus-épineux, sous-épineux ;

b) Région scapulaire interne : sous-scapulaire, adducteur du bras, coraco-huméral, scapulo-huméral grêle.

B) Muscles du bras :

a) Région brachiale antérieure : long fléchisseur de l'avant-bras, court fléchisseur de l'avant-bras ;

b) Région brachiale postérieure : gros extenseur de l'avant-bras, court extenseur de l'avant-bras, moyen extenseur de l'avant-bras, petit extenseur de l'avant-bras.

C) Muscles de l'avant-bras :

a) Aponévrose antibrachiale ;

b) Région antibrachiale antérieure : extenseur antérieur du métacarpe, extenseur oblique du métacarpe, extenseur antérieur des phalanges, extenseur latéral des phalanges ;

c) Région antibrachiale postérieure : fléchisseur externe du métacarpe, fléchisseur externe du métacarpe, fléchisseur interne du métacarpe, perforé, perforant.

D) Muscles du pied antérieur : lombricaux, interosseux, métacarpiens.

XII. — Muscles des membres postérieurs :

A) Muscles de la croupe : fessier superficiel, fessier moyen, fessier profond ;

B) Muscles de la cuisse :

a) Région crurale antérieure : muscle du fascia lata, triceps crural, grêle antérieur ;

b) Région crurale postérieure : biceps fémoral, demi-tendineux, demi-membraneux ;

c) Région crurale interne : long adducteur de la jambe, court adducteur de la jambe, pectiné, petit adducteur de la cuisse, grand adducteur de la cuisse, carré crural, obturateur externe, obturateur interne, jumeaux du bassin.

C) Muscles de la jambe :

a) Aponévrose jambière ;

b) Région jambière antérieure : extenseur antérieur des phalanges, extenseur latéral des phalanges, fléchisseur du métatarse ;

c) Région jambière postérieure: jumeaux de la jambe, soléaire, perforé, poplité, perforant, fléchisseur oblique des phalanges.

d) Muscles du pied postérieur: lombricaux, inter-osseux, pédieux.

§ 3. Anomalies des muscles.

CHAPITRE II

APPAREIL DE LA DIGESTION

§ 1er Généralités: définition de l'appareil digestif, ses fonctions et son importance, disposition générale.

§ 2. De l'appareil digestif en particulier.

I.— Organes préparateurs: bouche, lèvres, joues, palais, langue et canal lingual, voile du palais, dents et structure dentaire, glandes salivaires (parotide, maxillaire, sublinguale, molaires et labiales), pharynx et arrière-bouche, œsophage. Structure de chacun de ces organes, téguments, muscles, glandes, vaisseaux et nerfs.

II.— Organes essentiels:

A) Cavité abdominale, description: péritoine;

B) Estomac:

a) Estomac des solipèdes: *description* et *structure:* membrane charnue, muqueuse, séreuse, glandes, vaisseaux et nerfs; *moyens de fixité:* ligament cardiaque, ligament hépato-gastrique, grand épiploon;

b) Estomac des ruminants: rumen, feuillet, réseau, caillette;

c) Estomac des pachydermes et des carnassiers: caractères anatomiques différentiels.

C) Intestins:

a) Intestins grêles: *description* et *division:* duodénum, jéjunum, iléon; *leur structure:* membrane charnue, muqueuse et valvules conniventes et iléo-cœcale, séreuse, glandes (de Brunner, de Lieberkühn, de Peyer, follicules solitaires), villosités, vaisseaux et nerfs; *moyens de fixité:* mésentère;

b) Gros intestins: *description* et *division:* cœcum, côlon et rectum; *leur structure:* membrane charnue, muqueuse, séreuse, glandes, villosités, vaisseaux et nerfs; *moyens de fixité:* méso-cœcum, méso-côlon, méso-rectum, *anus.*

III.— Organes accessoires:

A) Foie: *description* et *structure:* séreuse, capsule de Glisson, tissu propre, vaisseaux et nerfs, *canal excréteur, moyens de fixité.*

B) Pancréas: *description* et *structure: canaux excréteurs, moyens de fixité.*

C) Rate: *description* et *structure:* séreuse, tunique fibreuse, corpuscules de Malpighi, vaisseaux et nerfs; *moyens de fixité:* ligament suspenseur, grand épiploon.

§ 3. Appareil digestif des oiseaux.

CHAPITRE III

APPAREIL DE LA RESPIRATION

§ 1er Généralités: définition de l'appareil de la respiration, ses fonctions et son importance, disposition générale.

§ 2. Cavités nasales.

I.— Naseaux: *description* et *structure:* cartilages, muscles, vaisseaux et nerfs.

II. — Fosses nasales: *description* et *structure:* os, cloison médiane du nez, pituitaire, vaisseaux et nerfs, organe de Jacobson.

III. — Sinus: frontal, maxillaire supérieur, sphénoïdal, ethmoïdal, maxillaire inférieur, *description* et *structure:* os et muqueuse.

§ 3. Larynx: *description* et *structure:* cartilages, muscles, muqueuse, vaisseaux et nerfs.

§ 4. Trachée: *description* et *structure:* anneaux cartilagineux, ligaments, membrane charnue, muqueuse, vaisseaux et nerfs.

§ 5. Bronches: *description* et *structure:* anneaux cartilagineux, membrane charnue, muqueuse, vaisseaux et nerfs.

§ 6. Thorax: *description: plèvre* costale, diaphragmatique, médiastine, viscérale.

§ 7. Poumon: *description* et *structure:* séreuse, tissu fondamental, vaisseaux et nerfs.

§ 8. Corps glandiformes qui sont en connexion avec l'appareil respiratoire:

A) Corps thyroïdes;

B) Thymus.

§ 9. Appareil respiratoire chez les oiseaux.

CHAPITRE IV

APPAREIL DE LA DÉPURATION URINAIRE

§ 1er Généralités: définition de l'appareil de la dépuration urinaire, ses fonctions et son importance, disposition générale.

§ 2. Reins: *description* et *structure:* tunique fibreuse, tissu propre (tubes de Bellini, pyramides de Ferrein, colonnes de Bertin, corpuscules de Malpighi, anses de Henle, canaux divers) bassinet, vaisseaux et nerfs.

§ 3. Uretères: *description* et *structure:* tunique musculeuse, muqueuse.

§ 4. Vessie: *description* et *structure:* membrane charnue, muqueuse; *moyens de fixité.*

§ 5. Canal de l'urèthre: *description* et *structure:* muqueuse, enveloppe érectile, muscles, vaisseaux et nerfs.

§ 6. Capsules surrenales.

§ 7. Appareil de la dépuration urinaire chez les oiseaux.

CHAPITRE V

APPAREIL DE LA CIRCULATION

Introduction, disposition générale, fonction, importance, division.

SECTION I

Circulation sanguine

§ 1er Généralités.

§ 2. Cœur: *description:* septum, oreillettes, ventricules, orifices, piliers et valvules; *structure:* anneaux fibreux, tissu musculaire, vaisseaux, nerfs et endocarde, *péricarde.*

§ 3. Artères : forme, origine, trajet. Situation, rapports, anastomoses, vaisseaux, nerfs et anomalies.

I. — Artère pulmonaire.

II. — Artère aorte.

A) Aorte primitive : artères cardiaques ;

B) Aorte postérieure.

1er — Branches pariétales, artères intercostales, lombaires, diaphragmatiques, sacrée moyenne.

2. — Branches viscérales :

a) Tronc broncho-œsophagien : artères bronchiques, artères œsophagiennes ;

b) Tronc céliaque.

1er — Artère gastrique.

2. — Artère splénique.

3. — Artère hépatique.

c) Artère grande mésentérique.

1er — Artères de l'intestin grêle.

2. — Artères iléo-cœcales.

3. — Artères colique gauche et du côlon flottant.

d) Artère petite mésentérique ;

e) Artères rénales ou émulgentes ;

f) Artères spermatiques : grande testiculaire, utéro-ovarienne ;

g) Artère petite testiculaire ou utérine.

3. — Branches terminales :

a) Artères iliaques internes : ombilicale, honteuse interne, sous-sacrée, iliaco-musculaire, fessière, obturatrice, iliaco-fémorale ;

b) Artères iliaques externes : fémorale (prépubienne, musculaires et saphène, poplitée (tibiale postérieure, tibiale antérieure, pédieuse perforante, collatérale du canon et collatérale du doigt).

C) Artère aorte antérieure :

1er — Troncs brachiaux : artère dorsale, cervicales, vertébrale, mammaires, scapulaires, humérale, radiales, interosseuses métacarpiennes et collatérale du canon.

2. — Artères carotides primitives :

a) Branches collatérales : thyro-laryngienne, thyroïdienne accessoire ;

b) Branches terminales : artère occipitale, prévertébrale, mastoïdienne, atloïdo-musculaire, occipito-musculaire, cérébro-spinale, carotide interne, cérébrale postérieure, cérébrale moyenne, cérébrale antérieure, carotide externe, glosso-faciale, maxillo-musculaire, auriculaire postérieure, temporale, maxillaire interne.

§ 4. Veines : définition, conformation, rapports et anomalies.

I. — Veines de la petite circulation : veines pulmonaires.

II. — Veines de la grande circulation.

A) Veines cardiaques ;

B) Veine cave antérieure :

a) Affluents collatéraux : veine mammaire interne, veine vertébrale, veine cervicale supérieure, veine dorsale, grande veine azygos ;

b) Racines de la jugulaire :

1.er — Veines jugulaires : maxillo-musculaires, auriculaire postérieure, occipitale, glosso-faciale, thyroïdienne, encéphalique, temporale superficielle, maxillaire interne, sinus de la dure-mère.

2. — Veines axillaires : sous-scapulaire, humérale, sous-cutanée thoracique, radiales, cubitale, basilique, céphalique, sous-cutanée antérieure, collatérale du canon, interosseuse, digitales, veines du pied.

C) Veine cave postérieure :

a) Afférents collatéraux : veines diaphragmatiques, veine porte (grande mésentérique, petite mésentérique, splénique, gastro-épiploïque droite, gastrique antérieure), veines rénales, spermatiques, lombaires.

b) Racines : troncs pelvicruraux ou veines iliaques primitives : iliaque interne, iliaque externe, fémorale, poplitée, profondes de la jambe, superficielles de la jambe, métatarsiennes, veines de la région digitée, veines du pied.

SECTION II

Circulation lymphatique

§ 1.er Généralités : définition, vases et ganglions lymphatiques, disposition générale, structure et anomalies.

§ 2. Canal thoracique.

§ 3. Lymphatiques des membres postérieurs, bassin, parois abdominales, et organes pelvi-inguinaux : ganglions sous-lombaires, ganglions inguinaux profonds, glanglions inguinaux superficiels, ganglions poplités, ganglions iliaques, ganglions précruraux.

§ 4. Lymphatiques des viscères abdominaux : du rectum et du côlon flottant, du côlon replié, du cœcum, de l'intestin grêle, de l'estomac, de la rate et du foie.

§ 5. Lymphatique des viscères thoraciques.

§ 6. Lymphatiques des parois du thorax.

§ 7. Lymphatiques des membres antérieurs : ganglions pré-pectoraux, ganglions pharyngiens, ganglions sous-maxillaires, ganglions pré-scapulaires, ganglions brachiaux.

§ 8. Grande veine lymphatique.

SECTION III

De l'appareil circulatoire chez les oiseaux

CHAPITRE VI

APPAREIL DE L'INNERVATION

Introduction, définition, disposition générale, division, fonctions, rapports et structure.

SECTION I

Axe cérébro-spinal

§ 1.er Organes protecteurs :

I. — Os : boite crânienne et canal rachidien.

II. — Enveloppe membraneuse ou méninges: dure-mère, arachnoïde, pie-mère.

§ 2. Moelle épinière; sillons, faisceaux, épendyme.

§ 3. Encéphale.

I. — Isthme: conformation extérieure (bulbe rachidien, protubérance annulaire, pédoncules cérébraux, pédoncules cérébelleux, valvule de Vieussens, tubercules quadrijumeaux, couches optiques, conarium, glande pituitaire); conformation intérieure (ventricule moyen, aqueduc de Sylvius et ventricule cérébelleux) ; structure.

II. — Cervelet: conformation intérieure, (lobules plexus choroïdes cérébelleux), conformation intérieure (ventricule cérébelleux); structure.

III. — Cerveau: conformation extérieure (scissure interlobaire, hémisphères cérébraux, circonvolutions cérébrales, scissures, sillons et lobules), conformation intérieure (corps calleux, ventricules latéraux, septum lucidum, trigone cérébral, hippocampes, corps striés, plexus choroïdes et toile choroïdienne), structure.

SECTION II

Nerfs

§ 1.er Généralités, définition et origine des nerfs, leur distribution et leurs fonctions, structure.

§ 2. Nerfs encéphaliques: 1e paire, olfactifs; 2e paire, optiques; 3e paire, moteurs oculaires communs; 4e paire, pathêtiques; 5e paire, trijumeaux; 6e paire, moteurs oculaires externes; 7e paire, faciaux; 8e paire, acoustiques: 9e paire, glosso-pharyngiens; 10e paire, pneumo-gastriques; 11e paire, spinaux; 12e paire, grands hypoglosses.

§ 3. Nerfs rachidiens: cervicaux, huit paires; dorsaux, dix-sept paires; lombaires, six paires; sacrés, cinq paires; coccygiens, six à sept paires.

§ 4. Nerfs composés formés par les branches inférieures des nerfs rachidiens.

I. Nerf diaphragmatique.

II. Plexus brachial: nerfs des muscles angulaire de l'omoplate et rhomboïde, thoracique supérieur, thoracique inférieur, sous-cutané thoracique, grand dorsal, de l'adductur du bras, sous-scapulaire, brachial antérieur, radial, cubital, cubito-plantaires.

III. — Plexus lombo-sacré: nerfs iliaco-musculaire, crural, obturateur, ilio-musculaires, ischio-musculaires, petit fémoro-poplité, grand sciatique, plantaires.

5. Grand sympathique.

I. — Portion céphalique: ganglions sphéno-palatins, ophtalmique et otique.

II. — Portion cervicale: ganglion cervical supérieur et plexus guttural, ganglion cervical inférieur, portion intermédiaire aux deux ganglions.

III. — Portion dorsale: nerfs petit et grand splanchniques.

IV. — Portion lombaire: plexus mésentérique postérieur et pelvien.

V. — Portion sacrée.

§ 6. Système nerveux chez les oiseaux.

CHAPITRE VII

APPAREIL DES SENS

Généralités: définition, divisions, fonctions, disposition générale.

SECTION I

Appareil du toucher

§ 1.er Peau: derme, épiderme, papilles, glandes sébacées, sudorifères, vaisseaux et nerfs.

§ 2. Appendices tégumentaires.

I.—Poils, leur structure, follicules et papilles.

II.—Productions cornées: cornes frontales, châtaignes, ongles des carnassiers, onglons des pachydermes et des ruminants, sabots des solipèdes: (fibro-cartilages, coussinet plantaire, bourrelet, tissu velouté, tissu feuilleté, paroi, sole et fourchette), structure.

SECTION II

Appareil du goût

Surface libre de la langue, papilles caliciformes, fungiformes et caliciformes de la lange, bulbes gustatifs.

SECTION III

Appareil de l'odorat

Membrane pituitaire, nerf olfactif.

SECTION IV

Appareil de la vision

§ 1.er Organes essentiels:

I.—Membranes: sclérotique, cornée transparente, choroïde, iris, rétine.

II.—Humeurs: cristalline, vitrée, aqueuse.

III.—Muscles: cercle et procès ciliaires.

§ 2. Organes accessoires:

I.—Cavité orbitaire; organe oculaire.

II.—Muscles moteurs de l'œil: droits supérieur, inférieur, interne, externe et postérieur, grand et petit oblique.

III.—Paupières: Description, structure, membrane fibreuse, tarse, muscle orbiculaire, muscle reveleur de la paupière supérieur, téguments: peau, conjonctive, cils, glandes de Meibomius, vaisseaux et nerfs, troisième paupière ou corps clignotant.

IV.—Appareil lacrimal: glande, caroncule, points lacrymaux, conduits, sac et canal lacrymal.

SECTION IV

Appareil de l'audition

§ 1er Oreille interne ou labyrinthe.

I.—Labyrinthe osseux: vestibule, canaux demi-circulaires et limaçon.

II.—Labyrinthe membraneux: vestibule, canaux demi-circulaires et limaçon.

III.—Liquides du labyrinthe: endolymphe, périlymphe.

§ 2. Oreille moyenne ou caisse du tympan.

I.—Membrane du tympan.

II.—Promontoire, fenêtre ovale et fenêtre ronde.

III.— Cellules mastoïdiennes.

IV.—Chaîne des osselets: marteau, enclume, lenticulaire, étrier, ligaments muscles de la chaîne des osselets.

V.—Muqueuse de la caisse du tympan.

VI.— Trompe d'Eustache: poches gutturales.

§ 3. Oreille externe:

I.— Conduit auditif externe.

II.— Pavillon: cartilages (conque, annulaire, scutiforme); muscles (zygomato-auriculaire, temporo-auriculaire externe, scuto-auriculaire externe, cervico-auriculaire, parotido-auriculaire, temporo-auriculaire interne, scuto-auriculaire interne, mastoïdo-auriculaire); coussinet adipeux, téguments.

SECTION VI

Appareils des sens chez les oiseaux

CHAPITRE VIII

APPAREILS DE LA GÉNÉRATION

Généralités: définition, disposition générale.

SECTION I

Organes génitaux du mâle

1er Organes secréteurs du sperme, testicules: membranes enveloppantes ou bourses (tunique vaginale, tunique fibreuse, crémaster, dartos, scrotum); moyens de fixité: cordon testiculaire; structure (membrane fibreuse, tissu propre, vaisseaux et nerfs).

§ 2. Organes excréteurs du sperme: épididyme, canal déférent, vésicules séminales, canaux éjaculateurs, canal de l'urèthre, prostate (glandes de Cowper), corps caverneux, pénis et fourreau.

SECTION II

Organes génitaux de la femelle

§ 1er Ovaires: moyens de fixité, structure (séreuse, tunique albuginée, tissu propre, vésicules de Graaf, vaisseaux et nerfs).

§ 2. Trompes de Fallope ou utérines: moyens de fixité, structure, fonctions.

§ 3. Utérus: moyens de fixité, structure (séreuse, tunique charnue, muqueuse, vaisseaux et nerfs).

§ 4. Vagin: structure.

§ 5. Vulve: ouverture extérieure, cavité intérieure (clitoris, méat urinaire, membrane hymen), structure (muqueuse bulbo-vaginale, muscles).

§ 6. Mamelles: fonctions, structure, enveloppe de tissu élastique, tissu élastique, tissu propre, sinus galactophores, canaux excréteurs, mamelons.

SECTION III

Organes génitaux des oiseaux

CHAPITRE IX

EMBRYOLOGIE

SECTION I

Période ovogène

Ovule, membrane vitelline, vitellus, vésicule germinative, tache germinative, vésicule embryogène, œufs holoblastiques et méroblastiques.

SECTION II

Période embryogène

I.—Transformation de l'ovule: segmentation du vitellus, formation du blastoderme, apparition de l'embryon.

II.—Développement des feuillets blastodermiques: interne, moyen et externe.

III.—Enveloppes du fœtus: Chorion, aminios et liquide amniotique, allantoïde, liquide allantoïdien, hippomanes, vésicule ombilicale, placenta, cordon ombilical.

SECTION III

Développement du foetus

§ 1er Formation de l'embryon.

A) Corde dorsale et lames vertébrales.

B) Lames latérales et céphaliques.

§ 2. Développement du système nerveux.

A) Encéphale.

B) Moelle épinière et méninges.

C) Nerfs.

§ 3. Développement des organes des sens.

§ 4. Développement de l'appareil locomoteur.

§ 5. Développement de l'appareil circulatoire.

§ 6. Développement de l'appareil respiratoire.
§ 7. Développement de l'appareil digestif.
§ 8. Développement de l'appareil génito-urinaire.

SECTION IV

De l'oeuf des oiseaux

DEUXIÈME PARTIE

Tératologie

Prolegomènes

I.— Définition de la tératologie.
II.— Histoire;
III.— Type spécifique, anomalies d'organisation.
IV.— Fréquence et cause des anomalies.
V.— Nature des anomalies.
VI.—Rapport des anomalies avec les variations normales de l'organisation et avec les altérations pathologiques.
VII.—Réduction des lois tératologiques aux lois générales de l'organisation.
VIII.—Rapport de la tératologie avec les sciences médico-vétérinaires.

CHAPITRE I

HÉMITÉRIES

I.—De volume: nanisme, géantisme, développement anormal de divers organes.
II.—De forme: difformité des organes.
III.—De structure: albinisme, mélanisme, chondrisme, osséisme.
IV.—De disposition: dislocation de viscères, muscles, os et dents, perforations, fissures, cyanose, trichiasis, atrésie.
V.—De nombre: absence ou duplication de quelques organes: ectodactylie et polydactylie, anorchidisme, cyclopide.

CHAPITRE II

HÉTÉROTOXIES

I.— Inversion splanchnique.
II.—Inversion générale.

CHAPITRE III

HERMAPHRODISMES

I.—Sans augmention du nombre d'organes; hermaphrodisme masculin, féminin, neutre et mixte.
II.—Avec augmentation du nombre d'organes; hermaphrodismes masculin et féminin complexes.

CHAPITRE IV

MONSTRUOSITÉS

SECTION I

Monstres unitaires

I.—Monstres autosites:
A) Ectroméliens.
B) Syméliens.
C) Célosomiens.
D) Exencéphaliens.
E) Pseudencéphaliens.
F) Anencéphaliens.
G) Cyclocéphaliens.
H) Octocéphaliens.
II.—Monstres omphalosites:
A) Paracéphaliens.
B) Acéphaliens.
III.—Monstres parasites: Zoomyles.

SECTION II

Monstres composés

§ 1er Monstres doubles.
I.—Monstres autositaires.
A) Ensophaliens.
B) Monomphaliens.
C) Sycéphaliens.
D) Monochéphaliens.
E) Sysomiens.
F) Monosomiens.
II.—Monstres parasitaires:
A) Hétérotypien.
B) Hétéralien.
C) Polygnathien.
D) Polyméliens.
E) Eudocymiens.
§ 2. Monstres triples.

Démonstrations pratiques

I.—Description du squelette.

II.—Préparations d'articulations, muscles et organes divers des différents appareils.

III.—Injections hygiéniques et de recherche.

IV.—Observations et préparations microscopiques.

V.—Mensuration des cavités et des régions.

VI.—Démonstration des homologies.

VII.—Etudes de craniologie.

VIII.—Classification des anomalies en présence des exemplaires.

PROGRAMME DE LA TREIZIÈME CHAIRE

HISTOLOGIE ET PHYSIOLOGIE COMPARÉE

Professeur — *José Antunes Pinto*

INTRODUCTION

I. — Définitions. Bref résumé historique. Méthodes et procédés pour l'étude des sciences biologiques. Importance de la physiologie, leurs rapports avec les autres sciences et, en particulier, avec la médecine.

II. — La cellule en général. Théorie cellulaire. Lois physiologiques. La doctrine du déterminisme. Plan du cours.

PREMIÈRE PARTIE

Histologie

I. — *La structure de la cellule.* — Formes et dimensions de la cellule. Le protoplasme. Le noyau. Centrosome et sphère attractive. Membrane; capsules; cuticule.

II. — *Caractères physiques et composition chimique de la cellule.* — Dans le protoplasme; dans le noyau et les nucléoles; dans les granulations, etc.

III. — *Physiologie de la cellule en général.* — *Travail de la cellule:* Elaboration de la cellule. Mouvements de la cellule; amiboïsme; phagocytose; mouvement des cils et des flagelles. Tropismes. *Nutrition de la cellule. Reproduction de la cellule.* Division indirecte, mitose ou caryocinèse et division directe ou amitose. *Évolution et mort de la cellule. Rapports du noyau avec le protoplasme,* expériences de mérotomie. *Agrégés cellulaires:* plasmodies; colonies cellulaires. Tissus en général.

IV. — *Les cellules sexuelles et la fécondation. La conjugaison. L'ovule:* sa structure et variétés typiques. *Odogenèse. Le spermatozoide:* sa structure et ses variétés. *Spermatogenèse. La fécondation dans ses procédés intimes*: réduction chromatique. Signification de la fécondation.

V. — *La segmentation de l'ovule et le blastoderme. L'ovule fécondé.* — Segmentation et formation du blaste dans les ovules alécithiques, paulécithiques et télolécithiques. Formation de la gastrule dans les trois types d'ovules. Formation du troisième feuillet blastique. La segmentation et les formations plastiques dans les ovules des mammifères.

VI. — *Dérivations blastiques en général.* — Dérivations du feuillet externe; du feuillet interne; du feuillet moyen. Dérivations indirectes. Classification des tissus, selon leur origine. Plan adopté dans l'étude des tissus.

VII. — *Tissu épithélial. Structure des épithéliums.* — Classification. Rénovation. Cuticules; ciment intercellulaire et membrane basale; points d'union. Cellules migratrices. Vaisseaux et nerfs. *Fonctions des épithéliums.* Cellules caliciformes; élaboration et excrétion du mucus. *Origines blastiques des épithéliums. Différenciation et dérivés épithéliaux en général.* Glandes et procédés histiques de la sécrétion.

VIII. — *Tissus de substance conjonctive. Éléments structuraux du tissu conjonctif.* — Fibres et taie connective. Fibres et taie élastique. Cellules et taie protoplasmique: cellule fixe; cellules migratrices; clasmatocytes. *Phénomènes évolutifs et origine blastique. Classification des tissus conjonctifs.*

IX. — *Tissus conjonctifs. Tissu connectif lâche ou diffus.* — Tissu cellulaire sous-cutané et tissu intersticiel. Derme et chorion des muqueuses. Membranes viscérales. Séreuses articulaires et tendineuses; bourses muqueuses. *Tissu réticulé. Tissu lamelleux ou envaginant. Tissu adipeux. Tissu muqueux. Tissu fibreux.* Tendons; ligaments; aponévroses. Cornée lucide. *Tissu élastique.* Ligaments élastiques. *Cellules pigmentaires.*

X. — *Tissu conjonctif* (suite). — *Tissu cartilagineux.* Cellules cartilagineuses et chondroplastes. Substance fondamentale. Périchondrie. *Cartilage hyalin.* Ses variétés, origine évolution et distribution. *Cartilage élastique ou réticulé.* Son évolution et distribution. *Fibro-cartilage.* Son évolution et sa distribution.

XI. — *Tissus conjonctifs* (suite). — *Tissu osseux.* Éléments structuraux du tissu osseux. Ostéoplastes et cellules osseuses; substance fondamentale. Canaux et systèmes de Havers. Systèmes lamelleux; leur constitution. Substance compacte et substance spongieuse. Fibres de Sharpey. Périoste. La moelle et ses divers éléments cellulaires; fonctions de la moelle. *Ostéogénie:* Ossification enchondrale, périostique et fibreuse. Ossification d'un os long. Ossifications osseuses simplifiées. *Distribution du tissu osseux. Tissus dentaires:* généralités sur la structure histique et l'évolution des dents.

XII. — *Tissus musculaires.* — *La spécialisation pour le mouvement dans ses éléments anatomiques.* Formes et réaction du tissu musculaire. *La fibre musculaire striée:* Structure; myolemme; noyaux; protoplasme et sa constitution. Muscles de la grenouille et des mammifères. Champs de Conheim. Constitution intime des fibrilles musculaires. Phénomènes microscopiques de la contraction. Chimie de la fibre striée. Tissu conjonctif, vaisseaux et nerfs. Evolution de la fibre striée; myoblastes. *La fibre cardiaque.* Structure. Fibres de Purkinje. Tissu conjonctif, vaisseaux et nerfs du myocarde. *La fibre musculaire unie.* Structure. Phénomènes microscopiques de la contraction. Tissu conjonctif, vaisseaux et nerfs. Evolution.

XIII. — *Tissu et système nerveux.* — *La cellule nerveuse;* sa morphologie, types, origine et évolution. *Les fibres nerveuses. Structure des fibres; myéliniques;* leurs variétés et évolutions: cellules de Vignol; élaboration de la myélie et de la membrane de Schwann. *Fibres amyélinques;* leur structure et leur évolution. *Rapport des cellules et des fibres nerveuses.* Schéma du système nerveux; arcs éliostalliques. *Théorie des neurones,* en général. Rapports généraux des neurones dans les centres nerveux. *Nécroglie. Terminaisons périphériques des nerfs.* Terminaisons périphériques centrifuges. Terminaisons motrices; plaques motrices. Nerfs trophiques. Nerfs glandulaires. Terminaisons centripètes; dans la cornée; dans l'épiderme; corpuscules de Meissner, de Grandry, de Krause; corpuscules de Pacini. Terminaisons gustatives, auditives et olfactives. La rétine.

XIV. — *Le sang.* — Caractères généraux, coagulum; sérum et plasme. *Les hématies.* Morphologie, dimensions, couleur, structure, chez divers vertébrés. Altérations des hématies. Hémoglobine et ses dérivés. Affinités de l'hémoglobine. Spectroscopie du sang. Appréciation quantitative et qualitative des globules du sang. *Leucocytes.* Morphologie, dimensions, structure, types ou variétés chez le même ou chez divers animaux. *Hématoblastes.* Morphologie, dimensions, structure, chez plusieurs vertébrés et crises hématoblastiques. *Plasme et serum du sang.* Etude microscopique et mécanisme de la coagulation. Composition du coagulum et du sérum. *Quantité totale du sang;* procédés d'appréciation.

XV. — *La lymphe et le chyle.* — Caractères et composition de la lymphe. Composition du chyle. Eléments figurés. *Hémolymphe.*

XVI. — *Les vaisseaux sanguins et l'hématopoïèse.* — Capillaires. Leur structure. Systèmes portes. Tissus érectiles. Artères. Leur structure, vaisseaux et nerfs. *Veines.* Leur structure. *Cœur.* Endocarde et valvules. Irrigation et innervation du cœur. *Evolution des vaisseaux et hématopoïèse.* Formation première du sang et des vaisseaux chez l'embryon. Production des hématies chez les ovipares et chez les vivipares.

XVII. — *Le système lymphatique.* Vaisseaux et ganglions lymphatiques; leur structure. Fonctions des ganglions. *La rate:* sa structure, fonctions et histogenèse. Le thymus, etc.

DEUXIÈME PARTIE

Principes de physiologie générale

I. — *Doctrines fondamentales.* — La matière et l'énergie. Les éléments et les composés chimiques des corps organisés. Les corps bruts ou inorganiques et les corps vivants. La statique chimique de la nutrition. Végétaux et animaux. Le principe de la constance et de la transformation de l'énergie dans les corps vivants. La force vitale et la vie.

II. — *Le protoplasme et la cellule.* — L'individualisation de la matière vivante. La cellule comme organisme élémentaire. Théories sur la structure du cytoplasme et du caryoplasme. Imitation des structures organiques. La composition chimique do protoplasme vivant et celle du protoplasme mort: faits et hypothèses. Variabilité de structure et de composition chimique dans les protoplasmes. La vie élémentaire.

III. — *Conditions générales de la vie.* — Conditions détérminés par le milieu cosmique. L'oxygène et l'air; éléments anatomiques aérobiens et facultatifs. L'eau; la température; la lumière; l'électricité; la pression; milieu chimique approprié et aliments. Action directrice des agents cosmiques: tropismes. Conditions déterminées par la constitution du propre organisme. Le milieu interne intérieur. La vie latente, la vie oscillante et la vie libre, constante ou active.

IV. — *Procédés généraux de la vie.* — Synthèses et destructions chimiques: appropriation, assimilation et désassimilation. Produits du travail chimique du protoplasme. Uréides; diastases; toxides; leucomaïnes; ptomaines, etc. Matériaux de réserve. Organisation, séparation et destruction morphologiques. Génération et croissance. Parthogenèse. Metamorphoses et alternance des générations. La régénération; la cicatrisation; la greffe animale. Division du travail physiologique. L'évolution autogénétique et la phylogénétique. L'énergie : appropriation de l'énergie par l'oganisme. Production de l'énergie dans l'organisme.

TROISIÈME PARTIE

Physiologie spéciale comparée

I.— *Physiologie de la digestion.*— *Aliments en général:* composition et classification. Aliments simples et aliments complets : expériences. Régimen alimentaire. La famine et la soif. *Préhension et mastication.* Phénomènes de ces actes. *Insalivation.* Glandes. Etude des excrétions buccales. Actions des salives spéciales et de la salive mixte : expériences. Mesure de l'excrétion salivaire. Equivalent des fourrages par rapport à la quantité de salive qu'ils exigent. Innervation des glandes salivaires. *Déglutition.* Phénomènes de cet acte et leur succession. *Digestion gastrique.* L'estomac ; sa structure et ses glandes ; sa capacité, selon les animaux. Phénomènes mécaniques, chez les monogastriques et les polygastriques. Rumination. Phénomènes chimiques; procédés d'étude. Composition du suc gastrique. Pepsine et autres ferments ; acide. Pepsine. Modifications que le suc gastrique détermine dans les albuminoïdes. Mécanisme de la sécrétion gastrique; peptogenèse. La digestion gastrique chez les animaux domestiques. Innervation de l'estomac. Troubles de la digestion gastrique. Vomissement. *Progression du chyme de l'estomac par l'intestin;* phénomènes. *Digestion intestinale.* L'intestin et ses annexes. Phénomènes mécaniques. Phénomènes chimiques. Le foie et la bile. Procédés d'étude de la sécrétion et de l'excrétion. Composition chimique de la bile. L'excrétion et la sécrétion biliaire; quantité de bile produite. Action de la bile sur la digestion. Le pancréas et le suc pancréatique. Procédés d'étude. Composition du suc pancréatique; quantité de suc produite. Action du suc pancréatique sur la digestion. Le suc intestinal : Procédés d'étude. Caractères de ce suc et son action sur la digestion. Progression, fermentations et modifications du chyme dans l'intestin chez les espèces domestiques. Action des microbes. Excréments et défécation. Innervation de l'intestin. Troubles de la digestion intestinale. *L'absorption des produits de la digestion.* L'absorption générale. Procédés et agents de l'absorption des produits de la digestion. L'absorption dans les différentes parties du tube digestif.

II.— *Physiologie de la circulation.*— *Considérations générales sur l'appareil circulatoire:* Schéma de la circulation chez les mammifères et les oiseaux. Hydraulique de la circulation : phénomènes et lois. *Circulation cardiaque.* Procédés d'étude. Mouvements du cœur et leur rythme. Analyse des cardiogrammes. Cours du sang dans le cœur; fonctionnement des valvules; théories. Choc précordial. Bruits du cœur. Pression cardiaque. Travail mécanique du cœur. Irrigation sanguine et innervation du cœur. *Circulation artérielle.* Contractilité et élasticité des artères ; leurs effets. Pression artérielle, sa variation et sa mesure ; conditions qui y influent. Vitesse du sang dans les artères, sa mesure et ses effets. Locomotion des artères. Pouls. Sphygmographie. Forme et variation du pouls. Bruits des artères. *Circulation capillaire.* Aire de cette circulation. Pression et vitesse du sang dans les capillaires. Oscillations rythmiques du volume des organes. *Circulation veineuse.* Aire veineuse. Cours du sang dans les veines et ses causes. Vitesse du sang dans les veines. Pouls veineux. *Vaisseaux moteurs.* Vasoconstriction et vaso-dilatation. *Circulation lymphatique.* Généralités. Cours de la lymphe; ses causes. Pression et vitesse de la lymphe. Mesure de la circulation lymphatique. *Glandes vasculaires sanguines.*

III. — *Physiologie de la respiration.* — *Considérations générales sur l'appareil respiratoire.* Schéma du poumon. *Phénomènes mécaniques de la respiration.* Inspiration et son mécanisme. Expiration ordinaire et forcée; son mécanisme. Elasticité pulmonaire. Rythme et types respiratoires. Signes extérieurs de la respiration; mouvement du thorax et du flanc. Cirtométrie. Pnéographie; examen des pnéogrammes normaux et anormaux. Pression intra-pulmonaire et quantité d'air en mouvement dans le poumon; expirométrie. *Echanges gazeux dans le poumon.* Modifications physiques et modifications chimiques de l'air: composition de l'air expiré; procédés d'analyse. Variations dans l'activité des échanges; conditions qui y influent. *Chimie de la respiration.* Gaz du sang; dans quel état ils s'y trouvent: procédés de recherche. Mécanisme de l'hématose. Circonstances qui modifient la quantité de gaz du sang. *Phénomènes histo-chimiques de la respiration.* Siège des actions chimiques. Respiration des tissus. *L'asphyxie et l'action des gaz délétères sur le sang.* La respiration cutanée.

IV. — *Physiologie des sécrétions et excrétions. Considérations générales sur les glandes et la sécrétion* (complément des sécrétions étudiées en histologie). Conditions générales des excrétions. *Sécrétion urinaire.* Généralités. Caractères physiques et composition chimique de l'urine. Conditions de la variation de quantité et composition de l'urine. Altérations de l'urine après la miction. Urines pathologiques. Excrétion de l'urine et son mécanisme. Fonction des reins. Effet de l'ablation des reins, de la ligature des urtères ou des artères rénales, circulation rénale; analyse du sang de l'artère et de la veine rénales; influence de la pression sanguine. Passage dans l'urine de substances ingérées ou absorbées. Théorie de la sécrétion urinaire. Production de l'urée, de l'acide urique, de l'hippurique et de la guanine. L'urémie. *Sécrétion sudorale, sébacée, lacrymale et lactique.* Etude du produit et de la sécrétion. *Sécrétions internes.* Faits, expériences et théories.

V. — *Physiologie de la nutrition.* — *Considérations générales* (complément des notions étudiées en physiologie générale). *Assimilation.* Synthèse des hydrates de carbone: glycogénie hépatique et autres formes de la fonction glycogénique; fonction du sucre dans l'organisme. Synthèse des graisses: origine, appropriation et élaboration des graisses par l'organisme. Synthèse des albuminoïdes; origine et procédés d'intégration. Appropriation des substances minérales en général. *Désassimilation.* Désintégration des hydrates de carbone, des graisses et des albuminoïdes: procédés et produit. *Inventaire de la nutrition.* Le doit et avoir de la nutrition. Conditions qu'il importe de considérer. La croissance, l'état et le déclin de l'animal; la ration, le régime, l'abstinence, le travail, etc. Inanition.

VI. — *Physiologie de la production de la chaleur.* — *Thermométrie:* Technique et résultats, selon les espèces. Variations de la température physiologique; sa topographie. *Calorimétrie:* Technique. Quantité de chaleur développée normalement par les animaux et circonstances qui y influent; le système nerveux en particulier. *Thermogénie:* Faits et explications. Règle thermique. L'absorption et l'émission de la chaleur par l'organisme. Mort par la chaleur et par le froid.

VII. — *Physiologie du travail externe de la locomotion.* — Considérations générales sur le travail musculaire (complément des notions étudiées en histologie). Le travail mécanique. Organes transformateurs du travail musculaire. La fatigue et le travail musculaire. L'équilibre. Mécanisme général de la progression. Appui et évolution des membres oscillateurs. Allures des équidés; son observation et sa notation.

Physiologie du système nerveux. — *Considérations générales* (complément des notions étudiées en histologie). Fonctions générales du système nerveux. Fonctions de conduction, de rétention et de production. Centres nerveux. Actes réflexes: leurs lois et classification: centres trophiques. Sensibilité récurrente. *Physiologie de la moelle épinière.* La moelle comme centre nerveux. La moelle comme organe de conduction nerveuse. *Physiologie de l'encéphale.* Le bulbe comme centre nerveux et comme organe de la conduction nerveuse. Le mésocéphale et le cervelet. Fonctions générales. Equilibre et coordination. Fonctions spéciales du cervelet; des tubercules quadrijumeaux, de la protubérance et des pédoncules. Les hémisphères cérébraux. Généralités sur les fonctions du cerveau; localisations cérébrales. Le cerveau et le mouvement, la sensibilité, la conscience, l'intelligence, la mémoire et la volonté. Le cerveau et la vie organique; le sommeil. *Sensations.* Sensations générales. Sensations particulières: le toucher; l'odorat; le goût; l'ouïe; la vue.

IX. — *Physiologie de la reproduction.* — *Considérations générales* (complément des notions étudiées en histologie). Fécondation: puberté: menstruation; la copule. La castration et ses effets. La vie fétale, la gestation et la parturition. La lactation.

PROGRAMME DE LA QUATORZIÈME CHAIRE

MATIÈRE MÉDICALE. CHIMIE MÉDICALE. PHARMACOLOGIE ET PHARMACIE

Professeur — *Antonio Augusto dos Santos*

I — Matière médicale

ARTICLE I

Notions générales

I — 1. Ressources de la médecine pour guérir, pallier ou prévenir les maladies. Moyens et agents thérapeutiques. Le médicament.

2. La matière médicale considérée commo science du médicament. Son objet, son but et son importance. Place de cette science entre la bactériologie et la thérapeutique.

3. La science du médicament comprend deux parties principales:

a) Celle qui regarde le médicament inactif ou pharmaceutique, et

b) Celle qui ne se rapporte qu'au médicament en action ou pharmaco-dynamique.

II—1. Origine des médicaments. Caractères physiques, composition chimique, variétés commerciales et falsifications des substances médicamenteuses.

a) Formes pharmaceutiques;

b) Médicaments officinaux et magistraux; internes et externes; simples et composés;

c) Avantages et inconvénients des associations médicamenteuses;

d) Formule ou ordonnance.

III—1. Moyens d'étude du médicament en activité. Méthode expérimentale.

2. Application et introduction des médicaments dans l'organisme. Absorption et introduction des médicaments:

3. Voies d'absorption et introduction des médicaments;

a) Peau;

b) Muqueuses;

c) Tissu conjonctif sous-cutané;

d) Séreuses;

e) Vaisseaux sanguins;

f) Parenchymes des organes.

4. Transport et circulation des médicaments.

5. Effets et action des médicaments:

a) Effets topiques ou locaux et leurs variantes, d'après la manière d'agir de la substance médicamenteuse;

b) Effets généraux ou éloignés, leur nature intime et moyens de se manifester sur les principaux appareils organiques.

6. Electricité médicamenteuse.

7. Rapport de l'action physiologique des médicaments avec leur composition et leurs propriétés physico-chimiques.

8. Causes de la variabilité des actions médicamenteuses:

a) Dépendantes du milieu interne (espèce, race, âge, etc.);

b) Dérivées du milieu externe (climat, saison, régime alimentaire, etc.);

c) Provenantes du médicament (degré de pureté, mode de préparation dose, etc.);

d) Provenantes de circonstances diverses (antagonisme médicamenteux, antidotisme, accumulation de doses, etc.).

9. Transformation et élimination des médicaments.

10. Action curative des médicaments. Procédés pharmaco-thérapiques.

IV—1. Classification des médicaments. Classifications physico-chimiques, historico-naturelles, histo-physiologiques et cliniques. Impossibilité actuelle d'une classification rigoureuse. Préférence due toutefois au critérium physiologique.

2. Division et ordre pour l'étude des médicaments:

Topiques:
Emollients.
Astringents.
Révulsifs.
Caustiques.
Modificateurs de la nutrition:
Excitants de l'hématose.
Modérateurs de la nutrition ou de l'hématose.
Réparateurs ou analeptiques.
Eupeptiques.
Modificateurs de l'innervation:
Paralyso-moteurs.
Excitants réflexes ou excito-moteurs.
Modérateurs réflexes.
Modificateurs de l'innervation et de la myotilité:
Névro-musculaires.
Modificateurs de la myotilité:
Musculaires.
Modificateurs des sécrétions et excrétions:
Purgatifs et anti-cathartiques.
Diurétiques et anurétiques.
Sudorifiques et anti-sudorifiques.
Bronchiques et génito-urinaires.
Anti-parasitaires:
Anthelminthiques.
Antiseptiques. Parasiticides.

ARTICLE II

Médicaments

I. «Topiques». Observations générales:

A) *Emollients:*
1. Amylacés.
2. Saccharins.
3. Gommeux.
4. Mucilagineux.
5. Albumineux.
6. Glycérine et corps gras.

B) *Astringents:*
1. Astringents végétaux.
a) Tannins;
b) Pyrogénés.
2. Astringents minéraux.

C) *Révulsifs:*
1. Rubéfiants.
2. Vésicants ou épispastiques.

D) *Caustiques:*
1. Caustiques alcalins.
2. Caustiques acides.
3. Caustiques salins.
Substances agglutinatives et protectrices: collodion et autres.

II. «Modification de la nutrition». Observations générales.
A) *Excitants de l'hématose:*
1. Oxygénés.
2. Ferrugineux.
3. Hypophosphites.
4. Chlorures.

B) *Modérateurs de la nutrition ou de l'hématose:*
1. Sodiques.
2. Arsénicaux.
3. Chlorates et nitrates.
4. Alcalins.
5. Tempérants.
6. Sels ammoniacaux.
7. Mercuriaux.
8. Argent et plomb.

C) *Réparateurs ou analeptiques:*
1. Sels calcaires.
2. Huile de foie de morue et ses succédanés.
3. Lait.
4. Glucose, amylose et saccharoses.
5. Matières azotées.

D) *Eupeptiques:*
1. Principes actifs du suc gastrique.
2. Toniques amers.
a) Amers purs;
b) Amers astringents;
c) Amers aromatiques.

III. «Modificateurs de l'innervation». Observations générales.
A) *Paralyso-moteurs:*
1. Curare.
2. Fève de Calabar. Esérine.
3. Aconit. Aconitine.
4. Staphisaigre. Delphine.
5. Cigue. Cicutine.

B) *Excitants réflexes ou excito-moteurs:*
1. Alcooliques.

2. Caféiques.
3. Strychniques.
C) *Modérateurs réflexes:*
1. Anesthésiques.
2. Antispasmodiques.
D) *Excitants et modérateurs réflexes* (groupe mixte):
Opiacés. Opium et ses alcaloides.

IV. «Modificateurs névro-musculaires». Observations générales.
1. Bromures.
2. Solanacées.
3. Quinquinas et leurs alcaloïdes.
4. Digitale. Digitaline.
5. Antimoniaux.
6. Ipécacuanha. Emétine.
7. Apomorphine.
8. Anhydride carbonique.
Antithermiques: acide salicylique, antipyrine, antifébrine, exalgine, etc.

V. «Modificateurs de la myotilité ou musculaires». Observations générales.

A) *Excito-moteurs:*
Seigle ergoté. Ergotine; succédanés.

B) *Paralyso-moteurs:*
1. Sels de potasse et autres sels métalliques.
2. Vératrine.

VI. «Modificateurs des sécrétions et des excrétions». Observations générales.
A) *Modificateurs des sécrétions intestinales:*
1. Purgatifs.
a) Purgatifs dialytiques;
b) Purgatifs mécaniques;
c) Purgatifs drastiques.
2. Anticathartiques.

B) *Modificateurs de l'excrétrion urinaire:*
1. Diurétiques.
a) Diurétiques mécaniques;
b) Diurétiques rénaux.
2. Anurétiques.

C) *Modifications de l'excrétion sudorale:*
1. Sudorifiques.
2. Antisudorifiques.

D) *Bronchiques et génito-urinaires:*
1. Balsamiques.
2. Térébenthinés.

II. «Antiparasitaires». Observations générales.
1. Anthelminthiques.
a) Ténifuges;
b) Vermifuges.
2. Parasiticides.

VIII. «Antiseptiques». Observations générales.
1. Antiseptiques minéraux.
a) Métalloïdes;
b) Métaux.
2. Antiseptiques organiques.
a) Hydrocarbures saturés;
b) Hydrocarbures de la série aromatique;
c) Alcaloïdes.

Agents de la *sérothérapie:*
a) Sérums sanguins naturels;
b) Sérums artificiels;
c) Sérums sanguins immunisateurs.

Agents de l'*opothérapie:*
Extraits organiques (des corps thyroïdes, du pancréas, des testicules, etc..)

Agents diagnostiques:
a) Tuberculine;
b) Malléine.

Appendice

Agents impondérables:

A) *Agents physiques:*
1. Lumière.
2. Electricité.
3. Chaleur. Hydrothérapie.

B) *Agents mécaniques:*
1. Gymnastique fonctionnelle.
2. Massage.

II — Chimie médicale

ARTICLE I

Préliminaires

1. Objet de la chimie médicale.

2. Substances composant l'organisme animal ou qui peuvent y être contenues. Principes immédiats et corps élémentaires.

3. Avantages de l'analyse chimique sous le point de vue de la diagnose des maladies, régime hygiénique et investigations toxicologiques. Analyse qualitative et quantitative. Analyse immédiate.

4. Appareils, instruments et ustensiles indispensables à l'exécution des opérations analytiques. Réactifs.

ARTICLE II

Procédés analytiques spéciaux

I—1. Principes minéraux de l'organisme animal. Déterminaison qualitative des principaux.

2. Matières albuminoides. Réactions générales de ces matières.

II—1. Analyse du sang, ayant surtout en vue les transformations de l'hémoglobine.

2. Analyse de l'urine:

a) Dosage de l'urée et autres éléments normaux, de nature organique ou animale;

b) Détermination qualitative et quantitative de quelques éléments anormaux, spécialement l'albumine et le sucre.

3. Analyse du lait:

a) Composition normale;

b) Altérations morbides;

c) Sophistications.

III. Analyse de l'eau destinée à l'abreuvage des animaux:

a) Procédé hydrotimétrique;

b) Recherche de la matière organique, nitrates et nitrites.

IV—1. Poisons et leur classification.

2. Recherche des composés du cuivre, du mercure, de l'arsenic et autres de nature minérale, en cas de suspicion d'empoisonnement.

3. Recherche de la strychnine et d'autres alcaloides végétaux soupçonnés.

V. Reconnaissance des sophistications et des impuretés le plus fréquemment employées pour quelques médicaments.

III—Pharmacologie et pharmacie

ARTICLE I

Préliminaires

1. Objet et extension de la pharmacologie. Objet et limites de la pharmacie. Pharmacie galénique et pharmacie chimique.

2. Notions de l'art pharmaceutique qui peuvent convenir au médecin-vétérinaire.

ARTICLE II

Technologie pharmaceutique

I — 1. Idée générale et description succinte des principales manipulations employées en pharmacie:

a) Opérations mécaniques;

b) Opérations physiques;

c) Opérations physico-chimiques;

d) Opérations chimiques.

2. Matériel nécessaire à l'exécution des différentes opérations de pharmacie.

II. Bases médicamenteuses. Leurs choix et leur conservation.

III. Préparation de médicaments:

a) Poudres, pulpes et sucs;

b) Solutions simples, macérés, infusions, décoctions et autres;

c) Hydrolats et alcoolats;

d) Extraits;

e) Sirops, mellites et autres de nature analogue;

f) Pommade, cérats, emplâtres et autres aussi de nature grasse et résineuse;

g) Electuaires, pilules, granules et autres d'usage également interne;

h) Cataplasmes, liniments, collyres et autres pour l'usage externe.

L'enseignement pratique de ces matières consiste en démonstrations faites par le professeur pendant le cours de l'exposition théorique, ou séparément, selon la nature de la démonstration; et en exercices, dont sera chargé le chef de service, sous la direction du même professeur.

Ces exercices ont pour objet la chimie médicale et la pharmacie, et sont exécutés dans le cabinet de la chaire et dans la pharmacie de l'hôpital vétérinaire, selon le programme ci-dessus, pour les deux matières.

Les démonstrations de la matière médicale ont pour base principale la pharmacostatique des agents médicamenteux, de manière à mettre en évidence les caractères physiques et les propriétés chimiques qui distinguent entre eux les plus importants de ces agents; et, toutes les fois que les circonstances le permettront, la démonstration embrassera aussi les effets physiologiques des mêmes agents.

PROGRAMME DE LA QUINZIÈME CHAIRE

PATHOLOGIE GÉNÉRALE, PATHOLOGIE INTERNE ET CLINIQUE MÉDICALE

Professeur — *José Maria Alves Torgo*

Cours théorique

LIVRE I

PATHOLOGIE GÉNÉRALE

Considérations préliminaires

Pathologie: but, objet et importance de cette science. Méthode d'étude: observation et expérimentation. Pathologie humaine, vétérinaire ou comparée, nosologie végétale. Pathologie générale et spéciale (interne et externe). Anatomie pathologique générale et spéciale. Clinique. Maladie, infirmité et affection. Processus morbide. Raison d'ordre: étude des troubles fonctionnels et altérations matérielles (lésions) en évolution (processus morbides): *anatomie pathologique générale.*

Exploitation et interprétation des troubles secondaires (symptômes) dérivées des processus morbides: *symptomatologie* ou *semiologie:* Marche et terminaison des maladies: *évolution des maladies.* Reconnaissance et différentiation des maladies et jugement quant à leur gravité: *diagnostic et pronostic* en général. Étude des causes morbides: *étiologie. Thérapeutique générale.*

I. — Anatomie pathologique générale

CHAPITRE I

Processus morbides caracterisés par des troubles de la circulation

ARTICLE 1er

Hyperémie

I. — Hyperémie active

Etiologie et pathogénie.

Hyperémie d'origine nerveuse.

Hyperémie par augmentation de tension sanguine.

Hyperémie par diminution de pension vasculaire.

Symptômes et marche. Lésions consécutives.

II.—Hyperémie passive

Etiologie et pathogénie.
Hyperémie par diminution d'impulsion cardiaque.
Hyperémie par augmentation de pression veineuse.
Symptômes et marche. Lésions *consécutives.*

ARTICLE II

Hemorrhagie

Étiologie et pathogénie:
Hémorrhagies par *rexis:*
Mécaniques.
Organiques.
Hémorrhagies diapédiques, hémopathiques ou dyscrasiques.
Caractères anatomo-pathologiques. Symptomes et marche. Diagnostic différenciel des hémorrhagies arterielles, capillaires et veineuses.

ARTICLE III

Thrombose et embolie

Étiologie et pathogénie.
Thromboses hématiques ou hémopathiques.
Thromboses angiopathiques.
Mecanisme des thromboses.
Embolies angiopatiques.
Embolies d'origine extra-vasculaire.
Caractères et évolution des thrombus et des embolies. Lésions consécutives. Diagnostic différentiel des thromboses et des embolies.

ARTICLE IV

Hydropsie

Étiologie et pathogénie.
Hydropysies mécaniques.
Hydropysies hématiques ou dyscrasiques.
Caractères anatomo-pathologiques. Symptómes.

ARTICLE V

Inflammation

Physiologie pathologique. Modifications des éléments anatomiques. Troubles du système nerveux. Troubles circulatoires. Exsudation et exsudat. Chimiotaxie. Phagocytose. Leucocytose. Phénomènes consécutifs: Résolution. Néoformation inflammatoire. Origine cellu laire et vasculaire et tissu inflammatoire. Variétés et caractères du tissu inflammatoire. Suppuration septique et aseptique. Composition, variétés et altérations du pus. Effets de la suppuration. Evolution des lésions inflammatoires.

INFIRMERIE DE PETITS ANIMAUX

CHAPITRE II

Processus morbides caracterisés par des troubles de nutrition

Troubles passifs

ARTICLE VI

Gangrène

Étiologie et pathogénie:
Gangrène par suspension de la circulation.
Oblitérations artérielles.
Oblitérations veineuses.
Oblitérations capillaires.
Gangrène par altération du sang ou dyscrasique.
Gangrène par influence nerveuse.
Caractères anatomo-pathologiques.
Formes de la gangrène:
Gangrène sèche.
Gangrène par amollissement.
Gangrène par coagulation.
Gangrène humide ou putréfaction. *Symptomes.*

ARTICLE VII

Atrophie

Étiologie et pathogénie
Atrophie par insuffisance de circulation.
Atrophie par manque d'influx nerveux.
Atrophie par insuffisance nutritive.
Atrophie par intoxication.
Caractères anatomo-pathologiques. Symptomes.

ARTICLE VIII

Dégénérescences

Considérations générales. Morphologie cellulaire. Dégénérescenses progressives et regressives.

I. Dégénérescence graisseuse.
  - Adiposité.
  - Stéatose.

II. Dégénérescence albuminoïde.
  - Dégénérescence séreuse.
  - Dégénérescence albumineuse.
  - Dégénérescence muqueuse.
  - Dégénérescence colloïde.
  - Dégénérescence vitreuse.
  - Dégénérescence fibrineuse.
  - Dégénérescence hyaloïde.

III. Dégénérescence pigmentaire.
Pigmentation d'origine extérieure.
Pigmentation d'origine hématique.
Pigmentation d'origine biliaire.
Pigmentation d'origine cellulaire.

IV. Dégénérescences calcaires ou concrétions.
Interstitielles ou calcification.
Concrétions caractérisées par leurs bases (calcaires et magnésiennes) et par leur acide (uratique).
Calculeuses:
Calculs biliaires.
Calculs urinaires.
Calculs salivaires.

Caractères anatomo-pathologiques. Étiologie et pathogénie des diverses dégénérescences.

Troubles actifs

ARTICLE IX

Régénération

Régénération physiologique et pathologique. Spécificité des éléments anatomiques, confirmée par les expériences de Reverdin. Multiplication des éléments cellulaires comme dans les néoplasies inflammatoires. Puissance régénératrice variable avec les tissus. Régénération des tissus épidermiques, des vaisseaux, des os, etc.

ARTICLE X

Hypertrophie

Étiologie et pathogénie:
Hypertrophie par suractivité nutritive.
Hypertrophie par suractivité fonctionnelle.
Hypertrophie par frottement continu.
Hypertrophie par troubles de l'innervation.
Caractères anatomo-pathologiques. Symptômes.

ARTICLE XI

Tumeurs

I.— *Généralités:*

Définition de tumeur. Anatomie des tumeurs et origine de leurs éléments anatomiques. Evolution des tumeurs. Généralisation des tumeurs, leur mécanisme et circonstances qui le favorisent ou le provoquent. Récidives et métastases. Malignité des tumeurs. Etiologie et pathogénie des tumeurs. Symptômes. Diagnose différentielle. Classification des tumeurs.

II.— *Description spéciale des tumeurs:*
Tumeurs conjonctives.
Embryonnaires — Sarcomes.
Adultes:
Fibromes.

Mixomes.
Lipomes.
Chondromes.
Ostéomes.
T. épithéliales.
Embryonnaires — Carcinomes.
Adultes.
Epithéliomes.
Papillomes
Adénomes.
Kystes.
T. vasculaires:
Angiomes.
T. lymphatiques:
Lymphangiomes.
Lymphadénomes.
T. musculaires:
Myomes.
T. nerveuses:
Nevromes.
T. tératoïdes.

II. *Séiniologie ou sémiotique:*

Considérations préliminaires.— Evolution symptomatique des maladies (incubation, prodromes, symptômes). Syndrome. Symptôme et signe. Méthode et procédés pour l'exploration des symptômes.

CHAPITRE III

Exploration de l'appareil digestif

I. *Signes physique ou organiques:*

Exploration des lèvres, de la bouche, des glandes salivaires, du pharynx, de l'œsophage, de l'estomac, de l'intestin, de l'anus, du foie et de la rate.

II. *Signes fonctionnels ou dynamiques:*

Préhension et mastication des aliments. Appetit ou faim. Soif. Baillement. Sécrétions salivaires. Déglutition. Irrumination. Dyspepsie gastrique. Eructation. Régorgement. Nausée et vomissements. Dyspepsie intestinale. Coliques en général et en particulier. Météorisme. Borborygmes. Entérorrhagie. Défécation. Fonctions du foie. Ictère.

CHAPITRE IV

Exploration de l'appareil respiratoire

I. *Signes physiques ou organiques:*

Exploration des cavités nasales, bourses gutturales, sinus, larynx, trachée et thorax. Percussion et auscultation thoraciques.

II. *Signes fonctionnels ou dynamiques:*

Ecoulement nasal. Toux. Expectoration. Voix. Reniflement et éternuement. Gémissement. Respiration : sa fréquence, son type, son rythme, son amplitude et sa difficulté. Caractères de l'air expiré.

CHAPITRE V

Exploration de l'appareil circulatoire

I. *Signes physiques ou organiques :*

Examen du sang. Exploration cardiaque. Percussion et auscultation cardiaques. Exploration artérielle, capillaire et veineuse. Exploitation symptomatique.

II. *Signes fonctionnels ou dynamiques :*

Lipothymie et syncope. Effets des altérations valvulaires sur la circulation générale.

CHAPITRE VI

Exploration de l'appareil génito-urinaire

I. *Signes physiques ou organiques :*

Examen de l'urine. Exploration des reins, des organes génitaux (du mâle et de la femelle). Exploration des mamelles.

II. *Signes fonctionnels ou dynamiques :*

Rétention urinaire. Incontinence d'urine. Ténesme vésical. Polyurie. Anurie. Urémie. Nymphomanie et satyriasis. Onanisme. Impuissance. Infécondité ou stérilité. Galactose anormale. Agalaxie. Polygalaxie. Galactorrhée.

CHAPITRE VII

Exploration de l'appareil nerveux

I. *Signes physiques ou organiques :*

Exploration du crâne et du rachis.

II. *Signes fonctionnels ou dynamiques :*

Troubles psychiques :
- Exaltation et perversion :
  - Délire.
  - Hallucination.
  - Accès rabiformes, etc.
- Diminution ou abolition :
  - Somnolence.
  - Coma.
  - Apoplexie.

Troubles moteurs :
- Exaltation et perversion.
  - Convulsions.
  - Spasmes.
  - Contractures, etc.
- Diminution et abolition.
  - Faiblesse musculaire.

Parésie.

Paralysie d'origine cérébrale, médullaire et périphérique.

Troubles sensoriaux.

Exaltation et perversion :

Hyperesthésie.

Douleur.

Diminution et abolition :

Analgésie.

Anesthésie.

CHAPITRE VIII

Exploration de la calorification

Augmentation de la température. Fièvre. Physiologie pathologique et pathogénie de la fièvre.

Signification de ce syndrome. Diminution de la température. Collapsus algide.

CHAPITRE IX

Habitus externe du malade

I. *Appareil locomoteur.* — Station et décubitus. Allures. Exploration des membres. Attitudes de la tête. Exploration de la tête. Expression physionomique. Exploration de la queue. Attitudes de la queue.

II. *Appareil cutané :*

1. — Signes physiques ou organiques.

Troubles nutritifs de la peau. Altérations primitives, boutons, taches, papules, phlyctènes, bulles, vésicules, pustules, tubercules, furoncles. Troubles secondaires, exulcérations, ulcérations, excoriations, fissures, crevasses, croûtes, squames, cicatrices, excroissances. Température et coloration de la peau. Altération de l'épiderme. Altération du derme. Flexibilité, épaisseur, œdème, emphysème, dermite, néoplasmes, hypertrophie et atrophie. Direction, coloration, augmentation, diminution, hypertrophie et atrophie des poils. Troubles fonctionnels de la peau. Troubles de la sécrétion de sueur, hypéridrose, éphidrose, anidrose, chromidrose, etc. Troubles de la sécrétion sébacée, séborrhée, astéatose, obstruction du canal excréteur des glandes sébacées.

III. *Appareil de la vision.* — Exploration des organes accessoires de l'œil, paupières, etc. Exploration des yeux, volume, expression et mouvements. Examen de l'œil à la lumière naturelle, à la lumière artificielle (éclairage latéral ou oblique), et examen ophtalmoscopique.

IV. *Appareil de l'ouïe.* — Exploration des oreilles, température et attitudes. Exploration du conduit auditif.

III — Evolution des maladies

CHAPITRE X

Marche des maladies

Propagation des troubles morbides. Durée des maladies : maladies suraigües ou foudroyantes, aigües, subaigües et chroniques. Types des maladies. Périodes des maladies.

CHAPITRE XI

Terminaison des maladies

Guérison. Convalescence. Rechute. Récidive. Maladies intercurrentes, coïncidence et complications morbides. Métastase. Mort. Signes de la mort et phénomènes cadavériques. Enzooties, épizooties et panzooties.

IV — Diagnostic et pronostic

CHAPITRE XI

Diagnostic

Moyens et difficultés du diagnostic. Éléments du diagnostic. Signes du diagnostic : interrogatoire du propriétaire ou de la personne chargée de soigner l'animal malade. Signes commémoratifs, anamnestiques ; anamnèse ou histoire de la maladie. Signes objectifs. Diagnostic des symptômes, des lésions et de la maladie.

CHAPITRE XII

Pronostic

Moyens et difficultés du pronostic. Pronostic tiré de la maladie, cause, nature, siège, type, extension des lésions, etc. Pronostic tiré du malade, espèce, race, tempérament, constitution, âge, etc.

V — Thérapeutique générale

CHAPITRE XIV

Thérapeutique prophylactique

Moyens hygiéniques. Asepsie. Antisepsie. Vaccination.

CHAPITRE XV

Thérapeutique curative

Médication. Indication et contre-indication thérapeutique. Médication étiologique. Médication symptomatique. Médication des lésions ou affections. Thérapeutique palliative.

LIVRE II

PATHOLOGIE INTERNE

Considérations préliminaires

Classifications pathologiques et nosologiques. Nomenclature des maladies. Extension et limites de cette partie du cours.

CHAPITRE XVI

Maladies de l'appareil digestif

Stomatites. Glossites. Paralysie de la langue. Parotidite. Maxillite. Pharyngite. Paralysie du pharynx. Inflammation des bourses gutturales. Æsophagite. Æsophagisme. Paralysie de l'œsophage. Inflammation du jabot ou indigestion ingluviale des gallinacés. Ruminite. Indigestion du rumen (gazeuse et par surcharge alimentaire). Libérite. Indigestion ou obstruction du feuillet. Gastrites. Ulcère de l'estomac. Dilatation de l'estomac (gastrœctasie). Embarras gastrique et indigestion stomacale. Egagropiles. Congestion intestinale. Entérites. Occlusion intestinale. Indigestion intestinale (gazeuse et par sur charge d'aliments). Egagropiles. Calculs. Tumeurs de l'intestin et de l'estomac. Rectites. Paralysie du rectum. Pancréatite. Abcès du pancréas. Ictère infectieux. Congestion du foie. Hépatites. Atrophie du foie. Lupinose. Calculs biliaires. Tumeurs du foie. Hypertrophie de la rate. Dégénérescense de la rate. Abcès de la rate. Tumeurs de la rate. Péritonites. Tumeurs péritoneales. Hernies diaphragmatiques. Chorée et spasme du diaphragme. Paralysie du diaphragme.

CHAPITRE XVII

Maladies de l'appareil respiratoire

Coryza. Inflammation catarrhale des sinus. Laryngite. Ædème du larynx. Paralysie du larynx. Spasme du larynx. Bronchites. Congestion et œdème pulmonaire. Pneumonies. Atélectasie pulmonaire. Emphysème pulmonaire. Pleurites. Hydrothorax. Pneumo-thorax. Néoplasies pulmonaires.

CHAPITRE XVIII

Maladies de l'appareil circulatoire

Péricardites. Symphyse cardiaque. Hydropéricarde. Tumeurs du péricarde. Myocardites. Hypertrophie cardiaque. Dilatation cardiaque. Dégénérescence graisseuse du cœur. Angine de poitrine. Tumeurs cardiaques. Ossification des auricules. Endocardite. Altérations valvulaires et des orifices cardiaques. Artérites. Anévrysmes. Thromboses.

CHAPITRE XIX

Maladies de l'appareil urinaire

Néphrites. Hémoglobinémie. Hématuries. Pyélite. Cystite.

CHAPITRE XX

Maladies de l'appareil génital

Fièvre vitulaire ou puerpérale. Satyriasis. Nymphomanie. Impuissance. Infécondité ou stérilité. Altération du lait.

CHAPITRE XXI

Maladies du système nerveux

Hyperémie et anémie cérébrales. Hémorrhagie cérébrale. Méningo-encéphalite. Méningo-myélite. Syringomyélie. Paraplégie par compression médullaire. Prurit lombaire. Paralysie par compression des nerfs périphériques. Epilepsie. Eclampsie. Catalepsie. Chorée.

CHAPITRE XXII

Maladies de l'appareil locomoteur

Rhumatisme musculaire. Rhumatisme articulaire. Arthrite pyohémique des nouveau-nés.

CHAPITRE XXIII

Maladies constitutionnelles ou générales dyscrasiques

Anémies, chlorose. Anémie pernicieuse. Hydrémie. Leucémie. Hémophilie. Scorbut. Goutte. Diabète sucré. Diabète insipide. Ostéomalacie. Rachitisme. Obésité. Sarcomatose et carcinomatose.

V— Clinique médicale

Distribuer aux élèves, pour l'observation clinique, les animaux entrés à l'hôpital vétérinaire; discussion au sujet de tous les cas cliniques.

Leçons de clinique sur les cas les plus importants. Présentations des feuilles de visite clinique et rapport des élèves sur les cas les plus importants.

Cours pratique

I.—Préparations anatomo-pathologiques. Examen histologique des tumeurs et classifications de celles-ci.

II. — Exploration et interprétation des symptômes des divers appareils, et description des instruments employés dans ce but. Thermographie clinique.

III. — Autopsie. Examen nécroscopique. Rapports. Procès verbaux des examens.

PROGRAMME DE LA SEIZIÈME CHAIRE

PATHOLOGIE EXTERNE, MÉDECINE OPÉRATOIRE, OBSTÉTRIQUE ET CLINIQUE CHIRURGICALE VÉTÉRINAIRES

Professeur — *João Ferreira da Silva.*

PREMIÈRE PARTIE

COURS THÉORIQUE

LIVRE I

Pathologie externe

PRÉLIMINAIRES

Définition, sujet et importance de la pathologie externe. Leurs rapports avec les autres branches de la médecine et particulièrement avec la pathologie médicale et celle des maladies contagieuses et infectieuses.

Pathologie externe générale

CHAPITRE I

TRAUMATISMES ET LEURS COMPLICATIONS

§ 1. — *Contusions et plaies*

I. — *Contusions:* définition, mécanisme, anatomie pathologique, symptomatologie, diagnostic, pronostic et traitement.

II. — *Plaies:* définition et classification étiologique.

a) Plaies par piqûre, coupure, meurrissure, écrassement, arrachement et par armes à feu: anatomie pathologique, symptomatologie, diagnostic et pronostic.

b) Thérapeutique des plaies en général; asepsie et antisepsie, sutures et pansement.

c) Thérapeutique spéciale des diverses variétés de plaies.

§ 2. — *Complications et traumatismes*

I. — *Complications aseptiques:*

a) Complications locales: douleurs, hémorrhagies et corps étrangers.

b) Complications générales: embolies, syncope, commotion traumatique locale *(stupeur)* et commotion traumatique générale *(schok).*

II. — *Complications septiques:* érysipèle, inflammation, abcès chauds, phlegmons, fièvre traumatique, septicémie et pyohémie.

III. — *Complications spéciales:* propathies, diathèses, infections, intoxications et lésions viscérales.

CHAPITRE II

LÉSIONS PAR DESTRUCTION DES TISSUS

§ 1. — *Brûlures et froidures*

I. — *Brûlures:* définition, étiologie, anatomie pathologique, symptomatologie, complications, pronostic et traitement.

II. — *Froidures:* définition, étiologie, physiologie pathologique, symptomatologie et thérapeutique.

§ 2. — *Gangrène ulcères et fistules*

I. — *Gangrènes:* définition et classification.

a) Gangrènes par: infection primitive, désorganisation cellulaire, troubles vasculaires, troubles de l'innervation, et altération du sang.

b) Anatomie pathologique, symptomatologie, marche et traitement des gangrènes en général et chacune de leurs variétés.

II. — *Ulcères:* définition, étiologie et classification.

a) Ulcères idiopathiques: inflammatoires, fongueux, atoniques, calleux et phagédéniques.

b) Pathogénie, symptomatologie, marche, diagnostic, pronostic et thérapeutique.

III. — *Fistules:* définition et classification.

a) Fistules cutanées, muqueuses, séreuses, etc.

b) Étiologie, pathogénie, symptomatologie, diagnostic et traitement.

CHAPITRE III

CICATRISATION ET CICATRICES

§ 1. — *Cicatrisation*

Considérations générales sur les processus réparateurs des solutions de continuité des tissus. Cicatrisation immédiate et cicatrisation médiate (sous-crustacée) et par granulation.

§ 2. — *Cicatrices*

I. — *Maladies des cicatrices:* dégénérescences chéloïde et cancéreuse.

II. — *Difformités des cicatrices:* hypertrophie, soudures anormales et sténoses cicatricielles.

III. — *Traitement des cicatrices:* greffes et autoplasties.

AMPHITHÉÂTRE DE CHIRURGIE

Pathologie externe spéciale

CHAPITRE I

MALADIES DES TISSUS

§ 1. — *Muscles, tendons et aponévroses, gaines et bourses séreuses*

I. — *Muscles :*

Contusions. Plaies. Rupture. Luxation. Hernies. Myosites. Amyotrophies et atrophies. Paralysies. Spasme, contracture et crampes. Néoplasmes.

II. — *Tendons et aponévroses :*

Plaies. Rupture. Arrachement. Distension et rétraction. Luxation. Ténosites. Néoplasmes.

III. — *Gaînes et bourses séreuses :*

Traumatismes. Plaies. Synovites et hygromes en général. Hydropisies et hydarthroses en général. Néoplasmes.

§ 2. — *Os et cartilages*

I. — *Os:*

Traumatismes. Fractures en général : exposées et non exposées, complètes et incomplètes. Complications des fractures : suppuration, troubles nerveux et vasculaires ; gangrène, manque de consolidation (retard et pseudarthroses), mauvaise consolidation et ankyloses. Évolution et maladies du cal. Ostéites, périostites, médullites, ostéo-périostites et ostéo-médullites. Néoplasmes. Exostoses.

II. — *Cartilages :*

Traumatismes. Chondrites et péri-chondrites. Néoplasmes.

§ 3. — *Nerfs*

Traumatismes. Névrites. Névralgies. Paralysies. Névromes.

CHAPITRE II

MALADIES DES APPAREILS

§ 1. — *Appareil tégumentaire externe*

Peau, tissu cellulaire sous-cutané et appareil glandulaire annexe :

Traumatismes. Érythèmes. Dermatites. Éléphantiasis. Acmé. Furoncle. Cors ou durillons. Kystes sébacés. Néoplasmes.

§ 2. — *Appareil digestif*

I. — *Bouche, pharynx et poches gutturales :*

Traumatismes. Ostéite et périostite des mâchoires. Arthrite temporo-maxillaire. Abcès. Collection purulente des poches gutturales. Fistules salivaires. Ulcères. Corps étrangers. Calculs salivaires. Carie dentaire. Anomalies des lèvres et des dents. Ankylglossie. Glossophégie. Luxation et fractures des mâchoires. Néoplasmes.

II. — *Œsophage :*

Traumatismes. Retrécissements et œsophagœctasie. Fistules. Obstruction par les aliments ou par des corps étrangers. Néoplasmes.

III. — *Abdomen et anus :*

Traumatismes. Plaies pénétrantes. Péritonite traumatique. Hernies. Inversion de l'anus. Ascite. Fistules stercorales. Anus contre-nature. Imperforation de l'anus. Occlusion intestinale. Spasme et paralysie de l'anus. Abcès. Abcès hépatiques. Corps étrangers. Coprostase. Hémorrhoïdes. Néoplasmes.

§ 3. — *Appareil respiratoire*

I. — *Nez, cavités nasales et sinus :*

Traumatismes. Fractures. Nécrose de la cloison nasale. Epistaxis. Rhynites. Hyperplasie de la pituitaire ; hypertrophie des cornets. Phlegmasie et collection purulente des sinus. Paralysie de la fausse narine. Corps étrangers. Néoplasmes.

II. — *Larynx, corps thyroïde et trachée :*

Traumatismes. Fractures. Déformations. Thyroïdite. Goitre. Laryngophlégie. Corps étrangers. Néoplasmes.

III. — *Poitrine :*

Traumatismes. Fractures. Plaies. Œdème inflammatoire. Hématome. Pneumocèle. Ostéite et nécrose des côtes et du sternum. Abcès. Épanchements thoraciques. Cors. Kystes. Néoplasmes.

§ 4. — *Appareil circulatoire*

I. — *Vaisseaux sanguins :*

Traumatismes. Artériectasies et phlébectasies. Thromboses et embolies. Artérites et phlébites. Angiomes.

II. — *Vaisseaux lymphatiques :*

Traumatismes. Fistules. Lymphangiectasies. Lymphangites et adénites. Néoplasmes.

§ 5. — *Appareil urinaire*

I. — *Rein, uretère et vessie :*

Traumatismes. Pyélo-néphrites. Cystites. Hydronéphrose. Parasites. Calculs. Cystocèle. Néoplasmes.

II. — *Prostate et urèthre :*

Traumatismes Phlegmasies. Difformités de l'urèthre : imperforation, étroitesse du méat, rétrécissements du canal, *hypospadias* et *épispadias*. Calculs et corps étrangers. Rétention de l'urine et énurésie. Abcès urineux. Infiltration d'urine. Fistules. Néoplasmes.

§ 6. — *Appareil génital*

I. — *Testicule, pénis et fourreau :*

Traumatismes. Hématome. Affections inflammatoires. Phimosis et paraphimosis. Abcès. Hématocèle. Hydrocèle. Varicocèle. Anorchidie, polyorchidie et synorchidie. Hypertrophie et atrophie testiculaire. Inversion et ectopie testiculaire. Paralysie du pénis. Néoplasmes. Botryomycose.

II. — *Vulve, vagin, utérus, ovaires et trompes. Mamelles :*

Traumatismes. Thrombus vaginal post-partum. Prolapsus et renversements. Affections inflammatoires. Congestion des mamelles. Occlusion du vagin. Oblitération et obstruction des trayons. Abcès. Fistules. Imperforation de l'hymen. Atrésie du col de l'utérus. Corps étrangers. Calculs des mamelles. Métrorrhagie Néoplasmes. Actinomycose. Botryomycose.

§ 7. — *Appareil auriculaire*

I. — *Oreille externe :*

Traumatismes. Affections inflammatoires. Abcès. Ulcères. Nécrose. Chancre auriculaire. Othématome. Paralysie de la conque. Corps étrangers.

II. — *Oreille moyenne :*

Traumatismes. Otites. Abcès. Collection purulente. Polypes.

III. — *Oreille interne :*

Traumatismes. Otites. Corps étrangers. Oblitération, obstruction et retrécissements des trompes d'Eustache. Dysécée et cophose.

§ 8. — *Appareil de la vision*

I. — *Organes de protection :*

Traumatismes. Affections inflammatoires. Œdème palpébrale. Phlegmon de l'orbite. Furoncles. Trichiasis, entropion et ectropion. Coloboma, ankyloblépharon et symblépharon. Néoplasmes.

II. — *Organes de lubrification :*

Traumatismes. Dacryodénites et dacryocystites. Corps étrangers et calculs. Imperforation et atrésie du canal lacrymal. Encanthis.

III. — *Organes de mouvement :*

Traumatismes. Ophtalmoplégies. Nystagmus. Blépharospasme. Strabisme.

IV. — *Organes essentiels :*

Traumatismes. Luxations et subluxations du cristallin. Congestion. Affections inflammatoires. Chémosis. Abcès. Ulcères. Glaucome. Cataracte. Hydroptalmie. Panophtalmie. Ophtalmie périodique. Leucome, nephélion, albugo, staphylomes, synéchies et hypopion. Pinguécula et ptérygion. Gérontoxon. Asthénopie, héméralopie, nyctalopie, myopie et presbyopie. Amblyopie. Diplopie. Daltonisme. Iridocèle. Néoplasmes.

§ 9. — *Appareil de la locomotion*

Traumatismes. Plaies articulaires. Plaie pénétrante plantaire. Rupture des muscles et des tendons. Distensions et rétractions tendineuses. Entorses. Luxations. Fractures. Dermatites et pododermatites. Aggravée. Arthrites, synovites et hydarthroses. Phlegmons. Furoncles. Nécroses. Corps étrangers. Arthrophytisme. Lésions, difformités et anomalies du sabot. Hygromes. Exostoses. Néoplasmes.

CHAPITRE III

MALADIES DES RÉGIONS

§ 1. — *Tête*

Traumatismes. Fractures. Commotion cérébrale. Affections inflammatoires. Phlegmons. Abcès. Encéphalocèle. Bosse sanguine. Kystes demoïdes. Cœnurose et échinococcose. Fractures et ablation des cornes. Néoplasmes.

§ 2. — *Tronc*

Traumatismes. Fractures. Fracture de la région lombaire. Entorses. Entorse dorso-lombaire. Luxations. Affections inflammatoires. Abcès. Kystes. Hygrome de la nuque. Nécroses. Mal de nuque et mal du garrot. Cors. Torticolis. Scoliose, cyphose et lordose. Néoplasmes.

LIVRE II

Médecine opératoire

PRÉLIMINAIRES

Médecine opératoire ou chirurgie vétérinaire: définitions, but, aperçu historique, utilité et relations avec les autres branches de la médecine.

CHAPITRE I

CHIRURGIE ÉLÉMENTAIRE

§ 1. — *Considérations générales*

I. — *Généralités:*

Opération chirurgicale, méthodes et procédés opératoires: définitions et classifications. Opportunité, indications et contre-indications des opérations chirurgicales. Choix du moment, lieu et procédés opératoires les plus convenables. Choix des instruments et préparation des appareils pour l'opération qu'on à exécuter. Préparation du sujet.

II. — *Diagnostic chirurgical:*

Indication des moyens de l'exercer. Les sens et le raisonnement dans la pratique chirurgicale.

III. — *Assujettissement des animaux:*

Utilité et indication générale des moyens propres à assujettir les animaux; accidents qui peuvent survenir pendant et après l'assujettissement.

§ 2. — *Anesthésie chirurgicale*

I. — *Anesthésie générale:*

Considérations sur les effets des anesthésiques. Anesthésie par le chloroforme: choix et modes d'administration. Anesthésie par l'éther. Anesthésiques divers. Choix de l'anesthésique. Anesthésie par une seule substance. Anesthésie mixte. Accidents qui peuvent survenir et moyens de les conjurer.

II. — *Anesthésie locale:*

a) Par réfrigération: substances diverses qu'on peut employer.

b) Par action directe: cocaïne.

§ 3. — *Antisepsie et asepsie. Pansements*

I. — *Antisepsie et asepsie:*

Définitions et importance: le passé et le présent de la chirurgie devant les progrès des études bactériologiques. Règles générales de l'antisepsie et de l'asepsie: soins du chirurgien et de ses aides sur eux-mêmes, sur le lieu ou la salle d'opérations, les instruments et les appareils opératoires, le malade, le champ opératoire et les matériaux de pansement. Règles spéciales de l'antisepsie et de l'asepsie dans la chirurgie de la bouche, du pharynx et du rectum, des fosses nasales et du larynx, des organes de la vision et auriculaires, de l'urèthre, de la vessie, du vagin et de l'utérus, des cavités thoracique et abdominale.

II. — *Pansements:*

Définition et classifications. Qualités et choix des matières de pansement. Substances employées dans la protection des plaies et des pansements. Matériel accessoire. Pansements divers. Nettoyage et lavage des plaies. Règles sur l'application et le renouvellement des pansements.

§ 4. — *Hémostasie*

I. — *Hémostase temporaire:*

Définition et utilité. Procédés mécaniques d'ischémie temporaire: compression immédiate et médiate; compression digitale et par les pinces hémostatiques; compresseurs de Brogniez, d'Esmarch, etc.; tamponnement des plaies ou des cavités naturelles.

II. — *Hémostase définitive:*

Définition. Agents hémostatiques physiques et chimiques. Moyens hémostatiques chirurgicaux: compression, ligature, torsion, etc.

CHAPITRE II

CHIRURGIE GÉNÉRALE

§ 1. — *Opérations élémentaires*

I. — *Diérèse:*

Définition et classification. Incisions, dissections et ponctions: instruments, méthodes opératoires et technique.

II. — *Exérèse:*

Définition et classification. Extirpation, ablation, énuclation, arrachement, résection et curetage: instruments, méthodes opératoires et technique.

III. — *Synthèse:*

Définition et classification. Bandages, emplâtres agglutinatifs, sutures: matériaux, substances, instruments; méthodes opératoires et technique.

IV. — *Prothèse :*

Définition et classification. Greffes des tissus : matériaux et instruments, méthodes opératoires et technique.

§ 2. — *Opérations générales*

I. — *Compression. Massage. Écrasement :*

Définitions et classifications ; méthodes et procédés ; matériel et instruments ; technique.

II. — *Taxis. Immobilisation :*

Définitions et classifications ; méthodes ; appareils et technique.

III. — *Vaccinations. Inoculations :*

Définitions et classifications ; appareils et technique.

IV. — *Cathétérisures :*

Définition et division ; appareils, instruments et technique.

V. — *Exutoires :*

Définition et classification ; méthodes et procédés opératoires ; matériel, instruments et substances employés ; technique.

VI. — *Instillations. Injections :*

Définitions et classifications ; instruments et technique.

VII. — *Cautérisation :*

Définition et classification ; agents divers ; méthodes et procédés ; technique.

VIII. — *Électrothérapie :*

Définition, classification et indications ; appareils et technique.

IX. — *Hydrothérapie :*

Définition, division et indications ; appareils et technique.

CHAPITRE III

CHIRURGIE SPÉCIALE

§ 1. — *Muscles, tendons et aponévroses, gaînes et bourses séreuses*

Myotomie. Myotomie caudale. Ténotomie. Aponévrotomie. Synovectomie. Myorraphie. Ténorraphie. Greffes tendineuses.

§ 2. — *Os et cartilages*

Ostéotomie. Périostotomie. Chondrotomie. Ostéorraphie. Chondrorraphie. Ostéoclasie. Trépanation. Traitement des fractures.

§ 3. — *Nerfs*

Névrotomie. Névrectomie. Névrorraphie. Névroplastie. Greffes nerveuses.

§ 4. — *Appareil digestif*

Oroscopie. Pharyngoscopie. Cathétérismes. Glossotomie. Glossectomie. Parotidectomie. Oesophagotomie. Gastrotomie. Laparatomie. Entérotomie. Entérectomie. Staphylorraphie. Entérorraphie. Génioplastie. Uranoplastie. Ablation des dents. Résection des dents. Extirpation et ablation de néoplasmes. Extraction de calculs et de corps étrangers. Traitement des fistules salivaires et anales. Traitement des hernies et de l'inversion du rectum. Extirpation du rectum. Paracenthèse. Ponction des poches gutturales.

§ 5. — *Appareil respiratoire*

Rhinoscopie. Laryngoscopie. Aryténoïdectomie. Trachéotomie. Pleurotomie. Péricardotomie. Thyroïdectomie. Trépanation des sinus. Ablation et extirpation de néoplasmes. Extraction des calculs et des corps étrangers. Lavage de la plèvre.

§ 6. — *Appareil circulatoire*

Angéiotomie. Adénotomie. Intervention dans le traitement des artériectasies, phlébectasies et lymphangiectasies. Intervention dans le traitement des artérites et des phlébites. Ligature des vaisseaux sanguins. Traitement des fistules lymphatiques.

§ 7. — *Appareil urinaire*

Cathétérismes. Dilatation du canal uréthral. Uréthrotomie. Uretérotomie. Uretérectomie. Néphrotomie. Néphrectomie. Néphrostomie. Pyélotomie. Prostatomie. Uretèrolithotomie. Néphrolithotomie. Néphrorraphie. Traitement de l'hypospadias et de l'épispadias. Traitement des fistules uréthrales et des abcès urineux. Ablation de néoplasmes.

§ 8. — *Appareil génital*

Intervention dans le traitement du phimosis et du paraphimosis. Ablation de la verge. Intervention dans le traitement de l'hydrocèle et de l'hematocèle. Castration. Hystéroscopie. Cathétérisures. Hyménotomie. Hystérectomie. Traitement de l'hydrométrie et de la pyométrie. Ovariotomie. Traitement de fistules. Réduction de prolapsus et de renversements. Ablation de néoplasmes. Extraction de corps étrangers. Désobstruction des trayons. Ablation des mamelles. Périnéorraphie.

§ 9. — *Appareil auditif*

Otoscopie. Cathétérismes. Ablation de néoplasmes. Extraction de corps étrangers. Amputation des oreilles. Cathétérisme des trompes d'Eustache.

§ 10. — *Appareil visuel*

Ophtalmoscopie. Blépharotomie. Sclérotomie. Iridotomie. Iridectomie. Corélysis, synéchotomie et iridorhexis. Traitement du trichiasis, de l'entropion, de l'ectropion et du ptérygion. Opération de la cataracte. Exentération et énucléation oculaires. Extraction de corps étrangers. Cathétérismes. Désobstruction des voies lacrymales. Blépharoplastie.

§ 11. — *Appareil de la locomotion*

Intervention dans le traitement des entorses, arthrites, synovites, hydarthroses, hygromes et exostoses. Traitement des luxations. Désarticulations. Amputations. Traitement des *seimes*. Opération de la plaie pénétrante plantaire *(clou de rue)*. Amincissement et ablation d'une partie du sabot, ou d'un doigt des bisulques. Dessolure. Opération du *javart*. Opérations du *croissant*, kéraphyllocèle et kéracèle. Traitement de la maladie naviculaire et de la dermatite chronique végétante. Extraction des corps étrangers dans les articulations. Ablation de néoplasmes. Orthopédie corrective et pathologique.

LIVRE III

Obstétrique vétérinaire

PRÉLIMINAIRES

Définition, sujet et importance de l'obstétrique vétérinaire. Leurs rapports avec la médecine et particulièrement avec la pathologie externe et la médecine opératoire.

CHAPITRE I

CONSIDÉRATIONS GÉNÉRALES

§ 1. — *Anatomie et physiologie obstétricales*

Bassin, organes génitaux et mamelles. Puberté, ovulation, chaleurs et fécondation. Canal pelvien dans son ensemble; pelvimétrie. Étude remémorative et de comparaison chez les diverses femelles domestiques.

§ 2. — *Gestation*

Définition et division. Gestation normale. Développement de l'ovule fécondé. Œuf à terme: cordon ombilical, placenta et fœtus. Anatomie et physiologie du fœtus. Signes de la gestation: examen de la femelle pleine et diagnostic de la grossesse. Durée de la gestation. Hygiène des femelles en état de gestation. Gestation anormale: gestation multiple, gestation extra-utérine et fausse gestation. Signes diagnostiques et conduite à tenir dans ces cas.

CHAPITRE II

ACCOUCHEMENT

§ 1. — *Eutocie*

Phénomènes maternels: signes précurseurs, douleurs, contractions musculaires et utéro-vaginales, écoulement des glaires, effacement du col, dilatation de l'orifice utérin et ampliation du vagin, périnée et vulve. Phénomènes ovulaires poche des eaux et rupture des membranes. Phénomènes fœtaux: causes de l'accouchement. Diagnostic et pronostic de l'accouchement. Positions et présentations du fœtus. Mécanisme de l'accouchement en général. Délivrance: expulsion spontanée des annexes du fœtus. Suites de couches normales. Intervention de l'accoucheur dans les accouchements physiologiques. Soins à donner à la mère et au nouveau-né.

§ 2. — *Dystocie*

Dystocie maternelle: viciations du bassin, anomalies et maladies des parties molles. Dystocie fœtale: excès de volume physiologique ou pathologique, procidences, position et présentation mauvaises.

CHAPITRE III

PATHOLOGIE OBSTÉTRICALE

§ 1. — *Maladies des femelles à l'état de gestation*

Maladies propres à la femelle pleine. Influence de la grossesse dans les maladies ordinaires. Accidents de la gestation.

§ 2. — *Maladies de l'œuf et du fœtus*

Maladies de la caduque, du chorion, du placenta, et de l'amnios. Anomalies du cordon ombilical. Affections congénitales du fœtus. Mort du fœtus pendant la grossesse. Rétention du fœtus mort dans l'utérus. Expulsion prématurée du fœtus vivant: viable *(accouchement prématuré)*, ou non viable *(avortement)*. Anomalies du fœtus.

§ 3. — *Maladies et accidents consécutifs à l'accouchement*

Infections puerpérales, localisée et généralisée. Renversement du vagin et de l'utérus. Traumatismes. Non-délivrance.

§ 4. — *Maladies des nouveaux-nés*

Hémorragie ombilicale. Omphalite. Paralysies.

CHAPITRE IV

CHIRURGIE OBSTÉTRICALE

§ 1. — *Opérations préliminaires*

Anesthésie obstétricale. Contention des femelles. Exploration des organes génitaux. Asepsie et antisepsie obstétricale.

§ 2. — *Opérations spéciales*

Propulsion, rotation et version fœtales. Extraction forcée du fœtus. Embryotomie. Hystérotomie. Symphyséotomie. Instruments et appareils employés dans la pratique obstétricale.

LIVRE IV

Clinique chirurgicale

I.– Définition, sujet et importance de la clinique chirurgicale. Leurs rapports avec les autres branches de la médecine vétérinaire.

II.—Conduite à tenir dans l'examen clinique : méthodes et procédés de l'exploration du malade ; signes anamnestiques, interprétation des symptômes objectifs (diagnostic) ; signes pronostiques.

III.—Thérapeutique : médication, intervention opératoire, régime diététique et soins hygiéniques donnés aux malades.

IV.—Leçons cliniques près des malades en traitement dans les hôpitaux de l'école.

DEUXIÈME PARTIE

COURS PRATIQUE

I.—Exercices sur l'emploi des moyens d'assujettissement des animaux.

II.—Pratique de l'anesthésie.

III.—Choix et préparation du matériel, des instruments et des appareils pour les pansements. Application et renouvellement des pansements.

IV.—Pratique de l'hémostasie chirurgicale.

V.—Pratique des opérations élémentaires.

VI.—Pratique des opérations générales.

VII.—Pratique des opérations de chirurgie spéciale.

VIII.—Clinique : discussions verbales, rédaction de feuilles de visite, bulletins et mémoires sur les maladies observées ou les opérations pratiquées dans l'hôpital vétérinaire, pratique d'autopsies et rédaction de rapports.

APPAREILS, INSTRUMENTS ET MATÉRIEL DIVERS

POUR LA DÉMONSTRATION DES LEÇONS ET POUR L'EXERCICE ET LA PRATIQUE DES ÉLÈVES

Adstricteur, de Brogniez.
Aiguilles à ligature des vaisseaux sanguins.
Aiguilles à séton (modèles et dimensions diverses).
Aiguilles à suture (modèles et dimensions diverses).
Aiguilles de Reverdin.
Anneau à assujettissement du taureau, de Percheron.
Anneau à assujettissement du taureau, de Rolland.
Appareil à dessolure, de Brogniez.
Appareils à fractures, de Rellier et d'autres.
Appareil à irrigation, de Martin.
Appareil à seimes et accessoires, de Vachette.
Appareil d'assujettissement, de Bernardot et Butel.
Appareil d'assujettissement, de Daviau.
Appareil électro-magnétique, de Gaiffe.

Appareil d'électricité statique, de Ramsden (appartenant au cabinet de physique).

Appareil galvanique, de Hirschmann.

Appareil galvanique à cautérisation et éclairage (grand modèle)

Appareil hémostatique, d'Esmarch.

Armature d'assujettissement du porc, de Blavette.

Aspirateur, de Dieulafoy (grand et petit modèles).

Aspirateur-injecteur, de Potain.

Attelles diverses (en bois, en zinc et en carton).

Autoclaves (appartenant au laboratoire de bactériologie).

Bandage à contention du vagin, de Lund.

Bandages divers (collection).

Batterie à courants continus, de Gaiffe.

Bâton à surfaix.

Bâton-conducteur du taureau, de Rolland.

Bâton-conducteur du taureau, de Vigand.

Bistouris à lame étroite, et boutonnés.

Bistouris à serpette.

Bistouris ordinaires (courbes et droits).

Boîtes ou nécéssaires pour les opérations suivantes :

- Aryténoïdectomie ;
- Castration de la vache, de Charlier ;
- Cataracte ;
- Périostotomie ;
- Trachéotomie ; et
- Trépanation, de Bichat.

Capote à œillères.

Casseaux, droits et courbes, en bois et métalliques.

Cautères à aiguille, de Bianchi.

Cautères à bec d'oiseau.

Cautères à brûle-queue.

Cautères cutellaires.

Cautères de Foucher.

Cautères en S.

Cautères olivaires.

Cautères ordinaires (formes différentes).

Caveçons (divers).

Ciseaux ordinaires (divers modèles, droits et courbes).

Ciseaux spéciaux pour couper les ongles des petits animaux.

Clef pour les dents, de Garengeot.

Collier à chapelet.

Colliers divers.

Compte-gouttes.

Coupe-dents.

Coupe-épingles.

Coupe-queue, de Fromage de Feugré.

Coupe-queue ordinaire.

Couteaux à amputation.
Couteaux à autopsie.
Crochets, d'André.
Crochets, de Darreau.
Crochets divers.
Daviers (divers).
Dermotome caudal, de Brogniez.
Désencasteleur, de Jarrier.
Désencasteleur, de Méricant.
Dilatateur palpébral.
Dilatateur uréthral.
Drains, en cauotchouc, etc.
Écraseur, de Chassaignac.
Écraseur, de Milles.
Écraseur, de Verneuil.
Embryotomes.
Entérotome, de Dupuytren.
Entravons (modèles divers).
Épingles anglaises.
Épingles ordinaires.
Érignes.
Exemplaires plastiques:
Mannequin de cheval;
Membres de cheval attaqués d'exostoses et hydarthroses;
Ovulation et développement embryonnaire;
Utérus de vache portant le fœtus et ses annexes.
Exemplaires naturels :
Collection de coxaux de femelles, pour l'étude comparée et pelvimétrique.
(Tous ces exemplaires appartiennent au cabinet d'anatomie comparée.)

Fers à cheval: moyens correctifs des anomalies du sabot ou des aplombs et pour le traitement des maladies du pied (collections appartenant à l'atelier sidérotechnique de l'hôpital vétérinaire).

Feuilles de sauge (droites, gauches et doubles).
Flammes (différents modèles).
Forceps, de Bourrel.
Forceps, de Defays.
Forceps, de Weber.
Gouge dentaire.
Herniotome, de Bouley.
Herniotome boutonné.
Herniotome, de Collin.
Herniotome, de Cousin.
Hippolasso, de Raabe et Lunel.
Insufflateurs divers.
Irrigateur, d'Esmarch.
Lacs métallique, obstétrical, de Breulet.

Lancettes (modèles divers.)
Laryngoscope.
Licols (modèles divers).
Lithotome, de Guillot.
Lithotome, de Liston.
Lithotome, de Webber.
Lithotriteurs (modèles divers).
Morailles (modèles divers).
Mors d'Allemagne.
Myotome caudal, de Brogniez.
Myotome gouze.
Névrotomes.
* Orthosome, de Bourgelat.
Orthosome, de Broguiez.
Orthosome, de Ferreira da Silva.
* Ophtalmoscopes.
Pessaires à anneau.
Pessaires à bilboquet.
Pessaires à pelote.
Pessaires, de Garriel.
Pessaires en caoutchouc.
Pile, de Chardin.
Pile galvano-caustique, de Rochert.
Pinces à anneaux (modèles divers).
Pinces à castration par le feu.
Pinces à castration par torsion limitée.
Pinces à castration par torsion limitée, modification de Diogo da Silva.
Pinces à castration par torsion limitée des petits animaux (réductions de Diogo da Silva).
Pinces à castration, unis, par torsion limitée, de Beaufils.
Pinces à dissection (modèles divers).
Pinces à forcipressure (modèles divers).
Pince à hernies, de Bénard.
Pinces à hernies, de Bordonat.
Pince à hernies, de Marlot.
Pince à hernies, de Metherell.
Pince à ovariotomie.
Pince-collier pour l'assujetissement du chien et des singes.
Pince, de Tillaux.
Pinces hémostatiques, à branches croisées.
Pinces hémostatiques, à ressort.
Pinces hémostatiques, de Péant.
Pinces-mouchettes.
Pince porte-aiguille.
Pinces pour l'amputation des oreilles (modèles divers).
Pinces pour l'amputation des oreilles, modification de Diogo da Silva.
Pinces presse-casseaux.

Plate-longe.
Porte-caustique.
Porte-épingle.
Porte-lacs obstétrical, de Darreau.
Port-lacs obstétrical, de Thomas.
Porte-mèches.
Porte-nœud, de Levret.
Poussoir œsophagien.
Pulvérisateur, de Lucas Championieri.
Pulvérisateur, de Richardson.
Pulvérisateur, de Siègle.
Rabots dentaires.
Rapes dentaires.
Repoussoir articulé-obstétrical.
Repoussoir articulé-obstétrical, de Darreau.
Rénettes à clou de rue.
Rhinoscope.
Sac à éthérisation.
Sangsue artificielle, de Collin.
Scalpels (divers).
Scarificateur à lames parallèles.
Scie à arbre.
Scie articulée.
Scie à ablation d'une partie de la muraille du sabot, de Cunha Fajardo.
Scies (modèles divers).
Sécateur, de Gunther.
Seringues à injections (modèles divers).
Seringues à injections hypodermiques (modèles divers).
Sondes à cathétérismes, métalliques et élastiques.
Sondes cannelées.
Sondes œsophagiennes.
Speculum-anal bivalve.
Speculum-anal trivalve.
Speculum-auriculaire.
Speculum-nasal.
Speculum oris, pour le chat.
Speculum oris, pour le cheval (modèles divers).
Speculum oris, pour le perroquet.
Speculum oris, pour le porc.
Speculum vaginal.
Stérilisateurs, appartenant au laboratoire de bactériologie (modèles divers).
Tenaculum.
Ténotomes (droits et courbes).
Thermo-cautère, de Paquelin.
Thermo-cautère, de Paquelin de Place.
Thermomètres chimiques.
Thermomètres clioiques, à surface.

Thermomètres ordinaires.
Tire-balles, de Thomassin.
Tord-nez.
Tord-nez, pour le porc.
Tourniquet, de Petit.
Trachéotomes.
Trachéotome, en forme de compas.
Travail à bascule, de Vinsot (appartenant au service de l'hôpital vétérinaire).
Travail ordinaire.
Trocarts (modèles et dimentions divers).
Trocart à trachéotomie.
Trocart à thoracenthèse.
Trousse-pied.
Tubes trayeurs.
Uréthrotome.
Vases en verre pour les instruments et matériel à pansement.
Ventouses en verre et en caoutchouc, de Blatin.
Ventouses en verre, à pompe.
Ventouses ordinaires.
Zoo-cautère.

PROGRAMME DE LA DIX-SEPTIÈME CHAIRE

PATHOLOGIE ET CLINIQUE DES MALADIES CONTAGIEUSES ET DROIT VÉTÉRINAIRE

Professeur — *João Viegas Paula Nogueira*

I.—Enseignement théorique

Division du cours

Première partie.— Pathologie des maladies contagieuses et police sanitaire des animaux domestiques.

Deuxième partie.— Inspection sanitaire des viandes et des animaux de boucherie.

Troisième partie. — Droit vétérinaire, ou médecine légale et législation commerciale vétérinaires.

PREMIÈRE PARTIE

Pathologie des maladies contagieuses et police sanitaire

A.— Étude générale des maladies contagieuses

1. Maladie transmissible, parasitaire, infectieuse contagieuse: définition.
2. Parasitisme animal ou végétal, macro ou microscopique.

3. Contagion, infection et virulence. Contage, effluve, miasme et virus. Maladies contagieuses, infectieuses, miasmatiques, virulentes.

Etiologie et pathogénie des maladies contagieuses

1. Causes prédisposantes. La prédisposition ou réceptivité, et la réfractariété ou immunité : leurs conditions générales. La prédisposition comme facteur indispensable des affections microbiennes.

2. Causes efficientes ou déterminantes des maladies contagieuses.

3. Evolution de la doctrine de la virulence : théories antérieures à Pasteur ; travaux de Chauveau, de Davaine, etc. ; étude des ferments et des fermentations ; découverte de la fonction pathogénique des bactéries ; théorie microbienne des maladies contagieuses.

4. Biologie des microbes. Méthodes expérimentales pour l'étude des bactéries. Procédés pour analyser les microbes de l'air, des eaux, du sol et de l'organisme.

5. Fonction des bactéries dans la genèse des maladies contagieuses. Toxines, ptomaînes et leucomaïnes. Auto-intoxication. Alliances et antagonismes des espèces microbiennes. Microbisme latent. Auto-infection. Spécificité étiologique des maladies contagieuses. Action pathogénique multiple attribuée à quelques microbes.

6. Pénétration spontanée et expérimentale des microbes dans l'organisme. Contagion directe et indirecte. Incubation. Défense de l'organisme ; état microbicide et phagocytose ; antitoxines ; immunisation et vaccination. Vaccins : méthodes de les obtenir et principes qui règlent leur application aux animaux. Sérothérapie.

7. Conditions de l'élimination des microbes de l'organisme. Conservation et destruction de la virulence dans les milieux externes. Infection de l'air, des eaux stagnantes ou courantes, du sol, des étables, etc. Saprophytisme et parasitisme.

8. Caractères généraux des maladies contagieuses, tirés de leur étiologie, évolution et propagation. Maladie contagieuse sporadique, enzootique ou endémique et épizootique ou épidemique. Enzootie ou endémie, épizootie ou épidémie et panzootie ou pandémie.

B.— Étude spéciale des maladies contagieuses

1er — Maladies de nature microbienne

1. Suppuration et grangrène.

Microbes agents de ces deux processus morbides. Streptococcie et staphylococcie. Septicémie et pyohémie, œdème malin de Koch ou septicémie gangréneuse de Pasteur. Fièvre vitulaire. Anasarque.

2. La septicemie hémorrhagique : différentes modalités de cette affection. Choléra des oiseaux. Septicémie spontanée des lapins. Pneumo-entérite infectieuse

LABORATOIRE DE BACTÉRÉOLOGIE DE L'INSTITUT AGRONOMIQUE ET VÉTÉRINAIRE

ou choléra du porc. Pneumo-entérite du mouton. Pleuro-pneumonie septique des veaux. Septicémie hémorragique des bovidés adultes. Influenza ou fièvre typhoïde des solipèdes.

3. Coli-bacilloses. Diarrhée des veaux. Psittacose. Coryza gangréneux des bovidés.

4. Rouget des porcs.
5. Charbon bactéridien et charbon bactérien.
6. Tuberculose.
7. Actinomycose.
8. Bothryomycose.
9. Morve.
10. Farcin du bœuf.
11. Lymphangite épizootique.
12. Gourme.
13. Maladie du jeune âge.
14. Rage.
15. Dourine.
16. *Horse-pox* et *cow-pox*.
17. Acné contagieuse.
18. Clavelée.
19. Fièvre aphteuse.
20. Cutidite pustuleuse des ovidés ou piétin.
21. Peste bovine.
22. Péripneumonie contagieuse.
23. Pyélo-néphrite bacillaire.
24. Mammites contagieuses.
25. Avortement épizootique.
26. Diphtérie chez les différents animaux domestiques.
27. Tétanos.

2e — Maladies causées par des champignons

1. Dermatomycoses. Herpès tonsurant. Teigne faveuse.
2. Muguet ou saccharomycose buccale.
3. Aspergillose.

3e — Maladies causées par des parasites animaux

1. Dermatozoonoses. Myiasis cutanée. œstridiase. Pulicidiase. Phtiriase Acariases apsoriques et psoriques.

Ixodiase. Gamasidiase.

Trombidiase. Gales. Filariases cutanées: dermatorrhagie parasitaire; dermite granuleuse; dracontiase.

2. Psorospermose.
3. Coccidiose.
4. Strongylose.
5. Distomatose.
6. Trichinose.

7. Cysticercose.
8. Echinococcose.
9. Cénurose.
10. Helminthiases intestinales. Ténias. Bothriocéphales. Echinorynques. Ascarides. Oxyures. Sclérostomes. Tricocéphales. Uncinaires.
11. Hirudiniase.
12. Gastrophylose.
13. Filariose.
14. Linguatulose.
15. Syngamose.
16. Eustrongylose.
17. L'impaludisme chez les animaux domestiques.

Police sanitaire

1. Police sanitaire des animaux domestiques; son importance sociale. La police sanitaire à l'étranger et en Portugal. Tendance à uniformiser les règlements sanitaires de tous les pays en un code international.

Le *Réglement général de santé des animaux* décrété le 7 février 1889: ses principales dispositions.

2. Fondements scientifiques de la police sanitaire des animaux domestiques. Moyens de la réaliser:

a) Déclaration obligatoire.

b) Isolement et séquestre: leur différentes formes.

c) Visite du vétérinaire.

d) Signalement et marque des animaux séquestrés.

e) Abatage; évaluation préalable; indemnisations.

f) Inoculations et vaccinations.

g) Mesures se rapportant à l'importation, exportation, circulation, foires, marchés et expositions de bestiaux en temps d'épizooties.

h) Quarantaines, lazarets, visites et inspections sanitaires dans les ports et à la frontière.

i) Enfouissement des animaux morts de maladies contagieuses.

j) Destruction des cadavres par feu, ou crémation.

k) Transformation industrielle des cadavres dans les équarrissages.

l) Désinfection: principes qui la règlent. Désinfectants physiques et chimiques: étude spéciale de chacun d'eux sous le point de vue de son application à la police sanitaire des animaux domestiques.

3. Nécessité d'une statistique rigoureuse et de bulletins nationaux et internationaux des maladies épizootiques.

DEUXIÈME PARTIE

Inspection sanitaire des viandes et des animaux de boucherie

1. Abbatoirs. Législation portugaise applicable à l'établissement et au fonctionnement des abattoirs. Règlements municipaux.

2. Inspection des animaux vivants destinés à la boucherie: questions concernant l'âge, la gestation, l'état des organes sexuels, la conformation, l'état de graisse, la fatigue, les maladies pyrétiques et apyrétiques contagieuses ou non contagieuses.

3. Procédés d'abatage et leur valeur. Préparation des animaux sacrifiés dans les abbatoirs. La viande nette, les abats et les issues.

4. Inspection sanitaire de la viande et des viscères dans les abattoirs; principes qui règlent cette inspection.

5. Inspection sanitaire des viandes foraines; organisation de ce service en Portugal et à l'étranger. Reconnaissance de l'espèce animale à laquelle appartiennent les pièces de viande soumises à l'examen. Motifs de saisie.

6. Différents procédés de conservation de la viande.

7. Stérilisation des viandes attaquées de parasitisme. Appareils désinfecteurs.

8. Statistique du service d'inspection dans les abattoirs et dans les postes d'inspection sanitaire: leur importance scientifique.

TROISIÈME PARTIE

1.— *Droit vétérinaire ou médecine légale et législation commerciale vétérinaires*

1. Définition du droit vétérinaire.
2. Division du droit vétérinaire en criminel et civil.

A.— Droit vétérinaire criminel

1. Médecine légale vétérinaire dans le sens le plus étendu, comme synonyme de droit vétérinaire. Médecine légale vétérinaire proprement dite ou médecine vétérinaire criminelle.

2. Législation portugaise, ancienne et moderne, applicable à la médecine légale vétérinaire. Dispositions contenues dans les chapitres L et LI du *Règlement général du service de santé des animaux.*

3. Attentats contre la morale commis avec des animaux. Délits de bestialité et de sadisme.

4. Mauvais traitements publiquement infligés aux animaux domestiques.

5. Blessures faites volontairement aux animaux: classification; diagnose, détermination de la cause; pronostic.

6. Mort d'un animal, causée volontairement et sans justification. Détermination de la cause de la mort: examen externe du cadavre; autopsie et ses règles. Asphyxie: par submersion; par suffocation; par strangulation; par gaz irrespirables. Détermination de la cause par l'examen des lésions. Empoisonnements: autopsie; analyse chimico-toxicologique.

7. Transmission volontaire de maladies contagieuses aux animaux sains, par inoculation ou par contagion. Diagnostic et vérification de la transmission. Périodes d'incubation des maladies contagieuses.

8. Le vétérinaire comme expert médico-légal. Autorités compétentes pour le réclamer. Formalités judiciaires: intimation et serment. Examen médico-légal; procès-verbal; rapport; certificat; consultation.

B.— Droit vétérinaire civil

1. Jurisprudence commerciale vétérinaire. Législation qui en Portugal y était applicable jusqu'à l'année 1886. La loi actuelle sur les vices rédhibitoires décrétée le 16 décembre 1886.

Le *Règlement général du service des remontes de l'armée et de la «guarda municipal»*.

2. Vice rédhibitoire. Garantie légale et garantie conventionnelle dans les contrats d'achat ou de vente et d'échange. Rédhibition et réduction de prix. Les vices rédhibitoires selon la législation portugaise et la législation étrangère. Délais de la rédhibition. Manière d'intenter le procès de rédhibition ou la réduction de prix.

3. Le vétérinaire comme expert en droit civil. Autorités compétentes pour le réclamer. Intimation judiciaire. Examen et reconnaissance de l'animal; procès-verbal, ses formalités et conditions.

4. Déontologie vétérinaire.

II.— Enseignement pratique

1. Maniement des microscopes, particulièrement ceux appropriés aux travaux bactériologiques dans le laboratoire annexe à la chaire.

2. Préparations micrographiques de bactéries, pour reconnaître les caractères morphologiques de la cellule microbienne et des principaux genres et espèces de la famille des bactériacées.

3. Examen microscopique des mouvements propres aux microbes et du mouvement brownien.

4. Pratique des différents procédés de coloration employés pour les préparations micrographiques des espèces microbiennes.

5. Examen comparatif de bactéries en préparations fraîches et en préparations colorées.

6. Préparation des bouillons et des autres milieux de culture; leur stérilisation et distribution.

7. Ensemencement artificiel et culture de microbes pathogènes, aérobies et anaérobies, dans les divers milieux; examen des caractères des cultures; diagnose des espèces microbiennes cultivées.

8. Séparation des toxines par la filtration et par les réactifs chimiques.

9. Autopsie d'animaux morts de maladie contagieuse; récolte des matières virulentes pour les inoculations et les cultures.

10. Pratique des inoculations de matières virulentes, de vaccins et de toxines révélatrices ou diagnostiques.

11. Étude pratique de l'évolution de la maladie artificiellement inoculée: incubation, symptomatologie et anatomie pathologique. Préparation et analyse microscopique de pièces anatomiques, pour la reconnaissance des lésions et la recherche de l'agent étiologique.

12. Examen clinique et traitement des animaux attaqués de maladies contagieuses dans les infirmeries de l'école. Visites et excursions cliniques hors de l'école, en cas de besoin.

13. Inspection d'échantillons de viandes et d'autres produits alimentaires d'origine animale;

14. Visites et excursions au marché général des bestiaux et aux abattoirs de Lisbonne et de la banlieue, pour assister à la pratique de l'inspection des animaux sur pied et abattus.

15. Exercices de rédaction de procès-verbaux, certificats, rapports et consultations sur des cas figurés de droit vétérinaire civil et criminel.

Outre leurs travaux scolaires, les professurs de l'Institut ont toujours démontré leur devouement pour les choses de l'agriculture, en se dédiant avec empressement à l'étude de tous les problèmes agricoles, aussi bien sous le point de vue du développement scientifique, et de l'application de la science agronomique à la pratique de l'agriculture portugaise, comme à la vulgarisation de ses principes dans nos principaux centres ruraux.

Pour le démontrer, nous offrons ensuite le catalogue des principaux ouvrages publiés par les directeurs, les professeurs et les répétiteurs de l'Institut, depuis sa fondation, et la note des journaux scientifiques et agricoles, où ils ont collaboré:

Note bibliographique des ouvrages publiés par les directeurs et par le corps enseignant de l'Institut depuis sa fondation

Ouvrages publiés par les directeurs et les professeurs.

Dr. José Maria Grande

(Fondateur et premier directeur de l'Institut)

1 — Manuel du cultivateur, 2 vol.
2 — Mémoire sur la nouvelle maladie des vignes à l'île de Madère.
3 — Rapport sur les travaux scolaires, procédés, opérations et services ruraux commis à l'Institut Agricole de Lisbonne.
4 — Discours prononcés à l'occasion de l'ouverture des cours de l'Institut.

Vicomte de Villa Maior

5 — Rapport sur les vins à l'exposition universelle de Paris, en 1867.
6 — Mémoire sur les procédés de la vinification employés dans les principaux vignobles de Portugal.
7 — Manuel de viticulture pratique.
8 — Traité de vinification.
9 — Mémoire sur un nouveau procédé de panification.
10 — Note sur le pouvoir fertilisant des déjections animales, devenues inodores par les moyens chimiques.

11 — Études préliminaires sur l'ampélographie et l'œnologie des vignobles du Douro.
12 — Discours prononcés à l'occasion de l'ouverture des cours.

Dr. Caetano Maria Ferreira da Silva Beirão

13 — Considérations sur la culture du riz en Portugal.
14 — Considérations sur la nouvelle maladie des vignes en Portugal.
15 — Discours.

Dr. Antonio Joaquim de Figueiredo e Silva

16 — Études sur le lin de la Nouvelle-Zélande.
17 — Cours d'économie agricole.
18 — Cours d'agriculture et d'économie rurale, de Raspail (traduit et annoté).

João de Andrade Corvo

19 — Mémoire sur la nouvelle maladie des vignes de Madère.
20 — Les rizières du Portugal (avec M. J. Ribeiro et S. Bettamio d'Almeida)
21 — Rapport sur l'agriculture à l'exposition de Londres en 1862, 2 vol.
22 — L'agriculture et la nature.
23 — Physique populaire.
24 — Chimie populaire.
25 — Économie politique pour tous.
26 — L'eau et les irrigations.
27 — Les mouteurs pour l'industrie et pour l'agriculture.

João Ignacio Ferreira Lapa

28 — Mémoire sur les procédés de la vinification dans nos principaux vignobles.
29 — Traité de chimie agricole.
30 — Traité de technologie rurale, 3 vol.
31 — Conférences sur l'agriculture.
32 — Mémoire sur l'étude chimique et technologique des blés du Portugal.
33 — Rapport sur l'influence de l'extraction de la gemme dans les forêts de Leiria (avec Jayme Batalha Reis et B. Barros Gomes).
34 — Mélanges agricoles.
35 — Revue de l'agriculture dans l'exposition de Paris en 1878.
36 — Précis de physique et chimie.
37 — Précis de mécanique.
38 — Catéchisme de l'agriculture (avec S. Bernardo Lima).
39 — Rapport sur les vins à l'exposition agricole de Lisbonne en 1884.
40 — Almanach du laboureur (six années), en collaboration avec João Felix Pereira.
41 — Mission agricole dans la province de Minho.
42 — Discours prononcés à l'ouverture des cours de l'Institut (15).
43 — Rapports sur les services de l'Institut.

ÉCOLE NATIONALE D'AGRICULTURE—LES BUREAUX, SALLES DES COURS, ETC.
(Coïmbra)

44—Revues agricoles, publiées dans le *Commerce du Porto.*
45—Revues agricoles, publiées dans le *Commerce portugais.*
46—Collaboration dans l'*Archive rural* et le *Journal officiel de l'agriculture.*

Silvestre Bernardo Lima

47—Le bétail et les pâturages.
48—Études sur le bétail portugais (dans le Recensement général des bestiaux du Portugal en 1870).
49—Études sur les laines portugaises.
50—Catéchisme de l'agriculture (avec Ferreira Lapa).
51—Rapports du conseil spécial de vétérinaire.
52—Études de zootechnie et hygiène des animaux domestiques, publiées dans l'*Archive rural* et dans le *Journal officiel de l'agriculture.*
53—Discours prononcés à l'ouverture des cours de l'Institut.

José Maria Teixeira

54—Études de médecine-vétérinaire publiées dans l' *Archive rurale* et dans le *Journal officiel de l'agriculture.*

Joaquim Sabino Eleutherio de Sousa

55—L'abattoir municipal de Lisbonne.
56—Collaboration dans l'*Archive rural* et le *Journal officiel de l'agriculture.*

Manuel José Ribeiro

57—Les rizières du Portugal (avec J. Andrade Corvo et J. Betamio d'Almeida).
58—Collaboration dans l'*Archive rural.*

Comte de Ficalho

59—Plantes utiles de l'Afrique portugaise.
60—Garcia da Orta et son temps.
61—Entretiens sur les simples et les drogues de l'Inde, par Garcia da Orta. (Publication dirigiée et annotée par le comte de Ficalho).
62—La Flore des Lusiades.
63—Mémoire sùr l'influence des découvertes des portugais dans tout ce qui a rapport à la connaissance des plantes.

Dr. Francisco Joaquim de Almeida Figueiredo

64—L'instruction publique et le gouvernement.

Jayme Batalha Reis

65—La physiologie en général et en spécial celle des plantes supérieurs.
66—Principes populaires d'agriculture.

67—L'agriculture dans le district de Vizeu.
68—Conférences agricoles.
69—Rapport sur l'influence de l'extraction de la gemme dans les forêts de Leiria (avec Ferreira Lapa et Barros Gomes).
70—Rapport sur la nouvelle maladie (le phylloxera) des vignes du Douro.
71—Revues agricoles, publiés dans le *Commerce du Porto, Journal des notices* et *Commerce du Portugal.*

Francisco Antonio Alvares Pereira

72—Collaboration dans l'*Archive rural.*
73—Discours prononcés à l'occasion de l'ouverture des cours de l'Institut.

José Verissimo de Almeida

74—Le mildiou et son traitement.
75—Les maladies de la vigne, produites par des parasites vegetaux. (Rapport presenté au Congrés viticole de Lisbonne en 1895.)
76—Les maladies de la vigne en Portugal, pendant l'année de 1894. (Communication à la Société mycologique de France; avec la collaboration de J. Motta Prego.)
77—Études de nosologie végétale publiées dans le *Portugal agricole* et dans l'*Agriculture contemporaine.*
78—Chroniques agricoles, publiées dans le *Journal du commerce.*
79—Chroniques agricoles, publiées dans le *Journal officiel de l'agriculture.*
80—Chroniques agricoles, publiées dans l'*Agriculture contemporaine,*
81—Collaboration dans la *Revue de l'exposition agricole de Lisbonne en 1884* et l'*Agriculture contemporaine.*

Antonio Maria dos Santos Viegas

82—Collaboration dans l'*Archive rural* et le *Journal officiel de l'agriculture.*

Joaquim Ignacio Ribeiro

83—Le parasitisme dans les affections contagieuses.

José Antunes Pinto

84—Le rhumatisme.
85—Collaboration dans la *Revue d'éducation et enseignement.*

D. Antonio Xavier Pereira Coutinho

86—Botanique forêstière.
87—Flore ligneuse du Portugal.
88—La sylviculture dans le district de Bragança.
89—Rapport sur les travaux de la ferme-régionale de Bragança.

90 — Études sur le vèr à soie.
91 — La caroube, sa valeur comme substance nutritive et comme substance alcoolisable.
92 — Les foins spontanés et les pailles du blé du Portugal.
93 — Guide du viniculteur.
94 — Traité élémentaire de la culture de la vigne.
95 — Éléments de botanique.
96 — Précis de botanique pour le cours des Lycées.
97 — Contributions pour l'organisation de la flore portugaise. (Études de différentes familles.)
98 — Les *Quercus* du Portugal.
99 — Les Joncacées du Portugal.
100 — Les Liliacées du Portugal.
101 — Les maladies des vins (Rapport présenté au Congrès viticole de Lisbonne en 1895).
102 — Chroniques agricoles, publiées dans *l'Agriculteur portugais.*
103 — Collaboration dans le *Journal officiel de l'agriculture*, l'*Agriculture contemporaine*, la *Revue de l'exposition agricole de Lisbonne en 1884* et *Buletin de la société broterienne de Coïmbre.*

Augusto José da Cunha

104 — Éléments d'arithmétique.
105 — Éléments d'algèbre.

Luiz Antonio Rebello da Silva

106 — Introduction au cours d'analyse et de chimie agricole.
107 — Éléments d'analyse chimique appliquée à l'étude des terres, des eaux et des plantes.
108 — Rapport et analyses des vins portugais qui parurent à l'exposition de Berlin.
109 — Études sur quelques eaux minérales du Portugal.
110 — Études sur les moyens de rendre à la culture quelques terrains saligneux du littoral de l'Algarve.
111 — Conférences à la Royale Associatiation Centrale de l'Agriculture Portugaise.
112 — Collaboration dans le *Portugal agricole*, l'*Agriculture contemporaine* et la *Revue de l'exposition agricole de Lisbonne en 1884.*

João Ferreira da Silva

113 — La septicémie chirurgicale.

Antonio Augusto dos Santos

114 — Collaboration dans le *Journal officiel de l'agriculture*, l'*Agriculture contemporaine* et la *Revue de l'exposition agricole de Lisbonne en 1884.*

João Viegas Paula Nogueira

115 — Microbes et vaccines.
116 — Essais de bactéreologie pratique.
117 — Le nouveau traitement de la diphterie.
118 — La tuberculose des animaux domestiques.
119 — Le charbon et les vaccinations charbonneuses.
120 — Les îles de S. Miguel et Terceira.
121 — Rapport sur le 6ème congrès international de médecine vétérinaire, de Berne.
122 — Sur l'enseignement vétérinaire (*Comptes rendus du 7ème congrès international de médecine vétérinaire*.
123 — Les animaux agricoles du Portugal (dans le *Portugal au point de vue agricole)*.
124 — L'agriculture aux Açores et à Madère (dans le *Portugal au point de vue agricole)*.
125 — Dictionnaire universel de la vie pratique (collaboration dans la partie vétérinaire et agricole).
126 — Les races bovines du Portugal (dans la *Chronique agricole du canton de Vaud, Suisse)*.
127 — Collaboration dans la *Revue de l'éducation et de l'enseignement*, le *Portugal agricole*, la *Gazette des Villages* la *Médecine contemporaine* et *Le Portugal à l'Exposition de 1900*.

Henrique da Cunha Mattos de Mendia

128 — De la possibilité dans les aménagements forestiers des exploitations de haut-futaie.
129 — Étude sur la fixation et utilisation culturale des sables mouvantes du littoral portugais.
130 — Catalogue descriptif des plantes forestières en vente dans les pépinières de Campo Grande.
131 — Remarques sur l'enseignement de la viticulture à l'Institut Agronomique de Lisbonne.
132 — Culture du riz dans le district de Coimbra.
133 — Études botaniques.
134 — Des diverses variétés de vignes americaines et de leur adaptation (Rapport présenté au Congrès viticole de Lisbonne en 1895).
135 — Collaboration dans *La Vigne portugaise*, le *Portugal agricole* et l'*Agriculture contemporaine*.

Filippe Eduardo de Almeida Figueiredo

136 — Étude sur l'amélioration des bêtes ovines du district de Castello Branco.
137 — Notions de microscopie.
138 — Les laines à l'Exposition agricole de Lisbonne en 1884.
139 — Traité élémentaire de botanique.
140 — Dictionnaire universel de la vie pratique (collaboration dans la partie agricole).

DORTOIRS DES ÉLÈVES A L'ÉCOLE NATIONALE D'AGRICULTURE

(Coïmbra)

141 — La physique agricole dans le cours agronomique.
142 — Mémoire sur régime des pluies dans la province du Minho.
143 — Précis climatologique du Portugul.
144 — Notes sur la géologie agricole.
145 — La chaire de physique agricole dans le cours d'agronomie.
146 — Le sol arable et le climat (dans *Le Portugal au point de vue agricole).*
147 — Les laines portugaises (dans *Le Portugal au point de vue agricole).*
148 — Études botaniques (dans la *Revue des études libres).*
149 — Études sur la nosologie végétale (dans l'*Agriculture contemporaine).*
150 — Études sur la météorologie agricole (dans le *Portugal agricole* et l'*Agriculture contemporaine).*
151 — Études sur l'agrologie (dans le *Portugal agricole* et l'*Agriculture contemporaine).*
152 — Collaboration dans la *Revue de l'Exposition agricole de Lisbonne en 1884* et *Le Portugal à l'Exposition de 1900.*

José Maria Alves Torgo

153 — De la prédisposition dans l'étiologie de la morve.
154 — *Vade-mecum* du vétérinaire.
155 — Almanack de l'agriculteur.
156 — Collaboration dans l'*Agriculteur portugais* et le *Journal d'agriculture et sciences correlatives.*

Bernardino Camillo Cincinato da Costa

157 — Les industries du lait en Portugal.
158 — Régimen économique de l'alcool en Portugal.
159 — L'enseignement supérieur de l'agriculture en France.
160 Notice sur l'enseignement supérieur de l'agriculture en Portugal.
161 — Propagande vinicolo-commerciale dans l'Amérique du Sud.
162 — Le Portugal vinicole.
163 — Les vignobles et les vins du Portugal (dans *Le Portugal au point de vue agricole).*
164 — L'enseignement agricole et les encouragements de l'État (dans *Le Portugal au point de vue agricole).*
165 — La problème de l'alcool (rapport présenté au Congrés Vinicole National de 1900).
166 — Collaboration dans l'*Agriculture contemporaine,* le *Portugal agricole,* la *Revue agricole* et *Le Portugal à l'Exposition de 1900.*

Dr. Antonio Correia da Silva Rosa

167 — Médication désinfectante.
168 — L'alcool.
169 — Collaboration dans l'*Agriculture contemporaine* et la *Médecine contemporaine.*

Sertorio do Monte Pereira

170 — Les labours.
171 — Conditions économiques de la production vinicole du Portugal et les circonstances actuelles des débouchés, internes et externes. (Rapport présenté au Congrès viticole de Lisbonne en 1895.)
172 — Les céréales en Portugal (dans *Le Portugal au point de vue agricole).*
173 — Collaboration dans le *Portugal agricole,* l'*Agriculture contemporaine, La Vigne portugaise,* la *Revue de l'exposition agricole de Lisbonne en* 1884 et *Le Portugal à l'Exposition de 1900.*

Augusto de Figueiredo

174 — La région inférieure d'entre le Vouga et le Mondego (les terres, les climats et les cultures.)
175 — Cultures irriguées (dans l'*Agriculture contemporaine).*
176 — Collaboration dans le *Portugal agricole* et dans l'*Agriculture contemporaine.*

Pedro José da Silva

Ouvrages publiés par les répétieurs.

177 — Études de chimie, de botanique et de pharmacie dans l'*Archive rural,* le *Journel officiel de l'agriculture* et la *Gazette de pharmacie,* etc.
178 — La pharmacopée portugaise (collaboration).

João Pedro Correia

179 — Manuel de sidérotechnie.

João da Motta Prego

180 — Études sur la fabrication et la conservation des vins.
181 — Analyse de quelques types de vins portugais qui ont figuré à l'exposition de Paris en 1887.
pratique 182 — Guide practique pour l'emploi des engrais en Portugal.
183 — Les maladies de la vigne en Portugal, pendant l'année de 1854 (communication à la société mycologique de France, en collaboration avec J. Verissimo de Almeida).

Adolpho Baptista Ramires

184 — Les industries du lait.

D. Luiz Filippe de Castro

185 — La production chevaline au Portugal et son amélioration.
186 — Chroniques agricoles.
187 — La production et la culture du blé en Portugal.
188 — Plantation définitive et culture de la vigne (Rapport présenté au congrès viticole de Lisbonne en 1895).

189 — Les vignes américaines par Viala et Ravaz (traduction avec de nombreuses annotations).
190 — Régime du blé en Portugal (dans la *Revue politique et parlementaire*, de Paris).
191 — Les debouchés pour nos vins (dans *La question des vins*, publication de la Royale association central de l'agriculture portugaise).
192 — Le crédit agricole et le mouvement associatif rural (dant *Le Portugal au point de vue agricole).*
193 — L'enseignement agricole et les encouragements de l'Etat (dans *Le Portugal au point de vue agricole).*
194 — Les marchés étrangers pour les vins portugais (rapport présenté au congrés vinicole national de 1900).
195 — Collaboration dans l'*Agriculture contemporaine*, le *Portugal agricole*, la *Revue agricole, la vigne portugaise* et *Le Portugal à l'exposition de 1900*.

Antonio Cardoso de Menezes

196 — Mémoire sur l'economie agricole de la 5ème région agronomique.
197 — Précis d'oleiculture pratique: L'huile, sa fabrication, dépuration et conservation.
198 — Chroniques agricoles dans la *Feuille* (de Vizeu).
199 — Collaboration dans l'*Agriculture contemporaine*.

Godofredo da Silva Santos

200 — Collaboration dans le *Portugal agricole* et l'*Agriculture contemporaine*.

José Augusto Simões Bayão

201 — Les maladies des vins et leur traitement.

De tout temps, notre école superieure d agriculture, en remontant jusqu'à 1852, époque de sa première fondation, a abrité dans son sein des hommes de haute intelligence et de capacité reconnue (citons dans le nombre le docteur José Maria Grande, le vicomte de Villa Maior, Barbosa du Bocage, João de Andrade Corvo, Thomàs de Carvalho, Silva Beirão, Silvestre Bernardo Lima, João Ignacio Ferreira Lapa, etc., etc.) longue liste qu'il faudrait augmenter encore de tous ceux qui même de nos jours, professent un véritable dévouement à la cause agricole, et ne cessent de lutter et de travailler pour son triomphe. Le passé de cette institution répond de son avenir et à ce titre elle mérite l'appui et la juste faveur qu'elle a rencontré, de la part de tous les gouvernements successifs, aux diverses périodes de son existence.

En thése générale, il est permis d'affirmer que, plus se manifeste la prospé rité agricole d'un pays ou d'une région, plus il est avéré que l'intruction technique y est profondément développée et complète. C'est ce dont on peut se convaincre en parcourant d'une part les tableaux de production de tous les pays agricoles et faisant d'autre part un examen comparatif du nombre et de la valeur des écoles qu'ils possèdent.

En Portugal, le mouvement en faveur de l'instruction agricole tend indiscutablement à s'accentuer d'une manière de plus en plus sensible, et cela depuis quelques années.

Le public qui pense, en arrive peu à peu à se rendre compte que, ce n'est plus avec les antiques procédés et les pratiques empiriques, qu'on se mettra jamais en mesure de lutter avec nos concurrents des pays bien outillés et bien instruits. Ce qu'il faut faire, c'est de profiter du courant favorable pour amener les pouvoirs publics à prendre ouvertement et résolument sous sa protection les établissements scolaires, qui sont consacrés à relever les forces intellectuelles et productives de la nation.

Nous ajoutons ici quelques derniers documents intéressants, à titre complémentaire des nombreuses données que nous avons réunies précèdemment dans cette monographie. Ils achéveront de donner une idée exacte de notre première école d'agriculture, en photographiant pour ainsi dire certains aspects de sa vie intérieure.

Suivent les pièces documentaires dont nous venons de parler et qui nous ont été fournies par le très digne secrétaire de l'école, M. Theotonio Julio Pimenta Rodrigues, duement autorisé supérieurement. Nous devons à l'obligeance de ce fonctionaire tous les éléments qui nous ont servis à remplir les cadres et tableaux placés sous les yeux de nos lecteurs; ce dont nous ne pouvons nous empêcher de lui témoigner toute notre sincère gratitude. Une part dans l'expression de ce sentiment revient à M. Francisco Maria Pinheiro de Mello, zélé et intelligent employé au bureau de l'Institut, qui s'est mis à notre service avec le plus louable désintéressement.

LES CHALETS D'APICULTURE À LÉCOLE NATIONALE D'AGRICULTURE
(Coïmbra)

Revue des dissertations presentées par les élèves sortants:

Dissertations des élèves sortants.

Annos

1858 — *Sur l'influence des forêts dans la constitution et la salubrité de l'air,* par Manuel Thomás Ferreira Nobre de Carvalho.

1858 — *Éducation des animaux domestiques, et ses avantages agricoles,* par João Folgado Moreno.

1858 — *Appréciation de l'assolement biennal,* par Francisco José Ferreira Nobre de Carvalho Junior.

1858 — *Considérations historiques et agricoles sur les assolements,* par Eduardo Frederico Reis Grande.

1858 — *De l'influence des circonstances,* par D. José Carlos Menezes de Alarcão.

1858 — *Notice sur l'acclimatation de l'Holcus Saccharatus en Portugal,* par José Maria Peixoto.

1859 — *Le typhus,* par José Duarte de Oliveira.

1859 — *La gale,* par João Pedro Correia.

1859 — *La clavelée,* par Hermano Augusto Ramos.

1859 — *De l'influence des marais dans la santé de l'homme,* par Joaquim Sabino Eleuterio de Sousa.

1869 — *De l'importance des irrigations,* par Francisco Maria da Veiga.

1859 — *La chévre d'Angora,* par José Maria Leite Pacheco.

1859 — *Considérations chimico-agricoles sur les engrais,* par José Verissimo de Almeida Junior.

1860 — *Les progrès de l'agriculture dépendent des cultures forragéres,* par Manuel Ferreira dos Santos.

1860 — *Sur la nécessité de modifier notre législation sur les bestiaux,* par Joaquim das Neves Simões.

1860 — *Le choix des vaches,* par Antonio Augusto dos Santos.

1860 — *L'empire de l'homme sur les animaux,* par Antonio Maria dos Santos Viegas.

1861 — *Le droit de propriété et son action sur le progrès et la civilisation,* par José Sebastião Souto.

1861 — *Agriculture,* par Filippe Augusto Franco.

1862 — *Importance de la race barrozã,* par José Homem de Sousa Pizarro.

1862 — *De l'action du climat dans la production chevaline,* par Antonio Lopes Mendes.

1862 — *Considérations économiques sur les systèmes de culture,* par José Lino Emilio.

1862 — *Sur les principaux époques de l'agriculture,* par Joaquim Ignacio Ribeiro.

1862 — *Sur l'intervention des gouvernements dans les haras,* par João Antonio da Silva.

1862 — *La stabulation permanente,* par Francisco Lopes Gonçalves.

1863 — *Les animaux dans l'agriculture,* par Francisco Augusto P. Alves.

1863 — *Le mal des chiens,* par Antonio Cesar Augusto Pereira.

1863 — *La pousse,* par Guilherme A. Grande de Pina.

1863 — *De la conservation et l'amélioration des races par selection,* par Carlos Augusto de Sousa Pimentel.

1864 — *Les affections charbonneuses,* par Antonio Gonçalves Ramalho.
1864 — *Rapport nosologique sur l'état du betail,* par José Lino Emilio.
1864 — *Sur l'état de l'agriculture à Cartaxo,* par Manuel Telles da Gama.
1865 — *Sur l'histoire du camphre,* par Antonio Augusto Baptista.
1865 — *Sur l'angine,* par José Baldomiro Michellis.
1865 — *Castration des vaches laitières,* par José Pedro de Jesus.
1865 — *La médécine vétérinaire en Portugal,* par Joaquim Augusto Rodrigues.
1865 — *Sur l'agriculture au Barreiro,* par Augusto Gomes de Araujo.
1866 — *La culture du riz,* par Domingos Rodrigues Annes Baganha.
1866 — *La grande et la petite culture,* par João Felix Pereira.
1866 — *Sur les fractures dans les animaux domestiques,* par Domingos José Salgado.
1866 — *L'agriculture à Torres Novas,* par José Maria Dantas Pimenta.
1866 — *La culture de l'olivier et la fabrication de l'huile,* par Luiz Augusto Martins de Andrade.
1866 — *Les instruments aratoires à l'arrondissement de Extremoz,* par Manuel Joaquim Cardoso.
1866 — *Les forêts de chêne-liège en Portugal,* par Caetano Luz.
1866 — *La sylviculture,* par Emilio Claudino de Oliveira Pimentel.
1866 — *La vigne et le vin,* par Jayme Batalha Reis.
1867 — *Le méphitisme,* par Antonio Gonçalves Pontes.
1867 — *L'espèce, la race et l'hérédité en zootechnie,* par Manuel Tavares de Oliveira Coutinho.
1867 — *La trichinose,* par Eutropio Ferreira da Silveira Machado.
1867 — *Sur la castration des monodactyles,* par Fernando Augusto Correia.
1868 — *L'agriculture à l'arrondissement de Caldas da Rainha,* par Antonio Filippe da Silva Junior.
1868 — *La culture de la vigne, la vinification et la distillation à Alpiarça,* par João Eduardo Guilherme Durão.
1868 — *La nutrition,* par Antonio Roque da Silveira.
1868 — *De l'eau et son action sur les sols irrigables,* par José Gomes Varella Junior.
1868 — *La sélection est le plus sûr moyen d'améliorer les races,* par José Anastacio Monteiro Junior.
1869 — *Sur la tuberculose dans l'espèce bovine,* par Guilherme João de Sá.
1869 — *Virus et contagion,* par Affonso Augusto Perdigão.
1869 — *L'éducation des abeilles,* par Henrique Stephen de Wild.
1870 — *Le passé, le présent et le futur des forêts de chêne-liège et de yeuse au district de Beja,* par Eusebio Feliciano Nobre de Carvalho.
1870 — *La luzerne, sa culture,* par Francisco Simões Margiochi Junior.
1870 — *La viticulture, envisagée comme moyen de régéneration agricole de l'Alemtejo,* par Carlos Maria Eugenio de Almeida.
1871 — *Culture de l'olivier,* par Francisco Raymundo da Silveira.
1871 — *Ya-t-il des fièvres essentielles?,* par Filippe Augusto Franco.
1871 — *La théorie minéral de la nutrition des plantes,* par Ramiro Larcher Marçal.

1872 — *La péripneumonie épizootique contagieuse des bêtes bovines,* par José Maria Casqueiro.

1872 — *La culture de la pomme de terre,* par Diogo Urbano Correia de Oliveira.

1872 — *Sur l'aménagement de la forêt des Mercês,* par Pedro Roberto de Correia e Silva.

1872 — *Le coryza cancéreux du bœuf,* par João Carlos de Oliveira.

1872 — *Le chancre des animaux domestiques,* par Joaquim Silvestre de Carvalho.

1872 — *L'économie agricole de l'Inde portugaise,* par Antonio Lopes Mendes.

1873 — *La culture de la terre et les assolements,* par Carlos Augusto de Sousa Pimentel.

1873 — *La culture du lin,* par Duarte Pacheco.

1873 — *Les assolements dans les climats secs et chauds,* par Alfredo Carlos Le Cocq.

1873 — *La betterave,* par João Bernardo de Almeida Junior.

1873 — *L'arborisation des sables du littoral,* par Carlos Augusto de Sousa Pimentel.

1873 — *Engraissement des bêtes bovines en Portugal,* par Guilherme A. da Silveira.

1874 — *Comment doit-on étudier le climat agricole?,* par Antonio Xavier Pereira Coutinho.

1875 — *L'encéphalite,* par Eduardo Nogueira Guedes.

1875 — *Le système de culture et le mouton dans la province du Minho,* par Manuel Rodrigues de Moraes.

1875 — *La pyogénie,* par Francisco José Figueira.

1875 — *Les maladies les plus fréquentes du mouton,* par Manuel do Carmo Rodrigues de Moraes.

1875 — *L'anasarque du cheval,* par Joaquim Pedro de Freitas Castel Branco.

1876 — *La fièvre charbonneuse des bêtes bovines,* par Patricio José Coutinho.

1877 — *Javart cartilagineux,* par João Antonio de Sequeira de Almeida Beja.

1877 — *L'état arriéré de l'agriculture dans le district de Castello Branco,* par Augusto Cesar Silveira Proença.

1877 — *Des affections dartreuses du chien,* par Arthur Frederico Silveira.

1877 — *Hématurie du printemps,* par Hermenegildo Carril Barbosa Junior.

1877 — *De la hydrotérapie,* par José Antunes Pinto.

1877 — *Les hernies en général,* par José Maria Alves Torgo Junior.

1877 — *De l'emploi de la vapeur dans l'agriculture portugaise,* par Eduardo Adolpho de Avellar Telles.

1877 — *De la nécessité de la protection aux ouvriers ruraux,* par Eduardo Francisco de Salles Barreto.

1878 — *Sur la culture de la betterabe,* par Mem Rodrigues de Vasconcellos.

1878 — *Le tétanos,* par João Bernardo de Almeida Junior.

1878 — *L'ésophatogomie et ses indications,* par Antonio Nicolau Tolentino Coelho.

1879 — *Culture du lin,* par Manuel Rodrigues Gondin.

1879 — *Considerations agricoles sur la région baignée par le stuaire du Vouga,* par Tancredo Caldeira du Casal Ribeiro.

1879 — *Les irrigations continuelles dans le traitement des maladies inflammatoires,* par João Paulo Cardoso.

1879 — *Traitement dosimétrique de la fièvre,* par Francisco de Almeida e Brito.
1879 — *L'apiculture,* par João Carlos de Ornellas Cisneiros.
1880 — *Historiographie de la vigne,* par Antonio Maria Raposo.
1880 — *Mémoire sur la forêt de Mercês,* par João Pimenta Raposo.
1880 — *Les assolements sont une des conditions pour les améliorations agricoles,* par Carlos Maria de Assis.
1880 — *Castration par étrangulation,* par João Ribeiro Sardinha.
1880 — *Étude sur la fixation et l'utilisation culturale des sables mouvantes du littoral portugais,* par Henrique de Mendia.
1881 — *L'olivier, sa culture et ses produits,* par Luiz Alfredo Mendes Junior.
1881 — *Sur l'art de fabriquer l'huile,* par João Ribeiro Sardinha.
1881 — *Les asyles agricoles en Portugal,* par Arthur Ernesto da Silva Leitão.
1882 — *Les phosphates minéraux et les condictions de leur emploi dans la culture,* par Sertorio do Monte Pereira.
1882 — *Histoire et culture de l'olivier,* par Agostinho Correia Pereira.
1882 — *La culture du riz,* par Manuel Vicente Lobo Rodrigues Chicó.
1882 — *Étude sur l'amélioration des bêtes ovines du district de Castello Branco,* par Filippe Eduardo de Almeida Figueiredo.
1882 — *Sur l'amélioration de la praticulture dans le district de Bragance,* par José Luiz Esteves Pereira.
1882 — *Sur l'état actuel de l'agriculture de la Beira Alta,* par Daniel dos Santos Almeida.
1882 — *La vigne dans la région du Douro,* par Manuel Ignacio Pinto Machado.
1882 — *Culture de l'oranger,* par Manuel Lopes de Almeida.
1882 — *Quelques indications sur la culture des quinquinas,* par José de Castro Guimarães.
1882 — *Histoire, définition et classification des revulsifs,* par Daniel dos Santos Almeida.
1882 — *Une visite à la région viticole du district de Leiria,* par Filippe Eduardo de Almeida Figueiredo.
1883 — *Les adultérations du vin,* par José Joaquim dos Santos.
1883 — *Culture de la betterave à sucre,* par Duarte Clodomir Patten Sá Vianna.
1883 — *Culture du figuier dans l'Algarve,* par Manuel de Bivar Gomes da Costa Weinholtz.
1883 — *Fixation des dunes côtières du district d'Aveiro,* par Egberto de Magalhães Mesquita.
1884 — *Culture du cotonnier,* par Eduardo Rodrigues Vieira da Costa Botelho.
1884 — *La climatologie agricole,* par Albino Florido da Cunha Toscano.
1884 — *La culture de la vigne et le phylloxéra,* par Alexandre Magno do Couto e Almeida.
1885 — *L'arborisation du littoral d'Aveiro,* par Egberto de Magalhães Mesquita.
1885 — *Le caroubier,* par José de Almeida Coelho de Bivar.
1885 — *Affections charbonneuses,* par José Eduardo de Mello.
1885 — *Les forêts de chêne-liège et de yeuse, et leur importance économique,* par Francisco Antonio Palma de Vilhena.
1885 — *Economie rurale de la Bairrada,* par Augusto de Figueiredo.
1885 — *Culture du maïs,* par José dos Santos Ferreira Estimado.

FAÇADE DU CORPS PRINCIPAL DE L'ÉCOLE PRATIQUE DE VITICULTURE «FERREIRA LAPA»
(Torres-Vedras)

1885 — *La culture de l'olivier dans le district de Bragance*, par José Antonio Ochôa.

1885 — *L'arborisation des sables de Trafaria et de la côte de Caparica*, par Julio Mario Vianna.

1886 — *La tuberculose*, par Antonio Correia da Silva Rosa.

1886 — *La pneumonie fibrineuse des animaux domestiques*, par Bernardino Camillo Cincinnato da Costa.

1886 — *L'industrie du bétail dans l'île de S. Miguel*, par Antonio de Andrade Albuquerque Bettencourt.

1886 — *L'exploration cardiaque dans les solipèdes*, par Ludovico Caetano de Menezes.

1886 — *La sériciculture au district de Bragança*, par João Ignacio Teixeira de Menezes Pimentel.

1886 — *La culture de l'olivier*, par Carlos Annibal Coutinho.

1886 — *L'anthracnose et la maladie des Diagalves*, par Antonio Mendes de Almeida.

1886 — *Les diatheses*, par João Francisco Tierno.

1886 — *Les vaccinations et les virus attenués*, par João Viegas Paula Nogueira.

1886 — *La question des blés en Portugal*, par Bernardino Camillo Cincinnato da Costa.

1887 — *Les laitages dans la région occidentale des Açores*, par José Pereira da Cunha da Silveira Sousa Junior.

1887 — *Les labours*, par José Eduardo Gomes.

1887 — *Le tabac et ses conditions de végétation*, par Miguel Gonçalves Maciel.

1887 — *Les engrais chimiques*, par José Joaquim de Almeida.

1888 — *Lait et beurre*, par Eugenio de Freitas Bandeira de Mello.

1888 — *La culture du caféier*, par Bernardino Heitor Emiliano Furtado.

1888 — *Le crédit agricole*, par João Achilles Ripamonti.

1888 — *La culture du thé dans l'île de S. Miguel*, par Christovão Moniz.

1888 — *La production chevaline du Portugal et son amélioration*, par D. Luiz Filippe de Castro.

1888 — *La clavelée*, par Manuel Diogo da Silva.

1888 — *La culture de la vigne à Santarem*, par André Luiz de Carvalho Cerqueira.

1888 — *Pensement antiseptique des blessures*, par Francisco Martinho Motta de Almeida.

1889 — *L'actinomycose*, par João Sabino de Sousa.

1889 — *La fièvre aphteuse*, par Ildefonso Borges.

1889 — *Mammite contagieuse des vaches laitières*, par Fernando Carlos Correia Mendes.

1890 — *La cachèxie aqueuse*, par Francisco Antonio Lança.

1890 — *La rage*, par Luiz Saldanha Daun e Lorena.

1890 — *Sur l'économie agricole de l'arrondissement d'Alter do Chão*, par José Barreto Alvim Castel Branco.

1890 — *Le methode hypodermique*, par José Augusto de Sá e Mello.

1890 — *L'hepatite*, par Antonio Candido Ferreira Segurado.

1890 — *La gale des chèvres*, par João Filippe.

1890 — *Maladies des chiens,* par Leonel Carmona.
1890 — *Le piétin,* par Francisco Xavier da Costa Andrade.
1890 — *Étude sur l'agriculture de la 4ème région agronomique,* par Joaquim Manuel Peixoto.
1890 — *Rapport sur l'agriculture de la 12ème région agronomique,* par João Nogueira de Freitas.
1891 — *Monographie agricole du conseil de Torres Vedras,* par José Carlos Duarte Machado de Magalhães Ferraz.
1891 — *La tuberculose,* par João Estevão de Mendonça Brandeiro.
1891 — *Traitement des vignobles phylloxérés de la 7ème région agronomique,* par Alfredo Augusto Godinho.
1891 — *Le phylloxéra dans la 4ème région agronomique,* par Joaquim José Azevedo.
1891 — *La 5ème région agronomique,* par Antonio Cardoso de Menezes.
1891 — *Mémoire sur la 6ème région agronomique,* par Luiz de Barahona Caldeira Castel-Branco.
1891 — *Culture de l'olivier et fabrication de l'huile dans la 7ème région agronomique,* par Luiz Caetano Pereira da Costa Luz.
1891 — *Sur l'économie rurale de la 7ème région agronomique,* par Carlos de Moraes Palmeiro.
1891 — *Sur l'économie rurale de la 9ème région agronomique,* par Francisco de Almeida de Bivar Weinholtz.
1891 — *L'antipyrine employée comme antithermique dans la fièvre typhoïde,* par José Alves Simões.
1891 — *La culture du lin en Portugal,* par Antonio Arthur Telles da Silva Menezes.
1891 — *La diphterie des oiseaux,* par Miguel Augusto Reis Martins.
1891 — *Pododermite phlegmoneuse epizootique des solipèdes,* par Arthur Annibal Ramos.
1891 — *Quelques considérations sur l'agriculture de la Beira,* par Antonio Pereira Forjaz de Lacerda.
1891 — *Le cornage dans équidés et son traitement,* par Antonio Joaquim Martins.
1892 — *Trichinose,* par José de Sousa Carvalho.
1892 — *L'ensilage,* par Theodoro Vanzeller.
1892 — *Le vice rédhibitoire,* par Alberto Saraiva da Silva Monteiro.
1892 — *Mémoire sur l'économie agricole de la 4ème région agronomique,* par Joaquim Pedro de Assumpção Rasteiro Junior.
1892 — *Le tétanos,* par Antonio Augusto Barradas.
1892 — *Étude succincte sur la pilocarpine dans les coliques des solipèdes,* par Manuel Joaquim Tavares e Silva.
1892 — *Emphysème pulmonaire du cheval,* par Antonio Affonso de Carvalho.
1892 — *Thermomètrie dans la clinique vétérinaire,* par Carlos Alberto de Faria.
1892 — *Ébauche d'un mémoire d'économie agricole sur la 5ème région agronomique,* par Antonio Augusto Vieira.
1892 — *Les céréales panifiables et le pain de froment,* par Armando Arthur de Seabra.

1893 — *Mémoire sur l'économie agricole de la 3ème région agronomique*, par José Correia Pinto da Fonseca.

1893 — *Ébauche et économie agricole de la 5ème région agronomique*, par Albano Nogueira Pereira Lobo.

1893 — *La betterave à distillation en Portugal*, par Gabriel Osorio de Barros Junior.

1893 — *Sur l'apiculture*, par Adelino Freire de Almeida Dias.

1893 — *La jachère en regard de l'agronomie*, par João Vasco de Carvalho.

1893 — *La prophylaxie des maladies contagieuses chez les animaux*, par Godofredo da Silva Santos.

1894 — *L'alimentation azotée des plantes*, par Cesar Justino de Lima Alves.

1894 — *Notes pour l'étude de la trichine en Portugal*, par Theotonio Julio Pimenta Rodrigues.

1894 — *Contribution à l'étude de la fabrication et de la conservation du vin*, par João Coelho da Motta Prego.

1894 — *De la botryomycose et de la funiculite parasitaire en général*, par João Carlos Vieira de Carvalho.

1894 — *Les industries du lait*, par Adolpho Augusto Baptista Ramires.

1895 — *Culture et alcoolisation de la patate douce*, par José Canavarro de Faria e Maia.

1895 — *Blessures par des armes à feu*, par Francisco Bernardino de Moraes Sarmento.

1895 — *Quelques mots sur l'oranger*, par D. Fernando de Almeida.

1895 — *La tuberculine, comme diagnostic, chez les bovidées*, par José Claudio Correia Mendes.

1895 — *Malleinisation obligatoire*, par Joaquim Mendes Pereira.

1895 — *Études pratiques de vinification au midi du Portugal*, par Alexandre de Sousa de Figueiredo e Mello.

1896 — *Sérothérapie en général*, par Armando Augusto Chaves de Lemos.

1896 — *Sélection des vaches laitières*, par José Paulo de Carvalho.

1896 — *Quelques mots sur la reconstitution des vignes par les cépages américains*, par Rodrigo Augusto de Almeida.

1896 — *La médication diurétique dans les maladies microbiennes*, par João Botelho Correia Mourão.

1896 — *L'ichthyol en médecine vétérinaire*, par Arthur Antonio da Silva.

1896 — *Questions d'hygiène sociale devant la médecine vétérinaire*, par Romão do Patrocinio Ramalho.

1896 — *Asepsie et antisepsie*, par Raphael Gregorio Caldeira de Mendonça Junior.

1896 — *Pathogénie de la fièvre vitulaire*, par João Coelho de Castro Villas Boas Junior.

1896 — *Analyse chimique appliquée à l'agriculture*, par João Camara Pestana.

1896 — *Conservation du lait*, par Carlos Romeu Correia Mendes.

1896 — *Considérations sur le cheval arabe anglais pur sang*, par Joaquim Ferreira Rês.

1896 — *Monographie du tabac*, par Manuel de Sousa da Camara.

1896 — *Quelques mots sur la conservation des vins communs*, par Ernesto Augusto Borges.

1896 — *Culture du caféier,* par Carolino do Sacramento Monteiro.
1897 — *Charbon bactéridique chez les ruminants,* par Martino de M. Rodrigues de Oliveira.
1897 — *Blés exotiques,* par Conde de Mendia (Eduardo).
1897 — *Un cas de rétention d'urines dans le cheval,* Antonio Carlos de Fontes Pereira de Mello.
1897 — *Cueillette et conservation de l'olive,* par João Posser de Andrade.
1897 — *Les laitages dans le district de Vizeu,* par Francisco Coelho Amaral Reis.
1897 — *Quelques notes sur l'inspection des viandes de boucherie en Portugal,* par José Agapito Gordo.
1897 — *Le vinaigre,* par Alberto Carlos da Costa Falcão.
1897 — *Le tétanos chez quelques espèces d'animaux,* par Joaquim Antonio Rodrigues Oliveira.
1898 — *Laines,* par Raymundo José Soares Mendes Junior.
1898 — *L'amidon,* par Arthur Alberto de Avellar.
1898 — *Quelques mots sur le croisement dans l'espèce chevaline,* par José Maria Eugenio de Almeida.
1898 — *L'ovariotomie chez les grandes femelles du bétail et spécialement chez les vaches laitières,* par João Maria da Cunha Fajardo.
1898 — *L'anesthésie dans la chirurgie vétérinaire,* par José Miranda do Valle.
1898 — *L'asepsie chirurgicale,* par Aniceto Rodrigues da Costa.
1898 — *Les vendanges,* par Antonio de Moura Marinho.
1898 — *Un cas d'éléphantiasis streptococcique. Éssai de bactériologie,* par João Guerreiro Mestre.
1898 — *Les maladies des vins et leur traitement,* par José Augusto Simões Baião.
1898 — *Notions sommaires sur l'industrie du résinage,* par Jorge da Cruz Reis.
1898 — *Pneumonie contagieuse du cheval,* par Arthur Marques de Carvalho.
1899 — *Éléments pour l'étude de l'ampélographie,* par Joaquim Borges Rodrigues.
1899 — *Considérations succinctes relatives à la fabrication de l'huile,* par Antonio Navarro Lobo.
1899 — *Fabrication du beurre,* par Eduardo Ferreira Maia.
1899 — *L'Ichérie Purchasi et son traitement,* par José Emilio de Oliveira Ferraz.
1899 — *Le javart cartilagineux et son traitement,* par Conrado Arthur Ribeiro de Mello.
1899 — *Un cas d'observation de lithiase biliaire, chez un sujet de l'espèce chevaline,* par Antonio Estevão Simões Alves.
1899 — *Clavelisation,* par José Bello Ferreira Pinto.
1899 — *Le syndroma syringomyélique dans un cas de compression médullaire,* par Aniceto Manuel Porphirio.
1899 — *Le traumatisme dans les cardiopathies,* par José Maria Pereira.
1899 — *Du traitement de la pneumonie fibrineuse chez les solipèdes,* par Antonio José Jorge Junior.
1899 — *Lésions par la chaleur concentrée,* par João Lino.
1899 — *Du traitement chirurgique de la pleurésie séro-fibrineuse,* par Jayme da Cunha Paredes.
1899 — *Étiologie et traitement de la fièvre puerpérale,* par Antonio de Avila Horta.

CUVIER À L'ÉCOLE DE VITICULTURE PRATIQUE «FERREIRA LAPA»
(Torres-Vedras)

1899 — *Hernies inguinales aiguës dans le cheval,* par Thiago Maria Ricardo.
1899 — *Notions sommaires sur l'analyse chimique des vins,* par Augusto Frederico Vaz Monteiro.
1899 — *La gourme purulente catarrhale dans le cheval,* par Alfredo Pimenta de Almeida Beja.
1899 — *La tuberculose d'origine alimentaire. Son importance et sa prophylaxie,* par José Manuel de Assumpção.
1899 — *L'ensilage des fourrages verts,* par Manuel de Carvalho Daun e Lorena.
2899 — *Notice sur la vie intime des abeilles,* par Bernardo de Oliveira Fragateiro.
1899 — *Étude sommaire sur le ver à soie,* par Ovidio Fortes Santar do Amaral.
1899 — *Notice sur l'industrie séricicole,* par Augusto de Jesus Ferreira.
1899 — *Le café, sa culture, sa préparation et ses effets,* par Arthur Urbano de Castro.
1899 — *Quelques mots sur la culture de l'olivier,* par Avelino Nunes de Almeida.

Liste des élèves diplomés dans les cours de l'Institut Agronomique et Véterinaire depuis sa fondation jusqu'à 1899

Élevès diplomés.

Numéro d'ordre	Noms des élèves	Cours
1	Antonio Pereira Fabre	Vétérinaire.
2	José Maria da Silva Araujo	Vétérinaire.
3	Henrique de Figueiredo	Agronome.
4	João Folgado Moreno	Agronome.
5	José Joaquim Venancio Ferreira	Vétérinaire.
6	Francisco José Ferreira Nobre de Carvalho	Agronome.
7	Manuel Thomás Ferreira Nobre de Carvalho	Agronome.
8	Germano Adelino de Andrade	Agronome.
9	Eduardo Frederico Dias Grande	Agronome.
10	José Duarte de Oliveira	Vétérinaire.
11	João Pedro Correia	Vétérinaire.
12	Joaquim Sabino Eleutherio de Soura	Vétérinaire.
13	Francisco Maria da Veiga	Agronome.
14	Hermano Augusto Ramos	Vétérinaire.
15	José Maria Leite Pacheco	Vétérinaire.
16	Jorge Candido Baracho	Vétérinaire.
17	Antonio Augusto dos Santos	Vétérinaire.
18	Antonio Maria dos Santos Viegas	Vétérinaire.
19	Manuel Ferreira dos Santos	Vétérinaire.
20	Joaquim das Neves Simões	Vétérinaire.
21	Manuel Nunes Junior	Agronome.
22	Filippe Augusto Franco	Vétérinaire.
23	José Sebastião Souto	Vétérinaire.
24	José Verissimo de Almeida	Agronome.
25	Antonio Lopes Mendes	Vétérinaire.
26	Joaquim Ignacio Ribeiro	Vétérinaire.
27	João Antonio da Silva	Vétérinaire.
28	José Lino Emilio	Vétérinaire.
29	Francisco Lopes Gonçalves	Vétérinaire.
30	João Folgado Moreno	Agronome.
31	José Homem de Sousa Pizarro	Agronome.
32	Francisco Antonio Alvares Pereira	Agronome.
33	Guilherme de Alcantara Grande da Pina	Agronome.
34	Francisco Augusto Pereira Alves	Vétérinaire.
35	Diogo José de Macedo	Agronome.
36	Antonio Cesar Augusto Pereira	Vétérinaire.
37	Antonio Gonçalves Ramalho	Vétérinaire.
38	D. Manuel Telles da Gama	Agronome.
39	D. José Carlos Menezes de Alarcão	Agronome.
40	Antonio Izidoro de Sousa	Vétérinaire.
41	João Polycarpo Freire de Campos	Vétérinaire.
42	Henrique Stephen Wild	Agronome.
43	Joaquim Antonio de Passos	Vétérinaire.
44	José Baldomiro de Michellis	Vétérinaire.
45	José Pedro de Jesus	Vétérinaire.
46	Joaquim Augusto Rodrigues	Vétérinaire.
47	Augusto Lazaro Mourão de Mello	Vétérinaire.

Numéro d'ordre	Noms des élèves	Cours
48	Antonio Augusto Baptista	Vétérinaire.
49	Manuel Joaquim Cardoso	Vétérinaire.
50	Antonio Gomes de Araujo	Agronome.
51	Emilio Claudino de Silveira Pimentel	Agronome.
52	Carlos Augusto Borges de Sousa	Agronome.
53	José Maria Dantas Pimenta	Agronome.
54	Jayme Batalha Reis	Agronome.
55	Luiz Augusto Martins de Andrade	Agronome.
56	João Felix Pereira	Agronome.
57	Caetano da Silva Luz	Agronome.
58	Domingos Rodrigues Annes Baganha	Vétérinaire.
59	Domingos José Salgado	Vétérinaire.
60	Manuel Tavares de Oliveira Coutinho	Vétérinaire.
61	Manuel Cardoso dos Santos Vasques	Vétérinaire.
62	Eutropio Ferreira da Silveira Machado	Vétérinaire.
63	Fernando Augusto Correia	Vétérinaire.
64	Jozé Anastacio Monteiro Junior	Vétérinaire.
65	Antonio Roque da Silveira	Vétérinaire.
66	José Gomes Varella Junior	Agronome.
67	Jacques Cesario Pessoa Junior	Agronome.
68	João Eduardo Guilherme Durão	Agronome.
69	Guilherme João de Sá	Vétérinaire.
70	Affonso Augusto Perdigão	Vétérinaire.
71	Antonio Filippe da Silva Junior	Agronome.
72	Antonio Maria dos Santos	Agronome.
73	Ramiro Larcher Marçal	Agronome.
74	Eusebio Feliciano Francisco Nobre de Carvalho	Agronome.
75	Alexandre de Sousa Figueiredo	Agronome.
76	Francisco Raymundo da Silveira	Agronome.
77	Carlos Augusto de Sousa Pimentel	Agronome.
78	Salvador Augusto Gamito de Oliveira	Vétérinaire.
79	Antonio Lopes Mendes	Agronome.
80	José Maria Casqueiro	Vétérinaire.
81	Joaquim Silvestre de Carvalho	Vétérinaire.
82	Carlos Maria Eugenio de Almeida	Agronome.
83	Francisco Simões Margiochi Junior	Agronome.
84	Antonio Gonçalves Pontes	Vétérinaire.
85	Diogo Urbano Correia de Oliveira	Agronome.
86	João Bernardo de Oliveira Junior	Agronome.
87	Alfredo Carlos Le Cocq	Agronome.
88	Alfredo de Villa Nova de Vasconcellos Correia de Barros	Agronome.
89	Eduardo Nogueira Guedes	Agronome.
90	Antonio Xavier Pereira Coutinho	Agronome.
91	João Carlos de Oliveira	Vétérinaire.
92	Luiz de Andrade Corvo	Agronome.
93	Antonio Gomes Ramalho	Agronome.
94	Francisco José Figueira	Vétérinaire.
95	João Ferreira da Silva	Vétérinaire.
96	Raphael Rodrigues de Oliveira	Vétérinaire.
97	Manuel do Carmo Rodrigues de Moraes	Vétérinaire.
98	Manuel do Carmo Rodrigues de Moraes	Agronome.

Numéro d'ordre	Noms des élèves	Cours
99	Joaquim Pedro Freitas Castel Branco	Agronome.
100	Eduardo Adolpho de Avellar Telles	Agronome.
101	Emygdio Francisco Salles Barreto	Agronome.
102	João Antonio de Sequeira de Almeida Beja	Vétérinaire.
103	José Antunes Pinto	Vétérinaire.
104	Antonio Filippe Vasques	Vétérinaire.
105	José Maria Alves Torgo Junior	Vétérinaire.
106	Augusto Cesar da Silveira Proença	Agronome.
107	João Bernardo de Almeida Junior	Vétérinaire.
108	Arthur Frederico Silveira	Vétérinaire.
109	Patricio José Coutinho	Vétérinaire.
110	José Antunes Pinto	Agronome.
111	João Paulo Cardoso	Vétérinaire.
112	Agostinho de Mendonça Falcão	Agronome.
113	Francisco de Almeida e Brito	Vétérinaire.
114	Hermenegildo Carril Barbosa Junior	Vétérinaire.
115	Antonio Nicolau Tolentino Coelho	Vétérinaire.
116	Tancredo Caldeira do Casal Ribeiro	Agronome.
117	Guilherme Adriano da Silveira	Agronome.
118	João Carlos de Ornellas Cysneiros	Agronome.
119	Luiz Antonio Rebello da Silva	Agronome.
120	Carlos Maria de Assis	Agronome.
121	João Ribeiro Sardinha	Vétèrinaire.
122	João Ribeiro Sardinha	Agronome.
123	José Maria Tavares da Silva	Agronome.
124	Julio Mario Vianna	Agronome.
125	Arthur Ernesto da Silva Leitão	Agronome.
126	José de Castro Guimarães	Agronome.
127	Henrique da Cunha Matos de Mendia	Sylviculteur.
128	Daniel dos Santos Almeida	Vétérinaire.
129	Manuel Vicente Lobo Rodrigues Chicó	Agronome.
130	Filippe Eduardo de Almeida Figueiredo	Agronome.
131	José Luiz Esteves Pereira	Agronome.
132	Manuel Ignacio Pinto Machado	Agronome.
133	Manuel Lopes de Almeida	Agronome.
134	Agostinho Correia Pereira	Agronome.
135	Daniel dos Santos Almeida	Agronome.
136	Antonio Maria Mendes d'Abreu	Vétérinaire.
137	Luiz Alfredo Mendes Junior	Agronome.
138	José Joaquim dos Santos	Agronome.
139	Duarte Clodomir Paten Sá Vianna	Agronome.
140	Alexandre Magno do Couto Almeida	Agronome.
141	Eduardo Rodrigues Vieira da Costa Botelho	Agronome.
142	José dos Santos Ferreira Estimado	Agronome.
143	José de Almeida Coelho de Bivar	Agronome.
144	Egberto de Magalhães Mesquita	Sylviculteur.
145	José Antonio Ochoa	Agronome.
146	Sertorio do Monte Pereira	Agronome.
147	Francisco Antonio Palma de Vilhena	Agronome.
148	José Eduardo de Mello	Vétérinaire.
149	Albino Florido da Cunha Toscano	Agronome.

STATION DE CHIMIE AGRICOLE DE LISBONNE—LABORATOIRE PRINCIPAL D'ANALYSES

Numéro d'ordre	Noms des élèves	Cours
150	João Viegas Paula Nogueira	Vétérinaire.
151	Bernardino Camillo Cincinato da Costa	Vétérinaire.
152	Antonio de Andrade Albuquerque Bettencourt	Agronome.
153	Carlos Annibal Coutinho	Agronome.
154	Augusto de Figueiredo	Agronome.
155	Bernardino Camillo Cincinnato da Costa	Agronome.
156	Antonio Correia da Silva Rosa	Vétérinaire.
157	Manuel Zeferino Gonçalves Maciel	Agronome.
158	José Pereira da Cunha da Silveira Sousa Junior	Agronome.
159	José Eduardo Gomes	Agronome.
160	José Joaquim de Almeida	Agronome.
161	Eugenio de Freitas Bandeira de Mello	Agronome.
162	Christovão Moniz	Agronome.
163	João Achilles Ripamonti	Agronome.
164	João Ignacio Teixeira de Menezes Pimentel	Agronome.
165	Antonio Mendes de Almeida	Sylviculteur.
166	D. Luiz Filippe de Castro	Agronome.
167	João Francisco Tierno	Vétérinaire.
168	Manuel Diogo da Silva	Vétérinaire.
169	Bernardo Heitor Emiliano Furtado	Agronome.
170	André Luiz de Carvalho Cerqueira	Agronome.
171	João Baptista Gregorio de Almeida	Vétérinaire.
172	João Sabino de Sousa	Vétérinaire.
173	Francisco Antonio Lança	Vétérinaire.
174	Ildefonso Borges	Vétérinaire.
175	Luiz de Saldanha Daun e Lorena	Vétérinaire.
176	José Barreto Alvim Caldeira Castel Branco	Agronome.
177	José Augusto de Sá e Mello	Vétérinaire.
178	Fernando Carlos Correia Mendes	Vétérinaire.
179	Antonio Candido Ferreira Segurado	Vétérinaire.
180	João Filippe	Vétérinaire.
181	Leonel Carmona	Vétérinaire.
182	Francisco Xavier da Costa Andrade	Vétérinaire.
183	Joaquim Manuel Peixoto	Agronome.
184	João Nogueira de Freitas	Agronome.
185	José Carlos Duarte Machado de Magalhães Ferraz	Agronome.
186	João Estevão de Mendonça Brandeiro	Vétérinaire.
187	Alfredo Augusto Godinho	Agronome.
188	Joaquim José de Azevedo	Agronome.
189	Antonio Cardoso de Menezes	Agronome.
190	Luiz Barahona Caldeira Castel Branco	Agronome.
191	Luiz Caetano Pereira da Costa Luz	Agronome.
192	Francisco de Almeida de Bivar Weinholtz	Agronome.
193	José Alves Simões	Agronome.
194	Antonio Arthur Telles da Silva Menezes	Agronome.
195	Miguel Augusto Reis Martins	Vétérinaire.
196	Carlos de Moraes Palmeiro	Agronome.
197	Antonio Pereira Forjaz de Lacerda	Agronome.
198	Antonio Joaquim Martins	Vétérinaire.
199	Arthur Annibal Ramos	Vétérinaire.
200	José de Sousa Carvalho	Vétérinaire.

Numéro d'ordre	Noms des élèves	Cours
201	Theodoro Wanzeller	Agronome.
202	Antonio Augusto Barradas	Vétérinaire.
203	Manuel Joaquim Tavares e Silva	Vétérinaire.
204	Antonio Affonso de Carvalho	Vétérinaire.
205	Joaquim Pedro d'Assumpção Rasteiro Junior	Agronome.
206	Carlos Alberto de Faria	Vétérinaire.
207	José Correia Pinto da Fonseca	Agronome.
208	Albano Nogueira Pereira Lobo	Agronome.
209	Gabriel Osorio de Barros Junior	Agronome.
210	Adelino Freire d'Almeida Dias	Agronome.
211	João Vasco de Carvalho	Agronome.
212	Godofredo da Silva Santos	Vétérinaire.
213	Carlos Urosa de la Olivia	Vétérinaire.
214	João Coelho da Motta Prego	Agronome.
215	Adolpho Augusto Baptista Ramires	Agronome.
216	João Carlos Vieira de Carvalho	Vétérinaire.
217	Francisco Bernardino de Moraes Sarmento	Vétérinaire.
218	José Canavarro de Faria e Maia	Agronome.
219	José Claudio Correia Mendes	Vétérinaire.
220	Joaquim Mendes Pereira	Vétérinaire.
221	Alexandre de Sousa de Figueiredo e Mello	Agronome.
222	Armando Augusto Chaves de Lemos	Vétérinaire.
223	José Paulo de Carvalho	Vétérinaire.
224	Rodrigo Augusto de Almeida	Agronome.
225	João Botelho Correia Mourão	Vétérinaire.
226	Joaquim Ferreira Rês	Vétérinaire.
227	Romão do Patrocinio Ramalho	Vétérinaire.
228	João Coelho de Castro Villas Boas	Vétérinaire.
229	Raphael Gregorio Caldeira de Mendanha Junior	Vétérinaire.
230	João da Camara Pestana	Agronome.
231	Carlos Romeu Correia Mendes	Agronome.
232	Arthur Antonio da Silva	Vétérinaire.
233	Ernesto Augusto Borges	Agronome.
234	Manuel de Sousa da Camara	Agronome.
235	Carolino do Sacramento Monteiro	Agronome.
236	Martinho Motta de Almeida	Vétérinaire.
237	José Agapito Gordo	Vétérinaire.
238	Antonio Carlos de Fontes Pereira de Mello	Vétérinaire.
239	Alberto Carlos da Costa Falcão	Agronome.
240	Joaquim Antonio Rodrigues de Oliveira	Vétérinaire.
241	João Posser de Andrade	Agronome.
242	Raymundo José Soares Mendes Junior	Agronome.
243	João Maria da Cunha Fajardo	Vétérinaire.
244	José Maria Eugenio de Almeida	Agronome.
245	José Miranda do Valle	Vétérinaire.
246	Aniceto Rodrigues da Costa	Véterinaire.
247	Antonio de Moura Marinho	Agronome.
248	João Guerreiro Mestre	Vétérinaire.
249	José Augusto Simões Baião	Agronome.
250	Jorge da Cruz Reis	Sylviculteur.
251	Arthur Marques de Carvalho	Vétérinaire.

Numéro d'ordre	Noms des élèves	Cours
252	Conde de Mendia (Eduardo)	Agronome.
253	Joaquim Borges Rodrigues	Agronome.
254	Conrado Arthur Ribeiro de Mello	Vétérinaire.
255	Antonio Estevão Simões Alves	Vétérinaire.
256	José Bello Ferreira Pinto	Vétérinaire.
257	José Maria Pereira	Vétérinaire.
258	João Lino	Vétérinaire.
259	Antonio José Jorge Junior	Vétérinaire.
260	Jayme da Cunha Paredes	Vétérinaire.
261	Antonio d'Avila Horta	Vétérinaire.
262	José Emilio de Oliveira Ferraz	Agronome.
263	Thiago Maria Ricardo	Vétérinaire.
264	Alfredo Pimenta de Almeida Beja	Vétérinaire.
265	José Manuel d'Assumpção	Vétérinaire.
266	Aniceto Manuel Porphirio	Vétérinaire.
267	Manuel de Carvalho Daun e Lorena	Agronome.
268	Bernardo de Oliveira Fragateiro	Agronome.
269	Ovidio Fortes Santar do Amaral	Agronome.
270	Augusto de Jesus Ferreira	Agronome.
271	Arthur Urbano de Castro	Agronome.
272	Avelino Nunes de Almeida	Agronome.

Tableau indicatif des professions des pères des élèves admis à suivre les cours de cet Institut

Profession des parents des élèves.

Professions	1894-95			1895-96			1896-97			1897-98		
	Agronomes	Sylviculteurs	Vétérinaires	Agronomes	Sylviculteurs	Vétérinaires	Agronomes	Sylviculteurs	Vétérinaires	Agronomes	Sylviculteurs	Vétérinaires
Administrateurs ruraux	..	..	..	..	..	..	..	..	1	..	..	1
Pères inconnus	2	..	2	..	..	2	..	..	2	..	..	2
Avocats	3	..	..	3	..	..	3	..	..	1	..	..
Industriels	1	..	..	1	..	..	1	..	..	1	..	..
Ingénieurs	1	..	..	1	..	..	3	..	..	3	..	..
Procureurs	..	..	..	..	..	..	..	..	..	1	..	..
Marins	..	..	..	..	..	1	..	..	1	..	..	1
Cultivateurs	15	..	6	16	..	5	15	..	6	9	..	3
Militaires	1	..	2	4	..	7	3	..	7	4	..	6
Propriétaires ruraux	2	..	3	8	..	2	6	..	8	12	..	3
Médecins	..	..	3	1	..	3	2	..	1	2	..	2
Propriétaires	5	..	4	11	..	9	10	..	6	11	..	4
Fonctionnaires publics	7	..	11	11	..	5	7	..	4	3	..	3
Écrivains publics	..	..	..	..	..	..	..	..	..	..	..	1
Vétérinaires	..	..	1	..	..	..	..	..	1	..	..	1
Agronomes	1	..	..	1	..	1	1	..	1	2	..	1
Ouvriers	..	..	3	..	..	5	1	..	3	..	..	4
Professeurs	..	..	..	2	..	..	1	..	..	2	..	1
Notaires	..	..	..	..	..	..	..	..	..	1	..	..
Employés de la Maison Royale	1	..	2	1	..	2	..	1	2	..	..	2
Négociants	5	..	5	7	..	4	6	..	5	6	..	4
Pharmaciens	..	..	1	1	..	..	..	..	1	1	..	1
Ouvriers ruraux	..	..	..	..	..	..	..	..	1	..	..	1
Contre-maîtres de travaux	..	..	..	..	..	..	..	..	..	1	..	..
Professeurs	..	..	..	..	..	..	..	..	..	2	..	..
Employés de commerce	1	..	1	1	..	2	2	..	..	1	..	..
Capitalistes	3	..	..	1	..	..	..	..	..	..	..	..

STATION DE CHIMIE AGRICOLE DE LISBONNE—LABORATOIRE D'ANALYSES SPÉCIALES

Mouvement scolaire de l'Institut d'Agronomie et Vétérinaire, depuis l'année de sa fondation jusqu'à la fin de l'année scolaire 1897-1898

Movement scolaire.

Années scolaires	Cours	Résultats					Ont terminé leur cours
		Inscrits	Admis	Refusés	Ajournés	Récompensés	
1853-1854	Agronomes	..	..	..	..	..	..
	Agriculteurs	37	20	3	14	4	..
	Chefs de culture	6	..	..	6	..	..
	Vétérinaires-agriculteurs	..	..	..	..	..	..
	Maîtres vétérinaires	..	..	..	..	..	..
		43	20	3	20	4	..
1854-1855	Agronomes	3	2	..	1	..	..
	Agriculteurs	36	22	6	8	6	..
	Chefs de culture	6	..	..	6	..	..
	Vétérinaires-agriculteurs	..	..	..	..	..	..
	Maître vétérinaires	..	..	..	..	..	..
		45	24	6	15	6	..
1855-1856	Agronomes	5	5	..	..	1	1
	Agriculteurs	34	20	12	2	4	3
	Chefs de culture	6	2	4	..	..	..
	Vétérinaires-agriculteurs	7	7	..	..	1	..
		52	34	16	2	6	4
1856-1857	Agronomes	11	11	..	..	3	..
	Agriculteurs	11	5	6	..	3	..
	Chefs de culture	6	1	..	5	..	..
	Vétérinaires-agriculteurs	20	17	3	..	1	1
	Maîtres vétérinaires	2	1	1	..	..	..
		50	35	10	5	7	1
1857-1858	Agronomes	13	12	..	1	..	7
	Agriculteurs	7	5	..	2	..	..
	Chefs de culture	..	..	..	..	..	..
	Vétérinaires-agriculteurs	17	14	..	3	..	2
	Maîtres vétérinaires	4	1	..	3	..	1
		41	32	..	9	..	10
1858-1859	Agronomes	9	6	1	2	1	3
	Agriculteurs	2	1	..	1	..	..
	Chefs de culture	..	..	..	..	..	..
	Vétérinaires agriculteurs	28	22	3	3	1	8
	Maîtres vétérinaires	3	..	..	3	..	..
		42	29	4	9	2	11

Années scolaires	Cours	Résultats					Ont terminé leur cours
		Inscrits	Admis	Refusés	Ajournés	Récompensés	
1859-1860	Agronomes	10	5	..	5	..	..
	Agriculteurs	3	2	..	1	..	1
	Vétérinaires-agriculteurs	20	18	..	2	2	5
	Maîtres vétérinaires	..	..	..	..	..	..
		33	25	..	8	2	6
1860-1861	Agronomes	18	13	1	4	..	..
	Agriculteurs	1	1	..	..	..	..
	Vétérinaires-agriculteurs	24	16	3	5	..	2
	Maîtres vétérinaires	..	..	..	..	..	..
		43	30	4	9	..	2
1861-1862	Agronomes	26	17	1	8	1	4
	Agriculteurs	1	..	..	1	..	..
	Vétérinaires-agriculteurs	31	19	2	10	1	5
	Maîtres vétérinaires	..	..	..	..	..	..
		58	36	3	19	2	9
1862-1863	Agronomes	34	12	6	16	1	2
	Agriculteurs	..	..	..	..	..	..
	Vétérinaires-agriculteurs	28	17	5	6	2	4
	Maîtres vétérinaires	..	..	..	..	..	..
		62	29	11	22	3	6
1863-1864	Agronomes	31	11	3	17	2	4
	Agriculteurs	..	..	..	..	..	..
	Vétérinaires-agriculteurs	35	20	2	13	..	3
	Maîtres vétérinaires	..	..	..	..	..	..
		66	31	5	30	2	7
1864-1865	Agronomes	31	16	5	10	6	2
	Agriculteurs	..	..	..	..	..	..
	Vétérinaires-agriculteurs	30	16	2	12	1	3
	Maîtres vétérinaires	..	..	..	..	..	5
		61	32	7	22	7	10
1865-1866	Agronomes	32	19	1	12	9	5
	Vétérinaires	22	14	1	7	2	4
		54	33	2	19	11	9
1866-1867	Agronomes	25	17	4	4	2	1
	Vétérinaires	19	13	2	4	3	3
	Silviculteurs	2	1	..	1	..	..
		46	31	6	9	5	4

Années scolaires	Cours	Résultats					Ont terminé leur cours
		Inscrits	Admis	Refusés	Ajournés	Récompensés	
1867-1868	Agronomes	20	12	2	6	..	5
	Vétérinaires	14	11	..	3	..	4
	Sylviculteurs	3	3	..	..	..	..
		37	26	2	9	..	9
1868-1869	Agronomes	25	13	5	7	..	3
	Vétérinaires	15	9	4	2	..	3
	Sylviculteurs	5	3	..	2	..	..
		45	25	9	11	..	6
1869-1870	Agronomes	39	22	5	12	1	2
	Vétérinaires	15	13	1	1	2	1
	Sylviculteurs	2	2	..	..	..	1
		56	37	6	13	3	4
1870-1871	Agronomes	47	22	5	20	2	4
	Vétérinaires	17	11	2	4	..	1
	Sylviculteurs	2	1	..	1	..	..
	Agronomes vétérinaires	3	3	..	..	..	..
		69	37	7	25	2	5
1871-1872	Agronomes	42	24	2	16	2	8
	Vétérinaires	11	9	1	1	1	3
	Sylviculteurs	3	2	..	2	..	..
	Agronomes et vétérinaires	3	3	..	..	..	2
		59	38	3	19	3	13
1872-1873	Agronomes	44	22	8	14	2	4
	Vétérinaires	13	5	3	5	..	1
	Sylviculteurs	1	1	..	..	..	2
	Agronomes et vétérinaires	6	5	..	1	..	1
		64	33	11	20	2	8
1873-1874	Agronomes	44	25	7	12	..	6
	Vétérinaires	14	9	1	4	..	2
	Sylviculteurs	..	..	..	..	..	..
	Agronomes et vétérinaires	7	4	2	1	..	1
		65	38	10	17	..	9
1874-1875	Agronomes	29	21	2	6	..	4
	Vétérinaires	5	3	1	1	1	1
	Sylviculteurs	..	..	..	..	..	..
	Agronomes et vétérinaires	9	6	..	3	..	1
		43	30	3	10	1	6

Années scolaires	Cours	Résultats					Ont terminé leur cours
		Inscrits	Admis	Refusés	Ajournés	Récompensés	
1875-1876	Agronomes	29	22	2	5	..	4
	Vétérinaires	5	3	1	1	..	3
	Agronomes et vétérinaires	9	6	..	3	..	..
		43	31	3	9	..	7
1876-1877	Agronomes	32	16	3	13	1	4
	Vétérinaires	5	4	..	1	..	..
	Agronomes et vétérinaires	10	7	3	..	..	1
		47	27	6	14	1	5
1877-1878	Agronomes	47	11	6	30	1	7
	Sylviculteurs	1	1	..	..	..	..
	Vétérinaires	1	..	..	1	..	..
	Agronomes et vétérinaires	11	6	2	3	2	1
		60	18	8	34	3	8
1878-1879	Agronomes	27	10	5	12	2	4
	Sylviculteurs	1	1	..	..	..	..
	Vétérinaires	4	3	..	1	3	..
	Agronomes et vétérinaires	11	6	1	4	1	..
		43	20	6	17	6	4
1879-1880	Agronomes	47	22	6	19	..	1
	Sylviculteurs	2	2	..	..	..	2
	Vétérinaires	3	1	1	1	..	..
	Agronomes et vétérinaires	10	2	1	7	..	2
		62	27	8	27	..	5
1880-1881	Agronomes	82	40	21	21	..	3
	Sylviculteurs	..	..	..	..	..	..
	Vétérinaires	1	1	..	..	..	1
	Agronomes et vétérinaires	10	4	4	2	..	1
		93	45	25	23	..	5
1881-1882	Agronomes	91	43	31	17	..	7
	Sylviculteurs	1	..	..	1	..	..
	Vétérinaires	..	..	..	..	..	1
	Agronomes et vétérinaires	11	4	5	2	..	1
		103	47	36	20	..	9
1882-1883	Agronomes	49	21	13	15	1	9
	Silviculteurs	1	1	..	..	..	1
	Vétérinaires	..	..	..	..	..	..
	Agronomes et vétérinaires	11	8	2	1	1	3
		61	30	15	16	2	13

STATION DE CHIMIE AGRICOLE DE LISBONNE—LE LABORATOIRE DE MICROBIOLOGIE

Années scolaires	Cours	Résultats					Ont terminé leur cours
		Inscrits	Admis	Refusés	Ajournés	Récompensés	
1883-1884	Agronomes	64	29	20	15	..	7
	Sylviculteurs	4	2	1	1	..	..
	Vétérinaires	..	..	..	..	..	..
	Agronomes et vétérinaires	16	6	7	3	1	2
		84	37	28	19	1	9
1884-1885	Agronomes	61	24	27	10	..	5
	Sylviculteurs	2	2	..	..	..	3
	Vétérinaires	5	3	1	1	..	..
	Agronomes et vétérinaires	17	9	5	3	4	..
		85	38	33	14	4	8
1885-1886	Agronomes	64	30	22	12	1	12
	Sylviculteurs	3	2	1	..	..	2
	Vétérinaires	10	5	3	2	1	1
	Agronomes et vétérinaires	20	11	7	2	..	4
		97	48	33	16	2	19
1886-1887	Agronomes	61	..	..	..	..	4
	Sylviculteurs		27	16	18	..	..
	Vétérinaires	11	8	1	2	..	..
	Agronomes et vétérinaires	20	15	3	2	..	..
		92	50	20	22	..	4
1887-1888	Agronomes	43	..	..	..	..	6
	Sylviculteurs		21	11	11	..	..
	Vétérinaires	17	9	5	3	..	2
	Agronomes et vétérinaires	13	6	3	4	..	..
		73	36	19	18	..	8
1888-1889	Agronomes	37	..	..	..	..	..
	Sylviculteurs		18	7	12	..	..
	Vétérinaires	20	12	5	3	..	3
	Agronomes et vétérinaires	4	4	..	..	..	..
		61	34	12	15	..	3
1889-1890	Agronomes	29	12	7	10	..	3
	Vétérinaires	17	8	5	4	..	7
	Agronomes et vétérinaires	1	1	..	..	..	1
		47	21	12	14	..	11
1890-1891	Agronomes	36	16	12	8	..	10
	Vétérinaires	24	15	6	3	..	5
		60	31	18	11	..	15

Années scolaires	Cours	Résultats					Ont terminé leur cours
		Inscrits	Admis	Refusés	Ajournés	Récompensés	
1891-1892	Agronomes	34	18	8	8	..	4
	Vétérinaires	23	12	7	4	..	6
		57	30	15	12	..	10
1892-1893	Agronomes	39	22	5	12	..	..
	Vétérinaires	24	13	8	3	..	1
		63	35	13	15	..	1
1893-1894	Agronomes	47	25	12	10	..	5
	Vétérinaires	36	18	11	7	..	5
		83	43	23	17	..	10
1894-1895	Agronomes	47	23	14	10	..	9
	Vétérinaires	43	30	5	8	..	6
		90	53	19	18	..	15
1895-1896	Agronomes	70	40	19	11	..	11
	Vétérinaires	48	30	9	9	..	5
		118	70	28	20	..	16
1896-1897	Agronomes	63	38	13	12	..	10
	Vétérinaires	49	32	10	7	..	5
		112	70	23	19	..	15
1897-1898	Agronomes	62	40	14	8	..	7
	Vétérinaires	42	29	9	4	..	..
		104	69	23	12	..	7

STATION DE CHIMIE AGRICOLE DE LISBONNE — SALLE DES BALANCES ET BIBLIOTHÈQUE

Mouvement personnel par naturalités des élèves de cet Institut

Naturalités des élèves.

Naturalités — Districts	Naturalités — Arrondissements	Nombre d'élèves
	Année scolaire de 1880-1881	
Braga	Barcellos	1
Villa Real	Villa Real	2
Bragança	Bragança	3
	Miranda do Douro	1
	Mirandella	1
	Mogadouro	1
Porto	Porto	2
	Louzada	1
	Vallongo	1
Aveiro	Aveiro	1
	Agueda	1
	Mealhada	1
Coimbra	Coimbra	2
	Arganil	1
	Penella	1
	Mira	1
Vizeu	Oliveira de Frades	1
Guarda	Gouveia	1
	Pinhel	1
Castello Branco	Castello Branco	1
	Lardoza	1
Leiria	Leiria	1
Santarem	Ferreira do Zezere	1
	Ourem	1
	Coruche	1
	Almeirim	1
Lisboa	Lisboa	34
Portalegre	Portalegre	1
	Niza	2
	Aviz	2
	Elvas	1
	Campo Maior	1
Evora	Mourão	1
	Borba	1
Beja	Vidigueira	1
	Ferreira	1

Naturalités		Nombre d'élèves
Districts	Arrondissements	
Faro	Faro	1
	Loulé	1
	Olhão	1
	Portimão	1
Horta	Ilha das Flores	1
Ponta Delgada	S. Miguel	1
Cabo Verde		1
Moçambique		1
India portugueza		5
Brazil		2
		91
Année scolaire de 1881-1882		
Villa Real	Villa Real	2
Bragança	Bragança	1
	Miranda do Douro	1
	Mogadouro	1
Porto	Porto	4
	Louzada	1
	Vallongo	1
	Villa do Conde	1
	Penafiel	1
Aveiro	Aveiro	1
	Agueda	1
	Mealhada	1
	Anadia	1
Coimbra	Coimbra	2
	Arganil	1
	Penella	1
	Mira	1
Vizeu	Oliveira de Frades	1
	Vizeu	1
Guarda	Gouveia	1
	Celorico	1
Castello Branco	Castello Branco	1
	Lardoza	1
Santarem	Ferreira do Zezere	1
	Ourem	1
	Almeirim	1
	Abrantes	1
	Torres Novas	1

Naturalités		Nombre d'élèves
Districts	Arrondissements	
Lisboa	Lisboa	44
	Alcochete	1
	Cintra	1
	Setubal	1
Portalegre	Portalegre	1
	Niza	2
	Aviz	2
	Elvas	2
	Campo Maior	1
Evora	Estremoz	1
Beja	Serpa	1
Faro	Faro	1
	Loulé	1
	Olhão	1
	Portimão	1
	Silves	1
Ponta Delgada	S. Miguel	1
India portugueza		5
Brazil		3
		104

Année scolaire de 1882-1883

Districts	Arrondissements	Nombre d'élèves
Bragança	Alfandega da Fé	1
Porto	Porto	1
	Louzada	1
	Vallongo	1
	Foz	1
	Penafiel	1
Aveiro	Aveiro	1
	Agueda	1
	Mealhada	1
Coimbra	Coimbra	2
	Penella	1
	Mira	1
Vizeu	Vizeu	2
	S. Pedro do Sul	1
	Lamego	2
Guarda	Fornos de Algodres	1
Santarem	Ferreira do Zezere	1
	Almeirim	1

Naturalités — Districts	Naturalités — Arrondissements	Nombre d'élèves
Lisboa	Lisboa	21
	Setubal	1
Portalegre	Niza	1
	Aviz	1
	Elvas	1
	Campo Maior	1
Evora	Borba	1
Beja	Serpa	1
Faro	Faro	2
	Olhão	1
	Portimão	1
	Algoz	1
Horta	Ilha do Pico	1
Ponta Delgada	Ponta Delgada	1
	S. Miguel	1
Angra do Heroismo	S. Jorge	1
Cabo Verde		1
India portugueza		2
		61

Année scolaire de 1883-1884

Districts	Arrondissements	Nombre d'élèves
Braga	Guimarães	4
Vianna do Castello	Vianna do Castello	1
Bragança	Alfandega da Fé	1
	Carrazeda de Anciães	1
Porto	Vallongo	1
	Marco de Canavezes	1
	Amarante	1
Aveiro	Agueda	1
Coimbra	Coimbra	2
	Penella	1
	Figueira da Foz	1
Vizeu	Lamego	2
Guarda	Pinhel	1
	Celorico	1
	Fornos de Algodres	1
	Covilhã	1
Castello Branco	Castello Branco	2
Santarem	Almeirim	1

LABORATOIRE DE PATHOLOGIE VÉGÉTALE A LA DIRECTION GÉNÉRALE D'AGRICULTURE

Naturalités		Nombre d'élèves
Districts	Arrondissements	
Lisboa	Lisboa	27
	Alcochete	1
	Cintra	1
	Setubal	1
Portalegre	Portalegre	2
	Niza	1
	Aviz	1
	Elvas	1
	Campo Maior	2
	S. Vicente de Boim	1
Evora	Borba	1
	Evora	1
Beja	Serpa	2
	Beja	1
	Odemira	1
Faro	Faro	1
	Olhão	1
	Portimão	1
	Silves	1
Madeira	Funchal	1
Horta	Horta	1
	Ilha do Pico	1
Ponta Delgada	Ponta Delgada	2
Angra do Heroismo	S. Jorge	1
India portugueza		3
Brazil		1
Roma		1
		83

Année scolaire de 1884-1885

Braga	Braga	5
Vianna do Castello	Ponte do Lima	1
Villa Real	Chaves	1
Bragança	Carrazeda de Anciães	1
Porto	Porto	1
	Marco de Canavezes	1
	Amarante	1
Aveiro	Agueda	1
Coimbra	Coimbra	2

Naturalités — Districts	Naturalités — Arrondissements	Nombre d'élèves
Vizeu	Lamego	2
Guarda	Pinhel	1
	Celorico	1
	Fornos de Algodres	1
	Covilhã	1
	Ceia	1
Castello Branco	Castello Branco	1
	Lardoza	1
	Fundão	1
Lisboa	Lisboa	25
	Alcochete	1
	Cintra	1
	Azambuja	1
Portalegre	Portalegre	5
	Niza	2
	Aviz	1
	Elvas	1
	Campo Maior	2
Evora	Borba	1
	Evora	1
Beja	Ferreira	1
	Serpa	2
	Odemira	1
Faro	Faro	1
	Olhão	1
	Silves	1
Horta	Ilha do Pico	1
	Faial	1
Ponta Delgada	S. Miguel	2
Angra do Heroismo	S. Jorge	1
	Santa Cruz	1
Cabo Verde		1
India portugueza		5
Brazil		1
		85

Année scolaire de 1885-1886

Districts	Arrondissements	Nombre d'élèves
Braga	Guimarães	5
Vianna do Castello	Ponte de Lima	1
Villa Real	Chaves	1

Naturalités		Nombre d'élèves
Districts	Arrondissements	
Porto	Porto	1
	Amarante	1
Coimbra	Coimbra	3
	Cantanhede	1
Vizeu	Lamego	1
Guarda	Guarda	1
	Fornos de Algodres	1
	Pinhel	1
	Celorico da Beira	1
Castello Branco	Castello Branco	1
	Covilhã	1
	Fundão	2
Santarem	Torres Novas	1
	Almeirim	1
Lisboa	Lisboa	24
	Torres Vedras	1
	Almada	1
	Alcochete	1
	Azambuja	1
	Setubal	1
Portalegre	Portalegre	3
	Aviz	1
	Monforte	1
	Elvas	1
	Niza	2
	Alter do Chão	1
	Ponte do Sôr	1
	Campo Maior	2
Evora	Borba	1
Beja	Serpa	1
	Odemira	2
	Ferreira	1
	Almodovar	1
Faro	Faro	1
	Olhão	1
	Silves	1
Madeira	Funchal	2
Horta	Ilha do Pico	1
Angra do Heroismo	Angra	1
	S. Jorge	1
	Santa Cruz	1

Naturalités — Districts	Naturalités — Arrondissements	Nombre d'élèves
Ponta Delgada	S. Miguel	2
Cabo Verde	Ilha do Fogo	2
India portugueza	Goa	3
	Nova Goa	3
	Salsete	1
Brazil	Rio de Janeiro	1
	Rio Grande do Sul	1
Hespanha	Madrid	1
		94

Année scolaire de 1886-1887

Districts	Arrondissements	Nombre d'élèves
Braga	Guimarães	3
	Celorico de Basto	1
Vianna do Castello	Ponte de Lima	1
Villa Real	Chaves	1
Porto	Porto	2
	Amarante	1
Aveiro	Aveiro	1
	Agueda	1
Coimbra	Coimbra	1
	Montemór o Velho	1
Vizeu	Penalva do Castello	1
	Lamego	1
	Ranhados	1
Guarda	Ceia	2
	Fornos de Algodres	1
	Pinhel	1
Castello Branco	Covilhã	1
	Fundão	1
Santarem	Torres Novas	1
	Almeirim	1
	Abrantes	1
Lisboa	Lisboa	31
	Torres Vedras	1
	Almada	1
	Azambuja	1
	Setubal	1
	Cintra	1

Naturalités		Nombre d'élèves
Districts	Arrondissements	
Portalegre	Portalegre	3
	Monforte	1
	Elvas	1
	Niza	2
	Alter do Chão	1
	Ponte de Sôr	1
Evora	Borba	1
Beja	Odemira	1
	Ferreira	2
	Almodovar	1
	Vidigueira	1
Faro	Faro	1
	Portimão	1
Madeira	Funchal	1
Angra do Heroismo	Angra	1
	Santa Cruz	1
Cabo Verde	Ilha do Fogo	2
India portugueza	Goa	2
	Nova Goa	3
	Salsete	1
Brazil	Rio de Janeiro	1
	Bahia	1
	Rio Grande do Sul	1
		92

Année scolaire de 1887-1888

Districts	Arrondissements	Nombre d'élèves
Braga	Guimarães	2
Villa Real	Chaves	2
Aveiro	Aveiro	1
	Agueda	1
Vizeu	Penalva do Castello	1
	Ranhados	1
	Tondella	1
	S. João das Areias	1
Guarda	Fornos de Algodres	1
	Ceia	2
	Pinhel	1
Castello Branco	Fundão	1
Santarem	Santarem	1
	Torres Novas	1
	Abrantes	1
	Almeirim	1
	Gollegã	1

Naturalités		Nombre d'élèves
Districts	Arrondissements	
Lisboa	Lisboa	23
	Cintra	1
	Azambuja	1
	Seixal	1
	Almada	1
	Setubal	1
Portalegre	Portalegre	3
	Monforte	1
	Alter do Chão	1
	Ponte de Sôr	1
Beja	Ferreira	2
	Vidigueira	1
	Almodovar	1
Faro	Faro	1
	Portimão	1
Funchal	Funchal	1
	Ribeira Brava	1
Angra do Heroismo	Angra	1
	Graciosa	
Cabo Verde	Ilha do Fogo	2
India Portugueza	Nova Gôa	4
	Ribandar	1
Brazil	Bahia	1
	Rio Grande do Sul	1
		73

Année scolaire de 1888-1889

Districts	Arrondissements	Nombre d'élèves
Braga	Guimarães	1
	Espozende	1
Villa Real	Chaves	2
Bragança	Bragança	1
Vizeu	Penalva do Castello	1
	Ranhados	1
	Tondella	1
	S. João d'Areias	1
	Lamego	1
Guarda	Cêa	2
Castello Branco	Fundão	1

LABORATOIRE DE PATHOLOGIE VÉGÉTALE À LA DIRECTION GÉNÉRALE D'AGRICULTURE

Naturalités — Districts	Naturalités — Arrondissements	Nombre d'élèves
Aveiro	Aveiro	2
	Agueda	1
Santarem	Almeirim	1
	Torres Novas	1
	Gollegã	1
Lisboa	Lisboa	19
	Almada	2
	Setubal	1
	Cintra	1
	Azambuja	1
Portalegre	Portalegre	2
	Alter do Chão	1
	Ponte do Sôr	1
Beja	Ferreira	2
	Vidigueira	1
Faro	Portimão	1
Madeira	Funchal	2
Cabo Verde	Ilha do Fogo	2
Açores	Angra	2
Brazil	Bahia	1
	Pernambuco	1
ndia Portugueza	Nova Gôa	2
		61

Année scolaire de 1889-1890

Districts	Arrondissements	Nombre d'élèves
Braga	Espozende	1
Porto	Santo Ildefonso	1
Vizeu	Ranhados	1
	Tondella	1
	Penalva do Castello	1
	Lamego	1
	S. João d'Areias	1
Traz os Montes	Bragança	1
Guarda	Cêa	2
Castello Branco	Fundão	1
Aveiro	Aveiro	1
	Agueda	2

Naturalités		Nombre d'élèves
Districts	Arrondissements	
Santarem	Santarem	1
	Torres Novas	1
	Gollegã	1
Lisboa	Lisboa	9
	Oeiras	1
	Cintra	1
	Almada	2
	Azambuja	1
Portalegre	Portalegre	1
	Monforte	1
	Souzel	1
	Aviz	1
Beja	Ferreira	1
	Vidigueira	1
Faro	Villa Nova de Portimão	1
Ilha da Madeira	Funchal	1
	Ribeira Brava	1
Cabo Verde	Ilha do Fogo	2
India Portugueza	Nova Gôa	3
Brazil	Pernambuco	1
	Bahia	1
		47

Année scolaire de 1890-1891

Districts	Arrondissements	Nombre d'élèves
Braga	Espozende	1
Villa Real	Villa Real	2
	S. Diniz	1
	Penaguião	1
Bragança	Bragança	1
Vizeu	Vizeu	1
	Lamego	1
	Tondella	1
	Nellas	1
	Raahados	1
	S. João d'Areias	1
Castello Brauco	Castello Branco	1
	Fundão	1
	Idanha a Nova	3
Porto	Santo Ildefonso	1
Aveiro	Aveiro	2
	Agueda	2
	Ovar	1

Naturalités		Nombre d'élèves
Districts	Arrondissements	
Coimbra	Coimbra	1
	Goes	1
Santarem	Santarem	1
	Gollegã	1
Lisboa	Lisboa	14
	Almada	1
	Alemquer	1
	Azambuja	1
Portalegre	Portalegre	1
	Monforte	1
	Aviz	1
Beja	Vidigueira	1
	Ferreira	1
Ilha da Madeira	Funchal	2
Cabo Verde	Ilha de Fogo	2
India Portugueza	Pangim	5
Brazil	Bahia	1
	Pernambuco	1
		60
Année scolaire de 1891-1892		
Vianna do Castello	Vianna do Castello	1
Braga	Braga	1
Villa Real	Villa Real	3
	Santa Martha de Penaguião	1
	Ribeira da Pena	1
Bragança	Bragança	1
	Vinhaes	1
Vizeu	Vizeu	1
	Nellas	1
	S. João das Areias	1
Castello Branco	Castello Branco	1
	Fundão	1
	Idanha Nova	2
Santarem	Santarem	1
	Gollegã	1
Lisboa	Lisboa	13
	Almada	1
	Alemquer	1

Naturalités		Nombre d'élèves
Districts	Arrondissements	
Porto	Porto	2
	Santo Ildefonso	1
Aveiro	Aveiro	1
	Agueda	2
Coimbra	Coimbra	1
	Goes	1
Portalegre	Portalegre	2
	Castello de Vide	1
	Aviz	1
Evora	Reguengos	1
Beja	Vidigueira	1
Madeira	Funchal	3
Cabo Verde	Ilha do Fogo	2
India portugueza	Pangim	4
Brazil	Pernambuco	1
		57

Année scolaire de 1892-1893

Districts	Arrondissements	Nombre d'élèves
Vianna do Castello	Vianna do Castello	1
Braga	Braga	1
Villa Real	Villa Real	2
	Santa Martha de Penaguião	1
	Ribeira da Pena	1
	S. Diniz	1
	Peso da Regoa	1
Bragança	Vinhaes	1
Vizeu	Vizeu	2
	Nellas	1
	S. João das Areias	1
	Penalva	1
	Tondella	1
Castello Branco	Castello Branco	1
	Villa Nova do Rodam	1
	Idanha a Nova	2
	Fundão	1
Guarda	Gouveia	1
Santarem	Santarem	1
Lisboa	Lisboa	19
	Mafra	1
	Alemquer	1

STATION DE CHIMIE AGRICOLE DE LISBONNE—LABORATOIRE DE PRÉPARATION DES ÉCHANTILLONS

Naturalités — Districts	Naturalités — Arrondissements	Nombre d'elèves
Porto	Porto	1
	Santo Ildefonso	1
	Foz do Douro	1
Aveiro	Aveiro	1
	Agueda	1
Coimbra	Coimbra	2
Portalegre	Portalegre	1
	Aviz	1
	Castello de Vide	1
Madeira	Funchal	1
	Ribeira Brava	1
Cabo Verde	Villa da Praia	1
	S. Thiago	1
	Ilha do Fogo	1
Moçambique	Quilimane	1
India portugueza	Pangim	2
França	Paris	1
Brazil	Pernambuco	1
		63

Année scolaire de 1893-1894

Districts	Arrondissements	Nombre d'elèves
Beja	Castro Verde	1
	Beja	2
Braga	Braga	1
Bragança	Vinhaes	1
Coimbra	Coimbra	2
Castello Branco	Castello Branco	1
	Fundão	1
	Idanha a Nova	2
	Villa Velha do Rodam	1
Evora	Evora	2
Faro	Faro	1
	Tavira	2
Guarda	Gouveia	1
Lisboa	Alemquer	1
	Lisboa	26
	Mafra	1
	Oeiras	1

Naturalités		Nombre d'élèves
Districts	Arrondissements	
Evora	Evora	2
	Montemór o Novo	1
	Vianna do Alemtejo	2
Faro	Faro	1
	Tavira	2
Guarda	Gouveia	1
Lisboa	Lisboa	28
	Mafra	1
	Oeiras	1
Portalegre	Aviz	2
	Castello de Vide	2
	Elvas	2
	Marvão	1
	Ponte do Sôr	1
	Portalegre	2
Porto	Bouças	1
	Santo Ildefonso	1
	S. João da Foz	1
Santarem	Abrantes	1
	Almeirim	1
	Ferreira do Zezere	1
Villa Real	Chaves	1
	Peso da Regoa	1
	Ribeira da Pena	1
	Sabrosa	1
	Villa Real	2
Vianna do Castello	Valença	1
	Vianna do Castello	1
Vizeu	Nellas	1
	Vizeu	3
Funchal	Funchal	3
Cabo Verde	Praia	1
India portugueza	Ilha de Goa	1
	Pangim	1
Loanda	Loanda	1
Brazil	Pernambuco	1
		89

Naturalités — Districts	Naturalités — Arrondissements	Nombre d'élèves
Portalegre	Aviz	1
	Castello de Vide	2
	Marvão	1
	Portalegre	2
Porto	Bouças	1
	Porto	2
	Santo Ildefonso	1
Santarem	Almeirim	1
	Benavente	1
	Ferreira do Zezere	1
	Santarem	1
Villa Real	Chaves	1
	Ribeira da Pena	1
	Peso da Regoa	1
	Villa Real	3
Vianna do Castello	Valença	1
	Vianna do Castello	1
Vizeu	Crestello	1
	Nellas	1
	Vizeu	4
Funchal	Funchal	1
	Ribeira Brava	1
Cabo Verde	S. Thiago	1
	Ilha do Fogo	1
India portugueza	Nova Goa	3
Brazil	Pernambuco	1
		83

Année scolaire de 1894-1895

Districts	Arrondissements	Nombre d'élèves
Aveiro	Aveiro	1
	Oliveira de Azemeis	1
Beja	Beja	4
	Castro Verde	1
Braga	Braga	1
Bragança	Vinhaes	1
Coimbra	Coimbra	1
	Goes	1
Castello Branco	Castello Branco	1
	Fundão	1
	Villa Velha de Rodam	1

Naturalités		Nombre d'élèves
Districts	Arrondissements	
Année scolaire de 1895-1896		
Aveiro	Aveiro	1
	Oliveira de Azemeis	1
Beja	Beja	4
	Castro Verde	2
	Serpa	1
Braga	Braga	1
Coimbra	Goes	1
Castello Branco	Castello Branco	2
	Fundão	1
	Villa Velha de Rodão	1
Evora	Alcaçovas	1
	Evora	4
	Montemór o Novo	1
Faro	Albufeira	1
	Faro	2
	Silves	1
	Tavira	2
Guarda	Gouveia	2
Leiria	Leiria	1
	Alcobaça	1
Lisboa	Almada	1
	Alemquer	1
	Lisboa	40
	Mafra	1
	Oeiras	1
Portalegre	Aviz	1
	Castello de Vide	1
	Elvas	3
	Marvão	1
	Niza	2
	Portalegre	1
	Vide	1
	Ponte de Sôr	1
Porto	Porto	3
	S. João da Foz	1
	Villa Nova de Gaia	1
Santarem	Abrantes	1
	Ferreira do Zezere	1
	Almeirim	2
	Santarem	1
	Benavente	2

LABORATOIRE DE PATHOLOGIE VÉGÉTALE À LA DIRECTION GÉNÉRALE D'AGRICULTURE

Naturalités: Districts	Naturalités: Arrondissements	Nombre d'élèves
Villa Real	Chaves	2
	Peso da Regoa	1
	Sabrosa	1
	Villa Real	1
Vianna do Castello	Valença	1
Vizeu	Vizeu	3
Funchal	Funchal	3
Ponta Delgada	Ponta Delgada	1
Cabo Verde	Praia	1
	Santo Antão	1
Loanda	Loanda	2
Moçambique	Moçambique	1
Brazil	Pará	1
	Pervambuco	1
		118

Année scolaire de 1896-1897

Districts	Arrondissements	Nombre d'élèves
Aveiro	Aveiro	1
	Oliveira de Azemeis	1
Beja	Beja	4
	Castro Verde	1
	Ourique	1
	Moura	1
	Serpa	1
	Vidigueira	1
Braga	Braga	1
Coimbra	Figueira da Foz	1
	Goes	1
	Oliveira do Hospital	1
Castello Branco	Villa Velha de Rodão	1
Evora	Alcaçovas	1
	Evora	3
	Montemór o Novo	1
	Reguengos	1
Faro	Albufeira	1
	Faro	3
	Lagos	1
	Silves	1
	Tavira	3
	Villa Real de Santo Antonio	1

Naturalités		Nombre d'élèves
Districts	Arrondissements	
Guarda	Gouveia	2
Lisboa	Cezimbra	1
	Lisboa	32
	Lourinhã	1
	Oeiras	1
	Setubal	1
	Villa Franca de Xira	1
Leiria	Alcobaça	1
	Leiria	1
Portalegre	Aviz	1
	Crato	1
	Campo Maior	1
	Castello de Vide	1
	Elvas	3
	Marvão	1
	Niza	2
	Portalegre	1
	Ponte de Sôr	1
Porto	Porto	2
	Penafiel	1
	Villa Nova de Gaia	2
Santarem	Almeirim	1
	Abrantes	1
	Benavente	2
	Chamusca	1
	Ferreira do Zezere	1
	Santarem	2
Vizeu	Vizeu	2
Vianna do Castello	Melgaço	1
	Valença	1
Villa Real	Chaves	2
	Sabrosa	1
Funchal	Funchal	3
Loanda	Loanda	2
Moçambique	Moçambique	1
Brazil	Pará	1
		112

Naturalités		Nombre d'élèves
Districts	Arrondissements	
	Année scolaire de 1897-1898	
Portalegre	Aviz	1
	Campo Maior	1
	Elvas	3
	Marvão	1
	Nisa	2
	Ponte de Sôr	1
	Portalegre	1
Beja	Beja	3
	Castro Varde	1
	Ourique	2
	Vidigueira	1
	Serpa	1
	Ferreira	1
Faro	Tavira	4
	Faro	2
	Silves	1
	Lagos	1
Braga	Braga	1
Porto	Villa Nova de Gaia	1
	Porto	5
	Penafiel	1
Aueiro	Oliveira de Azemeis	1
	Aveiro	1
Leiria	Alcobaça	1
	Leiria	3
Santarem	Almeirim	1
	Abrantes	2
	Santarem	2
Evora	Montemór o Novo	1
	Alcaçovas	1
	Evora	4
	Reguengos	1
Lisboa	Lourinhã	1
	Villa Franca de Xira	1
	Lisboa	32
	Barreiro	1
Coimbra	Goes	1
	Coimbra	2
Villa Real	Alijó	1
	Sabrosa	1

Naturalités		Nombre d'élèves
Districts	Arrondissements	
Castello Branco	Covilhã	1
	Villa Velha de Rodão	1
Vianna do Castello	Vianna do Castello	1
Funchal	Funchal	2
Angra do Heroismo	Angra do Heroismo	1
Loanda	Loanda	2
Moçambique	Moçambique	1
Brazil	Pará	1
		104

Pl. I.

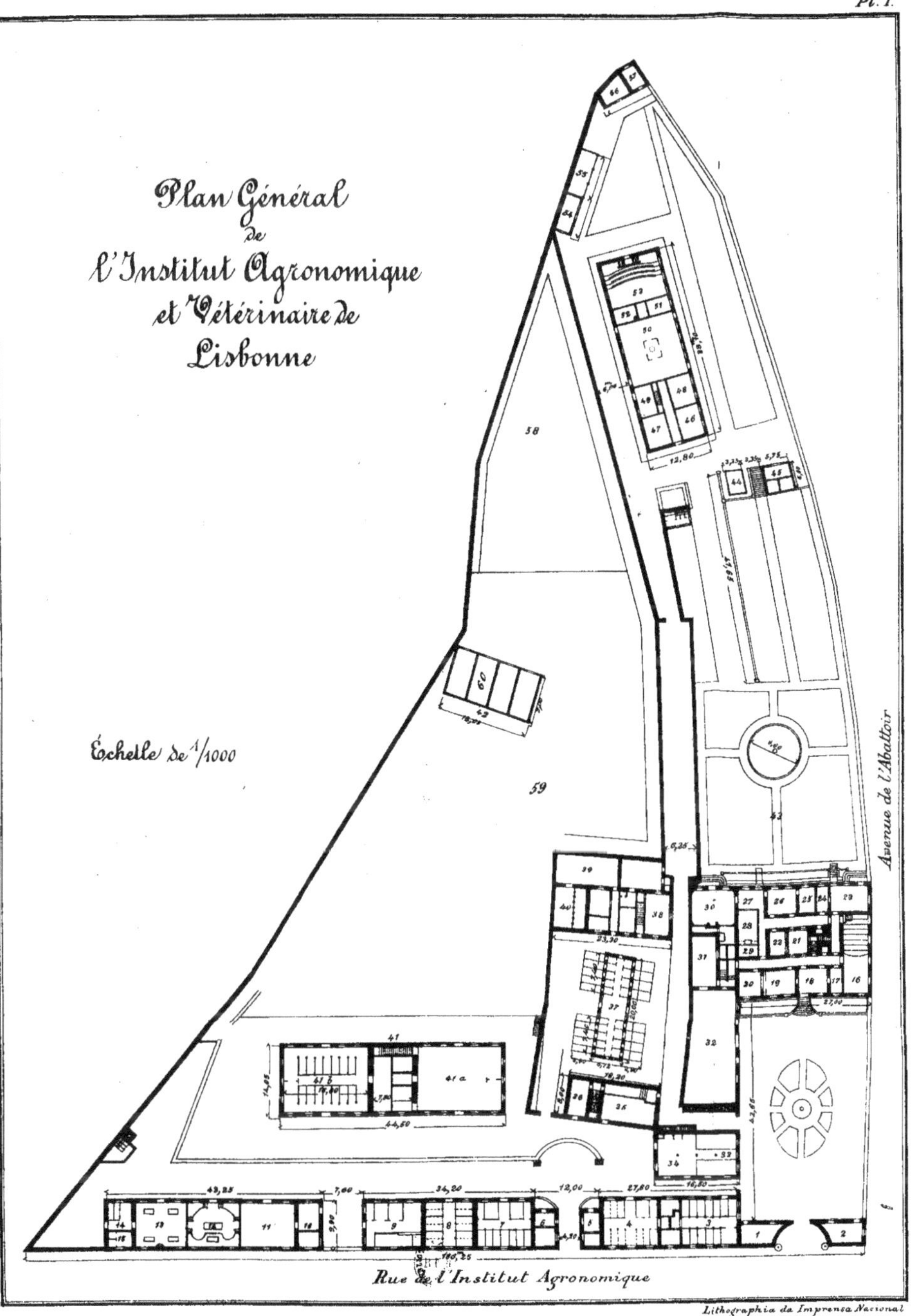

Lithographia da Imprensa Nacional

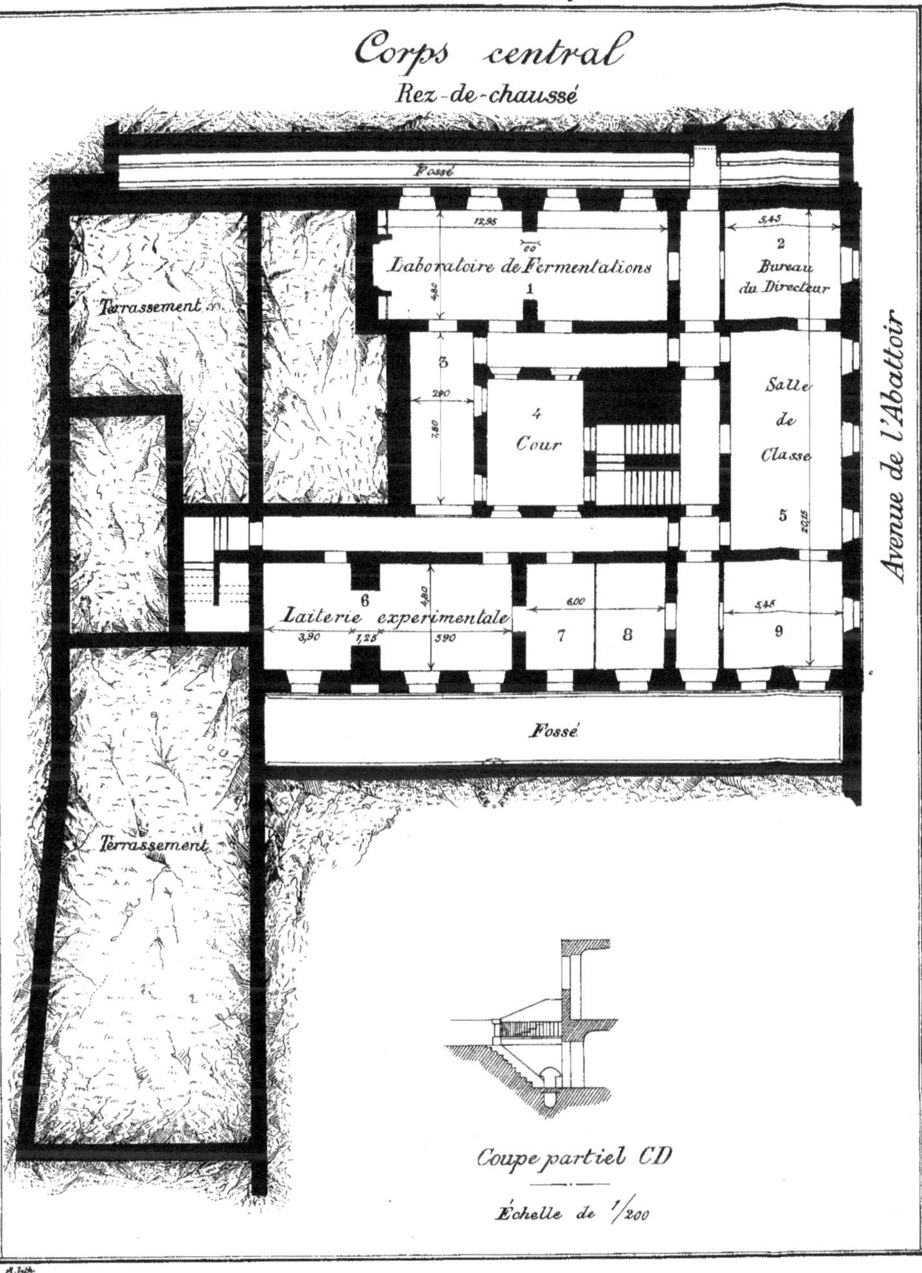
Corps central
Rez-de-chaussé
Fossé
12,95
Laboratoire de Fermentations
1
4,80
5,45
2
Bureau du Directeur
3
2,90
7,80
4
Cour
Salle de Classe
5
20,15
Avenue de l'Abattoir
Terrassement
6
Laiterie expérimentale
4,80
3,90
1,25
5,90
6,00
7
8
5,45
9
Fossé
Terrassement
Coupe partiel CD
Échelle de 1/200

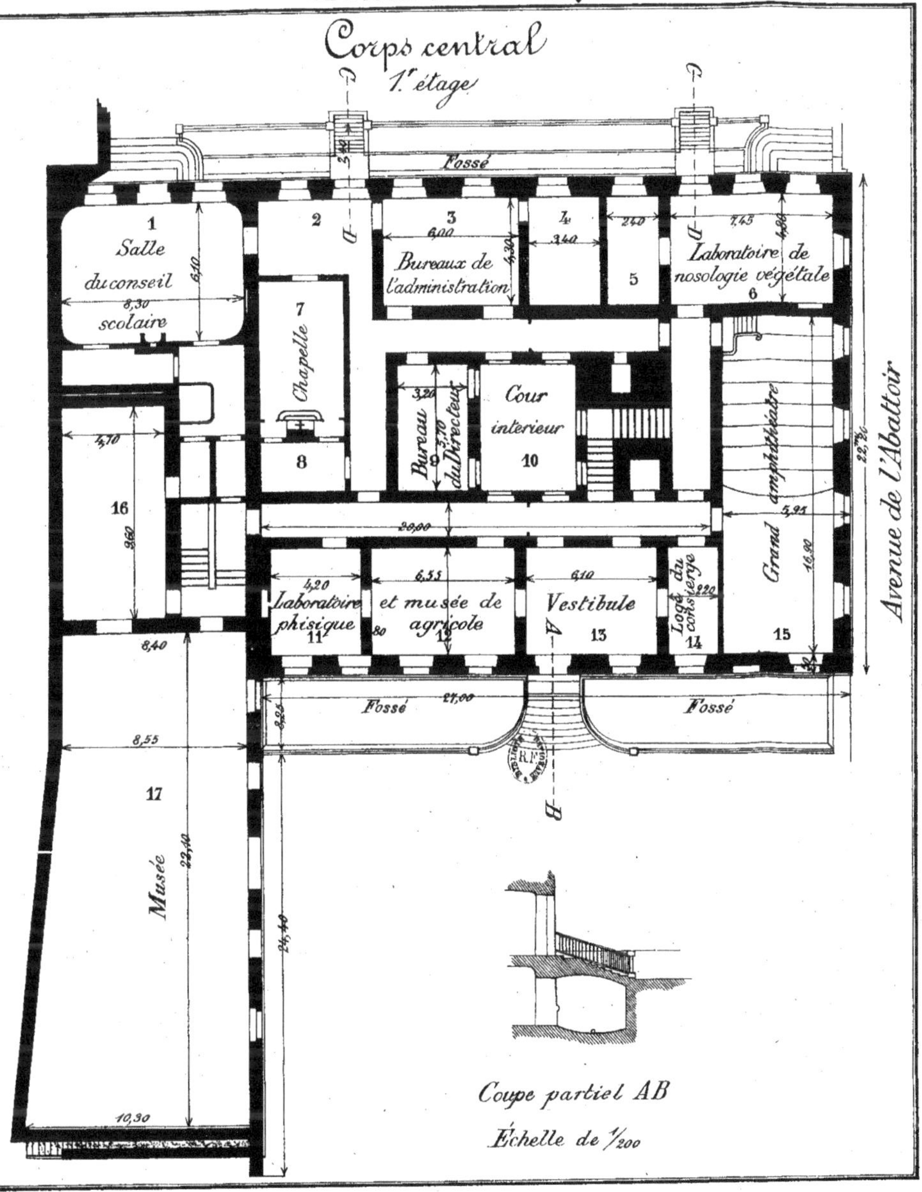
Corps central
1r étage
Fossé
1
Salle
du conseil
scolaire
2
3
Bureaux de
l'administration
4
5
Laboratoire de
nosologie végétale
6
7
Chapelle
8
Bureau
du Directeur
9
Cour
intérieur
10
Grand
amphithéâtre
15
16
Laboratoire
phisique
11
et musée de
agricole
12
Vestibule
13
Loge du concierge
14
Avenue de l'Abattoir
Fossé
Fossé
17
Musée
Coupe partiel AB
Échelle de 1/200

Laboratoire de chimie

1.er étage

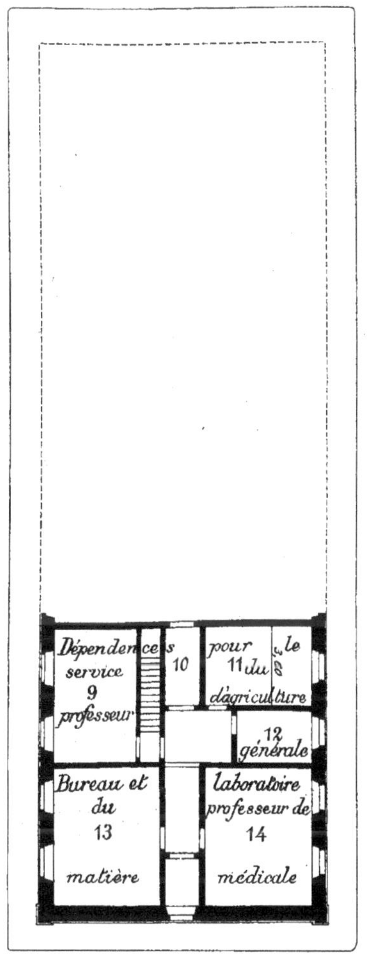

Rez-de-chaussé

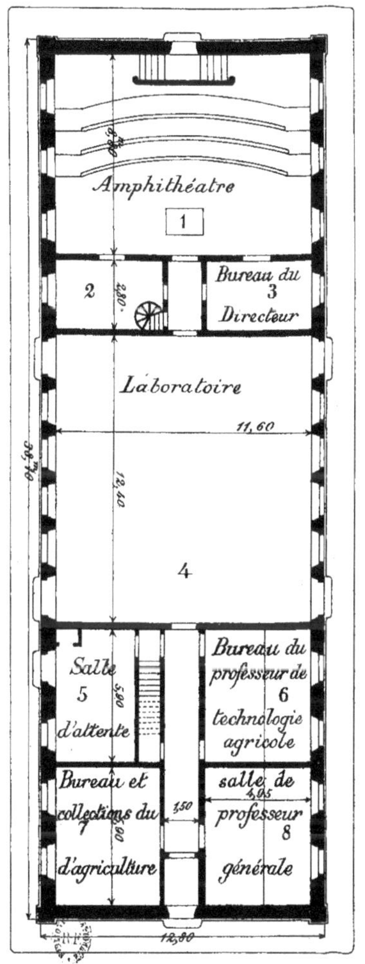

Échelle de 1/2

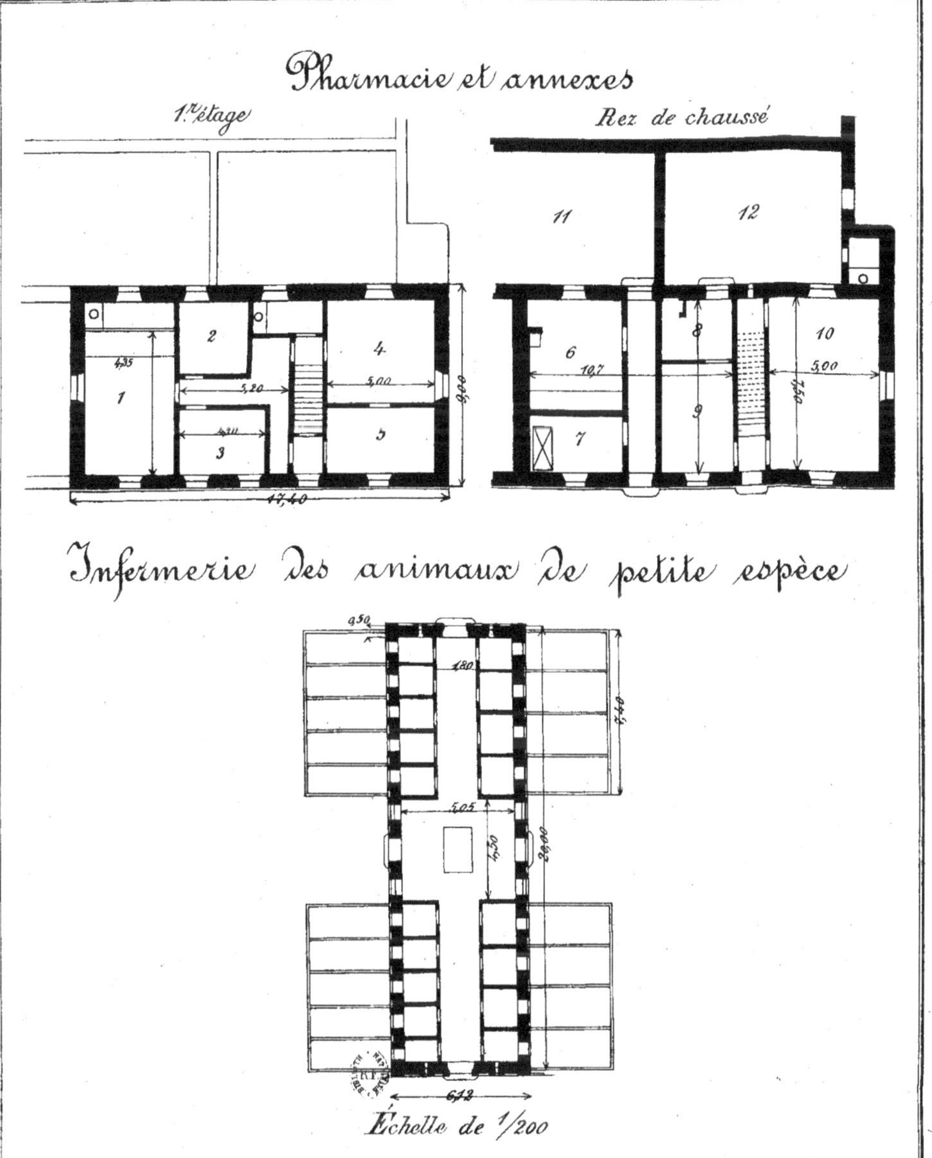
Pharmacie et annexes
1er étage
Rez de chaussé
1
2
3
4
5
6
7
8
9
10
11
12
4,35
5,20
5,00
9,00
17,40
10,7
7,50
5,00
Infermerie des animaux de petite espèce
0,50
1,80
7,40
5,05
4,30
26,00
6,12
Échelle de 1/200

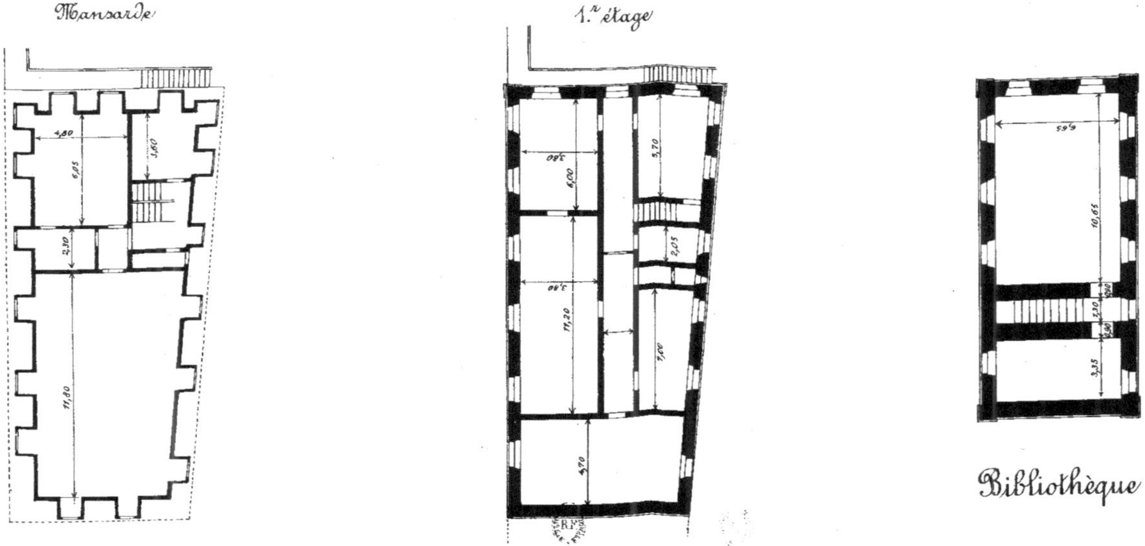

Mansarde

4,80 6,05 3,60 2,30 11,80

1.er étage

3,80 6,00 3,70 2,05 3,80 11,20 7,00 4,70

Bibliothèque

6,65 10,65 0,90 1,30 0,90 3,35

Musée du génie rural et annexes

Échelle de 1/200

SECTION VÉTÉRINAIRE

Pl. VII.

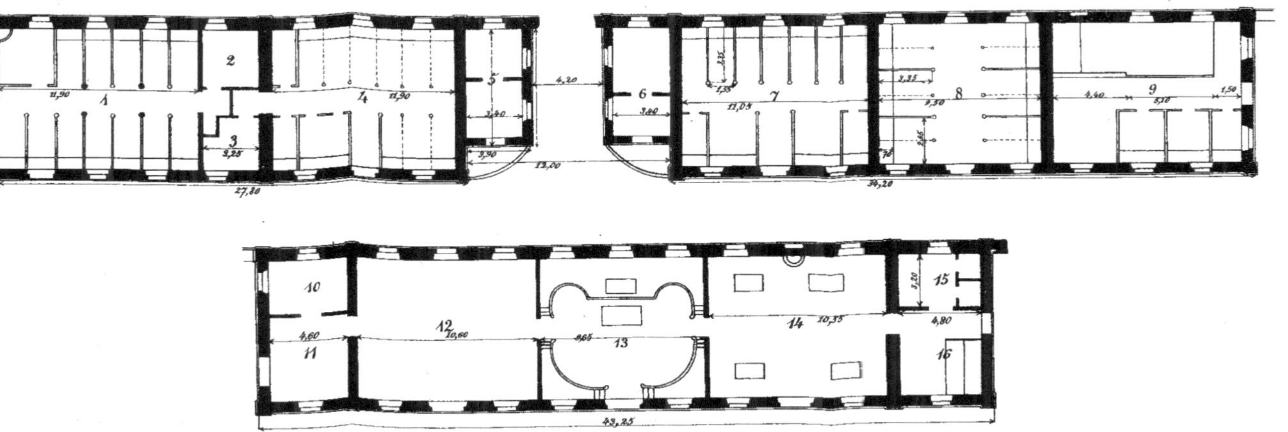

Échelle de 1/200

LÉGENDE EXPLICATIVE

PLAN GÉNÉRAL DE L'INSTITUT AGRONOMIQUE ET VÉTÉRINAIRE DE LISBONNE

1 – Maison du concierge.
2 – Maison du chef des infirmiers.
3 – Infirmerie des chevaux, ânes et mulets.
4 – Infirmerie de clinique chirurgicale.
5 – Salle de consultations.
6 – Bureau du directeur.
7 – Infirmerie de clinique médicale.
8 – Infirmerie de maladies suspectes.
9 – Infirmerie pour le traitement hydrothérapeutique.
10 – Salle d'anatomie pathologique.
11 – Salle de classe.
12 – Amphithéâtre de chirurgie.
13 – Salle d'anatomie.
14 – Salle de classe.
15 – Bureau du professeur d'anatomie.
16 – Grand amphithéâtre.
17 – Concierge.
18 – Vestibule.
19, 20 – Laboratoire et musée de physique agricole.
21 – Cour intérieur.
22 – Bureau du directeur de l'Institut.
23, 24 – Laboratoire et musée de nosologie végétale.
25, 26, 27 – Service de l'administration.
28, 29 – Trésorerie et annexe.
30 – Salle du conseil des professeurs.
31, 32 – Musée de machines et de produits agricoles.
33, 34 – Atelier sidérotechnique.
35, 36 – Annexes de l'hôpital vétérinaire.
37 – Infirmerie des animaux de petite taille.
38 – Pharmacie et annexes.
39, 40 – Infirmerie pour les animaux enragés.
41 – Laboratoires de bactérélogie.
42 – Infirmerie pour les animaux attaqués de la morve.
43 – Champ de démonstrations.
44, 45 – Serre expérimentale.
46, 47 – Bureau et salle de collections du professeur d'agriculture générale.
48 – Bureau du professeur de technologie agricole.
49 – Salle d'attente.
50 – Grand laboratoire de chimie
51 – Bureau du directeur.
52 – Laboratoire d'analyses spéciales.
53 – Amphithéâtre.
54, 55 – Hangar des instruments agricoles.
56, 57 – Maison du jardinier.
58 – Modèles de prairies.
59 – Vignoble expérimental ; collection ampélographique.

SECTION AGRONOMIQUE. CORPS CENTRAL

PL. II — REZ-DE-CHAUSSÉE

1 – Laboratoire de fermentations.
2 – Bureau du directeur.
3 – Annexe du laboratoire.
4 – Cour.
5 – Salle de classe.
6 – Laiterie expérimentale.
7, 8, 9 – Bureau et herbiers du professeur de botanique.

PL. III — 1ER ÉTAGE

1 – Salle du conseil scolaire.
2 – Salle d'attente.
3, 4 – Bureaux de l'administration.
5, 6 – Bureau et laboratoire du professeur de nosologie végétale.
7, 8 – Trésorerie et annexe.
9 – Bureau du directeur de l'école.
10 – Cour intérieur.
11, 12 – Laboratoire et musée de physique agricole.
13 – Vestibule.
14 – Loje du concierge.
15 – Grand amphithéâtre.
16, 17 – Musée.

LABORATOIRE DE CHIMIE

PL. IV — REZ-DE-CHAUSSÉE

1 – Amphithéâtre.
2 – Laboratoire d'analyses spéciales.
3 – Bureau du directeur.
4 – Grand laboratoire.
5 – Salle d'attente.
6 – Bureau du professeur de technologie agricole.
7, 8 – Bureau et salles de collections du professeur d'agriculture générale.

SECTION VÉTÉRINAIRE

PL. IV — 1ER ÉTAGE

9, 10, 11, 12 – Dépendances pour le service du professeur d'agriculture générale.
13, 14 – Bureau et laboratoire du professeur de matière médicale.

Pharmacie et annexes

PL. V — 1ER ÉTAGE

1 – Bureau de l'hôpital.
2, 3, 4, 5 – Appartements du pharmacien, des directeurs de clinique, des vétérinaires.
6 – Cuisine des animaux.
7 – Appartement des infirmiers.
8, 9 – Laboratoire de pharmacie.
10 – Pharmacie.
11, 12 – Cours intérieurs.

Hôpital ecole

PL. V — REZ-DE-CHAUSSÉE

1 – Infirmerie de clinique médicale.
2, 3 – Appartements des infirmiers.
4 – Infirmerie de clinique chirurgicale.
5 – Salle de consultation.
6 – Bureau du directeur.
7 – Infirmerie pour les bœufs.
8 – Infirmerie pour les maladies suspectes.
9 – Infirmerie pour traitement hydrothérapique.
10, 11 – Salles d'anatomie pathologique et de pathologie générale.
12 – Salle de classe.
13 – Amphithéâtre de chirurgie.
14 – Salle d'anatomie.
15, 16 – Annexes de la salle d'anatomie.
17, 18, 19, 20 – Section bactéréologique : laboratoires, classes, bureaux.

TABLE DES MATIÉRES

HISTOIRE

ÉTAT ACTUEL DE L'ENSEIGNEMENT SUPÉRIEURE DE L'AGRICULTURE

TABLE DES GRAVURES

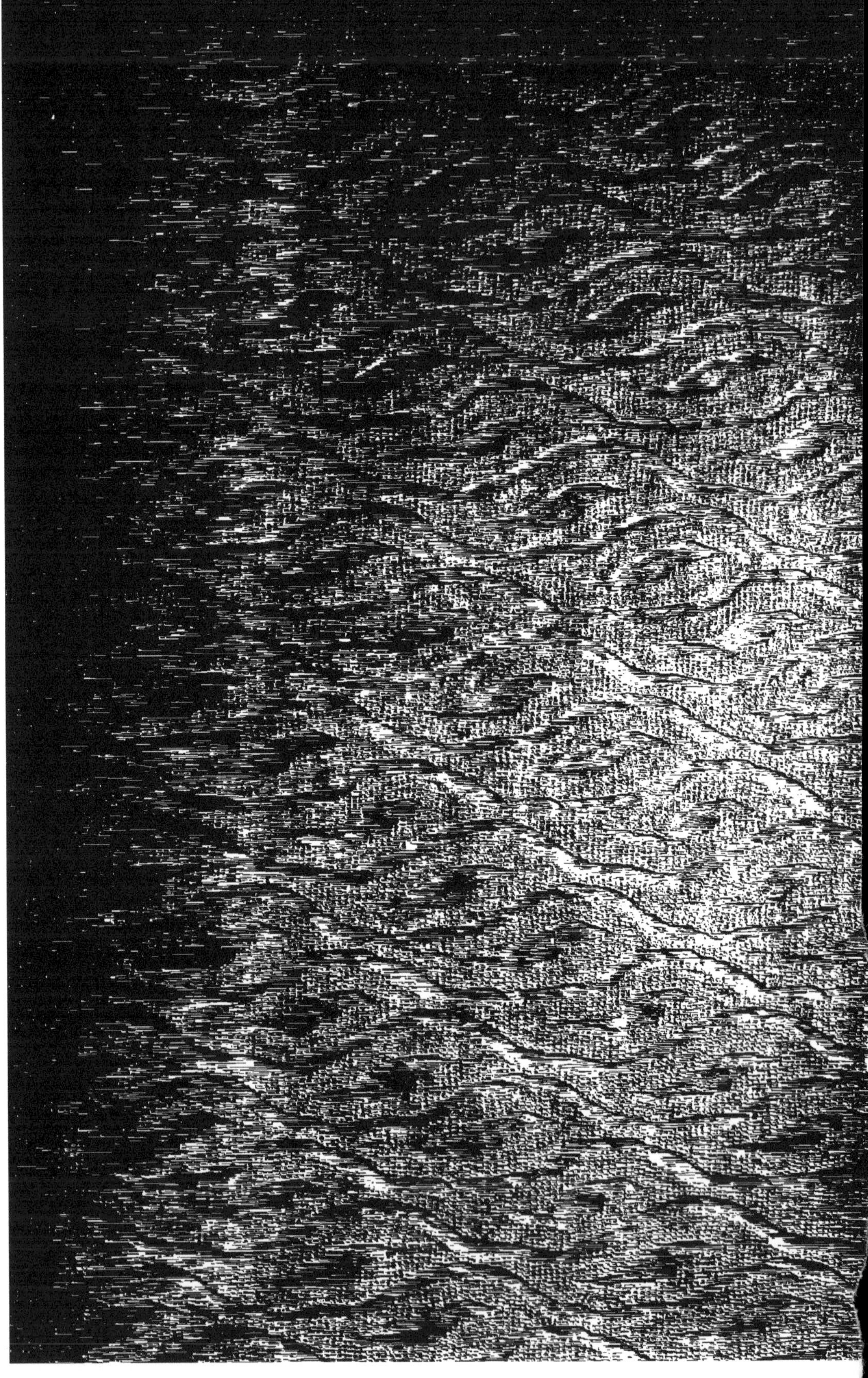

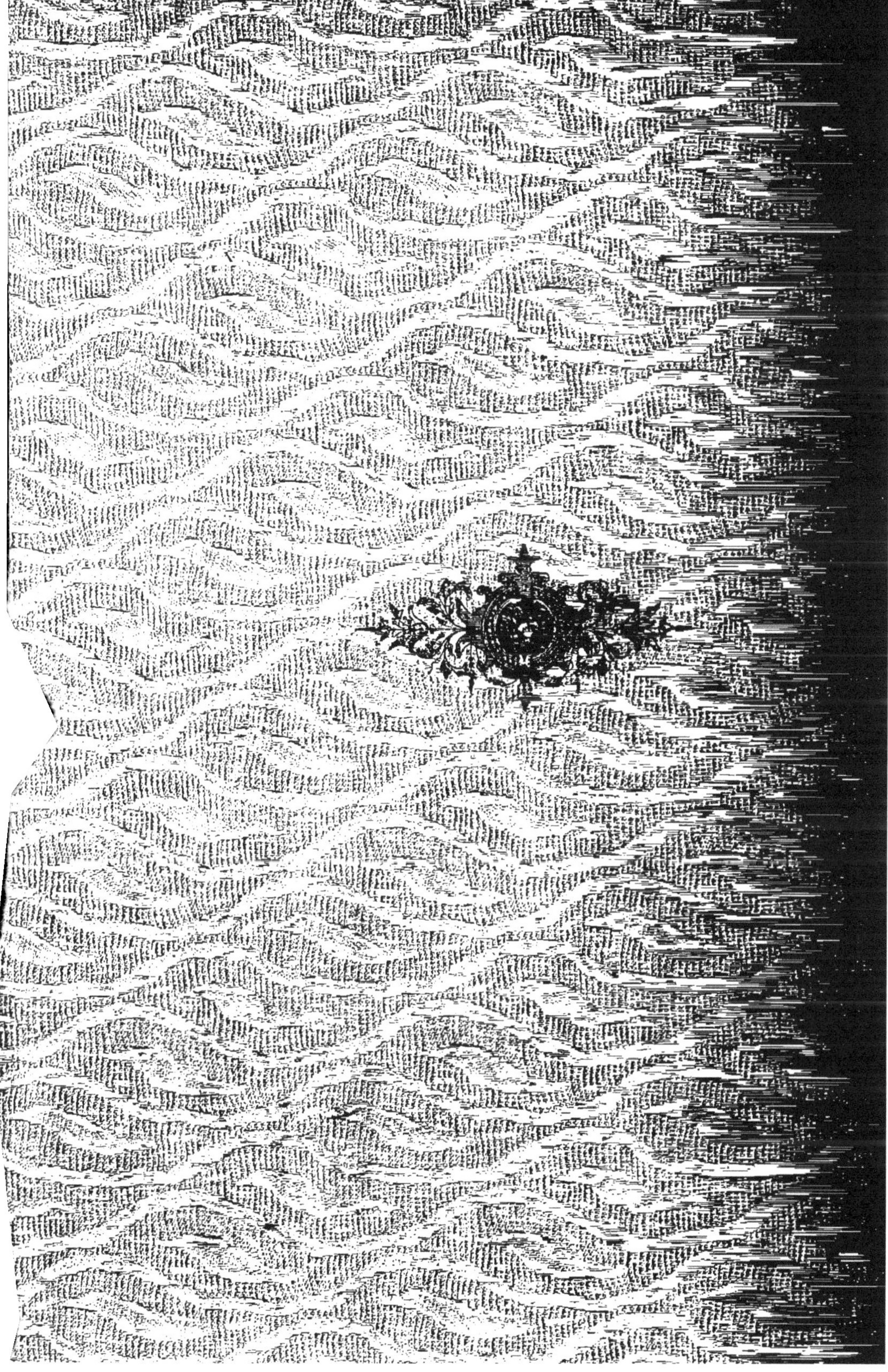

www.ingramcontent.com/pod-product-compliance
Ingram Content Group UK Ltd.
Pitfield, Milton Keynes, MK11 3LW, UK
UKHW012145240726
13966UKWH00001B/163